Understanding
Power Quality
Problems
VOLTAGE SAGS AND INTERRUPTIONS

理解电能质量问题：
电压暂降与短时中断

[荷兰]马思·博伦（Math H.J.Bollen） 著

肖先勇 汪 颖 李长松 徐方维 译

U0246690

中国电力出版社
CHINA ELECTRIC POWER PRESS

内 容 提 要

电压暂降和短时电压中断已成为电力企业和用户共同关注的重要问题。越来越多分布式电源、储能装置和敏感负荷接入电网，源、网、荷各环节存在大量敏感设备，迫切需要研究电压暂降与短时中断的产生原因、传播机制、评估方法、严重程度和应对措施等。

本书从扰动现象与事件的基本概念、现有标准出发，在简要介绍长时扰动的基础上，重点介绍了短时中断的产生原因、分析方法、监测与预测方法，暂降特征及其提取方法，暂降对设备的影响，暂降估计方法，抑制措施，发展趋势等。全书内容丰富，深入浅出，是迄今为止国内外针对电压暂降和短时中断最系统的书籍。不仅可作为本科生、博硕士生教材，也是科研与工程技术人员的重要参考资料。

图书在版编目（CIP）数据

理解电能质量问题：电压暂降与短时中断/（美）马思·波伦（Math, H. J. Bollen）编；肖先勇等译. —北京：中国电力出版社，2016.12（2018.1 重印）
书名原文：UNDERSTANDING POWER QUALITY PROBLEMS：Voltage Sags and Interruptions
ISBN 978-7-5123-8956-4

Ⅰ．①理… Ⅱ．①马…②肖… Ⅲ．①电能—质量 Ⅳ.①TM60

中国版本图书馆 CIP 数据核字（2016）第 277643 号

中国电力出版社出版、发行
（北京市东城区北京站西街 19 号 100005 http://www.cepp.sgcc.com.cn）
三河市百盛印装有限公司印刷
各地新华书店经售
*
2016 年 12 月第一版   2018 年 1 月北京第二次印刷
710 毫米×1000 毫米 16 开本 28 印张 612 千字
印数 1001—2000 册 定价 **109.00** 元

版 权 专 有 侵 权 必 究

本书如有印装质量问题，我社发行部负责退换

作者序言

    电力系统的主要目的可概括为将电能从发电机组传输到电气设备端，并将设备端电压维持在给定限值范围内，几十年来的研究和教育都集中于这样的第一目标，而很少将供电可靠性和供电质量看成一个专门的问题。存在争议的是，人们很早就认识到了供电可靠性的高低，这种认识的改变可能发生在 20 世纪 80 年代的某个时候，从工商业电力系统开始，并扩展到公用供电网，电能质量的危害开始出现。显然，因存在电压扰动，设备经常出现非正常中断，但同时，设备也对许多电压和电流扰动负有责任。用户更易理解可靠性定义是：停电就认为可靠性比想象的低。虽然开创电能质量最忙碌的年份似乎结束，但电能质量这个主题仍继续吸引着很多关注，可以肯定的是，电能质量问题在将来还会继续得到关注，因为在电力行业的改革过程中，用户需求已成为一个重要问题。

    本书主要关注影响电力用户的电能质量现象：电压中断和电压暂降。在电压中断过程中，电压值完全为零，这可能是用户认识到的最差供电质量。在电压暂降过程中，电压值不为零，但明显低于正常运行电压。电压暂降和中断会导致用电设备发生多次不必要的跳闸。

    本书前面几章中包含的材料是作者在 10 年时间内分别在埃因霍温、库拉索、曼彻斯特和哥德堡的 4 所大学（分别是：埃因霍温理工大学、安的列斯群岛大学、曼彻斯特大学理工学院和查尔姆斯理工大学）的研究成果，大部分材料最初用于国内和世界各地的研究生和工业讲座的教学中，这些材料当然也会（被作者，并希望被其他人）再次用于教学目的。

    本书第一章是引言，对电能质量进行系统性综述后，引入电压幅值事件这个术语，电压暂降和中断是电压幅值事件的例子。第一章的第二部分讨论电能质量标准，重点介绍 IEC 电磁兼容标准和欧洲电压特征标准（EN 50160）。

    在第二章讨论最严重的电能质量事件：长时中断。给出了获得电压中断监测次数结果的不同方法。第二章的大部分内容是长时电压中断的随机预测——该问题实际上就是更被大家熟悉的可靠性评估问题。在本章给出的很多技术可以很好等效地应用于其他电能质量事件的随机预测。

第三章讨论短时电压中断——这样的电压中断因供电自动恢复而结束。本章介绍了短时电压中断的原因、监测、抑制、对设备的影响和随机预测方法等内容。

第四章是后面关于电压暂降的共三章内容的第一章，采用描述的方式探讨电压暂降问题，内容包括：怎样提取电压暂降特征、如何通过测量获得电压暂降特征以及如何计算这些特征。本章的重点是单相和三相设备经历的电压暂降幅值和相位跳变。

第五章讨论电压暂降对设备的影响问题，详细讨论了主要敏感设备受电压暂降的影响，包括：单相整流设备（如计算机、过程控制设备、用户电子设备等）、三相调速驱动设备和直流设备，并对其他类型设备也进行了简要讨论。在第四章中引入的暂降特征，在第五章中被用于描述设备的性能。

第六章对在第四、第五章中建立的理论和在第二章描述的统计法和随机方法进行综合。第六章一开始给出了供电侧电压暂降的性能，并将其与设备性能进行比较，然后给出获得供电侧电压暂降特性相关信息的两种方法：电能质量监测法和随机预测法，并对这两种方法进行了详细讨论。

第七章是本书的最后一章，对电压暂降和中断的抑制方法进行了概述，详细讨论了两种方法，即：电力系统设计和设备与系统接口处电力电子控制器。本章用比较可能获得的不同储能技术作为本章的结尾。

在第八章，作者对前面几章的结论进行了总结，给出了对未来的期望和希望。全书用三个附录作为本书的结尾：附录 A 和附录 B，分别给出了 IEC 和 IEEE 发布的 EMC（电磁兼容）与电能质量的标准，附录 C 给出了本书涉及的术语的定义，以及不同标准文件中给出的定义。

Math H.J.Bollen
于瑞典哥德堡

有关文件网站信息

除了出版本书外，作者还创建了提供本书中许多图形的 MATLAB 文件的 FTP 网站。获取这些文件可链接：ftp.ieee.orgjupload/press/bollen。

致　　谢

　　任何一本书几乎不可能仅是一个人的成果，本书也绝不例外。有很多人对本书的出版做出了贡献，但在他们中，首先要感谢我的夫人 Irene Gu，是她鼓励我开始写作，并在我偶尔但太频繁地遇到一个又一个挑战时，她总是帮我把茶沏好。

　　能有本书给出的知识，我衷心感谢许多人，包括在埃因霍温、库拉索、曼彻斯特和哥德堡的老师、同事和学生们，以及遍及全世界的同事和朋友们！其中要特别提及的是：Matthijs Weenink、Wit van den Heuvel 和 WimKersten，感谢他们对我的教导！感谢两位 Larry（Conrad 和 Morgan），是他们不断为我提供了电能质量信息！还要感谢 Wang Ping、Stefan Johansson，以及负责校对、评阅本书的无名英雄们！最后，要感谢以不同方式为本书提供数据、图形和同意使用其材料的每个人！

Math H.J.Bollen

于瑞典哥德堡

voor mijn ouders

致我的父母

译者前言

　　译者从1998年起开展电能质量领域的研究，自2000年起重点研究电压暂降和设备敏感度问题，拜读了国内外电能质量领域诸多著作，其中Math Bollen教授所著《Understanding Power Quality Problems: Voltage Sag and Interruptions》是所读著作中针对电压暂降和短时电压中断最完整、最全面的，我也认为，是迄今为止世界上最权威的著作。

　　原作者Math Bollen教授，是世界上电压暂降领域的著名学者、IEEE Fellow，公开发表了电能质量领域上百篇学术论文，参加或主持制订了多项IEC、IEEE电能质量和电磁兼容标准，2006、2010年和2011年还分别出版了另外3本著作，是国际上很活跃的专家。

　　译者所在四川大学电能质量研究团队，继承了20世纪70年代张一中教授的研究方向，1998年起在杨洪耕教授的带领下对电能质量开展了较全面、持续的研究，同时，得到了国内、国际诸多专家、学者和业内同行的大力帮助和支持。译者及所在团队除了研究谐波等平稳扰动外，重点针对电压暂降和短时中断等非平稳扰动，以及敏感设备和过程所受影响开展了大量研究，对若干实际半导体、航空航天、核元件、核动力、石化企业开展了研究，参加了多项标准起草，这些工作始终能从本书中获取营养。因此，译者历经3年将本书翻译成中文，希望能将本书奉献给国内同行，为我国电压暂降、短时中断等问题的解决做一点贡献。

　　本书的翻译、出版过程中得到了华北电力大学肖湘宁教授、中国电力科学研究院（智能电网研究院，能源互联网研究院）林海雪教授级高工、哈尔滨工业大学郭志忠教授等的关心、帮助和斧正，并在此过程中，与Math Bollen教授进行了多次当面交流和讨论，并从他处得到了部分仿真程序和数据，最后才完成全书翻译工作。在编辑、出版过程中，中国电力出版社岳璐编辑和其他老师给予了极大支持和帮助。本书还得到了国家电网公司出版基金资助。在此一并表示衷心感谢！

本书原著出版时间虽略显久远，但仍是目前全世界电压暂降和短时中断领域最好的书之一，本书出版后，电压暂降和短时中断领域有了诸多新发展，但这些发展均离不开本书中的很多原理和方法。因此，希望本书在中国的出版能为更多国内学术界和工业界同行，尤其是为正在攻读博士、硕士学位的研究生提供帮助，并希望能将本书中的基本理论和方法应用到新环境，回答和解决新问题，如：与优质供电和优质电力园区、可再生能源并网与穿越能力、能源互联网、超导电力的应用等结合起来，有理由相信，通过本书和我国专家学者的共同努力，我国在此领域必将得到更大、更快发展。

本书翻译过程中，博士研究生马超、陈礼频、刘旭娜、张文海、郑子萱、刘阳、马愿谦、胡文熙，硕士研究生李皖、陈武、汪洋、杨达、李政光、李丹丹、赵泓、崔灿、刘凯、陈韵竹、谭秀美等做出了贡献，在此表示感谢。

本书翻译工作由肖先勇、汪颖、李长松、徐方维完成，肖先勇统稿，其中，汪颖副教授翻译了20万字以上，对他们的艰苦努力表示感谢！

最后，祝愿我国在电能质量领域能取得更多成果，能不断提升在全球的地位！更好地服务于国家和地方经济建设！

肖先勇
成都 四川大学
2016年3月

目 录

第1章
电能质量概述与标准

目前人们对电能质量术语尚无公认、清晰、明确的定义，但是，学术界和工业界均认为，电能质量问题已成为电力系统的重要课题，尤其是进入 20 世纪 90 年代后，电能质量问题显得更加突出。对电能质量概念的认知，尤其是所涉及的内容，目前仍存在争议，不同的人有不同的理解。本章对现有各种不同的观点、理解和认识进行归纳和总结，希望能消除一些疑惑。当然，作者的理解和认识可能存在局限性，也可能仅是对电能质量概念的局部认识。阅读完本书后，读者很可能想去查阅更多资料，以更好地理解和把握电能质量问题，遗憾的是，现有专门针对电能质量的书籍还相当有限。学者 Dugan 等所著的《电力系统质量》[75] 一书，对各种电能质量现象和电能质量领域的发展状况进行了很好的综述，另外两本书则直接以电能质量术语为主题，即《电能质量控制技术》[76] 和《电能质量》[77]。但是，这些书只是在标题中使用了电能质量概念，其具体内容侧重于暂时过电压[76] 和谐波畸变[77] 等，当然，这两本书中也的确有关于电能质量的一些介绍性章节，类似地，最近出版的一些电力系统书籍中也有一章或多章内容是介绍电能质量问题的，如文献 [114]、[115]、[116] 等。对电能质量的探索，不仅体现在书籍中，更多地体现在大量研究性和探索性论文上，一些综述性、技术性论文，对电能质量的一些具体细节进行了描述。可找到电能质量领域论文的主要期刊有 IEEE 工业应用汇刊（IEEE Transactions on Industry Application）、IEEE 输电汇刊（IEEE Transactions on Power Delivery）及 IEE 发电、输电与配电学报（IEE proceedings of Generation，Transmission and Distribution。❶ 此外，还有很多电气工程领域的其他刊物上也有相关论文。专注于电能质量领域的是《电能质量可靠性》。关于电能质量的综述，可在很多刊物中找到，作者找到的最早文献是 [104] 和 [105]。

不同领域或作者采用的电能质量术语的具体含义有所不同，有一些很类似，有一些甚至差异很大，如供电质量、电压质量等概念均在采用。所有术语有一个共同点，即均涉及供电侧和用户侧之间的相互关系，或电力系统与负荷之间的相互关系、相互作用。对这些相互作用的认识并非新认识，因为电力系统的目的始终是向用户供电。与电力系统向用户供电的不同在于，这里更强调电网与用户之间的相互作用，并将这种相互作用独立成为一个研究领域。本书 1.1 节重点阐述研究和探索电能质量的意义；1.2 节对现有术语、电网与用户之间的相互作用关系等进行了较详细讨论，通过这些讨论，可得出采

---

❶ 译者注：目前，该刊物已改名为 IET proceedings of Generation，Transmission and Distribution）。

用电能质量术语最合适的结论；1.3 节对各种不同的电能质量扰动现象进行讨论和分类；1.4 节详细论述电能质量和电磁兼容标准等。

1.1 电能质量的意义

电能质量已经成为电力系统研究的新热点，但这并不意味着在过去电能质量问题就不重要。全世界电力企业对电能质量问题已进行了数十年探索和认识。事实上，电能质量术语也已被使用了相当长的时间。作者最早接触到的电能质量术语来源于 1968 年的一篇文献[95]，该文详细阐述了美国海军对电力供应所需电子设备技术规范的研究，对电能质量作了很好的概述，包括使用电能质量检测装置、建议在供电装置中采用静止转换开关等。随后，一些针对航空供电系统的文献中[96-98]也采用了电能质量术语。到 1970 年，高电能质量与安全性、可靠供电，以及低投入和低成本[99]等问题和概念作为电力系统设计目标也被提出。几乎在同一时期，电压质量术语开始被北欧国家[100],[101]和苏联[102]采用，但主要针对电压幅值的缓慢变化现象。

最近，人们非常关注电能质量领域，其关注度可用一些事实进行解释。下面对现有主要认识作一个简要归纳，当然，还很难说哪种解释最早，下面按不同分类方式给出。为了说明对电能质量关注度的不断增加，对 INSPEC 数据库[118]中收集的使用电压质量或电能质量的文献数量进行了对比。从 1969 年到 1984 年，INSPEC 数据库中收录的含电能质量的记录有 91 条，含电压质量的记录有 64 条；1985～1996 年，这两个数据分别增加到了 2051 条和 210 条。从这些数据和文献中可见，以这些术语为关键词的文献数量增长非常快，并明显呈现出从电压质量向电能质量转变的趋势。

1. 设备对电压扰动越来越敏感

现代电力系统和电力用户广泛使用电子设备、电力电子设备等，对供电侧的电压扰动，比 10 年或 20 年前更加敏感。因提出了电能质量概念而常被引用的学者 Thomas Key，在 1978 年发表的一篇文章中把这种敏感度的增加归咎于电压扰动。不仅设备敏感度在增加，很多电力企业或用电企业对扰动引起的利润降低、产量与质量降低等也更加敏感。在本地电力市场中，电力和电能普遍被认为是应该得到的一种基本保障，应随时具有充足的电力供应，因此，发生供电中断必然会引起更多、更大的抱怨，甚至在供电扰动或中断还没有造成影响和损失时，这种抱怨就出现了。1991 年，发表在商业周刊的一篇重要文章[103]引发了人们对电能质量的关注。该文引用了 EPRI❶学者 Jane Clemmensen 估计的"美国，每年与电力有关的问题造成的美国公司的实际总损失达 260 亿美元"，这个数字虽然仅是一个粗略估计值，但已被广泛引用。

2. 设备引起的电压扰动

设备因供电扰动而跳闸，用户通常会认为电能质量差，而电力企业站在自己的角度，认为终端用户设备产生的扰动是最主要的电能质量问题。现代（电力）电子设备不仅自

---

❶ 译者注：美国电力科学研究院。

身对电压扰动敏感，同时也会产生扰动，从而影响其他用户。随着电力负荷中整流设备不断增加（从家用电器、电子设备、个人计算机到调速驱动器等），电压扰动大幅度增加，虽然这些扰动目前尚未严重到直接危害设备的程度，但最主要的问题是，整流器和逆变器等必然产生非正弦电流，使电流中不仅含有工频分量（50Hz 或 60Hz），还含有频率为工频频率整数倍的谐波分量，由此引起的谐波电流会造成供应电压中产生谐波电压。用户设备引起的谐波已存在几十年了，但直到最近，电力电子转换器的负荷大量增加，有大型调速驱动器，也有诸多小型家用电子设备，后者产生了大部分谐波电压。每个设备引起的谐波电流可能不太多，但谐波电流的累积会造成很严重的电压波形失真。

3．对标准和指标的需求不断增长

电力用户经常被电力企业简单地看作负荷。供电中断和其他电压扰动是电力交易的一部分，而且由电力企业决定哪些扰动是合理的。任何用户，如果对供电可靠性、供电质量等感到不满，均不得不向电力企业支付更多费用，以改善其供电质量。

如今，电力企业不得不把用户改称为"顾客"。尽管电力企业不必减少供电扰动数量，但还是必须按某种方式定量确定供电扰动的数量。电力有其明确的特征，这些特征必须可以进行测量、预测、控制并不断改进等。这种观点，在电力体制改革和电力私有化进程中，已得到进一步重视。

电力市场的开放使现有局面变得更加复杂。在过去，用户可与当地供电企业就供电可靠性、供电质量等直接签订合同，但是，现在供电市场开放了（译者注：西方一些国家已开放了售电市场），对于与之直接相连的电网而言，电力用户可从任何地方购买电力，从其他服务商购买电力传输容量，向本地电力企业支付过网费，以此实现电力供应。这样，到底应由谁来承担供电可靠性和电能质量的责任就更不清楚了。只要用户仍与本地电网企业有接入协议，人们就会认为，后者需对实际电力传输和供应的可靠性、电能质量等负责。但是，由输电系统引起的电压暂降等问题怎么解决呢？在一些实际案例中，用户仅与发电方签订合同，再由发电方将合同分包给输电和配电商。有人提出，将各种责任全部明确规定在合同中，这样，与用户签订销售合同的发电企业就应对供电可靠性和电能质量负责，本地配电企业仅对与之签订配电合同的发电公司负责。无论如何进行法律解释，供电可靠性和电能质量由谁负责，都需给出一个明确的规定。

4．电力企业希望输送优质电力

在对电能质量的热议中，经常被忽略的事实是，很多电能质量的改进均由电力企业推动。多数电力企业只是希望传输更优质的电力，并为此奋斗了几十年。在有限资金范围内，要设计一个高供电可靠性的系统，是电力行业里许多企业面临的一个极具吸引力并在未来仍需不断努力的技术挑战。

5．供电质量足够好了

在电能质量扰动现象中，人们很关心部分影响大的扰动，如电压暂降、谐波畸变等，是在高质量供电中最受关注的扰动。在许多工业化地区，如欧洲、北美、东亚，长时电压中断已很少发生，用户已错误地形成了一种印象，即电力供应不会中断，供电质量是很高的，或至少在某些方面的质量是很高的。而在实际供电过程中，很多电能质量扰动问题很难或者根本不可能消除，这些事实很容易被忽视。在经常发生供电中断的国家，一天内可能停电 2h，在这种情况下，电能质量不会像在供电可靠率超过 99.9%的国家中那样被认为是严重问题。

6. 电能质量的测量

对于电能质量问题，已有电子设备可对其进行测量并显示其波形，这无疑增加了人们对电能质量问题的关注度。在过去，要大范围地测量电力谐波、电压暂降等较困难，测量仅局限于电压有效值（rms）、频率和长时供电中断等。现在这些扰动被认为是电能质量问题中的一些现象，而在过去，仅被认为是电力系统运行中的一部分问题。

1.2 电能质量与电压质量

关于用什么术语描述电力企业与电力用户（系统与负荷）之间的相互关系，一直并将继续存在很大的争议。尽管电能质量术语很易于引起争议，但多数人还是采用了该术语。反对采用该术语的人的主要观点是，认为该术语不能像表达功率那样清楚地表达出具体物理量的质量。电能质量术语不能对电能质量扰动现象给出完美的描述，但是即使存在反对意见，本书中仍采用电能质量这个术语。电能质量已成为广泛采用的术语，而且在现在看来，该术语也是可用的最好的术语。在 IEEE 中，电能质量概念已得到了官方认可，如 IEEE 标准协调委员会（SCC22）的名称中就是"电能质量"（power quality）[140]。但是，在国际电工委员会制定的许多标准中，还没有采用电能质量术语，而采用电磁兼容术语，虽然电磁兼容与电能质量术语不同，但两者之间有很多相同的内容。下面讨论关于电能质量的不同术语，在这些术语中，每个术语都有自身的局限性，因此，作者认为电能质量术语是能包含其他术语的总称。但是，在此之前，仍有必要先给出国际电气和电子工程师学会（IEEE）和国际电工委员会（IEC）的定义。

在 IEEE 标准 1100（即众所周知的绿皮书）[78]推荐的 IEEE 字典[119]中，对电能质量的定义为："电能质量是适合于敏感设备正常运行的供电与接地的概念"。除了该定义，电能质量术语还在 IEEE 的很多文件中得到了应用，如 SCC22 标准，同时还包含了负荷引起的谐波污染标准。

IEC 61000-1-1 标准[79]给出的定义为："电磁兼容性是在任何环境下没有引入不可耐受的电磁扰动环境里设备或系统能良好地实现其功能的能力"。

最近，IEC 成立了一个电能质量项目组[106]，该项目组负责制定电能质量的测量标准。为了规定该项目组的工作范围，采用下面的电能质量定义："电能质量是指供电连续性和电压特征（如对称性、频率、幅值、波形）等，即是描述正常运行条件下供电属性的一组参数"。

显然，对电能质量概念的讨论还未停止。作者的观点是，讨论或争论不会增加理解电能质量概念的疑惑，因为电能质量被限制为"设备正常运行的条件"。

围绕这一主题，在很多文献中可找到不同术语，下面列举一些有代表性的术语。读者应注意到，在术语的使用问题上，目前尚未形成共识。

1. 电压质量（法国电压质量标准）

电压质量主要关注电压相对于理想情况的偏差。理想电压是具有恒定频率和电压幅值的单一频率的正弦波。该术语的局限性在于，仅包含了技术层面的内容，即使在技术层面上，也忽略了电流畸变。电压质量术语是最常采用的术语，尤其在欧洲的出版物中。该术语可解释为电力企业给用户提供的电力供应的质量。

2. 电流质量

一个补充性的概念可能是电流质量。电流质量被认为是与理想电流之间的偏差量。理想电流同样是频率和幅值恒定的单一频率的正弦波，另一要求是，电流正弦波波形应与电压波形保持同相位。因此，电压质量与电力企业向用户提供的电力供应有关，电流质量则与用户从电网中汲取的电流有关（即电压质量侧重于系统侧，电流质量侧重于用户侧）。当然，电压与电流之间存在紧密联系，如果两者中的一个偏离了理想值，必然会导致另一个难以达到理想值。

3. 电能质量

电能质量是对电压质量和电流质量的总称。因此，电能质量是指电压或电流与其理想值之间的偏差量。注意，电能质量与功率偏差量之间没有关系。

4. 供电质量

供电质量（quality of supply）或电力供应质量（quality of power supply）包含了技术部分（如上面提及的电压质量）和非技术部分，有时又被称为供电服务质量（quality of service）。后者还包括电力用户和供电企业之间的相互关系，如供电企业对用户投诉的响应速度、电价体系的透明度等。该概念在不包含用户责任的情况下，是非常有用的。"供电"这个词明确地排除了用户的主观参与性（译者注：在现代智能电网背景下，智能供配电系统希望用户能主动参与电网，希望把电网建设成互动电网，并希望用户可主动响应电网安全运行的需要。在这种情况下，把电力企业与用户之间的关系单纯理解为单向的供应，可能就不符合事实了）。

5. 电力消费质量

电力消费质量是对供电质量的补充性概念，该概念中包含了电流质量及用户是否及时足额支付供电费用。

6. 电磁兼容性

IEC 标准中使用了电磁兼容性（EMC）术语。电磁兼容性与设备之间的相互作用、设备与供电方之间的相互作用等均有关。在电磁兼容性概念中，需用到另外两个重要术语：发射（emission）和免疫（immunity）。电能质量扰动的发射是指设备产生的电磁污染，而设备对扰动的免疫性是指设备抵御电磁污染的能力。电能质量扰动的发射与电流质量有关，设备的扰动免疫性与电压质量有关。在电磁兼容性概念的基础上，IEC 提出了一系列标准，电磁兼容和电磁兼容标准将在 1.4.2 节中讨论。

1.3 电能质量现象概述

从前面几节可发现，电能质量是指电压偏离其理想波形的偏差（电压质量）和电流偏离其理想值的偏差（电流质量）。这种偏差被称为电能质量现象（power quality phenomenon）或电能质量扰动（power quality disturbance）。电能质量现象可分为两类，并分别以不同的方法来处理。

（1）电流或电压的特征（如频率或功率因数）从来都不可能精确地等于其标称值或期望值。与标称值和期望值之间的很小偏差被称为电压变化（也可表述为电压偏差、电压波动）或电流变化。任何变化都有共同属性：在时域的任一时刻都有一个对应的值，如系统频率从来不会精确地等于50Hz或60Hz，功率因数也不会始终等于1。这些变化值的监测，需要连续进行。

（2）有时，电压或电流会明显地偏离其正常或理想波形，这种突然发生的偏离被称为事件。例如，由于断路器动作，电压突然降低到0（电压事件）；由于空载变压器的投切，产生一个大的畸变过电流（电流事件）等。这些事件的监测需使用一种触发机制，当电压或电流超过某阈值（threshold）的瞬间，开始记录该事件。

上述两类电能质量现象中，各类电能质量扰动现象的分类方法并非唯一，需根据扰动现象引起的具体问题的种类进行分类。

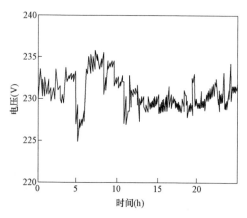

图 1.1　模拟的电压幅值-时间函数

1.3.1　电压与电流变化

电压与电流变化是相关电压或电流的特征偏离其标称值或期望值的一种小的偏差。两个基本例子是电压幅值与频率偏差。通常，电压幅值和频率等于其标称值，但是，实际中却从来不会绝对相等。为了用统计方式来刻画这种偏差，应使用概率密度或概率分布函数。图 1.1 给出了假设的电压幅值随时间变化的函数，该图是通过蒙特卡洛仿真得到的（见2.5.5节）。此图所反映的是电压变化的潜在分布期望值为 230V、标准差为 11.9V 的正态分布。该分布中采用一个低通滤波器进行滤波后得到一组独立样本，滤波的目的是防止出现太多短时变化。电压幅值的概率密度函数如图 1.2 所示，该概率密度函数给出电压幅值在一个给定范围内的概率，人们最感兴趣的是电压高于或低于某个值的概率。概率分布函数（概率密度函数的积分）直接给出需要的信息。该假设电压变化的概率分布函数如图 1.3 所示，在2.5.1 节中将更精确地定义概率密度函数和概率分布函数。

下面对电压和电流变化现象进行综述。列出的情况当然并不完整，其目的仅在于给出一些例子，以说明这类现象。终端用户设备类型很多，涉及的范围也很广，差异性很大，很多设备有其

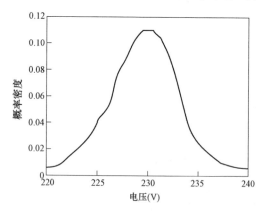

图 1.2　图 1.1 电压幅值的概率密度函数

特殊要求和特殊问题，在电能质量问题上，不断会有新的电能质量变化现象和电能质量

扰动事件出现。下面采用的术语既不是 IEC 定义的术语，也不是 IEEE 推荐的术语，通常采用的术语并不总是能全面地描述电能质量现象。同样，应该采用哪个术语，在不同技术规范或标准中还存在争议。下面的列表中，以及在 1.3.2 节的列表中采用的技术术语，并不是要取代 IEC 或 IEEE 的定义，而是尝试着在一定程度上澄清该问题。希望读者尽量采用官方推荐的术语。

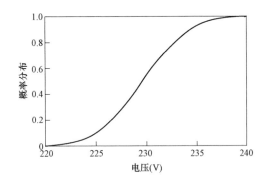

图 1.3　图 1.1 电压幅值的概率分布函数

1. 电压幅值变化

简单地看，电压变化就是电压幅值的升高或降低，通常由以下原因引起：

（1）配电系统或其中一部分系统总负荷的变化；

（2）变压器分接头动作；

（3）电容器组或电抗器切换。

变压器分接头动作和电容器组或电抗器切换，通常都能很好地反向跟踪负荷的变化，因此电压幅值变化主要是由负荷变化引起的，这种变化具有日周期变化模式。变压器分接头和电容器组的影响使得负荷日周期变化模式并非总在电压幅值的变化模式中体现出来。

IEC 用电压变化（voltage variation）取代电压幅值变化（voltage magnitude variation），而 IEEE 没有对这种现象给出专门的技术术语。非常快速的电压幅值变化通常被称为电压波动。

2. 电压频率变化

与电压幅值一样，供电电压频率也不是恒定的。电压频率变化主要是由负荷与发电机出力之间的不平衡引起的，也采用技术术语频率偏差（frequency deviation）。短路和发电厂故障引起的短时频率瞬态通常也包含在电压频率变化中，尽管这种情况最好称为事件（event）。

IEC 采用的术语是电能频率变化（power frequency variation），而 IEEE 使用的是频率变化（frequency variation）。

3. 电流幅值变化

在负荷侧，电流幅值通常也不是恒定的，电压幅值的变化主要是由电流幅值变化引起的。电流幅值变化在配电系统设计中扮演了重要角色，配电网的设计必须满足最大电流的需要，然而电网的收益主要取决于平均电流，电流越恒定，系统单位能量传输的成本就越低。

IEC 和 IEEE 都没有对这一现象给出定义。

4. 电流相位变化

理想情况下，电压波形与电流波形同相位。在这种情况下，负荷功率因数为 1，无功功率的消耗为 0，功率（有功）传输效率最大，配电系统的成本也最低。

无论 IEC 还是 IEEE，都没有对这种电能质量现象给出定义，尽管用功率因数和无功功率都能很好地描述这一现象。

5. 电压和电流不平衡

不平衡，或三相不平衡，是三相系统的一种现象，是指相邻相之间电压有效值或相位角差不相等的现象。三相系统电压不平衡严重程度可以有多种表示方式，如

（1）电压负序分量和电压正序分量之比；

（2）最大最小电压幅值之差与三相电压幅值平均值之比；

（3）相邻两相之间最大、最小相位角差之差。

以上三种严重性指标，可分别简称为负序不平衡、幅值不平衡和相位不平衡。

产生电压不平衡的最主要原因是负荷不平衡（电流不平衡），这可能是由低电压（单相）负荷在三相中分布不平衡引起的，但通常系统出现三相不平衡，主要是由大型单相负荷引起的，电气化铁路牵引供电系统和电弧炉就是很好的例子。三相电压不平衡也可能由电容器组异常引起，如三相电容器组中某一相的熔断器熔断。

三相负荷最关心电压不平衡问题，这种不平衡会导致异步电动机和同步电动机绕组上产生额外发热，这将降低设备效率并要求设备减载运行。很小的电压不平衡都可能造成三相二极管整流器经受很大的电流不平衡，电压最高一相经受的电流最大，因此，这样的负荷需要限制电压不平衡。

虽然一些标准（特别是 IEEE Std. 1159）采用的电压不平衡术语为 voltage imbalance，但是，IEEE 主要推荐采用的技术术语还是 voltage unbalance❶

6. 电压波动

如果电压幅值发生了变化，用户设备的潮流也会变化。如果变化足够大或在某确定的临界频率范围内，设备性能将受影响。除了照明负荷外，电压波动影响负荷特性的情况还是比较少的。如果灯的照度（流明，illumination）的变化频率为 1～10Hz，人眼将对此非常敏感，变化频率高于某个给定的幅值后，灯光的闪烁会变得相当严重，人眼会感觉相当难受。正是由于人的眼睛对此相当敏感，才用闪变来解释该现象。电压幅值的快速变化又被称为电压波动（voltage fluctuation），能被人感知的可见现象被称为灯光闪烁（light flicker），技术术语电压闪变（voltage flicker）是个模糊概念，但是有时可认为是电压波动引起的灯光闪烁的简称。

为了定量刻画电压波动和闪变，文献［81］引入了一个被称为闪变强度（flicker intensity）的量，其数量大小是对由确定的电压波动引起的灯光闪烁严重程度的客观测量。闪变强度可认为是一个变化量，就像电压幅值的变化量，可刻画成随时间变化的函数，可得到其概率密度函数和分布函数。有很多文献都讨论电压波动和灯光闪变问题，其他一些文献，如文献［141］、［142］对该问题进行了很好的综述。

---

❶ 译者注：在这两个不同的英文术语中，中文均可翻译为"电压不平衡"，但前者重点说明电压是不平衡的这一事实，而后者更多包含着电压失去平衡的意思，读者在阅读有关文献时，需要仔细体会两者之间的差异。IEEE 之所以推荐采用后者，是因为电力系统本身的电压理论上是三相平衡的，出现不平衡是由于有扰动产生，无论这种扰动来自于电网侧还是负荷侧，因此译者认为后者的含义更科学。

IEC 和 IEEE 均采用了电压波动（voltage fluctuation）和闪变这两个术语。

7. 谐波电压畸变

电压波形从来不会完全是单一频率的正弦波形，这种现象称为谐波电压畸变或简单称为电压畸变。当假设有一个波形是周期性波形时，该波形可以被描述为基频整数倍正弦波的叠加，其中，非基频分量被称为谐波畸变（harmonic distortion）。

产生谐波电压畸变的原因主要有以下三个：

（1）发电机本身与理想形状之间出现了小的偏差，引起同步发电机产生的电压波形不完全是正弦波形，这样产生的谐波很少，一般均假设发电机产生的电压为正弦波，这种假设是非常合理的。

（2）电能从电厂传输到负荷端时，电力系统的传输不完全是线性的，虽然这种偏差会很小。虽然电压是正弦的，但是系统中的某些元件实际汲出的电流为非正弦波，典型的例子是电力变压器，这是由于变压器铁芯的磁饱和产生了非线性。最近出现的一种新的非线性电力系统是高压直流输电系统（HVDC），该系统通过电力电子元件，实现交流与直流之间的相互转换，这些电力电子元件仅在一个周期的部分时间内才导通，由此引起系统非线性。由电力系统本身所引起的谐波畸变很少。随着电力系统中用以控制潮流和电压的电力电子元件（灵活交流输电系统或 FACTS）使用的增多，电力系统中产生谐波畸变的风险增大了。同样的技术也为无论在系统侧还是在用户侧消除谐波畸变提供了可能。

（3）最主要的谐波电压畸变是由非线性负荷引起的。基于电力电子换流器的负荷不断增加，这些负荷将在系统中产生非正弦电流，谐波电流分量引起电压谐波畸变，从而在电力系统中产生非线性电压。

图 1.4 和图 1.5 给出了畸变电压的两个例子。图 1.4 中主要含有低阶谐波分量（5、7、11 和 13 次谐波），图 1.5 中主要包含高阶谐波分量。

谐波电压和谐波电流会导致一系列问题，其中，产生附加损失和发热是主要问题。谐波电压畸变一般被限制在确保设备能正常工作的某百分比范围内（如谐波电压分量幅值上升到基波电压幅值的百分之几）。偶然产生的较大的谐波畸变，会导致设备故障，这在同时拥有大量集中的畸变负荷和大量敏感负荷电力系统中是一个大问题。目前，至少有数百篇文献和大量书籍[77],[194],[195]专门研究了谐波电压和谐波电流畸变问题。

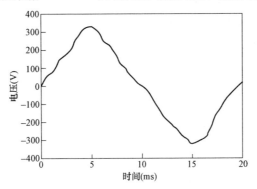

图 1.4　失真电压样本，以低阶谐波分量为主[211]

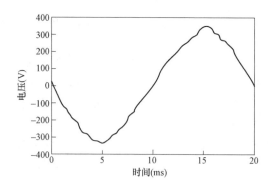

图 1.5　失真电压样本，以高阶谐波分量为主[211]

谐波畸变（harmonic distortion）是应用很广泛的术语，其中，畸变（distortion）是IEC用以描述因负荷产生谐波电流分量的术语，同时，IEEE也用畸变（distortion）表示谐波畸变，如畸变系数（distortion factor）和电压畸变（voltage distortion）。

8. 谐波电流畸变

谐波电压畸变的互补现象是谐波电流畸变，前者是电压质量现象，后者是电流质量现象。由于谐波电压畸变主要是由非线性负荷电流产生的，因此，谐波电压和电流畸变关系紧密。谐波电流畸变使像变压器和电缆这样的串联设备超过额定值额运行。由于串联阻抗随频率增大而增大，畸变电流将比具有相同有效值正弦电流产生更大的损耗。

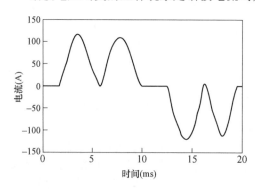

图 1.6　导致图 1.4 中电压失真的失真电流样本

图 1.6 和 1.7 给出了谐波电流畸变的两个例子，都是调速驱动器汲出的电流。图 1.6 中的电流是典型的现代交流调速驱动器汲出电流，谐波电流主要包含第 5、7、11 和 13 次谐波。图 1.7 中的电流并不普遍，其高频纹波是由 DC/AC 逆变器开关切换频率所导致。如图 1.5 所示，该高频电流纹波会导致高频电压纹波。

9. 间谐波电压和间谐波电流分量

有些设备产生的电流中包含有非基频频率整数倍频率的谐波分量，如循环转换器、某些加热控制器等。这些电流分量被称为间谐波分量（interharmonic components）。通常，间谐波分量都比较

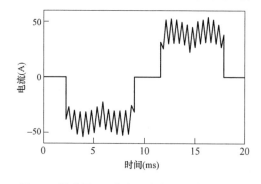

图 1.7　导致图 1.5 中电压失真的失真电流样本

小，不足以产生任何问题，但是，这些间谐波有时可能在变压器电感和电容器组之间激励不期望发生的谐振。更具危险性的是频率低于基频频率的电流和电压分量，被称为次谐波畸变（sub-harmonic distortion）。次谐波电流会导致变压器饱和，危害同步发电机和汽轮机。

另一种间谐波畸变源是电弧炉。严格地说，电弧炉不会产生任何间谐波电压或间谐波电流分量，而是产生一系列（整数）谐波加连续（电压和电流）频谱。由于该频谱中某些频率在系统中产生谐振，谐振被放大，这个被放大了的频率分量通常被认为是电弧炉产生的间谐波。这些间谐波电压最近很受关注，因为它们是产生严重闪变问题的重要原因。

一个典型的次谐波电流例子是，地磁场随太阳耀斑变化产生的谐振，这些被称为地磁感应电流，其变化周期为 5min 左右，会导致变压器饱和，造成大面积停电[143]。

10. 周期性电压缺口

在三相整流器中，从二极管或晶体管到其他管子的触发转换，会造成小于 1ms 持续时间的短路，导致供电电压降低，这种现象称为电压缺口（voltage notching）或简称为缺口（notching）。缺口主要引起高阶谐波，这一点通常在电力工程中不被考虑。更适合刻画电压缺口特征的方法是，通过电压缺口的深度和持续时间，并结合缺口发生时在电压正弦波形上的位置来刻画。

图 1.8 给出了电压缺口的一个例子。该电压波形是由一个变速驱动器产生的，为了维持直流电流恒定，在该驱动器中采用了一个大电抗器。

IEEE 以更通用的方式使用缺口（notching）或者线电压缺口（line voltage notching），即电压降低的持续时间小于半个周波。

11. 主信号电压

在配电系统中为了传输信息和向用户提供信息，通常把高频信号加载到供电电压上。在欧洲电压特征标准[80]中，提到了三种不同类型的信号。

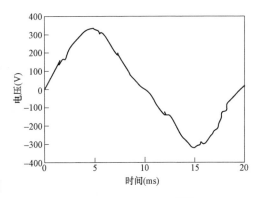

图 1.8 电压缺口样本[211]

（1）波纹控制信号（ripple control signals）是 110～3000Hz 的正弦信号，这些信号从一个电压质量的角度看，类似于谐波和间谐波电压分量。

（2）电力线载波信号（power-line-carrier signals）是 3～148.5kHz 的正弦信号，这些信号可以描述为高频率电压噪声和高阶谐波（间谐波）。

（3）主标识信号（main marking signals）是在被选电压波形点上叠加的短时变化（瞬变）信号。主标识信号电压会干扰采用相似频率进行内部通信的设备的正常运行。这种电压和关联电流也会在电话线路中引起可察觉噪声和其他信号。

从反向思维来看，谐波和间谐波也可能被设备认为是信号电压，从而导致设备误动作。

12. 高频电压噪声

供应电压中包含的信号并非全部都为周期性分量，这些非周期性分量被称为噪声（noise）。尽管从用户的角度看，上面提及的各类电压分量实质上都是噪声，电力负荷中的电弧炉是一个主要噪声源，但是很多其他非线性负荷同样也会产生电压噪声[196]。噪声可能在不同相中产生（不同模式噪声，differential mode noise），或在各相中产生相同大小的噪声（统一模式噪声，common mode noise）。从其他分量中区分噪声通常不是简单的事，但实际中也没必要进行区分，仅在噪声导致电力系统或终端用户设备出现问题时才需要进行分析，问题的关键是噪声的测量和描述。

电压和电流变化的总体情况前面已作了介绍，读者应已注意到，不同电能质量扰动现象之间的区别不是很明显，如电压波动和电压变化之间就存在交叉部分。未来开展标准工作的任务之一就是发展和完善对不同电能质量现象完整、一致的分类。这一任务看起来只是一种纯理论性的工作，因为其并不直接解决任何系统或设备问题。但在定量确定电能质量扰动时，这一标准分类工作便不再只是纯理论性的了。该工作很重要，一种好的扰动分类方法可使人们更好地认识各种不同现象。

1.3.2 事件

事件（events）是在某一段时间内仅会发生一次的电能质量扰动现象。其中，供电电压中断就是最好的例子。理论上，这种现象是电压幅值变化的极端情况（幅值等于0），可包含在电压幅值的概率分布函数中，但是，这样并不能提供太多有用的信息；实际上，如果概率分布函数曲线的分辨率足够高，它提供的是不可获得的电力供应的数据信息。

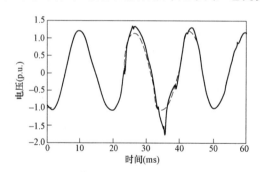

图 1.9　瞬态过电压事件：故障清除时某相对地电压

（数据来自于文献［16］）

相反，如果考虑事件之间的时间间隔，从随机性的角度来描述这类事件及其特征可能，就能更好地获得有价值的信息。本书第 2 章、第 3 章将详细介绍电压中断，第 4～6 章将详细分析电压暂降，其中暂态过电压将作为一个例子在这里进行分析。图 1.9 表示的是一次暂态过电压的记录波形。事件发生前的工频电压是连续的正弦曲线，在几毫秒内，电压（绝对值）约上升到电压标称值的180%。

暂态过电压特征可以有很多种表征方法，下面给出三种常用方法。

（1）幅值。电压幅值既可以用最大电压值表示，也可以用相对于标称正弦电压波形的最大偏差来表示。

（2）持续时间。事件持续时间很难确定，因为电压完全恢复通常需要很长的时间。持续时间可定义为：

1）被记录的电压恢复到暂态过电压幅值10%的时间；

2）平均电压衰减时间常数；

3）下面定义的电压-时间积分（Vt-integral）与瞬时过电压幅值的比值。

（3）Vt-积分（电压对时间的积分）定义为

$$V_t = \int_0^T V(t)\mathrm{d}t \qquad (1\text{-}1)$$

式中，$t=0$ 表示事件开始，选择一个合适的值为 T（持续时间），被记录的电压达到暂态过电压幅值 10%范围内累计的时间 T，即为事件持续时间。再次说明，测量 $V(t)$，既可以从零开始进行测量，也可以从标称电压正弦波开始进行偏差量测量。

图 1.10 给出了挪威普通低压站点每年的瞬态过压事故数[67]。事件之间时间间隔的分布函数并未确定，而仅给出了不同特征事件的年度发生次数。注意，事件之间的平均时间间隔是每年事件次数的倒数。一般情况下，在电能质量或可靠性研究中，实际的分布函数很少被确定[107]。

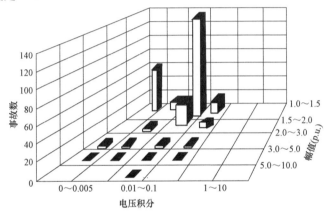

图 1.10 每年的瞬态过压事故数，是一个幅度和电压积分的函数（数据从文献［67］获得）

图 1.11～图 1.14 给出了关于事件特性的统计信息。图 1.11 为瞬时过电压幅值的概率分布函数，可见，几乎 80%事件的幅值低于 1.5p.u.。图 1.12 给出了瞬时过电压幅值的概率密度函数。利用对数来度量大幅值范围内的事件次数更具有直观性。图 1.13 给出了瞬时过压事故 Vt-积分的概率分布函数，图 1.14 为瞬时过压事故 Vt-积分的概率密度函数。

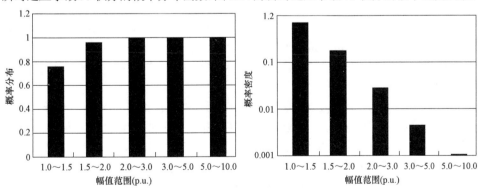

图 1.11 瞬时过压幅值的概率分布函数　　图 1.12 瞬时过电压事件幅值的概率密度函数
　　　（根据图 1.10 作图）　　　　　　　　　（根据图 1.10 作图）

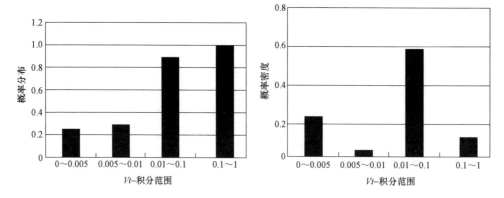

图 1.13 瞬时过压事故 *Vt*-积分的概率分布函数　图 1.14 瞬时过压事故 *Vt*-积分的概率密度函数
　　　　（根据图 1.10 作图）　　　　　　　　　　（根据图 1.10 作图）

下面对各种电能质量事件作一个概述。电能质量事件是一种现象，该现象可能导致设备跳闸、生产线或工厂运行中断、危及电力系统运行等。对这些现象进行随机方法处理，是对电力系统可靠性研究领域的扩展，这将在第 2 章中讨论。一类特殊的事件，被称为电压幅值事件（voltage magnitude events），将在 1.3.3 中进行更详细的分析。电压幅值事件对于设备而言是最主要的问题，这将是本书的主题。

注意，下面仅对电压事件进行分析，因为，终端用户最关注这类事件，但是，类似的电流事件（current events），以及电流事件对电力系统设备的影响也可以包括进来。大部分实用中的电能质量监测装置连续监测电压，并当电压超过一定阈值（thresholds）时记录一次事件，通常采用电压幅值阈值。虽然经常也会记录电流，但电流一般不会触发记录行为，因此，没有引起过电压或欠电压的过电流现象不会被记录，当然，如果要根据电流来触发记录行为，从技术上是没有问题的。事实上，大多数的监测仪都具有按照电流进行触发的功能选项，都能满足按电流触发进行记录的要求。

1. 中断

电压中断（voltage interruption）（IEEE Std.1159）、供电中断（supply interruption）（EN 50160），或仅中断（interruption）（IEEE Std.1250）是一种供电端电压接近于 0 的状况。对于接近于 0 的定义，IEC 规定为"电压低于标称电压的 1%"，IEEE 规定为"低于 10%"（IEEE Std. 1159）。

电压中断通常因事故触发保护装置动作引起，当然还有其他一些原因，如无故障的保护动作（被称为保护误动）、导线断线但没有保护动作（保护拒动）、运行人员干预停电等。电压中断可进一步分为计划中断和事故性中断，对于前者，终端用户可以采取一些预防措施以降低停电的影响。所有计划中断都是由运行人员的操作引起的。

也可以根据持续时间长短对电压中断进行分类，这样主要就是根据供电恢复方式来进行分类，主要类型有：

（1）负荷自动切换；

（2）负荷手动转换；

（3）故障设备维修或更换。

已有各种各样的技术术语用以区别这些电压中断。IEC对于中断时间长于3min的定义为长时中断，持续时间不到3min的定义为短时中断；而IEEE采用了瞬时、临时和持续中断的术语，在IEEE的不同技术文件中对这三类中断给出了不同的持续时间值，不同的定义将在本书第3章中进行分析。

2. 欠电压

持续时间不同的欠电压有不同的名称。持续时间短的欠电压被称为电压暂降（voltage sags）或电压骤降（voltage dips）。后者是IEC标准中喜欢采用的术语，在IEEE和许多期刊及会议的电能质量文章中，大多采用电压暂降。持续时间长的欠电压通常简称为欠电压（undervoltage）。

电压暂降是指供电电压降低，持续较短时间后电压又恢复的电能质量现象。尽管官方给出的定义明确，但是持续时间到底多长的电压降低事件才能被称作电压暂降（或IEC定义的电压骤降），仍然存在争议。根据IEC标准，电压暂降是指电压突然下降到额定值的90%～1%，并在持续10ms～1min后恢复到额定值的事件；IEEE标准定义，暂降过程中的电压是标称电压的90%～10%的电压降低事件仅是一个暂降。

引起电压暂降的最主要原因是系统短路故障和大型电动机启动。本书第4～6章将对电压暂降进行详细讨论。

3. 电压幅值变化

系统内负荷投切、变压器分接头改变和开关动作（如电容器组投切）等都会引起电压瞬时变化，这样的电压幅值变化被称为快速电压变化（EN 50160）或电压变化（IEEE Std.1159）。通常，电压波动前后的电压值都会保持在系统正常运行的范围内（一般为额定电压的90%～110%）。

图1.15给出了一个电压幅值变化的例子，该图显示了瑞典南部某10kV配电系统2.5h的电压记录，该电压变化是由变压器分接头调整引起的。

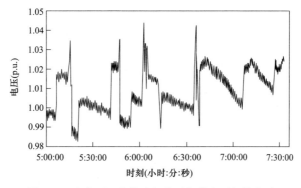

图1.15 由变压器分接头调整引起的电压幅值变动

4. 过电压

与欠电压一样，过电压事件也可根据其持续时间的长短给出不同的名称或术语。持续时间很短、幅值很大的过电压被称为瞬时过电压（transient overvoltages）、电压尖峰（voltage spikes）或电压浪涌（voltage surges）。后者是一个相当模糊的术语，常常指持续时间在一个周波至1min内的电压的升高，这类事件更准确的名称应称为电压暂升（voltage swell）或暂时工频过电压。持续时间更长的过电压可简称为过电压（overvoltages）。引起长时间或短时间过电压的原因很多，其中包括雷击、开关操作、突然负荷减少、单相短路及非线性问题等。

变压器非线性励磁电抗与电容（补偿电容器组或地下电缆电容）之间的谐振可能导致长时过电压，这种现象称为铁磁共振（ferroresonance），这种谐振会给电力系统设备带来很大危害[144]。

5. 快速电压事件

很短时间内的电压事件，典型持续时间为一个工频周波或小于一个工频周波，称为暂态（transients）、暂态（过）电压[transients（over）voltages]、电压暂态（voltage transients）或波形故障（wave shape faults）。暂态这个术语并不完全正确，因为该术语仅适用于两个稳态之间转移的情况。因开关动作引起的事件在这样的定义下可以称为暂态，而雷击引起的事件在这样的定义下就不能称为暂态。但是，由于事件的时间尺度很相似，两者又都被称为电压暂态，即使是短时电压暂降（如由熔断器清除故障引起的）也可称为电压暂态或缺口（notches）。

快速电压事件可分为脉冲暂态（主要由雷击引起）和振荡暂态（主要由开关动作引起）。

6. 相位跳变与三相不平衡

在本书第4章将了解到，电压暂降总与相位跳变和三相不平衡有关。一个有趣的思考是：没有电压幅值下降的相位跳变现象是否应该被认为是电压暂降。当两条平行馈线中的任何一条退出运行时，该现象就会发生。同样的情况还有短时三相不平衡但没有幅值变化，即只是三相电压的相角发生改变。为了保证描述的完整性，短时间相位跳变和短时不平衡都应看成是电能质量问题中的电能质量扰动事件。

1.3.3 电压幅值事件概述

正如前面所提及，目前人们感兴趣的大多数事件都与电压幅值升高或降低有关，均称为电压幅值事件（voltage magnitude events）。

电压幅值事件是在限定持续时间内电压偏离标称值的电能质量扰动现象，其幅值可以通过在整数倍半个工频基波周期内求电压的均方根值得到。

$$V_{rms} = \sqrt{\frac{1}{N} \sum_{k=1}^{N} V^2(k\Delta t)} \qquad (1-2)$$

式中，$V(t)$为作为时间函数的电压，按等时间间隔$t = k\Delta t$进行采样，有效值（rms）采样周期$N\Delta t$被称为窗口长度。电压幅值既可以通过电压峰值确定，也可以根据电压基频分量大小来确定。大多数电能质量监测仪每周波或每几个周波测量一次电压有效值。一旦电压均方根值（有效值）偏离标称电压值超过预设阈值，电压作为时间的函数便被记录下来（包括电压有效值、采样时域数据或同时记录二者）。大多数事件在一定的持续时间内，具有恒定的电压有效值，并在此持续时间后恢复到略高或略低于标称电压值。如果人们意识到，扰动时间是由系统的改变引起的，在给定持续时间后，原系统会恢复，那么扰动过程中电压会有变化的事实就容易理解了。在扰动事件前、扰动过程中和扰动事件后，系统或多或少处于稳态，因此可用一个持续时间和一个电压幅值来刻画扰动事件的特征。在本书的第 4 章中将发现，并不总是能够唯一地确定一个电压幅值事件的幅值和持续时间。在此，仅先假设幅值与持续时间唯一，并将扰动事件的幅值定义为事件过程中剩余电压的有效值，如在 230V 系统中，事件过程中的电压有效值为 170V，那么该扰动事件的幅值为 $\frac{170}{230} \times 100\%$＝73.9%。

如果已知扰动事件的幅值和持续时间，该事件就可以描述为幅值-持续时间图上的一个点，在给定周期内，监测仪记录的所有事件就可以描述为散点图，不同原因引起的扰动事件会处于该图的不同位置。幅值-持续时间图将在后续章节中多次出现，该图不同部分描述的事件，按照不同的标准有不同的名称。图 1.16 给出了一种直接扰动分类，其中电压幅值被分为三个区域：

（1）电压中断（interruption）：电压幅值为零；
（2）欠电压（undervoltage）：电压幅值小于额定值；
（3）过电压（overvoltage）：电压幅值大于额定值。
根据持续时间长短，可划分为以下几种情况：
（1）极短（very short）：对应于暂态和自恢复事件；
（2）短（short）：对应于自动恢复到事件前状态；
（3）长（long）：对应于手动恢复到事件前状态；
（4）极长（very long）：对应于故障设备维修或更换。

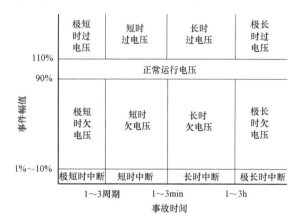

图 1.16   建议的电压幅值事件的分类

图 1.16 中边界的划分从某种意义上看有些武断，其中一些指示值，如 1～3min、1%～10%、90% 和 110% 等，都是 IEEE 和 IEC 标准中已被采用的值。为了达到监测电能质量扰动的目的，需要有严格的阈值，以区分不同的扰动事件。其中一个例子是，区分电压

中断与欠电压阈值，被 IEC 标准确定为 1%，而 IEEE 标准将其确定为 10%，那么，其他任意小的值也有可能被用作标准值了。

图 1.16 分类的目的仅仅是解释不同类型的事件，图中提到的术语在实际中并没有全部用到，IEC 和 IEEE 都对幅值-持续时间图上不同区域的扰动事件给出了不同的定义和名称，IEC 的定义如图 1.17 所示，IEEE 的定义如图 1.18 所示。其中，IEC 定义取自于欧洲电工标准化委员会的标准文件 EN 50160[80]，IEEE 标准定义来自于标准 IEEE Std.1159—1955。

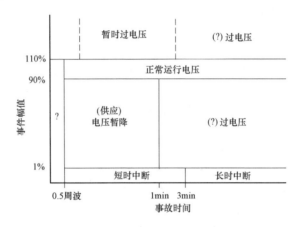

图 1.17　在 EN 50160 中使用的电压幅值事件的定义

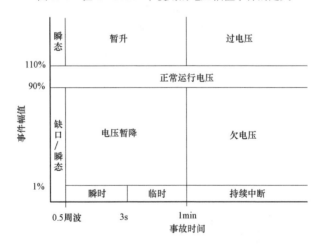

图 1.18　IEEE Std.1159—1995 中使用的电压幅值事件的定义

通过一个电压幅值和一个持续时间对扰动事件进行分类的方法已被证实是十分有用的，并且从中可得到了很多关于电能质量的有用信息和知识，但是该方法也有其局限性，在使用该方法时，意识到这一点非常重要，下面四点在实际应用中特别值得注意。

（1）在电压扰动事件过程中，电压有效值并非总是恒定值，这样就可能使对事件幅值的定义含糊不清，也可能导致对事件持续时间的定义含糊不清。

（2）快速事件（持续时间为一个基波周期或更短）不能被刻画出来，对这样的扰动事件，得到的电压幅值和持续时间不真实，也简单地忽略掉这样的扰动事件。

（3）对于重复事件可能得到错误结果，要么过估计这样的事件的发生次数（当一系列事件中每个事件被记录成单独事件时），要么欠估计事件的严重程度（当同样性质的事件被记录成一个事件时）。

（4）有时，设备对除电压幅值和持续时间以外的其他扰动特征更敏感。

对于上面提及的这些问题，本书将在第 3 章和第 4 章中进行更详细的分析。

对于电压频率事件、电压相角事件、三相电压不平衡事件等，可以提出类似的分类方法，但是因为大多数设备的问题是由电压幅值的增大或减小引起的，因此更加重视电压幅值事件。

1.4 电能质量和电磁兼容标准

1.4.1 标准化的目的

定义供电质量的标准在几十年前就出现了，几乎任何国家都有关于频率和电压允许变化范围的标准，其他一些标准则规定谐波电流和电压畸变、电压波动和电压中断持续时间。建立电能质量标准的主要原因有以下三个。

1. 定义标称环境

对这样的标准的一个假设是"电压应该是频率为 50Hz 的正弦波且电压有效值为230V"。这样的标准非常不现实，因为在技术上要保持电压幅值和频率的绝对恒定是不可能的，因此现有标准中采用类似于标称电压（nominal voltage）、铭牌电压（declared voltage）等的术语。上述标准一个更有实际意义的版本是"标称频率应为 50Hz，标称电压应为 230V"，这样的描述接近于欧洲标准 EN 50160[80]的描述。

定义标称电压和标称频率并没有考虑实际环境因素。作出这样的规定，相对于标称值的偏差必须已知，许多国家都给出了允许的电压有效值偏差，典型范围为 90%～110%。

2. 定义技术术语

尽管标准制定者并不希望对用电设备或供电方提出任何强加要求，但仍然希望提出电能质量标准。一个很好的例子是 IEEE Std.1346[22]标准，该标准提出了一种设备制造商、电力系统和电力用户之间进行信息交换的方法，此标准对于什么是可以被接受的没有给出任何建议。

该标准起草工作组的工作目标是，给出不同电能质量扰动现象的定义，提出这些扰动事件的特征量该如何测量，设备的扰动耐受能力或免疫力（immunity）该如何测试等。该标准的目的是使电能质量领域的不同参与者之间进行沟通和交流，以确保不同电能质量监测仪得到的结果具有可比性，在给定扰动环境下的设备耐受能力具有可比性等。可假设的例子是"一个短时电压中断时，在短于 3min 时间内，电压有效值小于标称电压有效值的 1%"和"电压暂降持续时间时电压有效值小于标称电压有效值的 90%。电压暂降持续时间应以秒计。电压有效值应每半周期测量一次"等。IEEE Std.1159 标准和 EN 50160 标准中都给出了这些类型的定义，希望能归入未来的

IEC 标准。

3. 限制电能质量问题的数量

限制电能质量问题的数量是开展所有对电能质量研究工作的最终目标。电能质量问题可以通过限制由设备引起的电压扰动数量、改进供电特性和降低设备对电压扰动的敏感性等方式得以减轻。所有电能质量控制方法均需要技术解决方案，这些方案可以独立于任何标准而进行，但是恰当的标准对于这些技术方案的实施会产生巨大的推动作用，恰当的标准也有利于解决电能质量扰动的责任划分问题。假设的例子如下：

负荷超过 4kVA 时，负荷汲出电流中不应含有超过 1%的任意偶数次谐波；谐波含量以 1s 平均值计算；设备能承受电压在其标称电压的 85%～110%范围内变化；这种扰动应在用户设备端进行测量，测量持续 1h 范围内幅值为 85%～110%的正弦波电压；如果用户设备有多种负荷状态，每种负荷状态要分别进行测试，或对最敏感的状态进行测试。

在该领域，IEC 和 IEEE 都缺乏一套专门针对电能质量的标准。IEC 已建立了电磁兼容的一个整体框架，该框架中已经包括了一些电能质量标准，其中最好的例子是谐波标准 IEC-61000-2-3，该标准中规定了低功耗设备产生的谐波电流的数量。IEEE 标准对谐波畸变的限制有很好的建议，IEEE 591 标准[82]给出了用户产生的谐波电流及其引起的电网谐波电压的限制值。

1.4.2 IEC 电磁兼容标准

在国际电工委员会（International Electrotechnical Committee，IEC）内部一套关于电磁兼容（Electromagnetic compatibility，EMC）的综合框架标准正在研究。电磁兼容被定义为在其电磁环境里不引入任何它无法忍受的电磁干扰，设备、装置或系统能正常运行的能力[79]。

EMC 有两方面特性：①设备应能在其工作环境下正常运行；②设备的运行不会对其电磁环境产生太大的电磁污染。在 EMC 术语中采用了免疫力和发射水平两个术语。对于 EMC 的两方面属性都有相应的标准。关于免疫力的一致意见首先是设备制造商和用户之间的一致意见问题，但是 IEC 提出了免疫力标准的最低要求。第三个重要的术语是电磁环境，该概念给出设备能免疫的扰动水平。在 EMC 标准中，区分了辐射性扰动和传导性扰动。辐射性扰动是在不需要任何传导介质的情况，一台设备发射（emit）或传播（transmit）并被其他设备接收的扰动。传导性扰动需要传导介质将扰动从一台设备传递到其他设备。传导性扰动属于电能质量范畴的内容，辐射性扰动（虽然非常重要）不属于电力系统工程或电能质量正常领域内的内容。

图 1.19 给出了 EMC 术语的综述示意图，可见，设备发射的电磁扰动包括辐射性扰动和传导性扰动，辐射性扰动可能通过任何介质传递给其他设备，通常情况下，辐射性扰动会影响在物理位置上很靠近扰动发射装置的设备。传导性扰动通过传导介质传递到其他装置或设备，典型的传导介质就是电力系统。由于电力系统对于很多类型扰动来说是很好的传导介质，因此受传导性扰动影响的设备不再是在物理位置上靠近扰动发生装置的设备。当然，也存在一定的规律，即在电气距离上越靠近（两者之间的阻抗越小

称为电气距离越靠近）受到的影响越大。连接到电力系统的设备经受的电气环境系统，不仅是系统内其他设备发射的扰动构成的综合环境，而且受系统内所有事件（如开关动作、短路故障和雷击等）的影响。设备的扰动免疫力评估应考虑这样的电磁环境。扰动的一种特殊类型，即在电力系统中，辐射性扰动能感应出传导性扰动，这没有显示在图中。

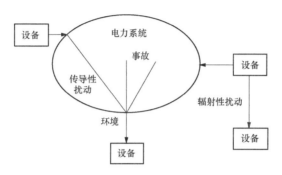

图 1.19　EMC 术语的综述示意图

1．免疫力要求

设备扰动免疫力标准定义设备能承受的电磁扰动的最低水平。在确定一台设备的免疫力以前，必须定义一个性能指标，换句话说，需要对哪类情况属于故障达成一致意见。在实际中，经常认为设备运行要么正常，要么故障，但是如果就此概念测试设备，这种区别就会显得累赘。这将完全取决于设备的工作特性是否是可接受的。

基本的免疫力标准（IEC-61000-4-1）将设备性能划分为下面四个等级：

（1）在技术要求范围内的正常性能；

（2）暂时降低或失去功能，但可自恢复；

（3）暂时降低或失去功能，但需操作员干预或系统重起；

（4）由于设备、元件、软件或数据丢失，设备降低或失去的功能不能恢复。

上述等级划分是一般性划分，因为这样的描述适合于所有类型的设备。在不同的设备标准中，这种分类还需进一步给出更明确的定义。

2．扰动发射标准

扰动发射标准定义了设备允许产生的最大数量的电磁扰动。在现有 IEC 标准中，发射水平限制了谐波电流（IEC 61000-3-3 和 61000-3-6）和电压波动（IEC 61000-3-3、61000-3-5 和 61000-3-7）的存在。大多数电能质量现象都不是由设备发射的扰动引起的，而是由电力系统操作或系统内的故障引起的。由于 ECM 标准仅针对设备，而没有对电力系统的扰动发射提出发射限值，像电压暂降和电压中断等事件都被看作是生活中的现实，但是这些事件都会影响电磁环境。

3．电磁环境

为了定量刻画设备免疫力水平，应该知道电磁环境。对于起源于电力系统或由电力系统传导的扰动，电磁环境等于前面定义的电压质量。IEC 电磁兼容标准采用以下三种方式定义电压质量：

（1）兼容水平。兼容水平是协调扰动发射与设备扰动免疫力要求之间的参考值。对于一个给定的扰动，兼容水平在扰动发射水平（或电磁环境）和设备免疫水平之间。由于扰动发射和免疫力的大小都是随机量，因此，电磁兼容能力永远无法完全得到保证。兼容水平的选择应满足大多数设备在多数时间内能达到兼容性要求的水平。通常认为，95%的设备在95%的时间里能达到要求，不可能同时影响扰动发射和设备免疫力，有以下三种情况可以被识别：

1）发射水平和免疫力同时受影响。从原理上看，兼容水平可以随意选择，但是较高的兼容水平需要设备有较高的免疫力成本，较低的兼容水平又需要高成本限制扰动发射水平，因此兼容水平应以两个成本之和最小为目标来确定。发射水平和免疫力同时受影响的一个扰动例子是谐波畸变，IEEE Std.519标准中对一个很好的例子进行了详细描述[82]。

2）发射水平不受影响。兼容水平应选择为多数设备在多数时间内扰动免疫力能超过电磁环境的水平。扰动发射水平不会受影响的例子是电压暂降，电压暂降发生的频次取决于系统故障频次和系统本身的结构、参数、状态等，这些故障和系统特性均不受设备制造商的影响。注意，EMC标准仅适用于设备制造商，对于这类扰动，本书将在后面章节来分析其兼容水平的选择方法。

3）设备免疫水平不受影响。兼容水平应选择为低于大多数设备、在多数时间内的免疫水平。免疫力不受影响的扰动的例子是电压波动引起的闪变。

（2）电压特性。对于某些设备而言，在任何地点，电压特征有类似的限制值限制某些参数。同样，电压特性是一个基于95%的瞬时值，适用于任何地方，对于电力用户而言是一个重要参数，因此电压特性是描述电力产品的一个重要参数。欧洲标准EN 50160定义了一些电压特性，该标准将在1.4.3中详细讨论。

（3）规划水平。规划水平由电力供应方指定，同时可认为是电力企业的内部质量目标。

以上这些想法最早起源于分析设备产生的扰动，对于这些扰动，其他设备可能很敏感，这些扰动主要是指设备产生的无线电干扰。这些思想后来被推广到如谐波畸变或电压波动等不同类型的扰动。但是，这种理念还没有被成功地推广到类似于电压暂降或电压中断等电能质量扰动领域。

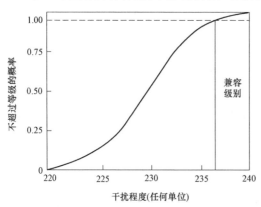

图1.20　概率分布函数，表示兼容级别

4. 电磁兼容及其变化

电磁兼容的变化可通过概率分布函数进行随机描述，如图1.20所示。曲线描述了扰动水平不会超过给定值的概率分布情况。根据IEC推荐的标准，兼容水平选择为95%。曲线可以适用一个地点或者多个地点。当曲线表示多个地点的兼容水平时，给出了大多数地点的扰动水平都不超过某一值的兼容性，典型地，取95%地点的兼容水平。例如，总谐波畸变率（total harmonic distortion，THD）为0.08，假设总谐波畸变率是在1000个以10min间隔的时间内对100个位置进行测试得到的，0.08的兼容水平就意味着有95个位置（即总的被测100个位置的95%）在至少950个THD测试样本中（1000个测试样本的95%）总THD值要等于或低于0.08。

如果设备成功运行需要更高的可靠性，应选择比95%更高的水平，如99.9%。

5. 电磁兼容与事件

对于很多事件来说，电磁兼容的总体框架还没建立起来，如何将电磁兼容应用于这些设备也还需要进一步认识。对于一些重要的电能质量现象，如电压暂降和电压中断，现有的EMC标准还不能直接使用，这也就是为什么大多数EMC标准在电能质量领域还不普及的原因，有效地把电磁兼容的概念应用到具体事件中去，还需要进一步努力。

电能质量扰动不会随时发生，因此利用95%标准来度量就不再可能。95%电压暂降的免疫力取决于计算电压暂降次数的方法。计算所有的电压低于200V（供电电压为230V）电压暂降次数，比计算电压低于150V的暂降，得到的暂降次数要多得多。在后一种情况中，免疫力要求要比前者更严格得多。

在某些电能质量监测研究中，95%标准很快就被采用。电磁环境被定义为不超过95%的位置的扰动水平（事件数）。但是，这是对环境本身的认识，并不针对任何设备免疫力要求。免疫力要求应该是基于超过设备免疫力水平的事件之间的最小时间。图1.21给出了超过给定扰动水平的事件间的时间间隔，对于扰动水平的函数（事件的严重程度），扰动越严重，事件间的时间间隔越长（即事件间的频率越低）。一台设备或设备所在生产过程都有一个可靠性要求，即有一个导致设备或所在生产过程中断的事件之间的最小时间要求。通过图1.21可以得出设备免疫力要求。在后面可以发现，实际情况会更复杂，事件的严重程度是个多维量，至少由电压幅值、持续时间等扮演着重要角色。

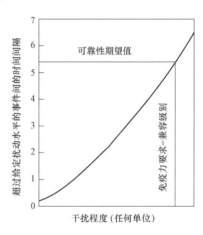

图1.21　事件间的时间（作为一个干扰等级函数）

一个可能被接受的兼容水平应可能是，95%以上的用户所经历的扰动事件每年不超过10次。对于多维事件的任意一维都这样要求，就会得到一个多维兼容水平，该概念已被应用于挪威电能质量调查结果分析中[67]。图1.22给出了95%的地方的暂态过压事故次数的最大值，选择95%的位置是指有95%的位置每年的暂态过电压比该位置的次数少。从图1.22可见，合理的兼容水平为暂态幅值为2.5p.u.，Vt-积分为0.3Vs。

以后，这样的兼容水平将被用作对设备扰动免疫力的基本要求，该概念将通过每年的 10 个事件和 1 个事件的兼容水平进行更深入的研究。在图 1.22 中得不到每年 1 次的兼容水平，因为它的测量周期很短（约一年）。

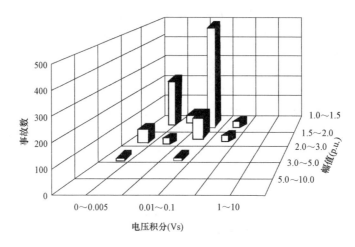

图 1.22　挪威 95%的低压用户的瞬态过压事故次数的
最大值（数据从文献［67］获得）

1.4.3　欧洲电压特征标准

欧洲标准 EN 50160[80]把电力看作一种产品，包括其缺点。欧标给出了在正常运行条件下，中、低压公用电网中用户供电端的电压主要特性。

前面已经提及了一些扰动，其他一些扰动目前也有典型值，下面给出其中一些扰动的电压特征。

1. 电压变化

欧洲标准 EN 50160 给出了一些电压变化的限值。对于不同的电压变化，该限值按不超过 95%时间的标准给出，在确定的平均采样窗口内进行测量。对于大多数电压变化来说，采样窗口长度为 10min，因此在标准中没有考虑非常短的时间尺度。在标准文件中，对低压供电系统给出了下面限制值：

（1）电压幅值。在一个星期内以 10min 为平均值所得 95%时间内的电压幅值应在标称电压 230V 的±10%范围内。

（2）谐波畸变。对于 25 次的谐波电压分量，谐波畸变限制值为一周内以 10min 为平均采样间隔的 95%时间内测量值不会超过的值。在一周的 95%时间范围内总谐波畸变率不超过 8%，该限值已列于表 1.1。这些畸变水平最早出现在国际大电网会议（CIGRE）工作组[83]进行的谐波畸变研究报告中，尽管标准文献中并没有提到该项研究。在参考文献［83］中，对于谐波电压畸变，给出了下面两个值：

1）低谐波畸变值。低谐波畸变值很可能在大型扰动负荷附近被测量到，与导致扰动的低概率值有关。

2）高谐波畸变值。高谐波畸变值在电网中很少出现，与导致谐波畸变的大概率值有关。

表 1.1   EN 50160 给出的谐波电压限值

次　数	相对电压（%）	次　数	相对电压（%）
3	5	15	0.5
5	6	17	2
7	5	19	1.5
9	1.5	21	0.5
11	3.5	23	1.5
13	3	25	1.5

CIGRE 工作组得到谐波畸变值列于表 1.2 中，显然，在欧洲标准 EN 50160 中使用的限值，在欧洲任何地方都很少会被超过，这正是采用术语电压特征（voltage characteristics）的原因。

表 1.2   欧洲[83]的谐波电压水平

次　数	低（%）	高（%）	次　数	低（%）	高（%）
3	1.5	2.5	15	≤0.3	
5	4	6	17	1	2
7	4	5	19	0.8	1.5
9	0.8	1.5	21	≤0.3	
11	2.5	3.5	23	0.8	1.5
13	2	3	25	0.8	1.5

（3）电压波动。一周内，2h 长时闪变严重程度的 95%概率值不超过 1。闪变严重程度是对电压波动引起的灯光闪变严重程度的客观度量。

（4）电压不平衡。在一周内，按 10min 时间间隔测量得到的 95%的负序与正序电压的比值不超过 2%。

（5）频率。以 10s 为间隔测量得到的 95%平均频率不超出 49.5～50.5Hz。

（6）信号电压。一天内，以 3s 为时间间隔测量得到的 99%平均信号电压值中，频率达到 500Hz 信号电压不超过 9%，频率为 1～10kHz 的信号电压不超过 5%，对于更高频率的信号电压，阈值减小至 1%。

2. 电压事件

欧洲标准 EN 50160 中没有给出本书中定义的电压事件的任何电压特征，仅提及了多数电压事件型电能质量扰动的现象，但对某些电压事件还给出了事件频次的一些预示性值或大致取值。为了完整性，下面将欧洲标准 EN 50160 标准中提到的事件作一个归纳。

（1）电压幅值范围（voltage magnitude steps）。电压幅值的变化范围通常不超过标称电压的±5%，但每天也可能发生多次达到±10%的电压变化情况。

（2）电压暂降（voltage sags）。每年发生电压暂降频次为数十次到 1000 次。暂降持续时间多数情况下小于 1s，电压降很少低于 40%，在有些地方，由负荷投切引起的电压暂降很频繁。

（3）短时电压中断（short interruptions）。每年发生短时电压中断几十次到几百次，大约有 70%的短时电压中断持续时间小于 1s。

（4）长时供电电压中断（long interruption of the supply voltage）。每年发生长时供电电压中断的次数一般少于 10 次。

（5）电压暂升（voltage swells）。电压暂升即短时过电压，在图 1.16 中的特定环境下会发生。在 230kV 系统中，由系统内短路故障引起的过电压有效值一般不会超过 1.5kV。

（6）暂态过电压（transient overvoltage）。在 230kV 系统中，暂态过电压峰值一般不超过 6kV。

（7）95%限值（the 95% limits）。欧洲标准 EN 50160 对一个重复性扰动仅给出 95%时间内的限值，没有涉及对于剩余 5%时间内的情况。一个关于电压幅值的例子是在 95%时间内的电压值为 207～253V（在标称电压 230V 的 10%范围内变化），但在余下的 5%时间内，电压值可能为零或 10 000V，这时的电压仍然符合电压特性。

电压幅值（有效值）是每 10min 得到的值——每周得到的总样本数为 7×24×6＝1008（个），但是在这些样本中，可能会有 50 个样本值在上面给出的极端范围内。如果仅考虑正常运行情况（正如标准中所述），这些远远超出了±10%的电压变化事件是不太可能出现的，正确理解这一要求需要具备一定的随机理论的知识。在正常运行情况下，用户端的供电电压由系统内一系列电压降决定，所有这些电压降都具有随机性。根据随机理论，一个由各随机变量的总和构成的变量可用正态分布来描述，正态分布是随机理论中的一个基本分布，其概率密度函数为

$$f(v)=\frac{1}{\sqrt{2\pi}\sigma}\mathrm{e}^{-\frac{(v-\mu)^2}{2\sigma^2}} \tag{1-3}$$

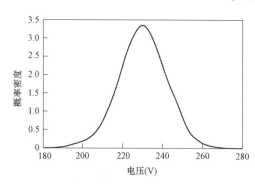

图 1.23 正态分布的概率密度函数

式中，v 为随机变量的值；μ 为期望值；σ 为标准差。该函数图形如图 1.23 所示，图中，$\mu=230\mathrm{V}$，$\sigma=11.7\mathrm{V}$。

概率分布函数没有解析表达式，但是可以用误差函数 Φ 来表示

$$F(v)=\int_0^v f(\phi)\mathrm{d}\phi=\Phi\left[\frac{v-\mu}{\sigma}\right] \tag{1-4}$$

电压特性标准给出了期望值（230V）和 95%区间值（207～253V）。假设电压服从正态分布，可计算出标准差，这样可得到 95%置信区间（confidence interval）。由于 95%电压样本在 207～253V 范围内，97.5%低于 253V，因此误差函数值为

$$\Phi\left[\frac{253-230}{\sigma}\right]=0.975 \tag{1-5}$$

从几乎可以在任何统计理论或随机理论书籍中都能找到的误差函数表中可以发现，误差函数值 $\varphi(1.96)=0.975$，对应的标准差为 $\sigma=11.7V$。已知正态分布的期望值和标准差，整个分布就已知，因此，要计算电压偏离其标称值10%以上的概率就不再困难，计算结果见表1.3。表中的第一列给出的是第二、三、四列中对应的电压变化范围内的电压事件发生的概率值，电压变化范围以标准差、电压有效值和标称电压的百分比等形式给出，因此在99%时间内的电压值在200～260V范围内，该表的最后一列给出电压超出相应范围的电压事件发生频次，确定这些频次时假设所有样本为独立随机变化的。实际中样本之间存在很强的相关性，从而使得出现大的偏差更不太可能。此外，由于系统内有电压调节机制（补偿电容器组、变压器分接头调整等），电压大幅度偏离其标称值的情况得到了很好的抑制。最后，应该认识到，标准中给出的95%值不是用户平均值，而是经受扰动最严重的用户所对应的值。所以可以得出一个结论，即电压幅度远远超出10%的电压变化事件是极不可能发生的。

表1.3　　　　　　　　　　　　电压超过一定水平的概率

概　率	电　压　范　围			概　率
95%	$\mu\pm1.96\sigma$	207～253V	±10%	1周50次
99%	$\mu\pm2.58\sigma$	200～260V	±13%	1周10次
99.9%	$\mu\pm3.29\sigma$	193～268V	±17%	1周1次
99.99%	$\mu\pm3.90\sigma$	184～276V	±20%	1年5次
99.999%	$\mu\pm4.42\sigma$	178～282V	±23%	2年1次
99.9999%	$\mu\pm4.89\sigma$	173～287V	±25%	20年1次

根据以上推理，也绝对不应该得出电压幅度不会低于80%等结论。采用的主要假设是，电压变化是由许多较小的电压降的总和引起的，例如，在电压暂降过程中，电压幅值的变化就不包含在其中。这会反过来为我们区分电压事件和电压变化提供一个基本原理：对于电压变化，可以采用正态分布；对于电压事件，最重要的是事件之间的时间间隔。因此，表1.3中列出的概率仅适合于电压幅值变化，绝对不适用于电压幅值事件。

3. 标准的范围与限值

欧洲标准 EN 50160 中给出了一些定义很好的限制值和测量标准，但该标准不对其推荐值承担任何责任。当人们认识到标准中描述的电压特征是当前电磁环境怎样，而不是电压应该怎样和将来会怎样时，标准中的这种观点当然就容易理解了。在这种思想下，实际情况并不会变得很糟，因为相应的责任是电力企业来承担的。

当人们解读该标准时，非常重要的一点是，必须认识到该标准是针对正常运行条件的。标准文件中给出了该标准不适合的情况的清单，该清单中包括故障后的运行、工厂行为、模糊不清的不可抗拒力、外部事件引起的电力短缺等，而删掉了标准文件中很多潜在值。电磁环境应包括用户经历的所有电压事件和电压变化，而不仅仅是在正常运行条件下的情况。严重雷暴（极端天气条件）下的电压暂降的危害程度与在5月阳光明媚的午后发生的电压暂降的损害程度相同。

用正面的眼光来分析该标准文件，可以认为，该标准仅给出了我们认为是电压变化的限值，而没有包括电压质量中的事件。

4. 后续发展

除了该标准的缺点外，欧洲标准 EN 50160 是一个非常好的文件。在现有环境条件下，该标准可能是目前能得到的最好的文件。人们应该认识到，该标准是第一个如此详细描述电磁环境的官方文件，虽然该标准仅给出了部分电能质量现象的限值，仅适用于系统的正常运行状态，也没有给出绝对保证，但是，至少关于这一问题，人们已经迈开了第一步。基于该标准，人们可以看到很多新的发展。

（1）全欧洲电力企业均开始按照 EN 50160 规定的通过测量的方式刻画其电能质量，因此，10min 平均值采用电压有效值、谐波电压值等，这些值在 95%时间内不会超过规定范围，可用于刻画当地的电压质量。存在的一个问题是，有些电力企业将 EN 50160 规定的限值与测量得到的值相比较，结论是它们的电压质量与欧洲标准是一致的，理解电压特征概念后，对于本地电压质量比标准中给出的限值好就不会感到惊讶，因此，这样的结果绝对不能被电力企业用以说明其供电质量已足够好。"我们的供电质量符合 EN 50610"的说法是没道理的，因为标准并没有给出对供电质量的要求，而仅仅是给出了欧洲现有最差的供电电压特征。

（2）有些电力公司已开始拿出自己的电压特性标准，这些标准当然是比 EN 50160 标准中所描述的指标更好。在瑞典哥德堡，当地电力公司已向用户印发其满足表 1.4 给出的电压质量限值的传单，在该传单中，没有采用电压特性术语，而是采用了基本水平[108]。

表 1.4　　　　　　　　瑞典哥德堡电力公司公布的电压特性

现　　象	基　本　水　平
电压变化	
幅值变化	电压应该为 207～244V
谐波电压	上升到 4%的奇数次谐波
	上升到 1%的偶数次谐波
	上升到 6%的总谐波失真
	上升到 0.3%的谐波电压
电压波动	不超过闪烁曲线
电压不平衡	上升到 2%
频率	49.5～50.5Hz
电压事故	
大小级数	频率的事故在大小上应小于 3%
电压暂降	没有限制
短时间中断	没有限制

现　　象	基　本　水　平
长时间中断	
偶然的	平均水平小于 3 年一次的
	平均水平小于 20min
	个别的中断小于 8h
计划的	平均水平小于 18 年 1 次
	平均水平小于 90min
	个别的中断小于 8h
瞬变	电力企业尝试减小影响用户的暂态的幅度大小和频率

（3）为了得到其他电能质量现象的信息，全欧洲均进行了电能质量测量。对于电压暂降、电压中断和暂态电压，在现有标准中没有给出限值，电压暂降和其他电压事件的电压特征如前所述，很难给出。一种可采用的方法是，对 95% 的用户，给出低于某严重程度的最大事件发生次数。图 1.22 给出了挪威电能质量调查[67]得到的暂态过电压的电压特性，这样选择的电压特性与采用 95% 标准定义的兼容水平是一致的。

第 2 章

长时电压中断与可靠性评估

2.1 引言

2.1.1 电压中断

长时电压中断（long interruption）是一种电能质量扰动事件，在该事件过程中，用户接入处的电压或设备终端电压降低到 0，且不能自动恢复。长时电压中断是古老且严重的电能质量问题之一。IEC 官方定义的长时电压中断最短持续时间为 3min。持续时间小于 3min 的电压中断被称为短时中断（short interruption）。在 IEEE 标准中，持续中断（sustained interruption）用以表示持续时间长于 3s 的中断（IEEE Std. 1159）或表示持续时间长于 2min 的中断（IEEE Std. 1250）。在本章中，术语长时中断将用于表示需由人工操作才能恢复供电的电压中断，而并非自动恢复。由自动重合闸或开关自动切换恢复供电的电压中断称为短时中断，这类中断将在第 3 章中详细讨论。

2.1.2 电力系统可靠性评估

被称为电力系统可靠性的研究领域早已建立，在该领域中长时中断的次数和持续时间是随机预测的。该领域长期以来受到许多大学和工业电力系统的重视，但是近年来从多角度对电能质量的研究使得大学和电力企业对可靠性越来越重视。重视可靠性的另外一个原因是，更加便宜、更加快速的计算机已经容易获得。在过去，实际电力系统可靠性评估中，需要大型计算机对系统进行粗略的简化并需要很长的计算时间。过去提出的很多想法，直到有了便宜且快速的计算机后才能实施。电力系统可靠性评估的一些基础知识将在 2.4 节和 2.5 节中分析，2.8 节将给出一些例子。

2.1.3 术语

本章会出现三个术语：故障、停电和中断。在日常生活中，这三个概念的意义是可以互换的。但是，在电力系统可靠性评估中，三者之间存在明显且重要的差别。

（1）故障（failure）。术语故障是在一般意义使用的技术术语，指一台设备或系统不能按预期的状态运行。在此取通常的含义，即代表一个设备或系统不正常工作的情况。因此，可以说保护清除故障的动作错误，也可以说一台变压器故障，甚至可以说公用供电网故障。

（2）停电（outage）。停电是指电力系统的一次元件从系统中退出，如一台变压器退出或发电厂退出电网运行。一次故障不是必然引起停电，如变压器强迫制冷系统的故障就不一定造成停电。另一方面，停电并不一定是由故障引起的。因此，需要区分强迫停电（forced outages）和计划停电（scheduled outages）。前者由故障引起，而后者是由运行人员的干预造成的。计划停电通常是为了进行预防性维修，而且上面提及的变压器强迫制冷系统的故障也可能引起变压器有计划的停电。

（3）中断（interruption）。术语中断（interruption）早已被使用，是指供电系统中一个或多个元件停电引起用户不再得到电力供应的情况。在电力系统可靠性评估中，术语中断表示停电的结果（或多重停电的次数），在多数情况下，与电能质量领域中的定义（零电压状态）相同。

2.1.4 长时中断的起因

长时电压中断总是由系统元件停电引起。系统元件停电主要由以下3方面原因引起：

1. 系统故障

系统内的故障引起电力系统保护装置动作。如果故障发生在没有冗余的一部分电力系统中，或有冗余但不运转的那部分系统中，保护的动作会导致许多用户或多台设备电压中断。典型的故障是短路故障，但变压器过载或低频等情况，也可能会引起长时电压中断。虽然对于受影响的用户来说这样的结果很讨厌，但是这也是保护的正确动作。如果保护不动作，多数情况下故障会导致更多用户的供电中断，对电气设备的损害也会更大。

由于配电系统通常以辐射状运行（即没有冗余），输电系统通常以环网运行（有冗余），因此输电系统故障对供电可靠性的影响不会很大，但配电系统故障的影响很大。

2. 保护动作

保护如果不正确干预清除故障，将导致一台设备停电，可能引起一次长时电压中断。如果保护不正确动作（或误动）发生在没有冗余的系统中，将会造成一次电压中断。如果保护动作发生在有冗余的系统中，情况就不同了。对于一次完全随机的保护误跳闸，冗余设备退出运行的机会相当小。因此，在有冗余的电力系统中，保护随机误动不是严重的可靠性问题。但是，保护的误动经常并不是完全随机的，当系统故障时更可能是这样。在这种情况下，保护会引起两种类型的跳闸：正确动作和不正确动作。如果是误动跳闸，这时正需要有冗余，与故障有关的误动是有冗余系统中最关键的问题。

3. 运行人员操作

运行人员的操作引起的元件停电也可能导致长时电压中断。有些操作可以看作是电力系统的后备保护，包括正确的或不正确的。但是，为了进行预防性维修，运行人员也需要决定切断系统的哪部分，这是很正常的操作，通常不会引起用户的关注。大多数情况下，电网中至少存在一些冗余，因此维修不会造成任何用户承受中断。在一些低压电网中，电网完全没有冗余，系统和元件的预防性维修和检修或系统元件更换等只能在系统内部分供电已中断的时候进行，这种供电中断被称为计划中断。这时，用户可以采取一些预防性措施，使这样的供电中断造成的影响比非计划中断造成的影响更小。要做到这一点，需要以用户能提前得到通知为前提，遗憾的是，在实际中并非总这样。

2.2 系统性能的可观测性

长久以来，长时电压中断一直被认为是值得防范的问题，长时电压中断频次和持续时间被作为度量供电质量好坏的度量。现在被称为电能质量指标，或在 IEC 技术术语中，被称为电压特征。

许多电力公司都记录了长时中断的次数和持续时间，但这些数据大多仅供企业内部使用，公开发布的信息还相当少。这样不仅使得开展教学和科学研究要获得相关信息很困难，而且即使对于电力用户来说，要想知道其供电可靠性程度也非常困难。前者还仅是不方便的问题，但后者却是严重的问题。对此问题具有积极意义的是英国已私有化的电力行业，他们对外公布了一些供电可靠性数据。本节采用的数据大多来自于英国电力体制改革办公室（British Office of Electricity Regulation，OFFER）发布的信息[109]，其他信息来自于荷兰[110],[111]。

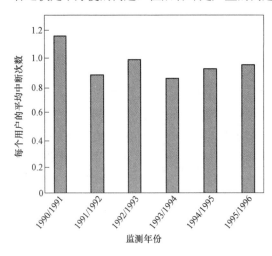

图 2.1　英国每个用户的平均中断次数
（数据来自文献［109］）

2.2.1　基本指标

正如 1.3.2 中提到的，任何电压幅值事件的主要随机特征是事件之间的时间间隔或每年事件发生频次（其影响与时间间隔相同）。后者事实上是监测到的长时中断的主要特征之一。图 2.1 给出了以年为监测周期，连续 6 年监测得到的每个用户的平均中断次数。1990 年 12 月英国电力工业私有化后，供电可靠性有可能降低的问题成了人们最担忧的问题。图 2.1 清楚地表明，统计得到的供电中断次数仍然维持在相对稳定的水平，人们的这些担心是没有必要的。

单次的中断用其中断持续时间刻画特征，即直到供电恢复所用的时间。通常不发布平均中断持续时间，而仅提供每年总的供电中断持续时间。这个值被称为每个入网用户损失供电的分钟数或更准确地表示为供电中断的时间。图 2.2 是英国（包括威尔士、苏格兰和英格兰）的数据。再次发现，除了 1990/1991 年因严重雪灾导致系统需几小时才能恢复供电外，其余年份的供电可靠性均比较恒定。结合图 2.1 可发现，恶劣气候引起的供电中断次数在数目上相对较小，但其持续时间对供电的中断有很大影响。

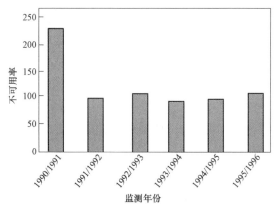

图 2.2　英国供电中断次数均值
（数据源于文献［109］）

可靠性数据采集表面看起来意义不大，但应该注意到，实际中，大多数电力公司并不能自动地发现对某个或多个用户的供电是否中断，典型情况是用户向电力公司投诉其供电被中断的情况，因此供电中断的开始时刻和持续时间通常并不易确定。在电力公司的供电区域内发生的总供电中断次数可以通过简单的计算获得，因为每次供电中断均需要运行人员操作才能恢复供电，通过统计恢复供电操作次数就可获得总供电中断次数。受供电中断影响的用户的数目需要一个用户记录的调查研究，这通常也需消耗时间。有的电力公司仅假设每条供电馈线上连接的用户数量固定，而其他一些电力公司把中断记录与其用户数据库相连。

根据采集到的数据计算相关指标的过程如下：假设电力公司的供电用户数为 N_{tot}，在统计周期内（典型周期为 1 年）系统总共发生 k 次停电，导致 1 个或多个用户供电中断。第 i 次中断影响的用户数为 N_i，持续时间为 D_i，则每年每用户的平均中断次数 $\overline{\lambda}$ 为

$$\overline{\lambda} = \frac{\sum\limits_{i=1}^{k} N_i}{N_{tot}} \tag{2-1}$$

解释该数据经常用到的基本假设是系统 1 年的平均值等于用户多年的平均值。因此，$\overline{\lambda}$ 也可以表示每个用户每年供电中断的期望次数。但是，由于负荷密度、系统结构与规模、系统运行水平、气候条件等的变化，从可靠性的角度看，该指标并不是对所有用户都相等。

每年每用户用分钟表示的平均电力不可靠指标 $\overline{q}$ 可计算如下

$$\overline{q} = \frac{\sum\limits_{i=1}^{k} N_i D_i}{N_{tot}} \tag{2-2}$$

一次中断的平均持续时间 $\overline{D}$ 为

$$\overline{D} = \frac{\sum\limits_{i=1}^{k} N_i D_i}{\sum\limits_{i=1}^{k} N_i} \tag{2-3}$$

这个值是有冗余的，因为可以通过式（2-1）和式（2-2）用以下关系计算

$$\overline{D} = \frac{\overline{q}}{\overline{\lambda}} \tag{2-4}$$

电力公司常发布 $\overline{\lambda}$、$\overline{q}$、$\overline{D}$ 三个指标中的两个。

注意，式（2-3）从用户的角度给出了平均中断持续时间。从电力公司角度看，另一个值也很有意思，即每次中断的平均持续时间 D_{int}，计算公式为

$$D_{int} = \frac{\sum\limits_{i=1}^{k} D_i}{k} \tag{2-5}$$

该值给出了电力公司多长时间能恢复一次供电中断的信息。式（2-4）和式（2-5）

的计算结果当然会不同。中断发生的电压等级越高，中断影响的用户越多，中断持续时间一般越短。因此，每个用户的平均持续时间很可能比每次中断的平均持续时间短，应该采用哪个值还值得继续讨论。

2.2.2 中断持续时间的分布

稍后将发现，中断成本随中断持续时间呈非线性增长，因此根据平均中断持续时间不能得到平均中断成本。为了计算平均中断成本，需要得到中断持续时间的分布。英国电力公司公布了 3h 内恢复供电的中断百分比和 24h 内恢复供电的中断百分比，这些信息是总体供电标准（overall standards of service）中的一部分，将在 2.3 节中详细讨论。几乎在所有可靠性研究中均假设：元件停电持续时间和供电中断持续时间均服从指数分布。指数分布，也被称为反指数分布，是多数可靠性评估技术中的基本分布，将在 2.5 节中进一步分析。指数分布的概率分布函数可表示为

$$F(t) = 1 - e^{-\frac{t}{T}} \tag{2-6}$$

式中，T 为随机变量的期望值，其值可由平均持续时间估计。从表 2.2 和表 2.3 中可知平均持续时间，在时间 t_1 内中断恢复的百分比可如下确定

$$F(t_1) = 1 - e^{-\frac{t_1}{T}} \tag{2-7}$$

表 2.1 给出了很多英国配电公司在 3h 内恢复中断的百分比。"实际值"一列中的值来自于文献 [109]，"理论值"一列的值是在相同年份内，根据供电中断平均持续时间用式（2-7）确定的。采用平均持续时间并假设服从指数分布，将会高估中断的影响：中断时间长于 3h 的中断次数明显少于测量得到的平均中断次数。这显然是详细分析元件停电和供电中断持续时间分布的一个很好的案例，在可靠性评估中也需要考虑非指数分布。

表 2.1 1996/1997 年度中断持续时间的分布及多数英国电力公司的理论值和实际值

公　　司	平均持续时间（h）	3h 内未恢复供电情况	
		理论值（%）	实际值（%）
A	2.38	28.4	19.3
B	1.38	11.4	9.8
C	1.42	12.1	7.3
D	1.45	12.6	7.0
E	1.63	15.9	11.5
F	1.62	15.7	8.6
G	2.27	26.7	13.4
H	1.38	11.4	7.1

注　数据来自 [109]。

表 2.2   一些英国电力公司每个用户每年的中断次数

配电公司	报 告 年 份					
	1990/1991	1991/1992	1992/1993	1993/1994	1994/1995	1995/1996
A	0.41	0.47	0.38	0.37	0.40	0.33
B	0.58	0.62	0.57	0.56	0.70	0.61
C	1.70	1.11	1.29	1.25	1.21	1.39
D	0.76	0.68	0.96	0.59	0.65	0.85
E	2.85	2.29	1.95	2.14	2.20	2.23
F	1.46	1.29	1.18	1.19	1.24	1.16
G	0.82	0.74	0.86	0.89	0.70	0.62
H	1.69	0.82	0.75	0.92	0.96	0.97

注   数据来自 [109]。

表 2.3   一些英国电力公司的供电不可用率

配电公司	报 告 年 份					
	1990/1991	1991/1992	1992/1993	1993/1994	1994/1995	1995/1996
A	51	67	53	52	58	54
B	88	75	77	69	70	67
C	398	118	122	144	128	151
D	76	65	91	63	94	85
E	325	212	212	200	212	233
F	185	176	184	167	133	111
G	185	108	129	121	102	88
H	1004	87	87	97	105	95

注   数据来自 [109]。

图 2.3 给出了荷兰在 1991～1994 年[112]得到的所有中断持续时间的概率密度函数。可见,中断持续时间主要为 30min～2h,最长持续时间为 5h。更重要的结论是,该分布完全不是指数分布(持续时间为 0 时,指数分布密度函数应有一个最大值,并在过最大值后连续地减少)。为了估计中断的预期成本考虑到这样的分布很重要,然而大多数可靠性研究中仍然假定其服从指数分布。

2.2.3 地区差异

图 2.1 和图 2.2 给出的都是整个英国的平均供电可靠性指标。一直存在的一个问题是,这样的数据对单个用户而言到底有多大用处。不能得到单个用户的信息,但可以得到 12 个配电公司各自的数据[109],这样的部分数据见表 2.2 和表 2.3。在英国,配电公司

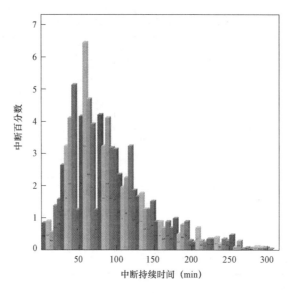

图 2.3 荷兰 1991～1994 年中断持续时间的概率密度函数

（从 Hendrik Boers 和 Frenken 处转载）

的运行电压为 132kV 及以下电压等级的电网。如表 2.4 所示，他们的系统对 97%的供电中断和 97%的电力不可用负责。比较不同电力公司的情况可以得到不同的系统规划和运行对供电特性的影响。除了 1990/1991 年特殊天气影响以外，供电中断和供电不可用次数明显保持稳定。因此，精确的随机预测方法可以产生这样的数据，这是一个富有挑战性的问题。本书 2.7 节将再次返回来比较观测值与预测值。

表 2.4　　　　　　　　　　　　英国 1995/1996 对供电质量的贡献

	每个用户的中断次数	每个用户每年的不可用率		一次中断的平均持续时间（min）
总计	1.03	158min		150
低电压（214/415V）	0.06	22min	14%	370
6.6kV 和 11kV	0.63	81min	52%	130
33kV	0.13	12min	8%	90
132kV	0.06	7min	4%	120
其他	0.03	4min	3%	130
计划	0.12	32min	20%	270

注　数据来自 [109]。

从表 2.2 和表 2.3 中还可以发现，电力公司 C、E 和 H 在 1990/1991 恶劣天气条件下，遭受的影响最大。对于每个配电公司来说，用式（2-4）计算平均中断持续时间是可能的。对于 H 电力公司来说，其 1990/1991 年的平均持续时间为 $\overline{D}=\dfrac{1004}{1.69}=594$（min），几乎到 10h。对于同一个电力公司，1991/1992 年的中断平均持续时间仅为 106min。

文献［109］作了进一步细分：对于每个电力公司内部的运行单元，给出了中断次数和电力不可用次数。基于这些数据，得到运行单元供电不可用的概率密度函数，结果如图 2.4 和图 2.5 所示，图 2.5 中包含了最大供电不可用单元。可见，50%的运行单元的每年供电不可用时间为 50～100min，95%分布在 350min。从该图明显可以看出，平均供电不可用并不能给任何特定用户提供任何期望得到的供电不可用信息。需要注意的是这并不是用户的分布，并不是所有的运行单元都有相同数目的用户，同一个运行单元的

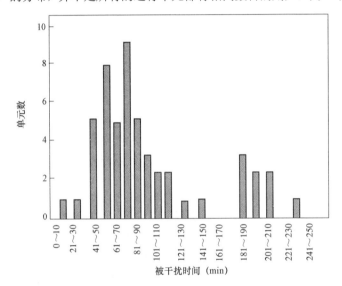

图 2.4　英国平均不可用率的概率密度函数（数据来自文献［109］）

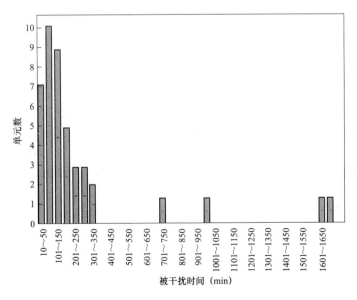

图 2.5　图 2.4 趋向更大值的扩展

所有用户的供电不可用也并不相同。对于所有用户来说，获得这样的图，还需要采集更多、更完备的数据。

2.2.4 中断的产生

中断次数和持续时间的数据本身非常有意义，尤其对于电力用户，但从这些数据中并不能直接得到任何关于中断产生原因的信息。为了找到中断产生的原因，还需要收集其他数据。第一步是获得停电导致供电中断的电网的电压等级信息。表 2.4 给出了整个英国 1995/1996 年的数据，其他年份的值和它相似。可见，对供电中断次数和供电不可用次数的主要贡献，来自于中压电网（6.6kV 和 11kV 电网），对此要进行解释并不困难。因为这些中压电网没有冗余，因此元件停电立即就会引起供电中断。而 33kV 电网部分采取环网运行，因此对供电中断的贡献比较小。低压电网采取辐射型网络运行，因此没有任何冗余，但低压电网对供电中断的贡献仍然较小。这主要是因为低压用户供电中中压馈线长度比低压馈线长，因此中压馈线用户承受的停电次数比低压馈线的用户多。另外一个原因是，多数低压网络采用了地下电缆，电缆的故障率更低。表 2.4 中的数据可用图 2.6 和图 2.7 来表示，这些图再次证实，通过增加配电系统的投资可以提高供电可靠性。从表 2.4、图 2.6 和图 2.7 中可以得到的一个重要结论是，最长的供电中断是由计划停电引起的，而且停电多在低电压等级。但是，由于这些中断发生的次数比中压电网停电引起的供电中断次数少，因此中压电网停电对供电不可用的贡献更大。

其他一些国家调查也同样证明，中压电网停电是导致供电中断的主要原因。表 2.5 给出了荷兰 1991~1995 年得到的供电中断数据[110]（表中的"高压"指 150kV 和 380kV，"中压"指 10kV，"低压"指 400V）。从这些数据中可以发现最显著的现象是，大约三分之一城市用户的供电中断是由高压电网停电引起的。这是由于城市的负荷密度大，而且所有中压和低压电网均采用地下电缆，因此，中压电网停电次数非常少。而高压电网主要采用架空线，发生停电的可能性更大，这可以与英国的情况进行比较。比较可见，在荷兰每 100 个用户中发生供电中断 6 次，在英国（"132kV"和"其他"电压等级）每 100 个用户发生供电中断 9 次。与英国相似，荷兰的供电不可用主要也是由中压配电网引起。

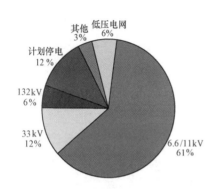

图 2.6　中压电网停电对英国供电中断次数的贡献（数据取自文献［109］）

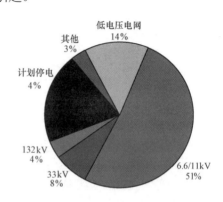

图 2.7　计划停电对英国供电中断次数的贡献（数据取自文献［109］）

表 2.5		1991～1995 年荷兰的供电特性		
	城镇用户			
	高压	中压	低压	合计
中断次数	0.06/年　29%	0.12/年　58%	0.01/年　5%	0.21/年
不可用率	2min　15%	9.5min　73%	1.5min　12%	13min
中断持续时间	26min	75min	198min	62min
	所有用户			
	高压	中压	低压	合计
中断次数	0.06/年　22%	0.20/年　74%	0.01/年　4%	0.27/年
不可用率	2min　11%	15min　79%	2min　11%	19min
中断持续时间	26min	75min	199min	70min

注　数据来自文献［110］。

图 2.8 给出了 1976～1995 年,荷兰三个电压等级的电网对低压用户平均供电中断频次的贡献。低压和中压电网对用户供电中断的贡献相当稳定,而高压电网的贡献变化较大。在某些年份（如 1985 年、1991 年）其贡献可忽略,而其他年份（如 1990 年）占了供电中断次数的一半。这样大的变化部分呈现随机性(高压元件停电导致的供电中断次数非常少),但是气候变化对高压电网（主要采用架空线）的影响也比对（主要为地下电缆）中压电网和低压电网的影响大。

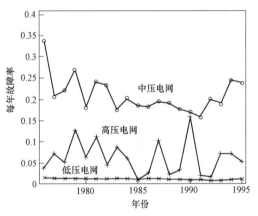

图 2.8　1976～1995 年荷兰低压用户年均故障率（从 Van Kruining 转载[110]）

图 2.9 给出了荷兰不同电压等级电网中发生供电中断持续时间的概率密度函数[111]。对于高压元件停电引起的供电中断,多数持续时间较短,大约 75%小于 30min。中压和低压电网（在荷兰,典型电压分别为 10kV 和 400V）停电会引起更长时间的供电中断。对于中压电网,大约 15%的供电中断持续时间小于 30min,低压电网该值更小,大约为 5%。这与采取的供电恢复措施有关。高压电网的停电一般由主控制室内的运行人员人工恢复,而中、低压电网没有这样的控制室,故障定位和供电恢复均不得不当地进行。从图 2.9 的概率密度函数可清楚地发现,30min 是中、低压电网供电恢复所需的最短时间。在荷兰,几乎 100%的中压和低压电网采用地下电缆,供电恢复通常通过开环运行的闭环网开关投切来实现。

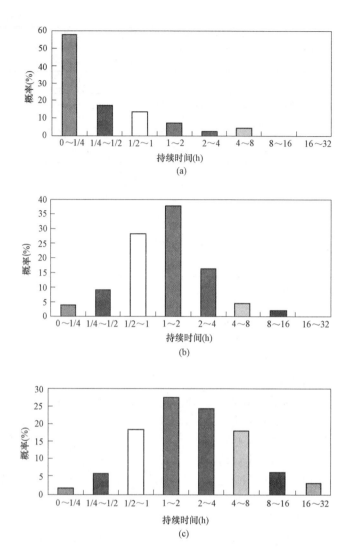

图 2.9 荷兰电力系统三个电压等级中断持续时间概率密度函数（从 Waumans 转载[111]）

（a）高压电网；（b）中压电网；（c）低压电网

2.2.5 更多信息

根据记录的供电中断事件，可以得到平均持续时间和频次以外的信息。前面已经发现，供电中断产生的原因和中断持续时间的概率分布等都是很有价值的附加信息。根据记录能得到的信息量取决于记录中断的详细程度，所记录的信息有两方面的应用，每方面的应用又有其自身的要求，主要为：

1. 提高供电质量

提高供电质量主要需要的信息是中断产生原因和供电恢复方式。例如，大多数供电中断发生在中压电网的规律告诉我们，改进中压电网可以获得更大效益。但是，对于确定的用户中断成本而言，要想解决供电中断持续时间长于 2h 的中断，改造中压电网的意义不大，因为主要设备均采用了有电池备用（不间断电源，UPS）的供电方式。由图2.9 可以发现，改善低压电网变得更加恰当。为了作出这样的决策，需要得到比供电中断频次和供电不可用信息更多的数据信息。

2. **可靠性评估所需数据**

可靠性评估需要有更多数据，不仅仅是中断数据，还需要没有引起供电中断的停电信息。多数电力公司和工业企业都拥有停电频次和元件停电持续时间等信息，但是大多数信息都是对外不开放的。为了获得停电频次，已开展了大量调查。例如，IEEE 工业应用学会对工业电力系统进行了调查[21]，国际大电网会议调查了高压电网元件停电情况[197]。还明显缺少的数据是电力系统保护故障和停电时间与元件恢复时间的概率分布，尤其是后者，在可靠性评估中非常重要。因为总存在中断成本，因此，中断持续时间成为希望得到的结果。在 20 世纪 90 年代，有学者对已有文献进行了调查，得到了对希望的元件寿命的一些建议[107]。该项研究的结果见表 2.6。

表 2.6 元件停运与故障次数建议值

元 件 类 型	每 1000 个元件每年中断停运次数	元件每年停运次数	故障概率
中压/低压 变压器	1～2		
中压/中压 变压器	10～12		
高压/中压 变压器	14～25		
中压和低压断路器	0.2～1		
隔离开关	1～4		
电磁式继电器	1～4		
电子式继电器（单功能）	5～10		
电子式保护系统	30～100		
熔断器	0.2～1		
电压和电流互感器	0.3～0.5		
备用发电机		20～75	
启动故障			0.5%～2%
持续发电机		0.3～1	
备用电源逆变器		0.5～2	
备用电源整流器	30～100		
地下电缆（1000m）	13～25		
电缆终端	0.3～1		
电缆接头	0.5～2		
母线（一段）	0.5～2		
大型电动机	30～70		

注 数据来自文献［107］。

2.3 标准与规定

2.3.1 对中断频次的限制

长时中断目前是最严重的电能质量问题，因此任何定义或规定供电质量的文件中均应包含对中断频次和持续时间的限制。在电能质量国际标准中，还没有给出任何关于中断频次或持续时间的限值。欧洲标准 EN 50160（见 1.4.3 节）最接近于该要求的陈述为"在正常运行条件下，每年电压中断长于 3min 的频次，根据地区差异，也许小于 10 次或 50 次"。该文件同时也说到"要指定一个长时中断的年度频次和持续时间是不可能的"。

许多用户希望有更准确的中断频次的限值，因此有些电力公司为用户提供特殊保证，有时也称为电能质量合同。供电公司保证用户每年经受的供电中断次数不超过给定次数，如果用户实际经受的最大中断次数超过合同规定次数，电力公司将向用户的每次中断支付一定数量的赔偿金。每次中断的赔偿额度可能是一个由合同规定的固定数量，或根据供电中断造成的用户实际成本或损失确定的赔偿额度。有些电力公司根据不同的供电质量标准制定不同的补偿额度。可选择的中断次数几乎没有限制，如果用户情愿支付更高的额外可靠性成本，电力公司能够提供的供电服务质量将是最重要的影响因素。在设定最大中断次数和规定不同选择的成本方面，目前还没相应的技术方法或手段。对于用户而言，要决策哪种选择最优，就需要获得一些数据，这些数据不仅是平均中断频次，而且包括每年中断次数的概率分布等。

合同规定电压质量主要针对工业用户，但有时电力公司也针对家庭用户提供赔偿。在英国，电力公司必须对供电中断 24h 以上的用户提供确定的赔偿。在荷兰，法律上已规定，供电公司必须补偿用户供电中断期间的损失，除非供电公司证明其对供电中断没有过失。在瑞典，一些电力公司也向用户提供供电中断补偿。

2.3.2 中断持续时间限制

当供电中断持续时间超过几小时时，中断带来的麻烦快速增加，尤其是对于居民用户。因此，人们已经意识到，减少中断持续时间远比减少供电中断次数（所需投资可能很大）意义要大。几乎所有国家在进行电力系统规划和运行过程中，限制供电中断持续时间都是基本准则。以英国为例，通过以下 3 种方式来限制中断持续时间：

（1）OFFER 设定了持续时间长于 3h 和持续时间长于 24h 的供电中断百分比的标准，这些标准被称为总体供电标准[109]。

（2）配电公司在供电中断持续时间长于 24h 时，向所有用户提供赔偿，这被称为供电保证标准[109]。

（3）作系统规划时，要求供电中断的恢复必须限制在给定时间范围内。

为每个配电公司，OFFER 的规定包括了中断恢复时间在 3h 以内的供电中断次数的百分比标准和恢复时间在 24h 内的供电中断百分比标准。到每年年末，各配电公司要向 OFFER 报告有关情况，报告中要明确上述两目标实际达到的水平。表 2.7 给出了一些电力公司 1996/1997 年实际达到的目标情况。可见，大多数电力公司都达到了目标，达到的中断持续时间 24h 以内的目标最小是 99%，达到的 3h 以内的目标不低于 80%。

表 2.7 英国电力公司 1996/1997 年实际达到的目标情况

	3h		24h	
	目标（%）	达到（%）	目标（%）	达到（%）
A	80	80.7	100	100
B	85	90.2	99	100
C	95	92.7	100	99.9
D	93	93.0	100	100
E	80	88.5	99	10
F	80	91.4	99	100
G	85	86.6	99	99.3
H	85	92.9	99	100

注 数据来自文献［109］。

最长供电中断持续时间也是电网规划的重要内容。在第 7 章中讨论的"冗余"概念将扮演非常重要的角色。为了达到给定的供电可靠性，电力系统需要有一定的冗余。在公用电网规划中经常采用的一条原则是，受系统元件停电影响的用户越多，系统越需要有冗余，并且这种冗余越需要快速获得。表 2.8 归纳了这种方法在英国的执行情况[119]。这些规则是工程建议的一部分，而且已在英国采用了多年。当电力公司私有化后，这条规则就变成了电力企业的基本资质。根据负荷规模大小，确定供电中断持续时间的最大值。受影响的负荷越多，供电恢复就要求越快。按照电力系统的运行和设计，对 60MW 以上负荷供电需采用双回并联线路供电，对 12MW 以上负荷需有自动或远程手动负荷转移，对 1MW 以上的负荷需本地人工转移负荷。电力系统规划与可靠性之间的关系将在本书第 7 章详细讨论。

表 2.8 英国供电系统设计建议

负荷规模	恢复的负荷总量			
	立即	15min 内	3h 内	检修时间
0～1MW	—	—	—	总负荷
1～12MW	—	—	负荷－1MW	总负荷
12～60MW	—	负荷－12MW 或总负荷的 2/3	总负荷	
60～300MW	负荷－20MW	总负荷		

注 数据来自英国工程建议[119]。

2.4 可靠性评估概述

大量书籍和文献已经针对电力系统可靠性问题开展了大量研究。其中，最著名的书籍是 Billinton 和 Allan[84-86]的著作，另外 Endreyni 的书籍[87]和 IEEE 黄皮书（IEEE Gold

Book）[21]等均对该课题进行了较详细的研究。后面这本书没有给出电力系统可靠性的详细理论分析，但是提出的一些基本计算方法是有用的，这本书中还给出了系统元件停电率，该指标在其他书籍中是缺失的内容。德文中也出版了一些关于电力系统可靠性的书籍[88]、[89]，同样，还有用其他语言出版的一些书籍。对国际上关于电力系统可靠性相关文献进行综述的文章，在 IEEE 电力系统汇刊（IEEE Transactions on Power Systems）上大约每隔 5 年刊登一次[90-92]。其他一些关于电力系统可靠性的信息源是国际或国际组织的一些报告。同时，越来越多关于电力系统分析、设计或运行方面的书籍中也包含了电力系统可靠性的专门章节。在本节以下内容和 2.5 节中，将提出电力系统可靠性评估的一些一般思想，更详细的内容请参见相关文献。

电力系统通常按功能可划分为以下三个部分，每个部分有其自身特殊的设计、运行问题和解决方案。

（1）发电；

（2）输电；

（3）配电。

在可靠性分析中，根据电力系统的三级划分方式，可靠性评估也进行类似划分。

（1）等级Ⅰ：发电可靠性；

（2）等级Ⅱ：发电与输电可靠性；

（3）等级Ⅲ：发电、输电与配电可靠性。

虽然所有关于供电可靠性的书籍和文献都采用这样的分类方法，无论是明确的还是隐蔽的，但是实际上不是所有人使用等级分层这一术语。这个术语已成为有用的教学概念，本节采用该概念是为了便于讨论不同的评估技术。大多数分类中等级分层的概念比较近似。发电厂可靠性部分取决于辅助设备供电，这样的供电必须看成是配电系统，因此又属于等级Ⅲ，同时，实际上部分发电机组已深入到配电系统中，在有些国家大约有10%的发电机组直接接入到配电系统中[120]。而且，随着工业化热电联产（combined heat and power，CHP）技术的推广应用，小规模可再生能源（small-scale renewable energy）和可被称为微热电联产（micro-CHP）的技术逐渐在居民用户中得到应用。另外，直接嵌入配电系统的发电机组也在增加。

等级分层这个概念的另外一个缺点是，它是在工业化国家中针对大型公用电网提出来的，对于发展中国家，小型孤立系统及工业电力系统也许需要有不同的思想。在本节的最后，将提出对大型工业电力系统分级水平的等值处理方式。

尽管等级分层分类法存在缺点，但该思想在本领域内仍然给出了很好的见解。新的发展最容易在老方法不适用的地方出现，但要理解新的思想需要首先理解本概念及其分类思想。

2.4.1　发电可靠性

正如在 2.2 节中提出的观察结果，发电机停电无论对于用户经历的供电中断频次还是供电可用性都没有任何影响。因此，对用户来说，等级Ⅰ的可靠性研究显得不是很重要。对于已建好的、规划很好的、运行也很好的电力系统来说，这个结论是正确的。但是，在规划阶段，等级Ⅰ的可靠性研究相当重要。在现代电力系统中，发电厂通常设在很高的电压等级，因此缺少发电会立即引起全国性甚至国际性问题。这种情况应该尽可能避免。然而如果已规划有适当的发电备用容量，在运行过程中系统可获得这些备用，则用户对发电紧缺不必有任何担心。

1. 年度峰荷

电力系统配置总发电容量的原则是发电容量超过系统年度峰荷，这一原则是电力系统规划的最重要准则。大型电厂的规划和建设周期为5~10年，因此，这样的决策必须提前几年进行。大多数等级 I 的可靠性研究是计算给定年份（如决策数据的前7年）内可获得发电容量小于年度峰荷的概率。为了进行这样的研究，需要的输入数据包括期望的年度峰荷、各发电机组容量及其强迫不可用性。强迫不可用性是由于强迫停电，如机组检修期间，造成的机组不可用的时间部分。需要作出的假设是，在年度峰荷期间，机组不可用概率等于强迫机组强迫不可用概率。这个假设给出一个明确的信息来计算可用容量小于年度峰荷的概率，该概率称为年度峰荷的负荷损失期望（loss of load expectation，LOLE）。注意，在峰荷研究中，没有考虑计划停电。假设在年度峰荷期间不会安排预防性检修是可以期待的。

2. 预防性维修

发电机的预防性维修对机组的不可用性有明显影响。不可用性包含两个方面：上述"强制不可用性"和"计划不可用性"。后者是由于计划停电（如维修）引起的机组不可用时间的一部分。机组的计划不可用性可能超过其强迫不可用性，计划不可用性不能像强迫不可用性那样被看成一个概率或被看成随机的。发电机维修可以提前几个月甚至提前1年以上制订计划，发电机维修计划的制定原则不危及日峰荷供电，典型地，发电机维修要避开年度峰荷。如果年度峰荷在冬季，发电机维修计划就安排夏季，其他情况类推。在热带地区，气温较高、较稳定，全年负荷变化不大，要制订这种类型的维修计划是不可能的，因此需要在部分时间内接受较高的期望负荷损失或需增加额外的机组。该问题在小型系统（如岛屿电网或孤立电网）中相当严重，在这样的系统中，发电机组的容量占总负荷的比例很大。

在可靠性等级 I 的评估中，一种包含预防性维修的方法是以周为单位，将一年划分为短的周期。对每个周期，计算该周期内峰值负荷对应的负荷损失期望，每个周期的发电容量中扣除了在维修的机组容量，这样的研究被作为典型的制订维修计划的辅助方法被采用。

维护频率（即多长时间进行一次维护）在可靠性等级 I 的研究中通常是假设的。当维修频率发生变化时，这样的变化对元件故障率将会产生影响，这点在可靠性评估中非常重要。精确的可靠性评估模型，要求有元件老化程度和进行元件维修对元件产生的影响等信息，这是在电力系统可靠性评估中还很少考虑的问题，本书将在 2.5.6 节中再次讨论元件老化问题。

3. 负荷曲线

负荷损失期望量化了发电机容量不满足（年度）峰荷供电要求的风险，但不能量化由发电容量不足引起的供电不可用性。为了得到可靠性等级 I 对供电不可用性的影响，需要作更进一步的研究。不仅需要知道每台发电机组的不可用性，而且还需要知道停电频次和维修时间分布，还必须考虑负荷随时间和计划维修的变化。一种简单的方法是利用负荷-持续时间曲线，通过将曲线划分为几级来近似表示，然后计算每个负荷水平下的负荷损失期望。对于电力系统规划来说，该方法由于太复杂而没有被采用；对于用户来说，该方法影响太小而显得不够重要，因此这种计算的应用还相当有限。发达国家和发展非常快的国家的电力系统是例外，这些国家中电网发电不足对供电不可用性的影响相当大。

4. 欠额定状态

最简单的负荷损失期望计算是假设发电机组只有两种状态：可用和停电（不可用）。事实上，这种分类过于简单，尤其是对于大型发电机组。有一种普遍存在的现象，即由于发电厂辅助系统故障，发电机组将达到欠额定状态（derated state）。在这种状态下，发电机没有停机，但仅能部分容量发电。例如，如果电厂中的一台锅炉故障，限制了全厂的燃烧性能，也就限制了发电机出力。如果把这种故障考虑成机组完全故障，进行的可靠性评估就会欠估计。在规划阶段，这又会导致对已建机组数量的过估计。随着近年来降低成本变得越来越重要，人们对欠额定状态模型越来越感兴趣。利用更详细模型的其他因素是随着更快速计算机的出现，利用这些更详细的模型已成为可能。

5. 运行备用

典型可靠性研究的目的是规划，在规划阶段，应注重如"从现在起，在未来的 10 年内到底需要多少发电容量"等问题。在这种情况下，假设发电厂和输电线路不进行检修和维护，在发电和输送过程中，这些均可获得；而对于运行备用的研究来说，情况有所不同，需要考虑的仅仅是那些实际正在运行的电厂或在接到通知后马上就能发电的机组，并评估在未来几小时内总负荷不能被供电的风险。

2.4.2 输电可靠性

等级Ⅱ的可靠性评估关注的是重要节点的电力可靠性，典型的是输电变电站，在这样的变电站，电能从输电的高压等级变换到配电电压等级。电能不仅必须由发电厂发出来，而且还必须通过输电系统输送到用户端。这时必须考虑有足够长的输电线路或电缆可用。可靠性等级Ⅱ的研究比可靠性等级Ⅰ的研究要难很多，而且仍然处于发展过程中，本节后面部分将讨论其中的一些困难和建议的解决方案。

1. 线路过载

由于一条输电线路停电，通过输电线路的有功、无功潮流发生改变，这可能会导致其他线路过载，典型例子是并行线路过载。通常，并行线路都是按比例带负荷运行，其中一条线路停运时，不会造成其他线路过载，因此，两条线路给 200MVA 负荷输电，这时每条导线都应能输送 200MVA 电力，这就是满足所谓的（$n-1$）准则。（$n-1$）准则已成为输电系统规划的重要准则，即一个由 n 个元件构成的电力系统，在只有（$n-1$）个元件时应能正常运行。因此，任意单个元件停运，系统均能正常运行。在电力系统中更重要的部分，采用的更严格的准则是（$n-2$）、（$n-3$）准则等。

大型输电网络已经变得越来越复杂，已很难看清并行线路的实际位置，在包含多个电压等级的环网系统中，一个元件停运引起的过载，正如近期国际上已发生的供电中断和"几乎中断"的电力系统事故一样，存在着严重风险，这种风险随着远距离输电系统的发展还在不断增加。

对于大系统中可靠性等级Ⅱ的研究，必须对每次停电计算负荷潮流，这样的计算使得可靠性等级Ⅱ的研究耗费的时间很长，另外，过负荷事件的处理还取决于电力公司调整过负荷所采用的政策，为此在可靠性研究中采用以下两种典型模型：

（1）过负荷引起超载元件中的某一元件停运，这种停运可能立即发生，也可能经一定延时后发生，停运时间取决于实际过载量的大小，由于发生了某元件停运，可能引起第二级设备停运，从而进一步演化成灾难性事件。

（2）假设过载会通过甩负荷而得到缓解。

2. 保护可靠性

电力系统保护的目的是将故障元件从系统中清除，尽可能限制故障可能导致的危害。清除故障元件的保护发生故障可能会造成更加明显的危害，包括对本不该被切除的用户造成的危害。应该清楚地认识到，保护系统的可靠性是供电可靠性研究的重要组成部分，保护故障已作为引起系统元件停运的一个重要原因被提及，电力系统保护可能有以下几种故障模式：

（1）当需要动作时，保护动作失效（拒动）。在这种情况下，后备保护将启动，并将故障清除。这种后备保护通常清除的元件比故障元件数更多，因此对电力系统的影响更大。由于输电系统通常只设单一的冗余，这样的保护故障潜在地使系统失去了冗余，从而造成不必要的供电中断。

（2）在不该动作时保护误动。如果这种情况独立于其他事件发生，将简单地引起被保护元件停电。输电系统具有的冗余使这种误动不会给系统的供电可靠性造成大的影响。

（3）当其他保护动作时，系统保护发生误动。这种情况将导致系统同时损失两个元件，在短路过程中，一个过电流流过系统，使得在进行计算时不得不将该情况当作一个事件来考虑。对此如何进行精确建模，目前还没有很好的方法，主要问题是从理论上讲，每次故障都可能导致系统其他保护中任何保护的误动。

（4）由于系统中的其他事件，如开关切换操作等，引起电力系统保护误动。虽然事件本身并不需要任何保护参与，但这种情况仍然发生，这时仍然会使系统失去冗余。其原因是几种保护可能经历相似的扰动，因此可能同时发生误动。

电力系统保护的可靠性通常可分为两方面：可靠性与安全性。可靠性是指保护正确动作的确定程度［上述第（1）点］；安全性是指保护不正确动作的确定程度。在以上分析中，均忽略了安全性中的差异。

3. 系统动态特性

多数元件停运是由短路故障引起的。故障的发生和清除会在系统中引起动态振荡，从而导致元件过载或跳闸。这种可靠性等级Ⅱ的安全性，在研究过程经常不被考虑。为了计算这种安全性，需要详细的系统动态模型。在现有可靠性文献中，区分了适当性（静态评价）和安全性（动态评价）两类评估。适当性评估方面主要考虑评估技术问题，而经常忽略了安全性。在一个规划较好的电力传输系统中，一次短路故障不会导致损失任何发电机或任何系统元件过载，但这时需要考虑可能出现的下面几种情况，在这些情况中，系统动态特性会对可靠性等级Ⅱ的评估有重要影响。

（1）在其他误扰动的系统中，每次短路可能都是安全的，但是在已经有一个或多个元件退出运行的系统中有短路故障的发生，系统可能就不安全了。故障前和故障后（即故障元件被清除后）的状态可能是正常的，但由于发生了大的动态振荡，这两种状态之间的过渡可能是不正常的，在仅有单一冗余的系统中可能出现两个或三个冗余。

（2）保护故障会导致后备保护切除故障，这时故障清除时间更长，会导致更恶劣的动态影响，如果主保护清除故障，系统可能是稳定的，但是当故障由第二级保护清除时，系统可能就不稳定了。

（3）在由两个发电中心构成的小型电力系统中，靠近发电机的故障可能会导致一些机组加速，而其他机组会减速。发电机转子之间的差异迅速增大，引起大的不稳定。在电压为 10～30kV 电压等级，主要由地下电缆构成的输电系统中，这种现象尤其严重[113]。对于这样的系统的可靠性评估，不仅要考虑电缆停运，而且还需要考虑潜在短路故障。

（4）在工业电力系统中，连接到供电母线上的最大电动机负荷受母线短路水平的限制。实际电动机负荷经常很接近该限制，如果随着时间的变化，电动机负荷数量增加，有些故障会导致同步电动机失去同步，或导致异步电动机停运。

4. 常见停电模式

在可靠性等级 II 的研究中，系统元件通常被认为是独立的，即某个元件的停运不依赖于其他元件的状态，但是有时会有两个或更多的元件同时停运。典型的例子是，同塔双回线路倒塌会使两条平行线路均遭损坏。可靠性等级 II 研究中的其他属性（保护故障、并行线路过载等），有时也被认为是通用故障模式。例如，并行线路发生故障的过程中，一个继电器故障，会导致两条线路同时停运，通常对此进行通用故障模式建模，不需要详细保护模型。

5. 与天气有关的停运

在很多研究中，都认为系统元件的停运率为恒定值，但事实上并非如此。许多系统元件的停运与气候条件（雷电、风暴、冰雪等）有关，因此具有时间依赖性。对于无冗余的系统来说，这完全不是问题，但是，对于并行系统而言，恶劣气候明显地增加了供电中断率，即使元件平均停运率相同。2.8 节中将给出一些这种影响的数字算例。

在 IEEE 收集元件停运数据的标准[198]中，推荐区分三个等级的停运率：正常天气、恶劣天气、重大风暴灾害天气。

在英国电力公司的输电系统和配电系统中，元件停运率受恶劣气候条件的影响情况，见表 2.9[199]。不同的电网有不同的现象，尤其是这些电网处于不同气候条件下（苏格兰的暴雪天气比得克萨斯多）时，这种差异更明显，但总体的结论是恶劣天气对元件停运率造成的影响最大。

表 2.9　　　　　　　影响输电系统和配电系统故障率的多种原因

故 障 原 因	变电系统（%）	配电系统（%）
雷电袭击	9	12
线路上冰雪	52	11

故 障 原 因	变电系统（%）	配电系统（%）
大风	32	7
电厂故障	5	39
线路干扰	2	21
动物/鸟击	—	8
邻近负荷	—	2

注　数据来自文献［199］。

2.4.3　配电可靠性

现有多数对电力系统可靠性的研究都着力于发电系统和输电系统的可靠性，在前面已分别被称为可靠性等级Ⅰ和可靠性等级Ⅱ。等级Ⅲ（配电系统）的可靠性研究还相当稀少，虽然在过去几年已开始发生变化。对配电系统可靠性研究重视程度不够显然不是因为配电系统的可靠性高，事实上，供电中断频次和不可用性主要取决于配电网发生的故障事件，包括中压网和低压网。对配电系统可靠性研究兴趣的缺乏，可以给出很多理由，下面列出部分理由：

（1）对配电系统可靠性的研究兴趣通常比对发电系统和输电系统可靠性的研究兴趣低。

（2）发电系统和输电系统的可靠性研究是国家利益层面上的，因此需要做出更多努力。输电网中发生的中断会影响系统的很大一部分，因此更容易成为头条新闻。

（3）输电系统的投资比配电系统的投资更容易，因为配电系统结构庞大需要的资金更多，这就意味着，许多配电系统的可靠性分析不具有吸引力。

（4）配电系统可靠性研究相对简单，这使学术界对其缺乏研究兴趣。

（5）如果可靠性分析能给出中断频次或供电可用率，也仅使电力用户对其有兴趣。一个被广泛接受的观点是，可靠性研究的结果只能用于比较（即比较不同的配电方案），因此这样的研究对用户来说是没用的。

但是，正如前面所言，对配电系统可靠性研究的兴趣正在不断增长，这极有可能是因为社会和电力企业对用户的兴趣正在增加。配电系统可靠性有自身的问题和解决方法，下面将对其中一部分内容进行讨论。

1. 辐射型系统

配电系统通常以辐射状运行，其结果是每个元件停运都会引起供电中断。为了得到中断频次，只需将电网供电点与用户之间所有元件的停运率加起来。有时部分系统是环状运行或并列运行，但这种情况仅占整个系统很小一部分，要计算中断频次，仍然有一定的数学上的困难。

2. 中断持续时间

配电系统可靠性评估中的主要问题是中断持续时间，这一点将在后面再次提及。中断成本随中断持续时间呈非线性增长。中断持续时间的概率分布函数对期望成本有很大影响。根据在系统中所处的具体位置，确定中断恢复时间更为重要，因此平均中断持续时间和中断成本在整个电网变化中很明显。中断持续时间包含很多内容或分量，其中的每一个因素均具有随机性，在文献［121］和［122］中给出了这些因素，主要因素如下：

（1）收到投诉、供电合同或传播到被影响变电站的行波；

（2）找到故障位置或故障区段；

（3）进行必要的开关操作；

（4）恢复供电。

在随机论中，一个众所周知的定律是足够数量的随机事件的总和服从正态分布。因此，由于具有随机性，中断持续时间的随机分布很像是正态分布而不像大量计算方法中所讲的指数分布，不同的分布假设可能得到与实际不相符的中断成本。

3. 可选择供电的可获得性

上面列出的各影响因素对中断持续时间的影响假设的前提是有可选择的供电方案，因此故障定位（或故障区段识别）后，供电才能得到恢复。但是，实际并非总如此，因为可选择的其他供电方式也可能被中断，或可选择的供电方式仅能为部分负荷提供供电服务，这种情况下，全部供电的恢复只有在故障元件修复或更换后才能实现。当供电经开关切换得到恢复时，用户经历了一次长时中断。当供电只能通过维修/更换才能得到恢复时，用户经历了一次很长时间的中断，这种很长时间中断的定义见1.3.3。在多数配电系统中，长时中断的频率是很小的（远郊电网除外），但是中断成本很高，这使得把成本问题当作可靠性评估基本内容变得非常重要。需要特别重视长时中断的另外一个原因是，电力公司必须对外公布在给定时间内供电不能得到恢复的中断次数或必须对很长时间中断进行赔偿。

为了获得中断持续时间分布的准确细节，需要有系统完备的随机模型。但是，如果仅关心很长时间中断的频次，可以用两步法。对于很长时间中断，有趣的时间尺度比得到可选择供电方案所需时间更长。为了评估很长时间中断频次，用于恢复供电的开关可以被认为已处于闭合位置。为了评估最后系统的可靠性，可以使用在输电系统评估中已提出的评估技术，因此需要的评估模型比为了预测总中断频次所需模型要复杂得多。

如果对很长时间中断或中断持续时间分布感兴趣，前面已提及的输电系统可靠性的一些特性（通用模式故障、恶劣气候、过负荷）不得不合并到等级Ⅲ的可靠性研究中。

4. 恶劣天气

恶劣天气条件不仅影响很长时间中断频次（通过增加馈线及其不可用备用的概率），同时也使维修变得更困难。暴风雪和大暴雨是造成相当一部分供电中断的主要原因。如果可能的话，在暴风雨天气条件下，故障元件的维修也非常困难，在暴风雨之后，许多停电将使过程变得更加复杂，这时维修人员不得不一个一个进行处理。在随机模型中，要考虑这样的供电可靠性是相当困难的。如前所述，其中一个问题是缺少数据，但是不仅只有这一个困难，除了有数学算法等困难以外，收集更多的数据也是非常重要的，同时还要求所采集到的数据对更多的人公开。

5. 嵌入式发电

嵌入式发电的出现在一定程度上使得电力系统可靠性计算变得复杂了，但是嵌入式发电在数量上还很少达到对供电可靠性产生明显影响的程度。工业电力系统是例外，因为在这种情况下，嵌入式发电可以被用来保证供电有更高的可靠性。

在公共配电系统中，嵌入式发电机组主要由风电（winding turbines）和热电联产（CHP）机组构成。在各种情况下，配电系统的规划设计应该满足一台机组停运不会导致过负荷，也不会造成任何用户的供电中断，因此嵌入式发电的出现并不会影响供电中断频次。例外的情况是发电机停运不会直接引起供电中断。例如，当热电联产机组被当作生产过程的基本负荷电源时，或当用户与电力公司签订的售电合同中规定了发电机组停运时可直接甩负荷的条款时，机组停运会造成用户供电中断。

嵌入式发电的出现对备用供电方案的可获得性有一些影响，主要影响很长时间供电中断的频次，这种中断正常情况下，会导致连接在受影响馈线上的嵌入式发电机组的损失。因此，备用电源也不得不向这些附加负荷供电，而且连接在备用馈线上的嵌入式发电机组可能已经因故障引起的电压暂降而脱扣，这样也会导致供电中断，该发电机组变得再次可用的速度将会影响备用电源从受影响馈线上带动所有负荷的概率。

2.4.4 工业电力系统

大型工业和商业用户拥有并运行自己的中压配电系统，最大的用户甚至拥有和运行着高压配电系统。与公用网的连接点可能是输电或配电系统的某位置，用户自己对工厂内部各用电点的电能分配负有责任。这些工业电力系统的结构通常与公用电网有所不同，也不需要按照不同的可靠性等级分别进行研究，所有问题的关键是向工厂生产过程中相关用电设备供电的连续性（或用其他词汇来描述）。下面给出在工业电力系统中可靠性研究需要面临的系列问题，但仅对中断频次问题展开讨论。相对于生产过程的重新启动，供电恢复花费的时间通常更少，当然也并非总是这样，对于某些工业系统而言，问题需要修正。下面给出的问题不应该盲从，但是对于特定的研究来说，这些问题应该作为我们研究的基础。

任何一个问题都对系统规划设计给出了反馈，问题的起点可以是现有系统或基于过去经验的详细设计，总的设计过程如图2.10所示。图中采用了术语层（layer），其

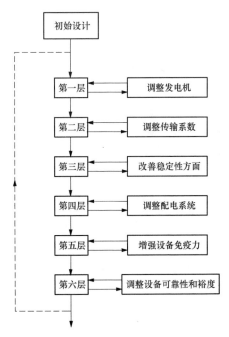

图 2.10　工业电力系统的可靠性层次及其系统设计

目的是区别于公用电网可靠性评估中使用的分级水平（hierarchical levels），事实上，这两个概念表示的含义相同。

1. 可用发电机不足以满足负荷供电需求的频率如何？

这个分层对应于公用电网可靠性等级Ⅰ，有大量的分析工具可供使用。一些计算方面的问题已在 2.4.1 节当中阐述，一些工业系统感兴趣的问题有必要强调，主要如下：

(1) 在工业系统中，发电机组维修很重要。在一年中，负荷变化不会很大，因此机组维修就不能按照低负荷水平来进行计划。这意味着发电容量的大小会影响维修计划。计划负荷水平越低，备用容量（负荷与配电容量之差）越少，维修的可能性就越小。

(2) 由于还缺少精确模型，维修对设备老化的影响只能在定性层面上考虑。因此，采用恒定元件或设备故障率时，人们应该意识到，计算结果不能用于维修频次优化。

(3) 发电机组可能通过公共的蒸汽通道相连。在可靠性研究中需要考虑这种情况，因为这样可能增加两台或更多机组同时停运的概率。

(4) 在供电容量不足或容量裕度低时，通常采用甩负荷的方式来保持系统安全，因此这种情况也需要在可靠性研究中给予考虑。

(5) 当电厂与公用电网相连时（这是多数情况），需要考虑电厂的可靠性。当电厂经多条馈线馈电时，需考虑一般故障模式。

2. 发电机能发电但电能不能传送到负荷的频率如何？

这一层对应于公用电网可靠性等级Ⅱ。虽然各种考虑都很相似，但是其中一些不同之处还是值得强调：

(1) 在工业系统中，配电元件所带负荷比较重，而且负荷比较恒定。因此，评估设备停运引起的过负荷更为重要，而负荷变化问题可以不考虑。

(2) 变电站之间的距离更短，与公用电网相比，变电站故障相对而言会有更大影响。

3. 暂态不稳定导致电厂脱扣的频率如何？

暂态不稳定引起电厂脱扣的问题是相当新的课题，对应于公用电网可靠性等级Ⅱ研究中的安全部分。在工业电力系统中，有大型电动机负荷、在线发电机，而且它们之间的距离短，暂态稳定问题很重要。首先需要预测不同短路故障事件的频次，然后才能评估每次事件对系统稳定性的影响。需先进行可靠性分析后再计算事件频次。评估事件的影响需要详细模型，这样的模型分析对所用计算机要求很高。随着现代计算运算速度和存储能力的提高，对大型系统进行详细的暂态稳定性计算不再是太大的困难，但是，对于可靠性研究而言，需要对许多种可能的系统状态（最好是所有可能的运行状态）进行这样的计算，即使是一个中等规模的系统，也需要成千上万次暂态稳定性计算，这对于计算机来说，仍然很困难。有下面两种途径可以减少计算时间：

(1) 用简单判据来评估系统稳定性，如故障水平与电动机负荷之比，或故障清除瞬间转角差。对于后者，可用简单模型，如改变故障前和故障过程中稳态有功功率，对系统所有（至少很多）状态应用简单判据，这种简单判据会使总体得到简化，这种情况在传统暂态稳定性计算中是不能接受的。但是，在这里，我们需要知道的是所有导致系统出现不稳定状态的事件频次之和，因此可以这样简化。

(2) 采用详细系统模型，但受分析的事件的数目限制。第一步简化，仅针对与短路有关的事件，而且其起始稳态和最终稳态是稳定的；第二步简化，在状态出现与其有关的不稳定事件时，中止寻找有更多元件停运的状态。例如，当 6 台发电机中有 2 台退出运行时，如果一个故障导致系统暂态不稳定，就不需要继续研究 3 台发电机停运时的故障情况了。

值得注意的是，实际不稳定限制并不重要，重要的是发电机或是电动机是否会被其保护（欠电压保护、过电流保护、反向功率保护、欠或过频率保护等）跳闸。这种情况会在从原理上看仍然稳定的系统中发生，因此，详细模型中应该有系统内相关保护的非常详尽的刻画。

4. 配电系统不能将电能传输到电厂的频率如何？

工业电力系统的第四层可靠性对应于公用电网等级III的可靠性。因此，可以采用相似的分析技术，不同之处在于，在工业系统中，供电中断持续时间经常不是那么重要。由于在配电系统可靠性评估中，中断持续时间的评估使得可靠性分析很复杂，因此工业配电系统中的计算将比公用电网简单。

在第 2、3 层分析中，配电系统从输电系统的研究开始，结束于设备端，不同的配电系统通常被认为是彼此独立的。工业配电系统可能很复杂，很多设备在冗余性和重要性方面有多个水平。为了保证能有一定概率获得结果，需要进行一些简化，第一次简化是仅考虑对工厂运行的关键设备的供电，这对于电厂运行来说是很基本的。

需预先进行决策的是，输电系统从哪里结束和配电系统从哪里开始，要回答这个问题，同样取决于研究的详细程度。对于小型系统来说，不区分输电与配电也许是恰当的，然而，对于大型系统而言，每个电厂被看成分开的配电系统。

5. 电厂的运行因电压不足或电流质量问题而被中断的频率如何？

在这一层评估中，所有其他电能质量现象（即除了第 1 到 4 层中讨论的中断）都不得不进行评估，被研究的电压质量事件有：

（1）暂态过电压；

（2）电压暂降与暂升；

（3）电压缺口与谐波畸变；

（4）高频传导扰动。

要想用研究长时中断那样的深度来研究所有这些扰动事件，在不对获得有用结果抱太大希望的情况下，也需要进行相当长时间的研究，研究的详细程度也取决于系统本身。一种恰当的选择是仅看第一阶或第二阶事件（在一般系统中，一阶事件是短路，二阶事件是系统中已有其他设备退出运行时的短路）。

这些研究目前还开展得相当少，在已开展的研究中，也没有进行更多定量的研究，即使因为其不可能受影响而不详细研究某给定类型的事件，这样的研究仍然比简单地忽略它更好。

要真实确定设备脱扣次数，没有关于设备免疫力的详细资料也是不可能的。在系统规划阶段，相关信息不能简单地得到，而确定设备将经历的电磁环境和提出所用设备要求的免疫力更容易些，在这里，区分电压变化和电压事件变得很重要，如 1.3 节阐述。

电流质量事件不会直接导致电厂脱扣，但是，电力公司可能强行要求电厂停运，如当谐波电流超过给定水平时，机组需停运。如果这样的停运会产生严重的后果，在可靠性研究中就需要被考虑。

6. 电厂因设备故障而被中断的频率如何?

设备故障通常不被看作是供电可靠性研究的内容,但是在工业电力系统中,设备故障是同等重要的。如果由于设备问题,电厂一周内停运两次,那么就没必要建一个非常可靠的电力系统。工业用户通常使用的术语中断的含义比公用电网更具有一般意义。描述的术语电压中断和电厂运行中断很好地说明了含义上的不同。

为了进行类似的研究,需要有关于发电厂生产过程的详细知识,就像上述几个步骤一样,为了使研究可行,一些重要的简化是需要的,也许仅进行定性评估是可行的。

注意,在第4层(配电系统)与第5层(电压质量事件引起的设备脱扣)可靠性研究之间存在重叠部分。

需要考虑的其他方面的内容有:

(1)设备冗余,如电机功能被其他设备取代;

(2)工厂侧发电厂之间的连接,如由某个电厂生产的蒸汽需要同时满足其他电厂的需要。

2.5 基本的可靠性评估技术

2.5.1 可靠性评估技术的基本概念

1. 随机元件

为了进行可靠性研究,供电系统被分成随机元件。元件的选择相当随意,整个输电系统可能就是一个元件,但是一个单一的保护就可能是多个元件。每个元件至少可能有两种状态:健全状态和非健全状态,后者经常又指停运状态。对于二状态元件,可能出现两种事件:从健全状态到非健全状态的转移,即停运或故障事件;反转移(从非健全状态转移到健全状态),即修护或恢复事件。

系统状态是所有事件状态的组合。如果一个元件的状态发生改变,系统状态也随之改变。对于一个有 N 个元件组成的系统,系统状态可被看成一个 N 行向量,向量每个元素值是相应元件的状态。一个事件是指由于一个或多个元件的状态发生改变引起的系统两个状态之间的转移。

例:以图 2.11 的系统为例,一台带变压器的发电机,通过两条并列的输电线路和一台变压器连接到大系统。我们关心向大电网(即图中 C 点)供电的可靠性。

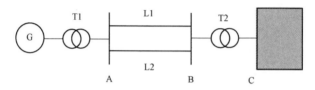

图 2.11 电力系统举例(随机元件的选择)

可能划分出的随机元件如下:

（1）发电机与升压变压器（T1）组合；

（2）变电站 A；

（3）线路 L1；

（4）线路 L2；

（5）变电站 B；

（6）变压器 T2。

这时如果要对发电机与升压变压器组合进行详细研究，则上面列出的元件（1）可以进一步划分为以下随机元件：

（1）发电机机械侧，包括燃料的可获得性；

（2）发电机的电学侧，包括发电机的保护装置；

（3）发电机断路器；

（4）辅助供电；

（5）发电机变压器；

（6）发电机变压器的保护装置。

2. 中断判据

对于每个系统状态和每个事件来说，中断判据被用来确定该状态或事件应该被看作是中断还是非中断。在多数研究中，中断判据相当不重要，但是，对于详细研究来说，尤其是进行蒙特卡罗（Monte Carlo）仿真，中断判据的定义就变成了建模效率的重要部分，建议在进行可靠性研究中，至少花点时间来定义中断判据。下面给出中断判据的一些简单例子。注意，这些仅仅是例子，当然不仅只有这些可能。

（1）在第Ⅰ等级研究中，如果发电机容量小于负荷需求，状态就是指中断状态。注意，对整个系统而言，仅有一个中断判据，在这一等级，所有用户是平等的。

（2）在第Ⅱ等级研究中，对于输电变电站，如果能传输到该变电站的最大功率比需求小，状态就是变电站的中断状态。对于可靠性等级Ⅱ的研究而言，每个变电站有自己的中断判据，因此也有自己的可靠性水平。

（3）在第Ⅱ等级安全性研究中，如果是由导致发电机和/或负荷脱扣的事件引起的暂态现象，那么事件就是中断事件。

（4）在第Ⅲ等级研究中，对于给定用户，如果用户端电压为 0，状态为中断状态。

（5）在第Ⅲ等级电能质量研究中，对于给定的设备，如果事件导致设备端电压超过给定的幅值和持续时间，就是中断事件。

3. 通用元件模型

通常用两个量来描述一个随机元件的特性，即故障率和（期望/平均）修复时间。期望修复时间即元件处于非健全状态的时间的期望值。故障率 λ 给出了元件在下一个小的时间周期内故障的平均概率：

$$\lambda = \lim_{\Delta t \to 0} \frac{\Pr(在时间周波\Delta t内故障)}{\Delta t} \quad (2\text{-}8)$$

对于电力系统一次侧的元件，在很多研究中是主要元件，可用术语停电率来表达，这里使用一般术语故障率。

式（2-8）中定义的故障率太过数学化，将在下面被使用。定义故障率的一种实际方法是通过大量故障数来定义。考虑 N 个类似的元件组成的一个整体（如配电变压器）在一个周期 n 内，整组元件中有 K 个元件故障，故障率确定如下：

$$\lambda = \frac{K}{nN} \tag{2-9}$$

在一些假设条件下，以上两种定义是等价的。其中，最重要的假设是每次故障元件会被维修（在很短时间内），式（2-9）用来根据被观测的故障获得故障率。

使用的其他一些量描述如下：

（1）故障期望时间 T 是故障率的倒数：

$$T = \frac{1}{\lambda} \tag{2-10}$$

（2）修复率 μ 是期望修复时间的倒数：

$$\mu = \frac{1}{R} \tag{2-11}$$

注意，期望故障时间可以按照类似于期望修复时间的方式定义，按照式（2-8），修复率与故障率相似。

（3）元件可用率是元件处于健全状态的概率：

$$P = \frac{T}{R+T} \tag{2-12}$$

（4）不可用率是元件在不健全状态下的概率：

$$Q = \frac{R}{R+T} \tag{2-13}$$

（5）故障间隔期望时间（expected time between failures，ETBF）是故障期望时间（expected time to failure，ETTF）与期望修复时间之和。由于通常修复时间远小于故障时间，ETBF 和 ETTF 几乎相等，因此，经常混淆。从数学角度看，这是一个严重错误，但是在工程上，这类误差是常见且不被认为很严重的。

例： 配电公司有 7500 台配电变压器，在 10 年时间内，有 140 台变压器因各种原因故障，很少部分可修复，多数故障需要用多余的变压器更换，对修复和更换时间都作了相关记录，这 140 次故障累计时间为 7360h。观测这些数据，可以获得上述参数的值：

$$\lambda = \frac{140}{10 \times 7500} = 0.0019 \,(年^{-1}) \tag{2-14}$$

$$T = \frac{1}{0.0019} = 526 \,(年) \tag{2-15}$$

$$R = \frac{7360}{140} = 0.006 \,(年) = 52.6 \,(h) \tag{2-16}$$

$$\mu = \frac{1}{R} = 167 \ (\text{年}^{-1}) \tag{2-17}$$

$$P = \frac{530}{0.006 + 530} = 0.999989 \tag{2-18}$$

$$Q = \frac{0.006}{0.006 + 530} = 0.000011 = 6 \ (\text{min/年}) \tag{2-19}$$

用通俗文字，可解释如下：

（1）在来年，每台变压器的故障率为 0.0019，在整个变压器组中，有 14 台变压器可能会出现故障。

（2）发生这样的故障后，变压器修复或更换的预期时间为 52.6h。

（3）每台变压器平均每年停运 6min。

注意，用过去的特性来预测未来的特性，对于可靠性分析来说，这是很基础的，即假设过去的平均特性能代表未来的特性。

4. 详细元件模型

用两个量（即故障率和修复时间）来描述一个随机元件是对实际情况作的总体简化，这种简化仍然还在 95% 以上的可靠性估计研究中被采用。为理解其原因，首先需要引入通用元件模型，再次假设元件总处于两种状态之一。该理论也可推广到多状态模型，但采用多状态模型分析起来不好理解。因此，这里仅讨论两种状态的情况。对于两种状态中的任何状态，其概率分布定义为元件处于该状态的时间，因此，元件修复时间（元件处于非健全状态的时间）有一个概率分布函数，元件寿命（元件处于健全状态的时间）也有一个概率分布函数。设元件寿命（故障期望时间）为 T，元件寿命概率分布函数 $F(t)$ 是元件达到其寿命 t 以前的故障概率：

$$F(t) = \Pr(T \leqslant t) \tag{2-20}$$

概率密度函数是概率分布函数的微分：

$$f(t) = \frac{\mathrm{d}F}{\mathrm{d}t} = \lim_{\Delta t \to 0} \frac{\Pr(t < T \leqslant t + \Delta t)}{\Delta t} \tag{2-21}$$

概率密度函数是元件在其寿命 t 附近故障率的测量：

$$f(t)\Delta t \approx \Pr(t < T \leqslant t + \Delta t) \tag{2-22}$$

故障率 $\lambda(t)$ 定义为元件到达生命期 t 后很快出现故障的概率（假设元件在生命期 t 内不发生任何故障）：

$$\lambda(t) = \lim_{\Delta t \to 0} \frac{\Pr(T \leqslant t + \Delta t \mid T > t)}{\Delta t} \tag{2-23}$$

故障率可以根据概率密度函数 $f(t)$ 和概率分布函数 $F(t)$ 求得

$$\lambda(t) = \frac{f(t)}{1 - F(t)} \tag{2-24}$$

本书将在 2.5.6 节详细讨论故障率及其与元件寿命的关系。

对于故障修复时间可以类似地给出定义，并可得到修复率 $\mu(t)$、概率密度函数 $g(t)$ 和概率分布函数 $G(t)$。

5. 韦布尔分布

在随机理论中常用的一种分布称为韦布尔（Weibull）分布，Weibull 分布的随机变量 T 的概率分布函数为

$$F(t)=1-\exp\left\{-\left(\frac{t}{\theta}\right)^{m}\right\}\qquad(2\text{-}25)$$

对于 $m=1$，前面的讨论中得到了指数分布，已经提到 m 是形状系数，θ 是 Weibull 分布的特征时间，概率密度函数 $f(t)$ 为

$$f(t)=m\frac{t^{m-1}}{\theta^{m}}\exp\left\{-\left(\frac{t}{\theta}\right)^{m}\right\}\qquad(2\text{-}26)$$

对于 Weibull 分布，根据式（2-24）得故障率

$$\lambda(t)=m\frac{t^{m-1}}{\theta^{m}}\qquad(2\text{-}27)$$

可见，当 $m>1$ 时，故障率升高；当 $m<1$ 时，故障率降低。根据相对简单的表达式可得整个寿命周期内的分布。

6. 指数分布——寿命周期

如前所述，95%以上的可靠性估计研究中，均采用带单一故障率和单一修复率的简单模型。基本的假设是，修复时间和寿命均为指数分布。指数分布（也称为负指数分布）通过下述概率分布函数定义：

$$F(t)=1-\mathrm{e}^{-\lambda t}\qquad(2\text{-}28)$$

式中的 λ 是由式（2-24）得到的故障率。因此，反指数分布有恒定的故障（修复）率，可用通用元件模型。至于为什么几乎仅采用该分布，有很多理由，主要列举如下：

（1）采用非指数分布将导致许多目前可用的可靠性估计技术不再适用。多年来，作任何可靠性评估都是要么使用指数分布要么不进行研究。

（2）即使少部分研究能够采用非指数分布（下面将讨论的蒙特卡罗模拟），也仍然因缺乏数据而经常采用指数分布。元件故障数据的收集方案中，通常只提供故障率和平均修复次数。

（3）缺少非指数分布的经验，使得这样的研究结果很难让人理解。

（4）在实际电力系统中，基于以下三个原因，存在不同寿命元件的组合：在不同时间对元件进行预防性维修；故障后元件被更换；系统不是立即恢复而是在一定时间段内发展起来的。元件寿命的混合使系统特性是元件特性的平均，可以通过假设所有元件有恒定故障率的方式来描述。

（5）多数在用的元件都处于有效运行时间以内，即这些元件已过了其磨合期，同时又还没有达到严重损坏程度。这是基于元件故障率与时间之间的关系可以用澡盆曲线来描述的假设基础上的。在元件的多数运行时间内，每个元件处于澡盆曲线的平底部分，该处元件故障率为常数。

7. 指数分布——修复时间

对于修复时间分布，上述理由就失效了。从表 2.1 已发现，中断持续时间为非指数分布，如果假设中断持续时间服从 Weibull 分布，式（2-25）中的形状因数就可根据可获得的数据计算：

$$m = \frac{\ln[-\ln(Fr_3)]}{\ln\left(\dfrac{3}{\theta}\right)} \qquad (2-29)$$

式中，Fr_3 为三小时内未恢复的中断的比例；θ 为特征修复时间。如果取平均修复时间作为特征修复时间，只要 $m>1$，就仅会有很小的误差。考虑形状因数对平均修复时间的影响，会使计算变得太复杂。表 2.10 给出了形状因数影响中断持续时间的结果。可见，形状因数在一定程度上超过了 1。

表 2.10　　　　　　　　　中断持续时间 Weibull 分布形状因素

θ	Fr_3	形状系数	θ	Fr_3	形状系数	θ	Fr_3	形状系数
2.38	0.193	2.15	1.45	0.070	1.35	2.27	0.134	2.50
1.38	0.098	1.09	1.63	0.115	1.27	1.38	0.071	1.25
1.42	0.073	1.29	1.62	0.086	1.46			

在 IEEE 黄皮书（Gold Book）[21]提供的大量数据中，给出了工业环境下大型电机的修复时间。由于同时给出了平均值和中间值，因此假设服从 Weibull 分布仍然可以估计出形状因数。大多数情况下，中间值比均值大得多，这说明形状因数小于 1。另一种解释是，由两个 Weibull 分布组合而成，其中每个分布的形状因数均大于 1，但有明显不同的特征或平均修复次数。

为了验证在电力系统可靠性评估中使用指数分布，还有更多的理论建模和观察工作需要做，基于以上证据，可以得到以下初步结论：

（1）对于寿命分布，除了估计预防性维修影响的研究以外，指数模型显得更可接受。

（2）指数模型不适用于修复时间。

本书 2.5.6 节将对元件的寿命期进行简要讨论。

2.5.2　网络法

当使用网络法时，系统被视为一个随机网络进行建模。系统的随机性用图形化方式可表示成一系列通过并联或串联方式组成的网络模块。每个模块代表系统的一个随机元件。只要有一条通路经过网络，则模型就被认为是健全的（即可获得供电），该方法的图形化特性使之非常适合获得系统可靠性的全貌。网络法的另一个优点是，与电网很相似，在随机网络中，电气上并联的元件经常用并联建模，在多数情况下也采用随机串联建模。

当用随机网络法量化可靠性时，需要作大量数学近似。对于所有元件来说，计算时假设故障修复时间和元件寿命服从指数分布。

每一模块（网络元件）用停运率 λ 和期望修复时间 r 来表征其特征，对于每个网络元件，进一步定义可利用率 P 和不可用率 Q：

$$P=1-\lambda r \qquad (2\text{-}30)$$

$$Q=\lambda r \qquad (2\text{-}31)$$

有时会用到这些表达式的不同形式：停运率以每年故障次数的形式给出，修复时间以小时数给出，对于可用率和不可用率可得以下表达式（从数学上看不够准确，但使用方便）：

$$P=1-\frac{\lambda r}{8760} \qquad (2\text{-}32)$$

$$Q=\frac{\lambda r}{8760} \qquad (2\text{-}33)$$

例：分析如图 2.12 所示的供电系统，该系统的随机网络如图 2.13 所示，图中的数字分别代表以下故障类型：1 代表公共供电系统停电；2 代表发电机停运；3 代表母线停运；4 代表变压器停运；5 代表断路器故障（误动或短路）；6 代表断路器故障（误动）；7 代表断路器故障（短路）。

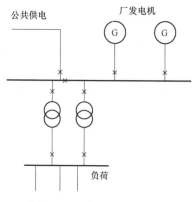

图 2.12　一个供电系统的单线图

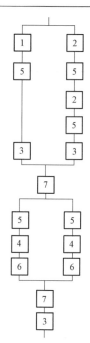

图 2.13　系统的随机网络

在图 2.13 中，所有元件都是随机独立的，因此可以用简单的数学进行处理。值得注意的是，一台发电机容量（5MW）不足以满足负荷供电需要（7MW）。为了满足负荷需要，必须有公用电网供电或者两台发电机同时投入运行。在电网的网络图中，被标为并联的公用电网和串联的本地发电机。同样需注意断路器误动与断路器短路之间的差别，对于后一种情况，断路器两侧的保护都会跳闸，导致系统同时失去两个一次元件。

根据元件故障率和修复时间，可用不同方法计算中断率和期望中断持续时间，所有这些方法都用一个等效元件来代替整个网络。

一种简单的网络化简方法是找出串、并联元件。并联连接代表冗余元件，这种连接方式下，在所有元件处于停运状态以前，供电不会中断；串联连接表示的状态是任何元件停运都会导致供电中断；串并联混合方式的关系很清楚，但不是一一对应的。以两台并联变压器为例，如果一台故障，另一台能代为供电，这显然是一个随机并联连接。但是，如果总负荷比一台变压器能承载的最大负荷容量大，另外一台很快也会故障或因过载保护动作而跳闸。在这种情况下，用随机串联来表示可能更好。

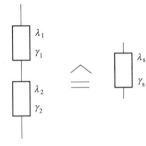

1. 随机串联连接

考虑两个停运率分别为 λ_1、λ_2，修复时间分别为 r_1、r_2 的两个随机元件串联连接的情况，如图 2.14 所示。希望得到串联连接的停运率 λ_s 和修复时间 r_s 的表达式，因此串联连接可用一个等值元件代替。

图 2.14　随机串联连接

当任何元件故障时，串联连接均会故障。因此，串联连接的停运率是被串联的所有元件停运率之和：

$$\lambda_s = \lambda_1 + \lambda_2 \qquad (2\text{-}34)$$

当串联连接中的任一元件不可用时，整个串联连接都不可用，串联连接的不可用率为

$$Q_s = Q_1 + Q_2 \qquad (2\text{-}35)$$

根据式（2-31）定义的不用可率，可得到串联连接等值修复时间的表达式为

$$r_s = \frac{\lambda_1 r_1 + \lambda_2 r_2}{\lambda_1 + \lambda_2} \qquad (2\text{-}36)$$

如果串联连接中共 n 个元件，可得以下表示式：

$$\lambda_s = \sum_{i=1}^{n} \lambda_i \qquad (2\text{-}37)$$

$$\lambda_s = \frac{\sum_{i=1}^{n} \lambda_i r_i}{\sum_{j=1}^{n} \lambda_j} \qquad (2\text{-}38)$$

在得到的等值停运率和等值修复时间的表达式中，作了大量假设，所有系统恢复在大多数时间内均可得到，因此 $\lambda r \ll 1$。准确表达式见本书 2.5.3。

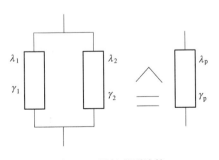

图 2.15　随机并联连接

2. 随机并联连接

两个随机元件的并联连接如图 2.15 所示。

在两个元件并联连接时，一个元件故障，而另一个元件不可用时该并联连接故障。因此，当元件 1 不可用且元件 2 故障，或元件 2 不可用且元件 1 故障时，图中的并联连接故障，并联连接的停运率为

$$\lambda_p = Q_1 \lambda_2 + Q_2 \lambda_1 = \lambda_1 \lambda_2 (r_1 + r_2) \qquad (2\text{-}39)$$

当两个元件都不可用时，并联连接不可

用，并联连接的不可用率为

$$Q_p = Q_1 \times Q_2 \tag{2-40}$$

根据式（2-39）和式（2-40），可得并联连接的修复时间为

$$r_p = \frac{r_1 r_2}{r_1 + r_2} \tag{2-41}$$

这些表达式可推广到含三个元件的并联系统，这时，可将三元件并联系统看成一个元件与另外两个元件构成的并联等值元件之间的并联，这样所得的停运率和修复时间表达式为

$$\lambda_p = \lambda_1 r_1 \lambda_2 r_2 \lambda_3 r_3 (r_1 r_2 + r_1 r_3 + r_2 r_3) = \lambda_1 \lambda_2 \lambda_3 \left(\frac{1}{r_1} + \frac{1}{r_2} + \frac{1}{r_3} \right) \tag{2-42}$$

$$\frac{1}{r_p} = \frac{1}{r_1} + \frac{1}{r_2} + \frac{1}{r_3} \tag{2-43}$$

同样的方法，经多次重复，可得 n 个元件并联构成的系统的一般表达式

$$\lambda_p = \prod_{i=1}^{n} \lambda_i r_i \sum_{j=1}^{n} \frac{1}{r_j} \tag{2-44}$$

$$\frac{1}{r_p} = \sum_{j=1}^{n} \frac{1}{r_j} \tag{2-45}$$

3. 最小割集

随机分析的第二种方法就是最小割集法（minimum-cut-set method）。割集（cut-set）

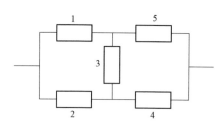

图 2.16　用以解释最小割集法的随机网络的例子

是指组合停运会导致供电中断的元件组合。在图 2.16 所示的随机网络中，组合 {1，2，3} 和组合 {4，5} 都是割集的例子。如果从一个割集中移去任何一个元件，该割集不再是一个割集，那么这个割集就是最小割集（minimum cut-set）。换言之，如果任何一个元件修复，都会恢复供电。在图 2.16 中，割集 {1，2，3} 不是最小割集，因为元件 3 修复不会恢复供电，甚至元件 1 或元件 2 修复后，供电也不能恢复。而割集 {4，5} 是一个最小割集，因为无论修复元件 4 还是元件 5 都可以使供电恢复。对于任何网络，都存在有限数量的最小割集，找出所有最小割集是最小割集法的第一步。

在图 2.16 所示的网络中，有以下最小割集：

$$\{1，2\}$$

$$\{4，5\}$$

$$\{1，3，4\}$$

$$\{2，3，5\}$$

当这些元件组合不可用时，供电中断。因此，系统特性可描述为表示四个最小割集的并联的串联，即先将 4 个最小割集内的元件并联，然后再将 4 个割集串联起来。作为一个例子，这种连接如图 2.17 所示。找到最小割集后，直接计算过程为：确定停运率和修复时间，首先计算并联连接的情况，然后分析串联连接的情况，后者得供电中断率和期望的中断持续时间。

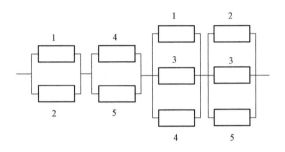

图 2.17　图 2.16 网络的等效画法：由并联组成的串联

例：对于图 2.16，停运率和网络修护时间如下：

$\lambda_1=1$　　　$r_1=0.2$　　　$\lambda_1 r_1=0.2$
$\lambda_2=2$　　　$r_2=0.1$　　　$\lambda_2 r_2=0.2$
$\lambda_3=0.5$　　$r_3=0.1$　　　$\lambda_3 r_3=0.05$
$\lambda_4=0.8$　　$r_4=0.15$　　$\lambda_4 r_4=0.12$
$\lambda_5=1.5$　　$r_5=0.2$　　　$\lambda_5 r_5=0.3$

对于表示 4 个割集的并联连接，根据式（2-44）和式（2-45）可得等值停运率和等值修复时间。

$$\lambda_{c1}=\lambda_1\lambda_2\,(r_1+r_2)=0.6$$
$$\lambda_{c2}=\lambda_4\lambda_5\,(r_4+r_5)=0.42$$

$$\lambda_{c3}=\lambda_1 r_1 \cdot \lambda_3 r_3 \cdot \lambda_4 r_4 \cdot \left(\frac{1}{r_1}+\frac{1}{r_3}+\frac{1}{r_4}\right)\approx 0.026 \tag{2-46}$$

$$\lambda_{c4}=\lambda_2 r_2 \cdot \lambda_3 r_3 \cdot \lambda_5 r_5 \cdot \left(\frac{1}{r_2}+\frac{1}{r_3}+\frac{1}{r_5}\right)=0.075$$

$$r_{c1}=\left(\frac{1}{r_1}+\frac{1}{r_2}\right)^{-1}=0.067$$

$$r_{c2}=\left(\frac{1}{r_4}+\frac{1}{r_5}\right)^{-1}\approx 0.086 \tag{2-47}$$

$$r_{c3}=\left(\frac{1}{r_1}+\frac{1}{r_3}+\frac{1}{r_4}\right)^{-1}\approx 0.046$$

$$r_{c4}=\left(\frac{1}{r_2}+\frac{1}{r_3}+\frac{1}{r_5}\right)^{-1}=0.04$$

整个系统的故障率 λ 和修复时间 r，通过将其看成 4 个割集的串联来计算：

$$\lambda=\lambda_{c1}+\lambda_{c2}+\lambda_{c3}+\lambda_{c4}\approx1.121 \tag{2-48}$$

$$r=\frac{\lambda_{c1}r_{c1}+\lambda_{c2}r_{c2}+\lambda_{c3}r_{c3}+\lambda_{c4}r_{c4}}{\lambda_{c1}+\lambda_{c2}+\lambda_{c3}+\lambda_{c4}}\approx0.072 \tag{2-49}$$

使用网络法的第二个例子，如图 2.18 和图 2.19 所示。第一个图给出的是次输电系统网络图。假设输电网完全可靠，并假设变电站 A、B、C 均无故障，负荷连接在变电站 D。图 2.18 系统的等效网络如图 2.19 所示。元件 8 表示本地变电站（D）停运导致关心的负荷中断。虽然该网络不能再通过串、并联方式简化，但是最小割集法仍然适用。

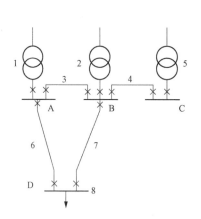

图 2.18　有单一裕度的公共供电系统举例　　　　图 2.19　图 2.18 的供电网络

在该网络中，有以下最小割集

$$\{8\}$$
$$\{6,7\}$$
$$\{1,2,4\}$$
$$\{1,2,5\}$$
$$\{1,3,7\}$$
$$\{2,3,4,6\}$$
$$\{2,3,5,6\}$$

这些割集如图 2.20 所示，通过图 2.20 可更清楚地理解割集概念。任一割集都切割电源与负荷间的所有通路，最小割集也可称为最短割集。

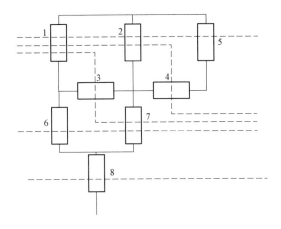

图 2.20 图 2.18 的供电网络表示（最小割集以虚线表示）

第三个例子如图 2.21 所示。该电力系统包含一个带第三母线（4）的变电站，这种结构用于工业电力系统，以防止一台断路器故障引起整个变电站失去供电。图中元件均已标号，将该系统不容易转换成网络图，因为元件 3 与元件 1、4、6 串联，但元件 1 和 4 又并联，一种可能的转换方案如图 2.22 所示。元件 3 和 5，表示母线停运，被放在一个三角形的三个边，该网络看起来可能显得有些不自然，但是最小割集列表可以通过一般方式得到，结果为

$$\{8\}$$
$$\{1, 2\}$$
$$\{1, 5\}$$
$$\{2, 3\}$$
$$\{3, 5\}$$
$$\{3, 7\}$$
$$\{5, 6\}$$
$$\{6, 7\}$$
$$\{1, 4, 7\}$$
$$\{2, 4, 6\}$$

网络法的优点是，能迅速得到对系统可靠性的分析，使得大型系统的可靠性计算成为可能，通过最小割集技术，可分析供电系统的薄弱点。画出随机网络是一种很有用的练习，通常比得到实际结果更有用。网络法的缺点是在每一步计算过程中，都会产生近似误差，这会引起结果误差，尤其对于大型系统。产生误差的原因是用网络元件代替串联和并联连接时作的假设，假设电力系统元件的不可用率小，并且元件是随机独立的，后一假设在最小割集的串联被一个网络元件替代时是不完全正确的，因为相同的网络元件可能出现在不止一个最小割集，最小割集将变成随机独立的。

2.5.3 基于状态和基于事件的方法

在基于状态的方法中，系统特性通过状态和状态间的过渡过程来描述。其中，状态

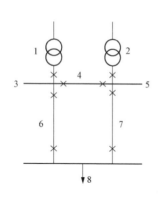

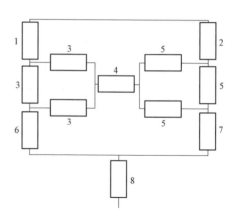

图 2.21　三母线工厂系统变电站　　　　图 2.22　图 2.21 的供电网络

包括健全状态或非健全状态。健全状态指供电可获得状态，反之为非健全态。因此，非健全状态的概率可进行计算、求和等，其和为供电不可用率。除概率以外，其他参数也可以计算，如年期望供电中断次数、中断平均持续时间等。

　　在基于事件的方法中，系统特性用事件描绘。对应于每一事件，供电结果是确定的。如果用解析法，系统通常通过状态与转移进行建模。但是，此时的转移要么是健全状态的转移，要么是非健全状态的转移，两个健全状态之间的转移不必是健全的。

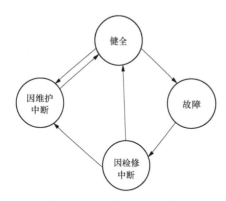

图 2.23　四种状态的组件模型

1. 四状态元件模型

　　基于状态的方法的元件模型由两种状态组成：{运行}、{非运行}，简写为 {开}、{断}。更完整的模型如图 2.23 所示，该模型由四种状态组成：{健全}、{故障}、{因检修中断} 和 {因维护中断}。由图可见，维护时元件不故障，即使元件在检修过程中，也可以开始进行维护。同时可见，故障元件在其重新处于 {健全} 状态以前将首先得到维修。故障状态表示一个短路故障，其持续时间远小于其他任何状态。因此，该状态经常与修复状态结合在一起。但是，在电力系统保护研究中，故障状态扮演了非常重要的角色。

2. 继电保护

　　继电保护的一个状态模型如图 2.24 所示。可见其与图 2.23 一样有 {健全}、{因检修中断} 和 {因维护中断} 等状态，但是，此时的状态以三种不同方式故障。误动直接导致被保护元件停运，误动后保护需要检修。隐性故障（也称为隐性故障跳闸）是指保护在需要动作时不动作。这种故障只能在保护需要动作时表现出来，即被保护元件发生了短路。潜在误动是指在给定系统状态下，保护发出一个不准确的动作信号。维护可以使保护从隐形故障状态或潜在误动状态恢复到｛健全｝状态。

3. 工业供电

分析图 2.25 所示系统。工业负荷通过 3 条架空线路从发电机组和公用电网馈电。元件配置要求是，一条线路足以为所有负荷供电；同时，一台发电机或公用电网也足够为所有负荷供电。进一步假设线路故障和公用电网故障与短路有关，但发电机故障仅与机组跳闸有关。

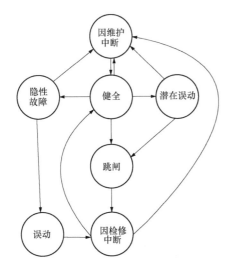

图 2.24 保护继电器模型（包含一个健全状态和
六个非健全状态）

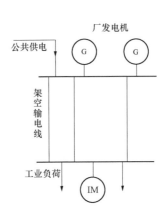

图 2.25 工业供电举例

假设每个元件只会处于两种状态中的一种状态。仅考虑公用电网、本地发电机和架空线路故障，这时得到的系统状态如图 2.26 所示。系统由 6 个元件组成，每个元件有两种状态，因此，系统总状态数为 $2^6=64$ 种，但图 2.26 中仅给出了 23 种状态。假设系统中的 3 条线路相同，而且两台本地发电机也相同，状态可构成状态集。例如，状态 2：｛1 条线路停运｝，表示 3 个基本状态：｛线路 1 停运，线路 2 停运，线路 3 停运｝；状态 5：｛2 条线路停运｝，也表示 3 个基本状态：｛线路 1 和 2 停运｝、｛线路 1 和 3 停运｝、｛线路 2 和 3 停运｝。顶部状态是所有元件正常运行的状态，从该状态可转移到其他 3 种状态，即一条线路退出运行、一台发电机退出运行、公用电网退出运行。

供电中断可能是由于系统处于非健全状态（如：3 条线路都停运），但是，也可能是由于在两种健全状态之间没有健全地转移。基于状态的研究仅考虑了状态，而不考虑状态间的转移。为了分析非健全转移导致的供电中断，基于事件的方法更适合。

在该系统中可以假设只有短路故障导致非健全转移，因此，只有线路故障和公用电网故障。这些潜在非健全转移在图 2.26 中用箭头表示。从状态｛2 条线路停运｝开始，可能有以下三种状态转移：

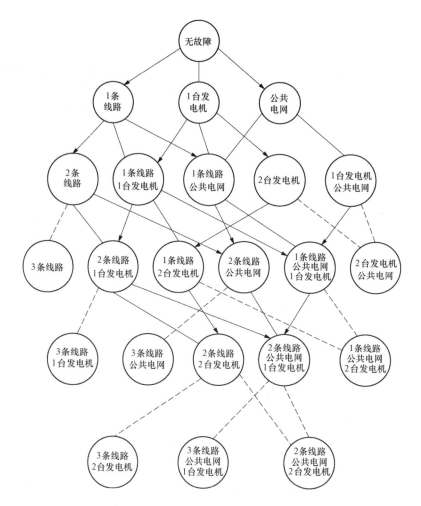

图 2.26　图 2.25 所示系统的状态和转移（实线表示健全状态间的转移，虚线表示健全
状态与非健全状态间的转移，箭头表示短路故障引起的状态间的转移）

（1）最后一条健全线路的故障将使最终状态为非健全状态，这种状态转移不需要进一步研究。

（2）发电机故障导致的状态〔2 条线路与 1 台发电机停运），该状态为健全状态。状态转移与短路无关，且不需要深入研究。

（3）公用电网故障与短路有关，将导致健全状态，这种情况需要深入研究。

2.5.4　马尔可夫模型

在随机模型中，马尔可夫（Markov）模型是计算状态概率和事件频次的一种数学方法。在马尔可夫模型计算中，所有的寿命和修复时间均假设服从指数分布。一个马尔可夫模型由一些状态组成，并包括这些状态之间的转移，下面给出一些例子。

1．一元件两状态模型

最简单的马尔可夫模型如图 2.27 所示，即一个元件的两种状态。在状态 1 中，元件健全；在状态 2 中，元件不健全。两状态之间的相互转移率分别为λ和μ，如图 2.27 所示。该模型将用于引入一些基本概念和计算技术。

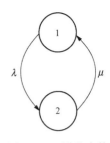

图 2.27 两种状态的
马尔可夫模型

为了得到状态概率的表达式，需要有无限多随机的、同样的系统。系统在时刻 t，分数 p_1 内为状态 1，分数 p_2 内为状态 2，且 $p_1+p_2=1$。用数学术语描述为系统处于状态 1 的概率为 p_1。从状态 1 转换到状态 2 的转移率为λ。因此，在非常短的时间段Δt，系统从状态 1 转移到状态 2 的转移概率为$\lambda\Delta t$。在同样时间内，系统从状态 2 转移到状态 1 的转移概率为$\mu\Delta t$。在时间 $t+\Delta t$ 内，系统处于状态 1 的概率为

$$p_1(t+\Delta t)=p_1=p_1\lambda\Delta t+p_2\mu\Delta t \tag{2-50}$$

可用相同的公式得到系统处于状态 2 的概率。对于时间$\Delta t\rightarrow 0$，经变换可得到下面状态概率的微分方程

$$\frac{\mathrm{d}p_1}{\mathrm{d}t}=-\lambda p_1+\mu p_2 \tag{2-51}$$

$$\frac{\mathrm{d}p_2}{\mathrm{d}t}=\mu p_2-\lambda p_1 \tag{2-52}$$

我们发现$\frac{\mathrm{d}p_1}{\mathrm{d}t}+\frac{\mathrm{d}p_2}{\mathrm{d}t}=0$，如果下面条件成立，则这种情况很容易理解：

$$p_1+p_2=1 \tag{2-53}$$

即状态概率等于确定值。为了计算状态概率，只需要式（2-51）～式（2-53）中的一个表达式。

根据式（2-51）和式（2-53），可求出系统处于状态 1 的概率，即元件是健全的概率。假设在 $t=0$ 时元件健全对应于 $p_1(0)=1$，则

$$p_1(t)=\frac{\mu}{\lambda+\mu}+\frac{\lambda}{\lambda+\mu}\mathrm{e}^{-t(\lambda+\mu)} \tag{2-54}$$

可见，在时间常数为$\frac{1}{\lambda+\mu}$时，指数衰减暂态过程之后，概率达到一个恒定值。对于多数工程系统，可以假设维修比故障快，因此$\lambda\ll\mu$。当认为$\frac{1}{\mu}$为平均修复时间时，如果时间尺度等于维修时间，概率值将达到恒定值。关注的时间周期通常远大于维修时间（年与小时的关系），因此可以认为系统状态和转移频率恒定。这种观点不仅适用于二元件系统，也适用于各种马尔可夫模型，在这些模型中，维修时间比故障时间快得多。

2. 稳态计算

由于初始状态和稳态之间的转移概率可忽略，因此可直接计算稳态概率。在稳态条件下，状态概率作为时间的函数恒定，因此

$$\frac{\mathrm{d}p_i}{\mathrm{d}t}=0 \tag{2-55}$$

描述状态概率的方程式变成代数方程，就容易求解了。对于两状态模型，可得

$$0=-\lambda p_1+\mu p_2$$
$$0=\lambda p_1-\mu p_2$$
$$p_1+p_2=1 \tag{2-56}$$

上面一个方程组中，有一个方程是多余的，因此只需要前两个方程中的一个方程。根据这个方程和第三个方程，稳态概率变为

$$p_1=\frac{\mu}{\lambda+\mu} \tag{2-57}$$

$$p_2=\frac{\lambda}{\lambda+\mu} \tag{2-58}$$

3. 运行备用

前面已经提及，忽略了向稳态的转移，因此直接计算稳态概率。必须注意该原则的两个例外，一个例外是非常短的时间尺度的情况，另一个例外是非常长的修复时间的情况。当分析非常短的时间尺度情况时，状态概率的指数衰减分量不能再被忽略。在运行备用研究中，非常短的时间尺度很有意思，通过研究可知道元件处于运行状态，并可以知道其在 Δt 时间故障的概率。对于两状态模型，有

$$p_2(\Delta t)=1-p_1(\Delta t)=\frac{\lambda}{\lambda+\mu}-\frac{\lambda}{\lambda+\mu}e^{-\Delta t(\lambda+\mu)} \tag{2-59}$$

假设 $\Delta t\ll\dfrac{1}{\mu}\ll\dfrac{1}{\lambda}$，可得下面近似表达式：

$$p_2(\Delta t)\approx\frac{\lambda}{\mu}\mu\Delta t=\lambda\Delta t \tag{2-60}$$

注意，如果假设元件可能故障，但在时间 Δt 内不能得到维修，可以得到相同的结果。

4. 继电保护的隐性故障

指数衰减过程不能忽略的第二个例子是带隐性故障的保护。保护的隐性故障已在 2.4.2 节讨论过。如果忽略保护的其他故障，假设检测到隐性故障时，立即进行维修，状态模型如图 2.28 所示。在状态 1，保护是健全的，被保护的一次元件一旦发生故障就希望被清除。如果对于状态 2 中的保护，故障不能被保护清除，将由后备保护清除。图 2.28 中的状态 3 为维修状态，故障率 λ_2 是一次元件的故障频次，从一开始就假设对保护没有进行预防性维护。

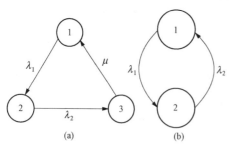

图 2.28　（a）有隐性故障的继电器模型（在状态 1，继电器健全，状态 2 包含 1 个隐性故障）；（b）一个两状态模型（在忽略维修时间 μ 的情况下得到）

根据图 2.28 中的三状态模型，可以得到下面一组状态概率方程：

$$\frac{\mathrm{d}p_1}{\mathrm{d}t} = -\lambda_1 p_1 + \mu p_3$$

$$\frac{\mathrm{d}p_2}{\mathrm{d}t} = \lambda_1 p_1 - \lambda_2 p_2 \tag{2-61}$$

$$\frac{\mathrm{d}p_3}{\mathrm{d}t} = \lambda_2 p_2 - \mu p_3$$

$$p_1 + p_2 + p_3 = 1$$

根据这组方程，可得状态概率 p_1、p_2、p_3 和转移频次 $\lambda_1 p_1$、$\lambda_2 p_2$、μp_3 的表达式。

对于稳态状态概率，忽略到稳态的暂态过程，可得下面表达式：

$$\lambda_1 p_1 = \mu p_3$$

$$\lambda_2 p_2 = \lambda_1 p_1 \tag{2-62}$$

$$\mu p_3 = \lambda_2 p_2$$

$$p_1 + p_2 + p_3 = 1 \tag{2-63}$$

从前三个方程式中消去 p_1、p_3，代入第四个方程可得

$$\left(\frac{\lambda_2}{\lambda_1} + 1 + \frac{\lambda_2}{\mu} \right) p_2 = 1 \tag{2-64}$$

在稳态下错误跳闸事件的频次为

$$p_2 \lambda_2 = \frac{\lambda_1 \lambda_2 \mu}{(\lambda_1 + \lambda_2)\mu + \lambda_1 \lambda_2} \tag{2-65}$$

如果假设修复（从状态 3 到状态 1 的转移）的发生比隐性故障（从状态 2 到状态 3 的转移）检测时间更快，可忽略状态 3，得到如图 2.28（b）所示的两状态模型，根据该模型可得以下方程式：

$$\frac{\mathrm{d}p_1}{\mathrm{d}t} = -\lambda_1 p_1 + \lambda_2 p_2 \tag{2-66}$$

$$p_1 + p_2 = 1 \tag{2-67}$$

这些方程对应于图 2.27 中的一元件两状态模型和方程式（2-51）～式（2-53）。隐性故障状态概率为

$$p_2(t) = \frac{\lambda_1}{\lambda_1 + \lambda_2} [1 - \mathrm{e}^{-t(\lambda_1 + \lambda_2)}] \tag{2-68}$$

错误跳闸频率等于 $\lambda_2 p_2$，并在时间 $\frac{1}{\lambda_1 + \lambda_2}$ 内到达其稳态值。这样，如果假设隐性故障仅在一次元件故障期间才暴露出来，此时，维修按照频率 λ_3 进行，从状态 2 到状态 3 的转移率为 $\lambda_2 + \lambda_3$。保护处于状态 2 的概率为

$$p_2(t) = \frac{\lambda_1}{\lambda_1 + \lambda_2 + \lambda_3} [1 - \mathrm{e}^{-t(\lambda_1 + \lambda_2 + \lambda_3)}] \tag{2-69}$$

维修降低了达到稳态概率的时间常数，更重要的是降低了稳态概率值。每年错误跳闸事件次数 n_{mt} 维持在 $\lambda_2 p_2$，因此可得以下表达式：

$$n_{mt}(t) = \frac{\lambda_1 + \lambda_2}{\lambda_1 + \lambda_2 + \lambda_3}[1 - e^{-t(\lambda_1 + \lambda_2 + \lambda_3)}] \tag{2-70}$$

可见，维修是有效的，维修频率应比一次元件故障率与保护隐性故障率之和大，即

$$\lambda_3 > \lambda_1 + \lambda_2 \tag{2-71}$$

5. 二元件模型

分析一个由二元件构成的系统：包含元件 1 和元件 2，故障率分别为 λ_1 和 λ_2，修复率分别为 μ_1、μ_2。如果每个元件用两状态建模，该系统总共有以下 4 种状态：

（1）状态 1：二元件均运行；

（2）状态 2：仅元件 2 运行；

（3）状态 3：仅元件 1 运行；

（4）状态 4：无元件运行。

根据 4 种状态得图 2.29 所示状态模型，状态概率方程为

$$\frac{\mathrm{d}p_1}{\mathrm{d}t} = -(\lambda_1 + \lambda_2)p_1 + \mu_1 p_2 + \mu_2 p_3 \tag{2-72}$$

$$\frac{\mathrm{d}p_2}{\mathrm{d}t} = \lambda_1 p_1 - (\mu_1 + \lambda_2)p_2 + \mu_2 p_4 \tag{2-73}$$

$$\frac{\mathrm{d}p_3}{\mathrm{d}t} = \lambda_2 p_1 - (\mu_2 + \lambda_1)p_3 + \mu_1 p_4 \tag{2-74}$$

$$\frac{\mathrm{d}p_4}{\mathrm{d}t} = \lambda_2 p_2 + \lambda_1 p_3 - (\mu_1 + \mu_2)p_4 \tag{2-75}$$

$$p_1 + p_2 + p_3 + p_4 = 1 \tag{2-76}$$

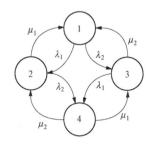

图 2.29 有两个元件，两个状态的马尔可夫模型

这些方程式可以像前面例子一样求解，但是这里介绍另一种可选择的求解方法。假设二元件均为随机的、独立的元件。虽然这样的假设还不够明确，但是它能使元件故障率和修复率与其他元件的状态独立。如果元件是随机、独立的，从状态 1 转移到状态 2 的转移率与从状态 3 转移到状态 4 的转移率就不相同（两者均表示元件 1 故障）。对于随机、独立元件，可以通过元件状态概率相乘得系统状态概率，因此，如果分别用 $p_{i\mathrm{down}}$ 和 $p_{i\mathrm{up}}$ 表示元件 i 处于"停运"或"运行"状态，可得状态概率：

$$p_1 = p_{1\mathrm{up}} \times p_{2\mathrm{up}} \tag{2-77}$$

$$p_2 = p_{1\mathrm{down}} \times p_{2\mathrm{up}} \tag{2-78}$$

$$p_3 = p_{1\mathrm{up}} \times p_{2\mathrm{down}} \tag{2-79}$$

$$p_4 = p_{1\mathrm{down}} \times p_{2\mathrm{down}} \tag{2-80}$$

这些方程式在任何时刻都适用，因此其不仅适用于达到稳态的暂态过程，也适用于稳态。用一元件模型中的状态概率表达式，在二元件模型中，稳态概率变为

$$p_1 = \frac{\mu_1\mu_2}{(\lambda_1+\mu_1)(\lambda_2+\mu_2)} \tag{2-81}$$

$$p_2 = \frac{\lambda_1\mu_2}{(\lambda_1+\mu_1)(\lambda_2+\mu_2)} \tag{2-82}$$

$$p_3 = \frac{\mu_1\lambda_2}{(\lambda_1+\mu_1)(\lambda_2+\mu_2)} \tag{2-83}$$

$$p_4 = \frac{\lambda_1\lambda_2}{(\lambda_1+\mu_1)(\lambda_2+\mu_2)} \tag{2-84}$$

6. 串联和并联连接

利用以上结果可得元件串联和并联元件的故障率、修复时间的准确表达式，类似于已在 2.5.2 节给出的情况。对于元件 1 和元件 2 的串联，状态 1 为健全状态。系统故障是从状态 1 到状态 2 或从状态 1 到状态 3 的转移。系统故障率 λ_s 是两个转移率之和：

$$\lambda_s = p_1\lambda_1 + p_1\lambda_2 = \frac{\mu_1\mu_2(\lambda_1+\lambda_2)}{(\lambda_1+\mu_1)(\lambda_2+\mu_2)} \tag{2-85}$$

当系统不处于状态 1 时，系统为不可用状态。系统修复时间 r_s 可根据不可用率 Q_s 确定：

$$\lambda_s r_s = Q_s = 1 - p_1 \tag{2-86}$$

串联系统的平均修复时间为

$$r_s = \frac{\lambda_1\mu_2 + \lambda_2\mu_1 + \lambda_1\lambda_2}{\mu_1\mu_2(\lambda_1+\lambda_2)} \tag{2-87}$$

用类似的方法，可得并联系统的表达式。对于并联连接，状态 1、2、3 是健全状态，系统故障是系统从状态 2 到状态 4 或从状态 3 到状态 4 的转移，得到的故障率 λ_p 和维修时间 r_p 表达式为

$$\lambda_p = p_2\lambda_2 + p_3\lambda_1 = \frac{\lambda_1\lambda_2(\mu_1+\mu_2)}{(\lambda_1+\mu_1)(\lambda_2+\mu_2)} \tag{2-88}$$

$$r_p = \frac{1}{\mu_1+\mu_2} \tag{2-89}$$

7. 大规模马尔可夫模型的精确解

对于一个有很多种状态的系统来说，采用与以上例子同样的方法可得到一组基本方程，这组微分方程可写成下面的矩阵形式：

$$\frac{\mathrm{d}\overline{\boldsymbol{P}}}{\mathrm{d}t} = \boldsymbol{A}\overline{\boldsymbol{P}}(t) \tag{2-90}$$

式中，$\boldsymbol{A}$ 为状态转换矩阵；$\overline{\boldsymbol{P}}$ 为状态概率空间向量。对于图 2.29 所示的马尔可夫模型，有

$$\overline{\boldsymbol{P}}(t)=\begin{bmatrix} p_1(t) \\ p_2(t) \\ p_3(t) \\ p_4(t) \end{bmatrix} \tag{2-91}$$

矩阵 $\boldsymbol{A}$ 为

$$\boldsymbol{A}=\begin{bmatrix} -\lambda_1-\lambda_2 & \mu_1 & \mu_2 & 0 \\ \lambda_1 & -\mu_1-\lambda_2 & 0 & \mu_2 \\ \lambda_2 & 0 & -\mu_2-\lambda_1 & \mu_1 \\ 0 & \lambda_2 & \lambda_1 & -\mu_1-\mu_2 \end{bmatrix} \tag{2-92}$$

非对角线元素 A_{ij} 为状态 j 到 i 的转移率。对角元素 A_{ii} 是所有离开状态 i 的转移率之和的相反数：

$$A_{ij}=\lambda_{ji} \tag{2-93}$$

$$A_i=-\sum_j \lambda_{ij} \tag{2-94}$$

加上状态概率向量的初始条件为

$$\overline{\boldsymbol{P}}(0)=\overline{\boldsymbol{P}}_0 \tag{2-95}$$

考虑初值问题后，可得以下解：

$$\overline{\boldsymbol{P}}(t)=\boldsymbol{S}\exp[-\boldsymbol{\Lambda}t]\boldsymbol{S}^{-1}\overline{\boldsymbol{P}}_0 \tag{2-96}$$

式中，$\boldsymbol{S}$ 为矩阵 $\boldsymbol{A}$ 的特征向量；$\boldsymbol{\Lambda}$ 为 $\boldsymbol{A}$ 的特征向量对角矩阵。

因为 $\boldsymbol{A}$ 为奇异矩阵（所有转移之和为 0），一个特征值为 0，因此得到一个常数项解：

$$\overline{\boldsymbol{P}}(t)=\overline{\boldsymbol{P}}_{ss}+\sum_{i>1}\overline{\boldsymbol{P}}_i\mathrm{e}^{-\frac{1}{\tau_i}} \tag{2-97}$$

在多数情况下，可以忽略暂态解，仅关心稳态解 $\overline{\boldsymbol{P}}_{ss}$。注意，稳态解独立于初始值。设时间偏差为 0，根据转移率可直接求得稳态解：

$$\boldsymbol{A}\overline{\boldsymbol{P}}=0 \tag{2-98}$$

$$\sum_i p_i=1 \tag{2-99}$$

8. 大规模马尔可夫模型的近似解

大规模马尔可夫模型精确解存在的主要问题是，不得不在同一时间计算所有状态概率。即使是概率值很小，也必须计算。对于一个 N 状态模型，要计算稳态概率，必须对 $N\times N$ 阶矩阵求逆矩阵。假设所有元件都有两种状态（运行和停运），n 元件系统有 2^n 种状态。因此，一个 10 元件系统已经需要 1000 个状态，150 元件模型需要对 10^{45} 阶矩阵求逆矩阵。换句话说，这种方法有非常大的局限性。也许可以在一定程度上减少状态数，但是对于元件数在 10 以上的系统，实际上得不到精确解。为了克服该局限性，可以用近似法求解，给出状态概率的回归表达式[145]，并作以下假设：

（1）所有运行元件的状态概率等于 1；

（2）元件维修率远大于其故障率；

（3）K 个元件退出运行的状态概率远小于（$K-1$）个元件退出运行时相应状态的概率。

以上所有假设可以归结到一个基本假设：元件修复远快于元件故障。对于大多数工程系统来说，该假设是合理的。例外情况是前面已讨论过的隐性故障，对于隐性故障，模型需要适当调整。

再次分析工业供电系统状态模型，如图 2.26 所示，其中一部分重新画于图 2.30。图中，λ 和 μ 分别为故障率和修复率，下标 1 代表线路，2 代表发电机，3 代表公用供电系统。

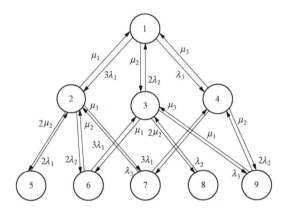

图 2.30   多状态马尔可夫模型的一部分（图 2.26 的转载）

状态 1 到状态 4 的状态概率精确表达式为

$$(3\lambda_1+2\lambda_2+\lambda_3)p_1=\mu_1 p_2+\mu_2 p_3+\mu_3 p_4 \tag{2-100}$$

$$(2\lambda_1+2\lambda_2+\lambda_3+\mu_1)p_2=3\lambda_1 p_1+2\mu_1 p_5+\mu_2 p_6+\mu_3 p_7 \tag{2-101}$$

$$(3\lambda_1+\lambda_2+\lambda_3+\mu_2)p_3=2\lambda_2 p_1+\mu_1 p_6+2\mu_2 p_8+\mu_3 p_9 \tag{2-102}$$

$$(3\lambda_1+2\lambda_2+\mu_3)p_4=\lambda_3 p_1+\mu_1 p_7+\mu_2 p_9 \tag{2-103}$$

近似法从假设系统几乎健全开始，因此

$$p_1=1 \tag{2-104}$$

依据第三个假设，忽略式（2-101）～式（2-103）右侧含有 p_5、p_6、p_7、p_8 和 p_9 的项，对于状态 2 到状态 4，可得以下方程：

$$(2\lambda_1+2\lambda_2+\lambda_3+\mu_1)p_2=3\lambda_1 p_1 \tag{2-105}$$

$$(3\lambda_1+\lambda_2+\lambda_3+\mu_2)p_3=2\lambda_2 p_1 \tag{2-106}$$

$$(3\lambda_1+2\lambda_2+\mu_3)p_4=\lambda_3 p_1 \tag{2-107}$$

由于 p_1 已知，不必知道其他状态概率，可得这 3 个状态的状态概率：

$$p_2=\frac{3\lambda_1}{2\lambda_1+2\lambda_2+\lambda_3+\mu_1} \tag{2-108}$$

$$p_3=\frac{2\lambda_2}{3\lambda_1+\lambda_2+\lambda_3+\mu_2} \tag{2-109}$$

$$p_3 = \frac{\lambda_3}{3\lambda_1 + 2\lambda_2 + \mu_3} \tag{2-110}$$

根据下式重新计算概率 p_1，可对结果进行校正：

$$p_1 = 1 - \sum_{i>1} p_i \tag{2-111}$$

相同的方法可以用于状态 5～状态 15，每次得一个仅有一个状态概率未知的方程。这样就不必同时求解所有状态概率了，按照这样的方法，可以按顺序求解系统全部状态概率。对于很大的系统，并不需要关注所有状态，这样就可以进一步降低计算要求。这种递推过程，在状态概率值降低到一定程度时就可以结束了。

2.5.5 蒙特卡罗仿真

1. 基本原理

在上述所有例子中，未知量均被精确计算。已多次发现，为了得到解需要作出近似和假设。在蒙特卡罗仿真或简单仿真中，这些假设和近似不再需要。蒙特卡罗仿真法不求解描述模型的方程，而是模拟和观察模型的随机特性。

系统〔实际上用术语随机过程（stochastic process）可能更好〕的特性被多次或长时间观察，用平均观察来估计系统期望特性。

每次蒙特卡罗模拟涉及的基本问题是随机数发生器。随机数发生器要能带来计算所需的随机元素，可以使用物理随机数发生器，如骰子或硬币，但是对于基于计算机的计算来说，数字随机发生器可能更适合。

硬币可用于概率为 50% 的状态建模。以一个含 3 元件的系统为例，其中每个元件的可用率为 50%。用硬币来产生元件状态，结果列于表 2.11 的第 2 列，第 2 列表示元件 1 以 1h 为周期连续 24 次所处的状态。元件 2 和元件 3 以相同方式获得，结果分别列于表 2.11 第 3、4 列。标为"系统 1"的列给出的是在至少有 2 个元件可用的情况下，能得到的系统状态。

表 2.11   50%概率蒙特卡罗仿真

小时	元件 1	元件 2	元件 3	系统 1	系统 2	系统 3
1	运行	运行	停运	运行	运行	运行
2	运行	停运	运行	运行	运行	运行
3	停运	停运	运行	停运	运行	停运
4	停运	运行	停运	停运	停运	停运
5	运行	停运	运行	运行	停运	运行
6	停运	停运	停运	停运	停运	停运
7	运行	运行	停运	运行	运行	运行
8	运行	停运	运行	运行	运行	停运
9	停运	运行	停运	停运	运行	运行
10	停运	运行	停运	停运	停运	停运
11	运行	运行	停运	运行	停运	运行
12	运行	停运	停运	运行	运行	停运
13	运行	运行	停运	运行	运行	停运

小时	元件 1	元件 2	元件 3	系统 1	系统 2	系统 3
14	停运	运行	停运	停运	运行	停运
15	停运	停运	运行	停运	停运	停运
16	运行	运行	停运	运行	停运	停运
17	运行	停运	运行	运行	停运	停运
18	停运	运行	运行	运行	运行	停运
19	运行	停运	运行	运行	运行	停运
20	运行	运行	运行	运行	运行	运行
21	停运	运行	运行	运行	运行	停运
22	运行	运行	运行	运行	运行	运行
23	停运	停运	运行	停运	运行	停运
24	停运	运行	停运	停运	停运	停运

  蒙特卡罗仿真可以想多复杂就多复杂。标为"系统 2"的列说明,对于两个连续的 1h 周期,如果可用元件数少于 2,系统停运,如果系统停运,停电状态将持续至少 3h。对于"系统 3",在小时周期 8 到 18 内,系统需要有 3 个元件可用,但是,对于其他时间周期,只需要 2 个元件。作为第二个例子,分析 3 个寿命为 0~6 年均匀分布的元件。为了产生这些元件的寿命,我们使用骰子,通过这种方法模拟该 3 个元件系统在 10 年内的特性。图 2.31 给出了该试验的三种实验结果,每一种可能的结果被称作一个"序列",在序列 1 中,第一个元件在 3 年后故障,6 年后再次故障;第二个元件在使用 2、6、7、9 和 10 年后故障。

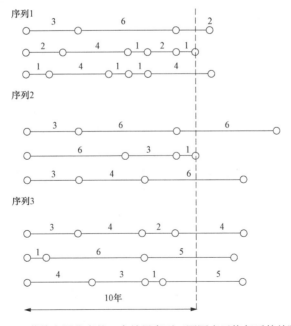

图 2.31　蒙特卡罗仿真的三个结果序列（圆圈表示修复后的故障,
圆圈之间的数字表示故障次数）

在 0 时刻，3 个元件开始其第一次寿命周期，元件故障立即得到修复并在修复后有新的寿命周期，将该过程重复 10 年。根据这样的随机试验的结果，有很多不同的输出参数可以选择，如：

（1）在 10 年周期内，元件故障的总次数。在本例中，3 个元件的总次数分别为 11、7 和 8。

（2）在同一年内，有 2 个或多个元件故障的事件总次数。本例中分别为 3、2 和 1。

（3）元件寿命的概率分布函数。

2. 数字式随机数发生器

实际中，从来没有人使用骰子或硬币等物理随机数发生器。其理由是，在计算机程序中真正使用这样的随机发生器很困难，蒙特卡罗仿真的手工计算非常复杂，就像在前面 3 个例子中清楚看到的一样。

数字式随机数发生器生成一行具有伪随机性质的整数。得到的这行数不是真正随机的，因为使用了数学算法来得到，因此又将这样的随机数发生器称为伪随机数发生器。大多数计算机仿真使用如下形式的随机数发生器：

$$U_{i+1} = (aU_i) \bmod N \tag{2-112}$$

式中，a 和 N 需事先选定，其输出是取值为 $1 \sim N-1$ 的一行整数。

例： 分析 $N=11$，$a=7$ 的情况，生成如下一行整数：

1，7，5，2，3，10，4，6，9，8，1，7，5，2，3，10，4，6，9，8，1 等

这行数中每 10 个元素进行循环，但是，如果仅意识到式（2-112）的输出只有 10 种可能，那么要这种循环就能理解了。循环周期 10 [通常为（$N-1$）] 是最长的可能取值数。为了说明更短的循环周期也是可行的，分析 $N=11$，$a=5$ 的随机数发生器，将产生两行数，每行的循环周期内有 5 个数，如

1，5，3，4，9，1

2，10，6，8，7，2

蒙特卡罗仿真中使用的随机数发生器有更长的周期长度，因此 N 取更大的值。常用值为 $N=2^{31}-1=2147483647$。大多由 a 的值得到的循环周期小于 $N-1$，一个 a 值给出的最大循环长度为 $a=950706376$。从 $U=1$ 开始，可得如下整数行：

1，950706376，129027171，1782259899，365181143，1966843080 等

得到的整数通常再除以 N，得 $0 \sim 1$ 的随机数，可得到与式（2-112）略不同的结果：

$$U_{i+1} = \frac{aNU_i \bmod N}{N} \tag{2-113}$$

式（2-113）的结果是在区间（0，1）的均匀分布中提取出的一个随机数。用这一方法既不能得到 0，也不能得到 1。这样通常有个优点，即在对结果作的进一步处理中，可防止被 0 除的情况出现，这样的标准均匀分布是所有蒙特卡罗仿真的基础。

例： 对于 $N=11$，$a=7$ 的情况，由式（2-113）可得出如下结果：

0.09，0.63，0.45，0.18，0.27，0.91，0.36，0.55，0.82，0.73，0.09 等

---

3. 模拟概率随机的蒙特卡罗仿真

两种类型的蒙特卡罗仿真可以识别，即随机仿真（random simulation）和序贯仿真（sequential simulation）。表 2.11 给出了一个随机仿真的例子。在随机蒙特卡罗仿真中，每个元件在给定状态有一个概率。仿真产生元件状态的组合。对于得到的每个组合，将对系统状态（健全或非健全）进行评估，而整个过程将被多次重复，直到达到一定精度。

随机蒙特卡罗仿真的基础是概率：有一定概率的事件发生，给定概率的量有给定的取值，或元件处于有给定概率的状态。通过从前面提及的标准均匀分布中提取一个值来模拟概率值。假设 p 为元件处于状态 S_1 的概率；反之，则为元件处于 S_2 状态的概率，那么蒙特卡罗仿真按以下步骤实现：

（1）从标准均匀分布中提取一个值 U；

（2）如果 $U{\leqslant}p$，则元件处于 S_1 状态；

（3）如果 $U{>}p$，则元件处于 S_2 状态。

注意，对于 $U{=}p$ 的情况，实际上没有定义元件状态。在这一例子中，这种情况被归结为处于状态 S_1，但是，这种情况同样也可以归结为元件处于状态 S_2。这种不确定性必然要求离散化均匀分布。对于连续分布，$U{=}p$ 的概率为 0，对于周期长度为 $2^{31}-1$ 的随机数发生器，这一概率（$5{\times}10^{-10}$）非常小，在所有实际工程中完全可以忽略。

4. 模拟时间分布

序贯仿真的基础是时间分布，因此需要有一种能得到除标准均匀分布以外的分布的方法，即（0，1）内的均匀分布。

在区间（T_1，T_2）内的均匀分布是根据标准均匀分布 U 采样得到的，表达式如下：

$$X=T_1+(T_2-T_1)U \tag{2-114}$$

式中，X 为在区间（T_1，T_2）内服从均匀分布样本。更一般的情况是，根据下面表达式得到服从分布函数 $F(s)$ 的随机变量 S：

$$S=F^{-1}(U) \tag{2-115}$$

式中，U 为标准均匀分布的随机变量。

为了证明这一点，依据式（2-115），观察随机变量 S 的概率分布函数，因此随机变量 S 小于特定值 s 的概率为

$$\Pr\{S<s\}=\Pr\{F^{-1}(U)<s\} \tag{2-116}$$

由于函数 F 是非减函数，上式可写为

$$\Pr\{S<s\}=\Pr\{(U)<F(s)\} \tag{2-117}$$

随机变量 U 服从标准均匀分布，因此有

$$\Pr\{U<x\}=x,\ 0<x<1 \tag{2-118}$$

由于 $0<F(s)<1$，可得一般表达式，该表达式证明，S 是按函数 $F(s)$ 分布的，即

$$\Pr\{S<s\}=F(s) \tag{2-119}$$

举一个例子，如式（2-25）中引入的韦布尔分布。根据式（2-115），特征时间为 θ 和形状系数为 m 的韦布尔分布中的样本 W 是由下式从标准均匀分布样本 U 得来的。

$$W=\theta\sqrt[m]{-\ln(1-U)} \tag{2-120}$$

当 $m=1$ 时，可得作为韦布尔分布的特例——指数分布，由指数分布可得期望时间为 θ 的样本 E：

$$E=-\theta\ln(1-U) \tag{2-121}$$

5. 序贯蒙特卡罗仿真

图 2.31 中给出了一个序贯仿真的例子。在序贯蒙特卡罗仿真中，主要仿真系统总的时间特性，在可靠性研究中的重点是元件故障和维修问题，但是也有其他问题，如负荷开关和气候变化等，都可以作为仿真的一部分。这类仿真提供了获得输出的最大机会，但这种方法需要大量的编程和计算时间。

具体的序贯蒙特卡罗仿真变化很大，取决于特定的应用场景、可能采用的编写程序的语言、程序员的个人品位等。下面给出一种可能的结构，该结构已被作者成功地应用于评估工业电力系统可靠性[61-63]。这里仅给出一个一定长度的序列，将该序列重复多次，就能获得统计学意义上的相关结果。

（1）设置初始事件表。在每个序列开始时，对每个元件设定其第一次事件的时间。典型的第一次事件是故障或维修开始，这些事件按各自发生的时间进行分类，并归入事件列表（event list）。一个事件列表的一部分如下所示：

0.15 年　元件 2　故障

1.74 年　元件 5　维护

3.26 年　元件 1　隐性故障

4.91 年　元件 5　故障

5.67 年　元件 2　维护

6.21 年　元件 1　跳闸

该事件列表可陈述如下：在 t=0.15 年，元件 2 故障；在 t=1.74 年，安排维护元件 5 等。注意，并不是说列表中的所有事件都一定会发生。

下面将发现，有些事件将从这列表中移出，而有些事件则将加入该列表。在序贯仿真中，更进一步地可以发现，要被处理的事件总是在列表的顶部，处理完后事件列表将被更新，事件列表变空时，序贯仿真就结束。

（2）处理事件列表顶部事件。事件列表顶部事件的处理（即系统中下一个将要发生的事件）是仿真的主要部分。这一过程将花费大部分时间进行编程和决策，这也是进行电力系统及其元件随机建模的主要工作之一。典型的事件处理由改变事件列表和改变电力系统模型等部分组成。电力系统的改变可能是移去某元件（如由于保护干预切除某元件）或投入某线路（如元件维修或由于发生短路故障后投入新线路）。为了评估事件对负荷的影响，由事件引起的新稳态和电气暂态都需要评估。如果事件可能会导致供电中断，就需要用供电中断判据来决策是否会发生中断。下面讨论对于不同事件应如何改变事件列表。

1）短路事件。短路事件后发生的事件是保护干预。需要有一些准则来判定由哪个保护来干预，如清除该故障的保护是哪个或哪些；哪些保护会误干预；当一个或多个主保护拒动时，哪些保护备用；等等。对于每个保护，需要确定其跳闸时间，故障跳闸一般在短路事件发生后的很短时间内发生，因此，可以把故障开始（短路故障）和故障清除当作一个事件，但这里仍将其看作两个事件。

2）保护干预事件。在事件处理过程中，需要区分最后跳闸的保护和所有其他保护干预事件的情况。在最后的保护跳闸后，故障元件开始被维修，同时也需要投入非故障元件来恢复供电。对于蒙特卡罗仿真来说，意味着需要确定维修次数和投切次数。在处理短路事件时，就可以确定所有这些次数。

3）维修事件。当一个元件被维修后，也可能再次故障，因此对于元件的所有故障模式均需确定其故障时间，这些故障模式包括短路、误动、隐性故障等。不同的故障模式通常有不同的寿命分布。

4）误动事件。误动事件与电力系统保护有关，即断路器或保护继电器。接下来需要确定的事件是故障元件维修和一次元件跳闸的恢复问题。

5）隐性故障事件。隐性故障不会自己立即暴露出来，因此隐性故障只会改变保护将来对短路事件作出反应的方式。只有在隐性故障由于短路或维修自己暴露出来后，才会开始进行维修。

6）维修事件的开始。维修事件的开始需要有关于维修结束时间的计划。对于一个精确的维修模型，需要引入一个称作维修预演的附加事件。计划维护预演，可能立即引起一次维护事件，也可能引起另一次维护预演。对于维修执行而言，需要确定一些规则来判定系统状态是否适合，这些规则将取决于电力公司执行维修的规则，其中一些规则如下：①例如，因为仅有一个维护队，那么在同一时刻，就能维修一个元件。②如果开展维护活动后，导致任何一个负荷供电中断，那么这一维护工作不能进行。③当并联的或冗余的元件退出运行时，维修不能进行。④当维修进程开始时，就需要确定维修进程的结束时间。

7）维修事件的结束。当一次维修结束时，就需要确定新的维修预演或新的维修事件。同时，某些可能发生的故障事件会受维修的影响。一般，假设维修后元件完好如新（as-good-as-new），这时所有未来将发生的故障事故都将从事件列表中移去，新的列表从适当的分布函数中提取。

为了控制事件过程，可能还需要其他一些规则。例如，可能需要决定当元件因为某种原因退出运行时，元件不能出现故障。可以在故障过程中进行检查，看元件是否在运行，如果元件没有运行，不需要作其他处理，直接开始新的维修事件即可。也可以移去所有属于某元件的故障事件，将其故障时间归入一个等值停运时间。

（3）更新事件列表。将一个序贯结束前发生的所有新事件列入事件列表，将已经被处理的事件被移去，再次保存事件列表，然后处理新的事件列表顶部的事件。

6. **蒙特卡罗仿真误差**

一个蒙特卡罗仿真结果如图2.32所示。该图是根据（0，1）区间的均匀分布采样处理所有样本均值得到的。随着样本的增加，平均值趋于0.5。由图所见，在100次采样后，误差依然较大。

图2.33给出多次采样后的特性。可见，在10000次采样后，误差已变得小于1%，但仍然不为0。蒙特卡罗仿真的一个重要性质，误差趋于0，但从来不会变为0。图2.33同时呈现出蒙特卡罗仿真的另一性质，即每次仿真可能会得到不同的结果。该图给

出了 10 次仿真结果，每次用了随机数发生器的不同初始值。需要注意的是，如果每次使用的随机数发生器的初始值相同，则会得到相同的结果。

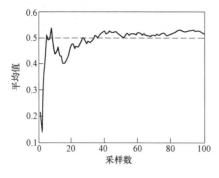

图 2.32　蒙特卡罗仿真输出　　　　　　图 2.33　10 次蒙特卡罗仿真输出

蒙特卡罗仿真结果的误差可以用中心极限定理（central-limit theorem）来估计。该定理规定，大量随机变量的总和服从正态分布。假设对于给定随机变量 X，每次仿真贯序给出一个值 X_i，该值可能是 20 年内供电中断的总次数，但也可能是持续时间为 1～3h 的供电中断次数。我们最关心的是该变量的期望值。为了估计期望值，可用平均值来代替，这种方式是统计学中的标准处理方式。假设 $\overline{X}$ 是 X_i N 次采样的平均值，则

$$\overline{X}=\frac{1}{N}\sum_{i=1}^{N}X_i \tag{2-122}$$

对于足够大的采样次数 N，$\overline{X}$ 通常按期望值 μ_X 和标准差 $\frac{\sigma_X}{\sqrt{N}}$ 分布，其中，μ_X 和 σ_X 分别为 X_i 的期望值和标准差，因此，$\overline{X}$ 是对 μ_X 的估计（X 的期望值），估计误差正比于标准差。在此需要强调，得到 μ_X 的值正是仿真的目的。

7. 停止准则

蒙特卡罗仿真误差从来不会为零的事实意味着，必须接受仿真结果特定的不确定性。有时候，这被认为是蒙特卡罗仿真的缺点，这是由于在解析模型中也会用到假设和作一些近似处理，解析计算结果也是不确定的。解析计算的误差经常不可能估计（除非采用更好的模型），而蒙特卡罗仿真结果的不确定性是可以估计的。任何蒙特卡罗仿真的输出都是服从正态分布的随机量，对于正态分布，95%的值落在期望值的两个标准差之内。由此可见，N 次采样的标准差等于 $\frac{\sigma_X}{\sqrt{N}}$。估计的 95%置信区间为

$$\overline{X}-2\frac{\sigma_X}{\sqrt{N}}<\mu_X<\overline{X}+2\frac{\sigma_X}{\sqrt{N}} \tag{2-123}$$

随机量 X 的标准差 σ_X，可通过下面表达式估计：

$$\sigma_X\approx\sqrt{\frac{1}{N-1}\sum_{i=1}^{N}X_i^2-\left(\frac{1}{N}\sum_{i=1}^{N}X_i\right)^2} \tag{2-124}$$

在仿真过程中的一些特定的时刻，如每完成 100 个贯序后，可以计算这些估计的误差并与要求的精度进行比较。当达到要求的精度后，仿真就可停止。注意，为了确定误差，不仅需要记录 X_i 值的总和，还需记录其平方的总和。

8. 收敛测试

蒙特卡洛罗仿真收敛速度慢，很难识别平均值不再收敛于期望的情况。当随机数发生器的循环周期比较短时，这种情况会更明显。

再次分析式（2-123），该式表明，误差（$\overline{X} - \mu_X$）随 $\dfrac{1}{\sqrt{N}}$ 减小，可从以下函数推出：

$$C = (\overline{X} - \mu_X) \times \sqrt{N} \tag{2-125}$$

该函数既不收敛也不发散。每次 10000 个样本的 10 次仿真的收敛参数 C 如图 2.34 所示。下述的仿真与图 2.32 和图 2.33 相同。由图可见，曲线呈现出的值在 0 附近波动，因此平均值 $\overline{X}$ 确实收敛于期望值 μ_X。

在图 2.35 中，对一个发散的仿真，按相同的收敛参数，绘制了图形，明显是发散的（从 2000 次采样开始发散，随机数发生器的循环周期设为 1000 次采样）。

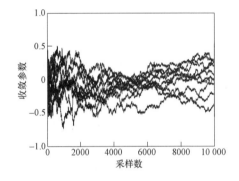

图 2.34　10 次蒙特卡罗仿真的收敛参数　　　图 2.35　不收敛情况下的收敛参数

2.5.6　元件老化

在大多数研究中，均假设故障率和维修率恒定，这样假设的基本理由是缺少数据和缺乏评估技术。此时，对于一般系统而言，只有蒙特卡罗仿真能呈现综合非指数分布。但是，尽管缺少非指数寿命分布的应用，为了进一步观察不同的老化现象，这种方法仍然是非常值得的。虽然与可靠性评估一样都很困难，但非指数维修时间分布还是相对容易理解的。

1. 两种老化类型

日常生活中说的老化是一种现象，即元件故障随其寿命增加的现象。但这里将有一个更一般的含义，即老化是元件故障取决于以下因素的现象：

（1）元件的当前使用年限；

（2）上次维修或检修后的时间。

为了量化元件故障率对寿命的依赖程度，经常使用浴盆曲线。常规绘制的浴盆曲线如图 2.36 所示，在浴盆曲线中，$0 \sim T_1$ 时间段称为开始使用或磨合（wear-in）期，T_2 之

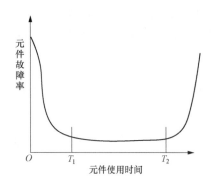

图 2.36 浴盆曲线：元件故障率与时间的关系

后为磨损（wear-out）期，$T_1 \sim T_2$ 是有效生命周期或随机故障期。应该注意到，浴盆曲线只是一种风格化图形，实际上是一个相当复杂的关于时间的函数，实际函数可能完全是另一种图形。尽管元件故障率可能至少包含一个磨合期和一个磨损期，且总体上看旧元件的故障率会增大[146]，但是作为时间函数的实际元件故障率很可能呈现出复杂的不同形状[146]。

这种老化的应用可以通过重复计算不同元件，将其特性归入可靠性评估模型。对于每次老化，假设所有的故障率为常数。由 2.5.4 节马尔可夫模型所得的表达式可以发现，系统响应变化的时间常数是维修时间的一阶函数，对于这样短的时间尺度，完全有理由假设故障率为常数。利用这样的方法，就可以估计系统老化，如估计作为时间的函数的中断频次。当进行这样的研究时，应该注意到，随着元件使用时间的增加，维修时间和维护持续时间也可能增加。对于第二类老化问题，由于实际元件故障率取决于自最后一次维护后的时间，因此在可靠性评估研究中，元件老化问题更加复杂。在这里，很重要的是用非指数分布来描述元件寿命周期，像马尔可夫模型和网络表示法等技术就不再被使用了。对于较小的系统，可以使用更高级的数学方法，如更新理论（renewal theory）[123],[215]；对于较大的系统，蒙特卡罗仿真仍然是最有效的方法。

作为第二类老化的例子，假设故障率仅取决于维护前的时间，这种维修按照固定的时间段进行。随时间变化的故障率如图 2.37 所示，在元件维修前，故障率增加，维修后的瞬间，故障率再次降低到初始值，图 2.37 中的虚线表示一类平均故障率。

图 2.38 中分别给出了两个元件的故障率（分别用虚线和点画线表示），并给出了两个故障率的平均值（实线）。在这里假设第二个元件的维修发生在第一个元件的两次维修期间。可见，两个故障率的平均值的变化范围小于其中任意一个故障率的变化范围，很容易想象，如果大量元件维修均安排在不同时间，这样大批量元件的平均故障率将变为常数。

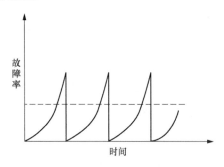

图 2.37 固定维修间隔时故障率与时间的关系

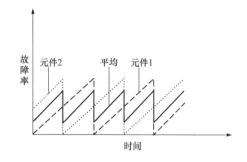

图 2.38 两元件故障率与时间的关系

实际中，故障率不仅取决于自最后一次维护后的时间，还取决于自最后一次检修后的时间。类似解释维护的原因，也可用于故障分析，不同之处在于，故障时间没有维护时间那么有规律。

2. 完好如新或依旧如故

在图2.37和图2.38中，假设维护后故障率降到其初始值，该模型称为维修（修理）完好如新（as-good-as-new），相反的模型称为维修（修理）依旧如故（as-bad-as-old）。

在后一种情况，元件的维修或检修对元件故障率没有影响，因此维修后的故障率仍然与维修前一样，这两种模型如图2.39所示。对于维修依旧如故的情况，故障率取决于元件寿命；对于维修完好如新的情况，故障率取决于自最后一次维修后的时间。

实际故障率通常是完好如新和依旧如故两种情况的组合。这时可用两个故障率之和来进行建模，因此相连的两个元件，其中一个被维修得完好如新，另一个元件维修得依旧如故。后者将导致故障率普遍增加，导致在浴盆曲线上出现磨损期。

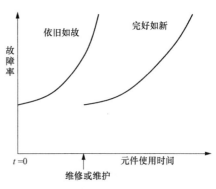

图2.39　维修完好如新与维修依旧如故

3. 维护引起的故障率增加

在可靠性评估中还应该考虑维修和检修可能导致实际故障率增加的问题。典型例子是，维修后维修人员将螺钉旋具遗忘在开关装置里，可能产生更多潜在的影响。在维修优化研究中，需要通过各种方法考虑到这样的影响，而且在维修过程中，其他元件停运的机会增加，这是因为这些元件的负荷率高且相邻元件可能存在故障风险活动。

虽然老化的很多性质都很难进行量化，但在可靠性评估中，至少需要考虑量化方式。考虑元件老化问题的最大困难是缺少可用数据，这时不仅需要有元件的故障数据，而且还需要所有元件的维修和检修记录等。

4. 老化数据

电力系统元件老化的相关信息很难获取，以下是一些有用的数据，可作参考。有很多文献致力于该问题[107]，但是总的数据量仍不足以将足够可信的老化信息囊括到可靠性评估中去。现有文献中可得到的主要数据信息如下：

（1）许多荷兰电力公司发布了元件故障率显著上升的元件老化的"专家意见"[124]。一组专家被调查，要求其对"良好环境"、"一般环境"和"恶劣环境"下在运行元件老化水平作出估计。

（2）文献［125］给出了变压器浴盆曲线。其中一个结论是，较新的变压器不仅拥有较低的总故障率，并且可用寿命更长。可用寿命是指故障率大致为恒定值的时间段。然而，新技术并没有明显降低磨合期元件的故障次数。

（3）文献［126］给出了另一个有意思的研究，即通过用购买的有关记录评估变压器发生致命故障的老化时间，即严重到使变压器报废的故障。结果表明，开始的12年中，变压器的故障率基本恒定，大约维持在 0.01 次/年的故障水平，此后，故障率不断增加，到第 29 年老化期，变压器故障率增加到 1 次/年。

（4）文献［127］基于对断路器进行的大量观察，给出了断路器的浴盆曲线。从第 0 年到第 8 年，故障率从 0.2 降低到 0.05，此后，使用了 10 年的断路器的故障率上升到 0.15。

（5）文献［128］研究了断路器的特性，并把导致故障的原因分为三类：初期故障、随机故障、磨损故障。

对于每类故障，以元件老化函数的形式绘制元件故障率曲线。可见，初期故障率逐步下降，随机故障率保持恒定，磨损期故障率随时间上升。

2.6 中断成本

为了研究电力系统设计和运行中的供电中断，需要通过各种方法对由中断引起的不利因素进行量化。这些不利因素是相当模糊和广泛的，任何严格的量化都需要将不利因素转化为经济效益。本节将以美元为单位来度量供电中断成本，当然也可以用其他货币度量。

许多关于中断成本的研究文献给出了成本与可靠性之间的关系曲线，如图 2.40 所示。该曲线中隐藏的一层含义，即越可靠的系统需要越高的成本来建设和维护，但是，供电中断（无论在整个寿命周期内，还是在一年内）引起的损失较少，总成本有一个最小值，该最小值对应的就是系统最优可靠性。即使假设两个费用函数都可以准确地确定，这样的曲线仍有一些严重的缺陷，图 2.40 只能作为成本与可靠性分析的定性范例。

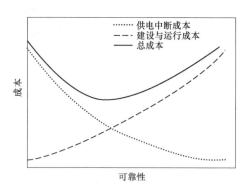

图 2.40　成本与可靠性的关系

（1）额外投资不一定总能换来更加可靠的系统，系统元件数增加甚至可能降低可靠性。

（2）系统可靠性不是一维量，中断频次和中断持续时间都会影响中断成本。

（3）可靠性与成本不存在按比例增减关系，系统设计人员可以在有限的设计方案中进行选择，有时只有两个可用的选择。只比较两个可选方案的优缺点，使选择变得很简单。

（4）这两类成本费用不能简单相加。在被分析的两类成本中，一类有较小的不确定性（建设与运行成本），另一类由于实际供电中断次数和持续时间的不确定性引起较大的不确定性（中断成本用）。和单纯的成本相加相比，需要更为详细的分析。

中断成本由很多项目组成，每项的评估都有其自身的困难。再次说明，简单地把所有各项相加得到中断总成本的方法是不正确的，但是由于没有选择余地，这种方法也经常成为唯一可行的方法。构成总成本的主要项目如下：

1. 直接成本

直接成本是指直接归因于供电中断的成本。对于家庭用户，典型例子是停电造成的电冰箱内食物的损失；对于工业用户，直接经济损失由原材料损失、产品损失和停产期间的工资成本等组成；对于商业用户，直接损失是停业期间利润损失和工资成本等。在评估直接成本时，不得不注意重复计算问题，首先需要减去供电中断期间节省的开支，节省的最明显开支是电费支出，此外，对于工业用户还要考虑原材料的节省等。一个重复计算的例子是，同时计算了损失的销售额和工资成本（产品的价格中已经包含了工资成本）。此外，应从中断成本中扣除后来弥补的损失产量。有些工厂仅部分时段生产，弥补损失产量加班产生的额外工资应该加入直接成本。

2. 间接成本

间接成本更难以估计，在很多情况下，其不是简单地表现在金钱数量上。供电中断引起公司供货时间推迟，可能造成公司损失订单；家庭用户则可能决定为冰箱投保，以降低冷藏物的损失；商业用户可能安装电池等备用电源；大型工业用户甚至可能决定将工厂搬迁到停电次数少的地区。间接成本的主要问题是，这些成本不能单纯归结到单次供电中断，而应归结到总的供电质量（实际供电质量或用户感觉到的供电质量）。

3. 不可量化的不利因素

有些损失不能以金钱的多少来衡量。例如，有 2h 不能听收音机可能是很大的不方便，但是这种不方便的实际经济损失为 0。在工业和商业环境中，不能转换成直接或间接成本的不方便也可能很大，量化这些成本的一种方法是，看用户愿为不发生这样的供电中断支付的总成本。

为了评估供电中断成本，已提出了很多不同的评估方法。对于大型工业和商业用户来说，可以得到直接和间接成本的总数，这个总成本数可以用于系统设计和运行。对于小用户，也可以作这样的研究，如便于用户决定是否购买相关设备来控制供电中断。但是，对于小用户和居民用户而言，供电中断造成的主要是非物质化不方便，相比于直接和间接损失，这种不可量化的不利因素对用户决策的影响更大。对于一批用户进行这种单个用户成本的评估就不再可能了，唯一能接受的方法是对大量用户进行调查，给用户提出大量问题，根据用户的回答估计平均供电中断成本，这些结果是电力公司进行决策的典型依据。在比较不同的调查结果时，需要非常注意的是，这些调查询问的不是同样的问题。有些调查询问了非常特殊的问题，如"一月份星期一下午发生的两小时供电中断造成的损失是多少？"而其他调查采用更非直接方式的提问，如"对于发生的一次供电中断，合理的赔偿是多少？"或"为了将每年的供电中断次数从 4 次降低到 3 次，您愿意支付多少费用？"显然，不同的问题会得到对供电中断成本的不同估计。

为了量化中断成本，再次使用不同方法，有些值可以单独比较容易地计算，而有些值需要给予一定的关注。最糟糕是，实际使用的到底是哪种，通常并不很清楚。

在量化中断成本时常采用的成本有：

（1）每次中断的成本。对于个人用户来说，中断持续时间 d 的成本可用美元表示，这是没有什么疑问的。简单起见，忽略了成本不仅取决于中断持续时间，还取决于其他许多因素，每次中断的成本可通过所有直接和间接损失的总量来确定。

（2）中断 1kW 电能的成本。设 $C_i(d)$ 为用户 i 发生一次持续时间为 d 的中断的成本，L_i 为没有发生供电中断时用户的负荷，中断 1kW 的成本定义为

$$\frac{C_i(d)}{L_i} \tag{2-126}$$

上式的单位为\$/kW。对于一批经历相同供电中断的用户，每次中断 1kW 的成本定义为总中断成本与无中断时的总负荷之比，即

$$\frac{\sum_i C_i(d)}{\sum_i L_i} \tag{2-127}$$

（3）不能传输 1kWh 电能的成本。在很多研究中，均假设每次中断成本与中断持续时间成比例，停送 1kWh 电能的成本定义为

$$\frac{C_i(d)}{d L_i} \tag{2-128}$$

在假设成立条件下，上式的值是恒定的。1kWh 成本的单位为\$/kWh。对于一批用户，停送 1kWh 电能的成本定义为

$$\frac{\sum_i C_i(d)}{d \sum_i L_i} \tag{2-129}$$

有些电力公司得到了所有用户 1kWh 电能不能被传输的平均成本。假设该值为恒定的，且用作系统运行和设计的参考值。被损失负荷值（value of lost load）有时也用作所有用户平均 1kWh 电能不能被传输的成本。

（4）相对于峰荷的中断成本。调查中遇到问题是，万一没有被中断的单个用户，其负荷大小经常并不知道。因此，应该注意到，调查中所考虑的仅是假设的供电中断，而很少考虑实际中断情况，这样得到的结果可能会存在一些问题。对于工业和商业负荷，很容易知道其峰荷，因为该值通常是售电合同中规定的指标之一。中断成本可以除以峰荷，得到\$/kW 值。当要解释该值时，还需注意一些问题，因为此时的中断成本与 1kW 中断成本不同（尽管单位都为\$/kW）。为了达到规划目的，相对于峰荷的中断成本可能仍然是非常有用的值。系统设计是基于大部分峰荷的，因此成本与峰荷比值与系统设计有直接关系。

（5）相对于年消耗电能的单位中断成本。对于家庭用户，获得年用电量比获得负荷峰值更容易，中断成本与年消耗电量的比值给出一个以\$/kWh 为单位的值。注意，该值与不能传输单位电量的成本没有关系。

在图 2.41 和图 2.42 中给出了瑞典调查得到的中断成本的一些结果[200]。这一调查是在 1993 年对 4000 个用户进行的，结果是在负荷峰值处发生持续时间为 2min、1h、4h 和 8h 中断的 1kW 成本。图 2.41 给出的是强迫中断成本，即用户在发生供电中断前没有得到通知。图 2.42 为计划供电中断成本，即用户在发生中断前收到了警告。图中使用了 7.32 瑞士币兑换 1 美元的汇率和 2.5% 的年通胀率，这样得到了 1998 用美元表示的成本。

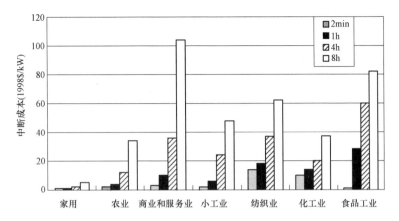

图 2.41　对于不同用户和强迫断电的中断成本，用\$/kW 表示

（从瑞典 1993 年的研究中得到的结果[200]）

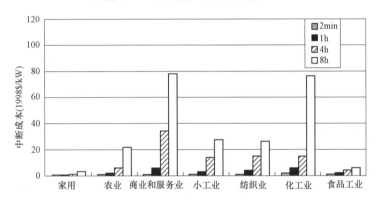

图 2.42　对于不同用户和计划断电的中断成本，用\$/kW 表示

（从瑞典 1993 年的研究中得到的结果[200]）

这些数值反映了许多用户的平均水平。调查结果显示，即使同一类工业用户，用户间的差距也很大。同一类工业用户的中断成本的变化范围由斯科夫（Skof）给出[147]，如持续时间为 1min 的中断，对手机制造工厂来说，中断成本为 0.001～6\$/kW，1h 中断成本为 0.3～40\$/kW。因此，在评估某特定工业用户的中断成本时，应注意该行业的平均水平。在可能情况下，推荐使用用户详细数据来代替全国工业平均值。几个出版物也给出了一些调查结果和估计中断成本的一些其他方法，并且给出了其他方法估计中断损失的调查结果。公认的不完整清单是 [21]、[129]、[130]、[131]、[132]、[216]。

2.7　观测和可靠性评估的比较

尽管所有的可靠性分析工具都是可用的，历史特性记录仍是系统特性信息的主要来源，但这并不意味着可靠性分析没有意义；相反，分析技术可以很快地得到结果，且结果比历史特性记录有更高精度，对于单个用户节点的可靠性分析更是如此。为了进行最优备用评估，简单的历史性能是不可用的，这时随机预测技术是唯一选择，但是，随机预测技术和历史特性记录的比较还是被严重低估的领域。由于总是认为这种比较是不可能的，因此还很少有关于这方面的研究。

仍然需要对随机预测技术进行某些验证，特别是在很多工程师不管对错仍怀疑可靠性评估结果的情况下。作者认为，随机预测技术也被怀疑论所肯定。下面给出一些比较观测与可靠性评估结果的方法：

（1）随机预测技术应用较长时间以来并没有发生很大变化。在这一时期，能得到的数据是供电中断次数和时间。在大多数工业化国家，由于输电网已或多或少工作了近 10 年，这种验证技术可以得到应用。

（2）使用大量的观测点，如一个电力公司的所有城市配电网。为了得到一组同类型系统，还需要进一步选择。将随机预测应用于典型结构的电网，并将其结果与所有现有电网的平均观测结果进行比较，这样的验证技术很适用于等级Ⅲ配电网的可靠性研究。

（3）使用通用数据集。选择已知多年中断数据和元件故障数据的系统，以观测到的故障率作为随机预测的输入，从而消除数据的不确定性。观测到和预测到的中断次数之间的任何差异都可能成为模型的限制条件。

（4）对中断潜在事件进行详细分析，评估到底是这些事件，还是这些事件的组合，会是随机预测模型的一部分。对配电系统来说，这一技术可能显得比较琐碎，但对仅由多重事件引起中断的输电系统和发电系统却显得非常有用。

2.8 算例计算

2.8.1 基本选择性供电

如图 2.43 所示，分析一个可选择性供电的工业用户。一次可选择性供电和其他提高系统可靠性的方法，将在第 7 章详细讨论。

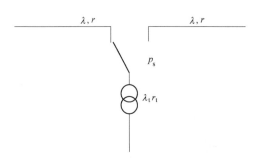

图 2.43 可靠性计算的实例：基本选择性供电

本例中，使用如下元件数据：

（1）λ＝5 次/年，两条公共供电线路中每条线路的故障率；

（2）r＝0.00025 年＝2h 11min，公共供电线路的平均修复时间；

（3）λ_t＝0.02 次/年，变压器故障率；

（4）r_t＝0.0114 年＝100h，变压器修复时间；

（5）p_s＝3%，转换开关的故障概率。

多重中断引起的故障频率根据两个并联元件故障率方程（2-39）得到：

$$\lambda_p = 2r\lambda^2 = 2 \times 0.00025 \times 5^2 = 0.0125 \text{（次/年）} \tag{2-130}$$

中断平均持续时间是并联连接的等效修复时间，可根据式（2-41）得到：

$$r_p = \frac{r}{2} = 0.000125 \text{（年）} = 1.1 \text{（h）} \tag{2-131}$$

换句话说，两重中断中的第二次中断大多在第一次中断的中间开始，根据中断率和中断持续时间，可得由重叠中断引起的不可用率：

$$Q_p = \lambda_p r_p = 1.56 \times 10^{-6} = 0.014 \ (\text{h/年}) \tag{2-132}$$

在一次可选择性供电系统中，一台变压器停运也可能导致中断。变压器停运率（0.02次/年）与重叠停电引起的停电有相同的数量级，变压器停电持续时间更长，由变压器停运引起的不可用率为

$$Q_t = \lambda_t r_t = 2.28 \times 10^{-4} = 2 \ (\text{h/年}) \tag{2-133}$$

当关注很长时间的中断时，需在现有变压器旁并联配置第二台变压器，并且切换在二次侧进行，这样就形成了二次侧选择性供电，由重叠变压器停运引起的中断频次非常小：

$$\lambda_{tp} = 2r_t \lambda_t^2 \approx 9.1 \times 10^{-6} (\text{次/年}) \tag{2-134}$$

除了重叠供电中断和变压器故障外，中断还可能由两回供电线路同时故障和由转换开关故障引起。双电源同时故障主要由更高电压水平的停电引起，无论中压配电还是输电网，均取决于供电结构。与此相关的中断率有不同的值，典型范围是 0.05～0.5 次/年。需对每种供电结构分别进行研究，或从电力公司得到的有关信息。转换开关故障概率给定为 $p_s = 3\%$，这意味着在本该正常工作的情况下，开关不能正常切换的概率为 3%。转换开关可以切换负荷的频次等于其中一个供应线路停电的频次，转换开关故障引起的中断频次为

$$p_s \cdot \lambda_s = 0.15 \ (\text{次/年}) \tag{2-135}$$

显然，转换开关是该供电系统的薄弱环节。因此，为了得到可靠供电，选择可靠的转换开关是基础，同时转换开关的维护也很重要。

2.8.2 恶劣天气

再次分析图 2.43 中的一次可选择性供电系统。考虑实际一年内的故障率并不恒定的事实，大多架空线路的停运是由恶劣气候条件引起的，如雪、暴雨或雷电等。在恶劣天气条件下架空线路停运远远多于正常天气情况，故障率是时间的函数，如图 2.44 所示。在一年内大部分时间故障率低，但在时间较短的恶劣天气条件下故障率高。

出现恶劣天气的时间不是固定的而是随机的。如果能得到充足的数据和详细模型，蒙特卡罗仿真是合适的分析工具。为了简化分析，这里分析一个两状态模型，如图 2.45 所示。恶劣天气

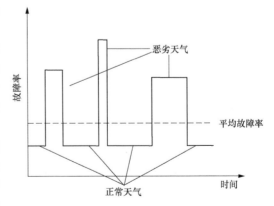

图 2.44　故障率时间函数-正常和恶劣天气

下的故障率为 λ_1，正常天气下的故障率为 λ_2，恶劣天气发生的时间为 T_1，正常天气时间为 T_2，因此，平均故障率 λ 可由下式得到：

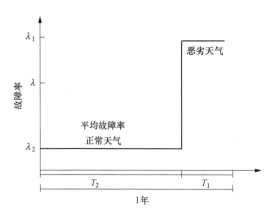

$$\lambda = \lambda_1 T_1 + \lambda_2 T_2 \qquad (2\text{-}136)$$

由于两种状态的中断频次可以确定，可取年度中断频次为两者的平均值。作为算例，假设75%的供电中断由恶劣天气引起，并假设每年出现恶劣天气的时间为100h。在恶劣天气和正常天气条件下故障率分别为$\lambda_1 = 329$次/年，$\lambda_2 = 1.25$次/年。平均故障率与上一例子相同为$\lambda = 5$次/年，故障修复时间也可能受恶劣天气影响，采用的修复时间为$r_1 = 2.59$h（恶劣天气），$r_2 = 1$h（正常天气），由此得到与前面相同的平均修复时间（$\bar{r} = 2$h 11min）。

图2.45 对于正常和恶劣天气的两状态模型

$$\bar{r} = \frac{\lambda_1 T_1 r_1 + \lambda_2 T_2 r_2}{\lambda_1 T_1 + \lambda_2 T_2} \qquad (2\text{-}137)$$

除了用正常天气故障率和修复时间代替平均值外，直接使用与前面并联连接相同的表达式，可得正常天气下的中断率：

$$\lambda_{p2} = 2 r_2 \lambda_2^2 \approx 0.0003566 \text{（次/年）} \qquad (2\text{-}138)$$

在一年的$T_2 = \dfrac{8660}{8760}$时间内为正常天气，可得正常天气下的年度期望中断次数：

$$T_2 \lambda_{p2} \approx 0.0003525 \text{（次/年）} \qquad (2\text{-}139)$$

恶劣天气中断率为

$$\lambda_{p1} = 2 r_1 \lambda_1^2 \approx 64 \text{（次/年）} \qquad (2\text{-}140)$$

这是一个很大的值，但是恶劣天气仅在一年中$T_1 = \dfrac{100}{8760} = 0.0114$的时间内出现。因此，恶劣天气对年中断频次的贡献率为

$$T_1 \lambda_{p1} \approx 0.73 \text{（次/年）} \qquad (2\text{-}141)$$

因此，年中断频次受恶劣天气影响很大。注意，这里得到的结果与前面假设故障率恒定（0.0125次/年）的情况有很大不同。显然，在含并联连接的可靠性评估中，恶劣天气的影响不能被忽略；对于串联连接，总中断率是所有元件故障率之和，平均中断率也是平均元件故障率之和。因此，仅需要对并联连接重点考虑恶劣天气的影响。

2.8.3 并联元件

分析一个由n个相同元件并联而成的系统。各元件中断率为λ，平均修复时间为r，系统中断率可根据式（2-44）计算，即

$$\lambda_1 = n \frac{(\lambda r)^n}{r} \qquad (2\text{-}142)$$

除了重叠停运引起的中断以外，当一个元件故障引起所有元件停运时，系统也可能被中断。可以考虑保护故障、电压暂降、其他暂态或暂态不稳定等引起的设备跳闸。假

设元件停运引起系统中断的概率为 α，对于一个 n 元件系统，元件停运率为 λ，可得附加中断频率为

$$\lambda_2 = \alpha n \lambda \tag{2-143}$$

总中断次数由下式确定：

$$\lambda_{\text{tot}} = \lambda_1 + \lambda_2 = \alpha n \lambda + n\frac{(\lambda r)^n}{r} \tag{2-144}$$

对于大多数元件，$\lambda r \ll 1$，因此，第二项随 n 增加衰减非常快，而第一项随着并联元件数线性增长，当并联元件数的增长仅降低可靠性时，第一项将相当快地占主导地位。假设如下元件数据：$\lambda = 1$ 次/年，$r = 0.001$ 年，$\alpha = 1\%$，可得中断率见表 2.12。可注意到，最终得出了一个令人惊讶的结果，即三元件并联还不如两元件并联可靠。

表 2.12   并联元件数对中断率的影响

n	单一中断（次/年）	重叠中断（次/年）	中断总频次（次/年）
1	0.01	1	1.01
2	0.02	2×10^{-3}	0.022
3	0.03	3×10^{-6}	0.030

为证明三元件模型，对于 $n=3$ 的中断频率要小于 $n=2$ 的中断频率，那么

$$3\alpha\lambda + 3\frac{(\lambda r)^3}{r} < 2\alpha\lambda + 2\frac{(\lambda r)^2}{r} \tag{2-145}$$

对于一个元件停运直接导致系统停运，可得如下概率上界：

$$\alpha < 2\lambda - 3(\lambda r)^2 \tag{2-146}$$

对于前面的例子可得 $\alpha < 0.002$。因此，在元件保护非常可靠，暂态不稳定性风险低等条件下，三元件系统才被证明。

2.8.4 含老化和维护的二元件模型

为了评估老化和维护对并联连接的影响，可认为两元件均有依赖于时间的停运率：

$$\lambda_1 = \lambda_2 = \lambda = 0.01t^3 \tag{2-147}$$

式中，t 为最后一次维护后的时间。

每 4 年维护一次的平均停运率为

$$\bar{\lambda} = \frac{1}{4}\int_0^4 \lambda(t)\mathrm{d}t = 0.16（次/年） \tag{2-148}$$

下面计算这两个元件并联连接时的中断频次。假设两元件 100h 的平均维修时间为 r，平均维护持续时间为 m。对于要讨论的每个模型，将同时计算由重叠停运（λ_{oo}）引起的中断率和由维护期间停运（λ_{om}）引起的中断率。

1. 平均故障率——重叠停运

两个元件均使用平均故障率，可计算出重叠停运引起的并联连接中断率：

$$\lambda_{oo} = \overline{\lambda^2}2r = 5.84\times10^{-4}（次/年） \tag{2-149}$$

在 4 年内，由重叠停运引起的中断期望次数为 2.34×10^{-3}。

2. 平均故障率——维护期间停运

当一个元件在维护时，另一元件停运将引起供电中断，其中一个元件每4年计划停运时间为 $2m$，在此期间的停运会引起中断，在4年时间内，维护期的期望停运次数为

$$4\lambda_{om}=2m\bar{\lambda}=3.65\times10^{-3}（次停电/年）\tag{2-150}$$

3. 每4年维护——重叠停运

当元件故障率依赖于时间时，仍可以确定由重叠停运引起的中断率。与前面情况的唯一不同是，停运率依赖于时间，因此中断率为

$$\lambda_{oo}(t)=\lambda(t)2r=2.28\times10^{-6}t^6（次/年）\tag{2-151}$$

平均中断频次为 1.334×10^{-3} 次/年，最大中断频次（仅在维护之前）为 9.34×10^{-3} 次/年，4年内，由重叠停运引起的中断期望次数为 5.34×10^{-3} 次。

4. 每4年维护——维护期间停运

通常情况下，不会在同一时间对两个元件进行维护，因为那样会导致中断。而是先维护其中一个元件，然后再维护另一个。在对第二个元件进行维护期间，第一个元件完好如新，故障率接近于0，停运风险可以忽略。但对第一个元件进行维护的情况完全不同，因为此时另一元件正处于最高故障率状态，在第一个元件维护期间，第二个元件的故障概率为

$$4\lambda_{om}=m\lambda(4)=\frac{100}{8760}\times0.64\approx7.31\times10^{-3}（次中断/维护间隔）\tag{2-152}$$

5. 每2年维护——重叠停运

上面假设对两个元件的维护是在完成其中一个元件维护后马上开始另一个元件的维护。另一种方式是，在整个时间段分布元件维护，即每两年维护一次，每次仅一个元件。假设在 $t=0$ 时已对元件1进行维护，在时刻 $t=-2$ 时维护了元件2。元件故障率变为

$$\lambda_1(t)=0.01t^3\tag{2-153}$$

$$\lambda_2(t)=0.01(t+2)^3\tag{2-154}$$

由重叠停运引起的中断率为

$$\lambda_{oo}(t)=\lambda_1(t)\lambda_2(t)2r=2.28\times10^{-6}t^3(t+2)^3（次中断/年）\tag{2-155}$$

注意，在元件1和元件2转换角色后，在 $t=0$ 和 $t=2$ 之间，该表达式仍是有效的。在2年期间的平均中断率为

$$\overline{\lambda_p}=\frac{1}{2}\int_0^2\lambda_p(t)dt=2.18\times10^{-4}（次中断/年）\tag{2-156}$$

4年内，由重叠停运引起的期望中断次数为 0.87×10^{-3} 次。

6. 每2年维护——维护期间停运

在维护期间的故障可能发生在两个元件中任意一个。当在对一个元件进行维护时，另一个元件已老化了2年，因此其故障率为 0.08 次/年。在对另一元件进行维护期间，并联元件发生停运的期望次数为

$$m\lambda(2)=\frac{100}{8760}\times0.08\approx0.913\times10^{-3}(\text{次中断/维护间隔期}) \qquad (2\text{-}157)$$

这种情况在 4 年周期内发生 2 次，因此，在 4 年周期内，由维护期间停运引起的期望中断次数为 1.83×10^{-3} 次。

7. 小结

不同模型得到的结果见表 2.13。可见，老化/维护模型影响供电中断频次的因素大概超过 10 种。同时注意，由维护期间停运引起的中断次数，对每种模型而言，比由重叠停运引起的中断次数多。为了评估是否可以降低总的中断率，还需进一步开展优化研究。由于维护期间由停运引起的中断次数直接与维护持续时间成比例，因此显而易见的选择是减少维护持续时间。同时还需注意，缩短维护持续时间也可能使维护质量降低。在上述计算中，已假设维护后停电率降为 0，且在维护期间，并联元件的停运率也不增大。

但是，在没有进行任何优化研究时，维护尽可能安排在低中断成本期间进行。

表 2.13	老化/维护模型对中断率的影响（次/4 年）		
	恒定故障率	每 4 年维护一次	每 2 年维护一次
重叠停运引起的中断	2.34×10^{-3}	5.34×10^{-3}	0.85×10^{-3}
维护期间故障引起的中断	3.65×10^{-3}	7.31×10^{-3}	1.83×10^{-3}

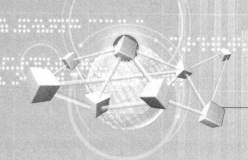

第 3 章
短时电压中断

3.1 引言

引起短时电压中断与长时电压中断的原因相同,如保护清除故障、保护错误动作等。当供电中断后的恢复为自动完成时,该电压中断事件称为短时电压中断。当产生的供电中断需由人工进行恢复时,这时的电压中断事件称为长时或很长时电压中断。另一种情况是,供电中断自动恢复,自动恢复供电可通过重合清除故障的断路器或切换到正常电源的方式实现。前者主要用于采用架空线的配电网,后者主要用于工厂供电系统。

公用电网中出现电压短时中断,主要是由于供电企业试图减少供电中断时间。在 2.3 节中已发现,电压中断时间或供电中断时间是输配电系统规划设计的重要内容。采用自动重合闸装置,可有效减少供电中断时间,典型情况下,供电中断持续时间可以从 1h 减小到小于 1min。长期以来,持续时间少于几分钟的供电中断一般不是用户最关心的问题。但近年来,人们对短时供电中断有了新的认识,越来越多的设备对短时电压中断事件很敏感,因此,越来越多的用户(包括居民用户和工业用户)把短时电压中断看成是严重的供电质量问题。这也是 1.1 节中提到的人们越来越普遍关注电能质量问题的一部分。在工厂供电系统中,自动投切操作也会引起短时电压中断,详见第 7 章。

3.2 术语

现有关于持续时间不同的电压中断的术语有些混淆。现有很多术语,如短时中断、瞬时中断、临时中断、即时中断和暂时停电等,在不同场合都被使用,它们或多或少具有相同的意思。为了使术语的含义更明确,本章定义的短时电压中断概念不是基于传统的持续时间,而是基于供电恢复方法。本章(短时电压中断)主要讨论供电自动恢复的短时电压中断事件,而第 2 章(长时电压中断)已讨论了由人工恢复供电的长时电压中断事件。

下面对欧洲标准 EN 50160 和 IEEE 标准中采用的术语和定义作一个总结,欧洲标准 EN 50160 的定义与 IEC 定义相同。

(1)EN 50160。

1)长时中断(long interruption):持续时间长于 3min;

2)短时中断(short interruption):持续时间最大 3min。

(2)IEEE Std. 1159:1995。该标准中对于电能质量的定义已被广泛接受,该标准区分了瞬时、永久和临时电压中断,注意到永久性和临时性电压中断之间有部分重叠:

1)瞬时中断(momentary interruption):持续时间为 0.5 周波~3s;

2）持续中断（sustained interruption）：持续时间长于 3s；

3）暂时中断（temporary interruption）：持续时间为 3s～1min。

（3）IEEE Std. 1250:1995。该标准几乎与 IEEE Std. 1159-1995 同时发布，但采用了一些不同定义，尤其是电压中断的划分不同：

1）即时中断（instantaneous interruption）：0.5～30 周波（半秒）（注：显然是针对 60Hz 系统）；

2）瞬时中断（momentary interruption）：30 周波～2s；

3）暂时中断（temporary interruption）：2s～2min；

4）持续中断（sustained interruption）：长于 2min。

（4）IEEE Std. 859:1987。该标准相对较旧，给出了与电力系统可靠性有关的定义。不同类型的停电用停电持续时间来区分，但该标准没有给出持续时间的具体范围，而是用供电恢复方式来区分电压中断类型。虽然停电和电压中断是不同的现象（见 2.1.3 节），但两者之间的关系紧密，可比较术语：

1）瞬时停电（transient outage）：供电中断自动恢复；

2）暂时停电（temporary outage）：通过人工投切操作恢复供电；

3）永久性停电（permanent outage）：经过维修或设备更换后恢复供电。

3.3 产生短时电压中断的原因

3.3.1 基本原理

图 3.1 给出了一架空线配电网的例子，每条配电馈线由主馈线和多条分支线组成。架空线上发生的多数故障是暂时性的，这些故障发生后保护会动作，但不会对供电系统造成永久性破坏。产生暂时性故障的典型原因是雷击架空线，雷击给导线注入一个很大的电流，引起电压快速上升。一般雷电流峰值在 2～200kA 变化，典型雷电流峰值为 $I_{\text{peak}}=20\text{kA}$，该值是指雷击发生后 1μs 后到达的电流值。如果导线的波阻抗 $Z_{\text{wave}}=200\Omega$，理论上，电压能达到的值为

$$V_{\text{peak}}=\frac{Z_{\text{wave}}}{2}I_{\text{peak}}=100\Omega\times20\text{kA}=2\text{MV} \tag{3-1}$$

在实际中，电压不会达到这样大（除非输电系统电压等级为 400kV 或更高），因为在电压达到该值以前，相对地或两相间便会发生闪络。结果，单相对地或两相或多相对地或不对地会发生电弧性故障。这时保护会将故障线路从系统中切除，电弧随即消失，自动重合闸装置可恢复供电，不会对系统造成任何永久性损坏。

任何较小物体搭到线路上均可能造成线路对地的临时通路，多数情况下仅导致系统发生暂时性短路故障。由于故障过程会产生较大的电流，如树上落下的树枝会掉到地面或因被烧毁而使故障消失，仅产生短时电弧并在保护动作后随即消失，供电中断后，通过自动重合闸装置自动恢复供电，因此暂时性故障引起的供电中断持续时间可极大地减小。如果故障发生在配电馈线上，断路器立即断开，并在少于 1s 到几分钟的"重合闸时间"后重合闸。当然，如果故障不是暂时性的，而是永久性的，重合闸会有一定风险。这时，保护装置在进行重合闸后会经受较大故障电流，使之第二次跳闸。通常，为了给

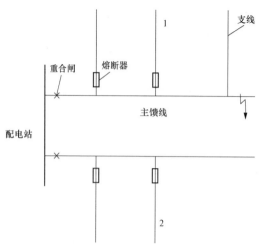

图 3.1　带有熔断器和重合闸装置的架空线配电网

故障第二次消除的机会，可以增大跳闸时间或重合闸时间。

3.3.2　熔断器保护

实际中，将熔断器保护与重合闸、短时中断结合起来使用。在图 3.1 中，从主馈线分出的分支线通过冲击式熔断器进行保护，这些熔断器是熔断时间较慢的熔断器，当暂时性故障由主断路器和重合闸装置清除时，熔断器不会熔断。因此，暂时性故障通过自动重合闸装置可自动清除故障并恢复供电。

永久性故障也可以被主断路器清除，但会使该配电馈线的所有用户经历长时供电中断。这时，与发生暂时性故障不同，分支线上发生的永久性故障将由该分支线上的熔断器清除，为此自动重合闸装置整定有两个定值：一个定值是立即跳闸，另一个定值是延时跳闸。与保护装置之间的配合为对于检测到的所有故障电流保护装置立即跳闸，其跳闸速度比冲击式熔断器快，经一定延时后重合闸装置动作，如果分支线上发生永久性故障，保护延时后跳闸，此时主断路器延迟时间比熔断器动作时间长，这样分支线上的永久性故障被熔断器清除，但供电主母线上会经历一次电压暂降。

根据以上分析，可得以下结论：由该配电馈线供电的所有用户（发生永久性故障的分支线上的用户除外）经历一次短时电压中断，而不会经历长时电压中断。由熔断器清除永久性故障的分支线上的用户所经历的短时中断会变为长时中断，而其他用户经历的短时中断不会变为长时中断。

3.3.3　由重合闸引起的电压幅值事件

如上所述，重合闸装置与熔断器之间的配合会对不同用户引起不同的电压幅值事件。图 3.2 给出了由重合闸装置动作引起的故障馈线上某用户经历的事件（图 3.1 中表示为 1）和由同一变电站另一馈线供电的用户（图 3.1 中表示为 2）所经历的事件。在图 3.2 中，A 为故障清除时间，B 为重合闸时间。故障馈线上的用户（实线）在故障过程中电压会降低，在原因和幅值上与电压暂降类似。两类用户之间的区别是受故障清除的影响不同，对非故障相的用户，电压恢复到事件前的值，用户仅经历一次暂降；对故障馈线上的用户，电压降至 0。

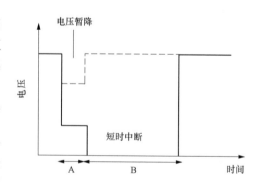

图 3.2　故障线（实线）和非故障线（虚线）自动重合序列的电压有效值

相邻馈线上的用户（虚线）将经历一个持续时间等于故障清除时间的暂降，重合闸断开的瞬间电压恢复。如果第一次重合闸时故障仍存在，非故障馈线上的用户将经历第二次暂降，故障馈线上的用户将经历第二次短时中断或长时中断。

图 3.3[11]给出的是一个短时中断的实际记录，图 3.3（a）对应于图 3.2 中的虚线（非故障馈线上的用户），图 3.3（b）对应于故障馈线上的用户（图 3.2 中的实线）。故障清除时间约为 2 周波，延迟时间约 2s，第一次重合未成功，第二次成功。图 3.3（a）的

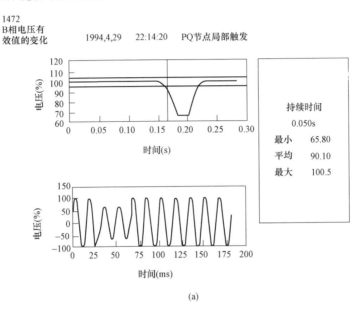

(a)

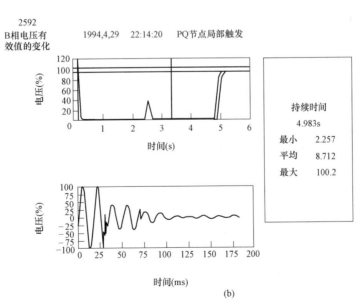

(b)

图 3.3　短时中断时记录的电压有效值

（a）上线监测定位；（b）下线监测定位

暂降幅值大致为 75%，持续时间为 2 周波；图 3.3（b）中，有 2 周波的电压下降到 50%，然后下降到 0，持续约 2s。

比较图 3.2 和图 3.3 可见，图 3.2 的水平轴尺度不同，B 的尺度比 A 大，这是典型情况，故障清除时间（A）仅有几周波，而重合闸时间（B）可达几分钟。

短时中断开始阶段的另一个例子，如图 3.4[3] 所示，可见，开始时电压幅值大约下降到标称值的 25%，3 个周波后几乎到 0，电压波形上的毛刺是由电流过 0 时电弧不稳定引起的，2 周波后，电弧明显变得更平稳。

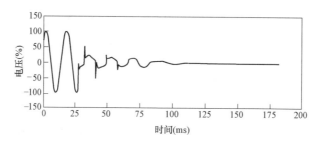

图 3.4 记录的短时中断开始时的电压（引自 IEEE 标准 1159[3]）

3.3.4 中断过程中的电压

图 3.1 中的断路器开断的瞬间，馈线及其供电的负荷不再有电。正常情况下，其影响是电压很快降到 0，但是，有的情况下，电压下降到 0 相当慢，甚至维持为非零值。严格地说，后者不是中断，但其起因与中断相似，因此有必要在此对这一现象作简要描述。

（1）异步电动机能在系统内短时间维持部分电压。但这种贡献较小，因为电压中断之前电动机已馈入短路电流几个周期了，使得转子磁场已经消失大部分。因此，多数电动机的贡献小且仅有几周波。

（2）即使供电电压消失，同步电动机仍能维持其磁场，维持部分系统电压，直到其负荷停止，这可能需要几秒钟的时间。如果系统中有大量同步电动负荷存在，其对故障电流的贡献将使故障消除变得困难。典型地，同步电动机大致 1s 后会被欠压保护跳闸，其后不再对馈线电压有贡献。

（3）即使在长时中断过程中，与馈线相连接的同步和异步发电机也能将馈线电压维持在非零值（如风力发电机或热电组合装置）。当大量发电机连接到馈线时，这可能是个潜在问题。这些被称为嵌入式发电的机组，通常没有配备电压或频率控制设备（而是依靠主网来控制电压和电流在允许范围内）。因此，当电压和频率明显偏离标称值时，会出现孤岛情况，尤其是过电压和过频率会造成严重损坏。为防止这种情况，多数嵌入式发电机组配置了解网保护（loss-of-grid protection），当检测到电压或频率不正常时，发电机组解列。

所有这些均假设馈线上不再有短路故障存在。只要有故障存在，上面提及的所有机组馈入故障电流仍然使馈线电压很低。故障电流的馈入，使得电弧更不易熄灭，但电弧熄灭后，馈线上有可能维持一定残压。

对于保护误动作引起的电压中断，馈线上实际并没有短路故障出现。连接在馈线上的电机可能引起临时或永久性非零电压,异步电动机的贡献也会更大。

3.4 短时中断的监测

短时中断是由自动投切等引起的,其记录需用自动的监测仪。短时中断不像长时中断,其发生可能没有任何人发现,这是电力企业还没有把收集和出版短时中断数据作为日常工作的原因之一。按日常工作来采集这些数据的问题之一是需要在所有馈线上安装监测设备。为获得电压幅值变化和事件的统计信息,已进行了大量调查工作。有了这些调查,才能将监测仪安装到系统中一些节点上。第 6 章将对有关调查作进一步讨论。例如,长时中断、中断频率和持续时间一般作为调查的结果出现;和长时中断一样,更多的数据分析是可能的,如对应一天或一年的中断频率、事件之间时间的分布、用户侧的变化等。

3.4.1 调查结果举例

图 3.5~图 3.7 给出了大量北美调查分析的结果[68]。图 3.5 给出的是作为中断持续时间函数的中断频次,每个竖条给出每年中断平均频次,持续时间在给定的区间内,中断平均次数获取如下:

$$\overline{N}^{(r)} = \frac{\sum\limits_{i=1}^{k} N_i^{(r)}}{\sum\limits_{i=1}^{k} T_i} \tag{3-2}$$

式中, $N_i^{(r)}$ 为在监测区间 T_i 内监测仪 i 得到的范围 r 内的事件次数; $\overline{N}^{(r)}$ 为图 3.5 中平均值的结果。由图 3.5 可见,典型事件的持续时间为 1~30s。持续时间小于 6 周波(100ms)(显然是 60Hz 系统)的事件极不可能发生,这种很短的中断很可能是由于短路故障靠近监测点。应注意在该调查中,只有在事件电压有效值降到标称值的 10% 以下时,才作为一次中断事件被记录。同时注意,水平轴的尺度是不均匀的。根据图 3.5 的数据可采用每个值除以总和的方法计算中断持续时间的概率密度函数:

$$f(r) = \frac{\overline{N}^{(r)}}{\sum\limits_{(k)} \overline{N}^{(r)}} \tag{3-3}$$

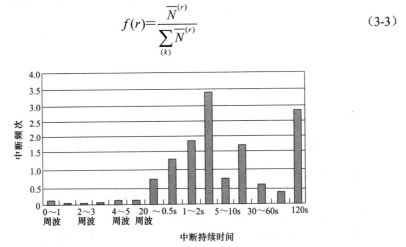

图 3.5 作为中断持续时间函数的中断频次(年中断次数)(在 Dorr[68]得到数据之后)

中断持续时间的概率分布函数可通过将概率密度函数值在给定持续时间内累加得到：

$$F(t) = \sum_{(r) < t} f(r) \tag{3-4}$$

得到的概率分布函数如图 3.6 所示，该曲线用不超过给定值持续时间范围内的中断次数的百分数表示，可见，10%的中断持续时间少于 20 周波，80%的中断持续时间短于 2min（因此，有 20%的中断持续时间长于 2min）。从设备的角度来看，取倒数更有意思，即持续时间超过给定值的比例（或次数），从而可以得到关于设备跳闸次数或设备抗扰动能力（对于给定的最大跳闸频率）的信息。图 3.7 给出了比给定持续时间更长的每年中断次数，除了小的偏移（由于数据离散化）和等于中断总次数的乘数因子，该曲线是图 3.6 的倒置。根据该图可得结论：一个对 20 周波中断敏感跳闸的设备平均每年跳闸 14 次。为将设备每年跳闸次数限制到 4 次，设备要能耐受 30s 的中断。

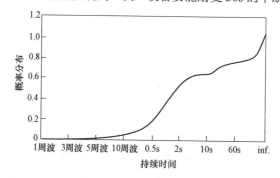

图 3.6　中断持续时间的概率分布函数（由图 3.5 的数据得到）

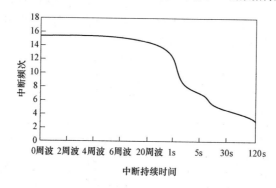

图 3.7　比给定值持续时间更长的年中断次数（由图 3.5 的数据得到）

3.4.2　中、低压系统的差异

许多电能质量调查都得到了短时电压中断的次数。比较各调查的中断次数，可得出不同地区平均电压质量信息。比较不同地点测得的短时中断次数，能得知中断在系统内是如何传播的。北美 EPRI 和 NPL 的调查[54]比较见表 3.1，EPRI 的调查同时监测了配电变电站和馈线。

表 3.1

调查	持续时间							
	1~6 周波	6~10 周波	10~20 周波	20~30 周波	0.5~1s	1~2s	2~10s	>10s
EPRI 变电站	0.2	0.1	0.4	0.8	0.5	0.5	1.1	1.3
EPRI 馈线	1.6	0.1	0.2	0.6	0.5	1.1	2.3	1.7
NPL 低电压	0.2	0.3	0.7	0.8	1.2	1.5	3.3	4.2

表 3.1　美国配电系统三点中断频次（年事件次数）

注　数据来自文献[54]。

由表 3.1 可见，从电源点到负荷点，中断次数总体趋于升高。这是可理解的，因为靠近负荷的节点可能发生的跳闸更多。特别地，持续几秒或更长时间的中断主要发生在低压系统。对于 1s 以内的中断，频次保持基本相同，由此可知，它们可能发生在配电变电站或电压等级更高的系统内。配电馈线上大量持续时间极短（小于 6 周波）的中断还无从解释，尤其是它们并不出现在低电压等级的数据中。

从 CEA[69]和 EFI[67]的调查中可得出相似结论，其中一些结果，见表 3.2 和 3.3。我们同样可以发现，对于持续时间 1s 及以上的中断，低压系统要比中压系统多得多。加拿大（CEA）和挪威（EFI）的数据都显示了可观的极短中断次数，至于其原因，尚未得到解释。

表 3.2　加拿大一次和二次系统的中断频次（每年）

调查	持续时间							
	1~6 周波	6~10 周波	10~20 周波	20~30 周波	0.5~1s	1~2s	2~10s	>10s
CEA 一次侧	1.9	0.0	0.1	0.0	0.4	0.0	0.0	0.7
CEA 二次侧	3.7	0.0	0.0	0.0	0.2	0.5	0.5	2.1

注　数据来自文献[69]。

表 3.3　挪威配电和低压系统的中断频次（每年）

调查	持续时间					
	0.01~0.1s	0.1~0.5s	0.5~1.0s	1~3s	3~20s	>20s
EFI 配电系统	1.5	0.0	0.0	0.0	0.5	5.2
EFI 低压系统	1.1	0.7	0.0	0.7	0.9	5.9

注　数据来自文献[67]。

3.4.3　多重事件

重合闸动作的直接结果是，用户可能在短时间内经历两次或更多次事件。当第一次合闸后故障仍存在时，从故障馈线上供电的用户将经历第二次事件。如果进行第二次重合闸，那么第二次事件将是第二次短时中断，否则第二次事件将是长时中断。由非故障馈线供电的用户则在短时间内经历两次暂降。

多年来，关于把该现象看成一个事件还是多重事件进行了讨论[20]。北美最近的出版物中考虑用一个 1min 或 5min 的窗口，如果两个或更多事件发生在这样一个窗口内，就认为是一个事件。多重事件的严重性（即幅值、持续时间）是窗内最严重的单个事件的严重性。5min 滤波的几个例子如图 3.8 所示。

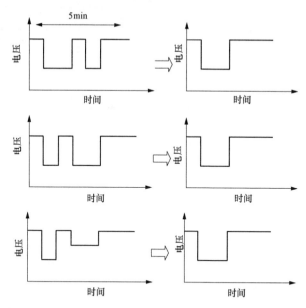

图 3.8　5min 滤波对电压幅值的影响（左边为记录的有效值，右边为滤波后的等值事件）

5min 滤波适用于评估设备跳闸次数，因为许多设备在最严重事件时会跳闸或根本不跳闸。可以忽略事件的累积影响，因为一般认为这种影响较小，但还没被实际测量所证实。在有些情况下，仍有必要知道总的事件频率，因此即使两事件挨得很近，也应分别计算以得到总事件频次。两种可能的应用是：①由于短时欠压事件，元件老化加速；②设备仅在给定负荷周期部分时段内跳闸。在后一种情况中，三次事件中每次设备都有一定概率跳闸，总的概率当然比最严重事件时跳闸的概率大。

表 3.4 给出了 NPL 调查的短时中断进行和未进行上述滤波的数据[54]，从上到下的三行分别是：无论事件彼此是否靠近都作为一个事件计算的短时中断次数；5min 内多重事件作为一个事件的事件次数；采用滤波后事件减少率。

表 3.4　　　　　　　　　NPL 低压系统每年的单一中断和多个中断的次数

调查	持续时间							
	1~6 周波	6~10 周波	10~20 周波	20~30 周波	0.5~1s	1~2s	2~10s	>10s
无滤波	0.3	0.3	0.8	0.9	1.4	1.9	4.2	5.7
5min 滤波	0.2	0.3	0.7	0.8	1.2	1.5	3.3	4.2
减少的百分比	33%	—	12%	11%	14%	21%	21%	26%

注　数据来自文献［54］。

3.5　对设备的影响

短时中断时电压为 0，因此对设备完全没有供电，暂时性现象是灯不亮、电动机减速、黑屏等。所有这些现象仅持续几秒钟，但其导致的后果可能持续很长时间，如生产过程中断、计算机存储内容丢失、由于火警拉响而疏散大楼、有电压恢复时造成危险（不可控启动）。

对于许多敏感设备，电压中断与暂降之间没有明显边界，中断可认为是严重暂降，即剩余电压为 0 的暂降。暂降对设备的影响将在第 5 章讨论，该章中的许多结论也适用于短时中断，本节仅分析负荷的几个一般特性。

3.5.1　异步电动机

电压为零对异步电动机的影响非常简单，即使电动机转速变慢。异步电动机带负荷的机械时间常数为 1～10s，在重合闸的几秒钟内，电动机并没有完全停止下来，而很可能只是明显减速。电动机这种减速可能扰乱工业过程，使过程控制系统将其跳闸。

如果系统足够强大的话，当电压恢复时，电动机能够再加速。对公用配电系统而言，再加速很少成为问题。

同时，欠电压保护定值应该使之在电压恢复前不跳闸，这就要求电动机保护的欠电压定值与公用电网馈线上重合闸区间定值之间进行配合。

通过接触器馈电的异步电动机当接触器脱扣时总是会自动断开。如果没有相应措施，这将总是导致丢失负荷。有些工业过程中，当电压恢复时异步电动机自动重新连接，要么全部即时恢复，要么分批恢复（重要电动机先恢复供电，其余的后恢复）。

3.5.2　同步电动机

同步电动机通常不能满负荷重启，因此需配置欠电压保护以防止电压恢复时电动机失步。对于同步电动机，欠电压保护延迟时间应小于重合闸时间。对于非常快的重合闸，这可能是个问题。这里我们发现，电压恢复得越快，中断给同步电动机造成的威胁越严重。大部分其他负荷是另一种情况，即中断越短，影响负荷的严重性越小。

3.5.3　变速驱动器

变速驱动器对短时中断和第 5 章将介绍的电压暂降都很敏感，通常在 1s 内跳闸，有时甚至在一周波内就跳闸。因此，即使最短时间的中断也会引起负荷损失，有些更先进的驱动器在电压恢复的瞬间自动重新连接。但是，与电源断开几秒钟以后，往往已经扰乱了驱动器所拖动的生产过程，因此重新连接没有太大意义。

3.5.4　电子设备

不采取相应措施，电子设备在重合闸时间内会跳闸，从而引起不太有名的"闪变时钟并发症"，即供电中断时，录像机、微波炉和电子报警器的时钟开始闪变，直到人工重启。简单的解决办法是，在设备内装一个小充电电池，在中断过程中给内部存储器供电。

计算机和过程控制设备基本上也有相同的问题，但它们需要的远不只一块电池那么简单，UPS（不间断电源）是常用的解决方法。

3.6　单相跳闸

单相跳闸用于输电系统中以保持线路两端同步。在配电网和低压系统中，很少采用单相跳闸，因为那样不仅需要更昂贵的设备，而且也会减少重合闸成功的机会。故障电流继续流过非故障相，减小了故障消除的概率，增大了尝试重合闸的次数和长时间中断次数。但如果重合闸成功，单相跳闸比三相跳闸有明显的优点，在此处将加以证实讨论。在单相跳闸时，我们将观察用户电压的变化过程。在此，将对两种明显不同的情况加以区别，两种情况都假设故障相跳闸后为单相接地故障。

（1）故障相与地之间的低阻抗通路仍存在，因此故障相电压为 0 或接近于 0，称为故障过程期；

（2）故障已消除，由于那一相的断路器断开，短路现在已变成开路，称为故障后期。

3.6.1 故障过程中的电压

在故障过程中，假设 a 相为故障相，各相对中性点的电压为

$$V_a = 0$$
$$V_b = \left(-\frac{1}{2} - \frac{1}{2}j\sqrt{3}\right)E \tag{3-5}$$
$$V_c = \left(-\frac{1}{2} + \frac{1}{2}j\sqrt{3}\right)E$$

式中，E 为故障前电压幅值，这里假设故障前三相电压平衡，故障后故障相的电压完全为 0，以故障前电压幅值为基准，故障后电压用标幺值 p.u.表示，此时，$E=1$，则式（3-5）可写为

$$V_a = 0$$
$$V_b = -\frac{1}{2} - \frac{1}{2}j\sqrt{3} \tag{3-6}$$
$$V_c = -\frac{1}{2} + \frac{1}{2}j\sqrt{3}$$

图 3.9 给出了一个相对中性点电压的相量图，在本图和后面的图中，故障期电压用实线表示，故障前电压（即平衡三相电压）如果与事件过程电压不同，则用虚线表示。如果单相跳闸发生在低压网，则图 3.9 中的电压就是用户经历的电压。只有 1/3 的用户会经历电压中断，其余用户不会察觉任何变化。因此，单相跳闸可减少中断次数，该次数是原次数除以 3。

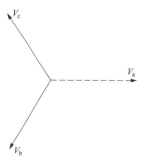

图 3.9 单相跳闸的相对中性点电压

当中压配电馈线发生跳闸时，相间电压更为重要。通过中压供电的大型设备多数采用△连接；容量较小的单相负荷通常连接在相与中性点之间，但低压侧用户通常经△/Y连接的配电变压器供电。在这两种情况下，设备经历的电压标幺值等于中压线路的相间电压标幺值。

根据相对中性点电压可得相间电压标幺值：

$$V_a' = j\frac{V_b - V_c}{\sqrt{3}}$$

$$V_b' = j\frac{V_c - V_a}{\sqrt{3}} \qquad\qquad (3\text{-}7)$$

$$V_c' = j\frac{V_a - V_b}{\sqrt{3}}$$

式中出现了系数 $\sqrt{3}$，是因为线电压标幺值是相电压的 $\sqrt{3}$ 倍，乘以 j 表示有 90°旋转角，以保持三相系统仍沿 a 相和实轴。式（3-7）给出的变换是以后的章节中详细分析不平衡电压暂降的基础，如果去掉所加的一撇 "'"，可得△连接的设备侧单相跳闸电压：

$$V_a = 1$$

$$V_b = -\frac{1}{2} - \frac{1}{6}j\sqrt{3} \qquad\qquad (3\text{-}8)$$

$$V_c = -\frac{1}{2} + \frac{1}{6}j\sqrt{3}$$

图 3.10 给出了相量图形式的设备端电压，根据不同标准给出的定义，这不应该叫中断，而叫电压暂降。这将再次激起对基于结果的术语和基于原因的术语之间的区别的讨论。在第一种情况下，事件称为暂降，后者称为短时中断。但是，无论该事件用哪个名字，明显比三相跳闸的影响小，三相跳闸时各相电压均降到 0。一个例外是异步电动机：当发生单相跳闸时，电压包含一个大的负序电压分量（0.33p.u.），会引起电动机过热；正序阻抗是负序阻抗的 5～10 倍，负序电流将是额定（正序）电流的 170%～330%，异步电动机不可能耐受这样一个长于几秒的不平衡事件。

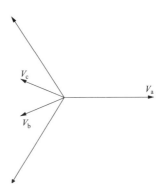

图 3.10 单相跳闸相间电压

低压用户同样经历图 3.10 所示电压。没有用户经历 0 电压，但有 2/3 的用户经历 58%幅值、相位跳变 30°的故障期电压。

3.6.2 故障后电压

故障消除后，故障相的状态从短路转变到开路，在很多情况下会引起电压变化，因此会使电压不再为 0。故障相的电压取决于负荷连接类型，为了计算该电压，需考虑相间连接状况或采用对称分量法。后者常用于分析不对称故障，在许多参考书中有详细描述。关于利用对称分量法分析非对称故障，文献 [24] 对此进行了详尽的描述，这里不再重复。

为了分析开路情况，系统需从开路点进行建模，这样得到三个等值电路：正序、负序和零序电路。这三个网络如图 3.11 所示，其中，Z_{S1}、Z_{S2}、Z_{S0} 分别是正序、负序、零序电源阻抗；Z_{L1}、Z_{L2}、Z_{L0} 分别是正序、负序、零序负荷阻抗；ΔV_1、ΔV_2、ΔV_0 分别是开断点的正序、负序、零序电压降，E_1 为正序电源电压，负序和零序电源电压假设为 0，负荷侧假设没有任何电源，下面仍假设 $E_1 = 1$。

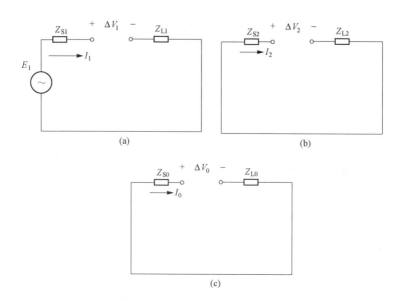

图 3.11　单相开路故障的序网分析

（a）正序；（b）负序；（c）零序

对于不同类型的开路故障，通过不同形式的三个序网的连接，可计算开路点各序电压和电流。对于一个单相开路，两非故障相电压差为 0，故障相电流为 0：

$$\Delta V_b = 0$$
$$\Delta V_c = 0 \tag{3-9}$$
$$I_a = 0$$

式中，a 为故障（开路）相，将这些式子转换成对称分量，有以下式子：

$$I_1 + I_2 + I_0 = 0$$
$$\Delta V_1 = \Delta V_2 \tag{3-10}$$
$$\Delta V_1 = \Delta V_0$$

这些表达式对应于图 3.12 中的序网连接方式。根据图 3.12，开路点的正序电压降可写为

$$\Delta V_1 = \Delta V_2 = \Delta V_0 = \cfrac{1}{1 + \cfrac{Z_{L1} + Z_{S1}}{Z_{L0} + Z_{S0}} + \cfrac{Z_{L1} + Z_{S1}}{Z_{L2} + Z_{S2}}} \tag{3-11}$$

故障相的电压降为

$$\Delta V_a = \Delta V_1 + \Delta V_2 + \Delta V_0 = \cfrac{3}{1 + \cfrac{Z_{L1} + Z_{S1}}{Z_{L0} + Z_{S0}} + \cfrac{Z_{L1} + Z_{S1}}{Z_{L2} + Z_{S2}}} \tag{3-12}$$

一般负荷阻抗远远大于电源阻抗（$Z_{Li} \gg Z_{Si}$，$i = 0, 1, 2$），因此，可近似表示为

$$\Delta V_a = \cfrac{3}{1 + \cfrac{Z_{L1}}{Z_{L0}} + \cfrac{Z_{L1}}{Z_{L2}}} \tag{3-13}$$

开路相负荷侧电压为

$$\Delta V_a = 1 - \frac{3}{1 + \dfrac{Z_{L1}}{Z_{L0}} + \dfrac{Z_{L1}}{Z_{L2}}} \qquad (3\text{-}14)$$

该式可用导纳形式写为

$$Y_{L1} = \frac{1}{Z_{L1}}, \quad Y_{L2} = \frac{1}{Z_{L2}}, \quad Y_{L0} = \frac{1}{Z_{L0}}, \quad V_a = 1 - \frac{Y_{L1}}{\dfrac{1}{3}(Y_{L1} + Y_{L2} + Y_{L0})} \qquad (3\text{-}15)$$

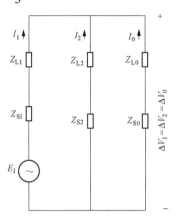

由式（3-15）可得到不同类型的负荷在中断过程中经历的电压。可以看出，是负荷各序阻抗的比值决定该电压的大小。系统阻抗对该负荷侧电压确实有很小的影响，因为负荷电流将在负荷与开路点之间产生电压降。但这种影响在从式(3-12)变为式(3-13)时，被忽略掉了。

3.6.2.1 星形连接静态负荷

对星形连接静态负荷，三个序阻抗相等，$Y_{L1} = Y_{L2} = Y_{L0}$，由式（3-15）得

$$V_a = 0 \qquad (3\text{-}16)$$

换句话说，该类负荷不会影响开路相的电压，单相低压负荷一般可用这种方式描述。

图 3.12　图 3.11 单相开路的序网连接

3.6.2.2 三角形连接静态负荷

在中压公用配电网中，存在△形连接的静态负荷；△/Y形变压器给低压用户供电，只要主要是单相负荷存在，可认为是△形连接的静态负荷。对于这类负荷，正序、负序阻抗相等，由于缺少返回通路，零序阻抗为无限大，用导纳表示为 $Y_{L1} = Y_{L2}$，且 $Y_{L0} = 0$，这样有

$$V_a = -\frac{1}{2} \qquad (3\text{-}17)$$

在高阻抗接地或中性点不接点系统中，零序电源阻抗非常大甚至无穷大，由以上方程容易证明，开路相所得电压等于 $-\dfrac{1}{2}$，对△形连接的静止负荷，相电压和线电压分别如图 3.13 和图 3.14 所示。

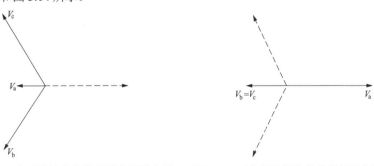

图 3.13　三角形连接负荷单相重合闸相电压　　图 3.14　三角形连接的负荷单相重合闸线电压

3.6.2.3 电动机负荷

对于工厂供电系统和公用系统中典型的电动机负荷，零序阻抗为无穷大，负序阻抗比正序阻抗小，$Y_{L2}<Y_{L1}$，$Y_{L0}=0$，设 $Y_{L2}=\gamma Y_{L1}$，得开路相的电压表达式为

$$V_a=\frac{\gamma-2}{\gamma+1} \tag{3-18}$$

$\gamma=1$ 对应于静态△连接负荷，得 $V_a=-\dfrac{1}{2}$；$\gamma=2$，得 $V_a=0$。正序、负序阻抗比的典型范围：$\gamma=3\cdots10$ 有 $V_a=0.25\cdots0.73$。当异步电动机减速时，负序阻抗基本保持不变，正序阻抗变小，直到电动机达到稳定，它们相等。由式（3-18）可得，当 γ 变小时开路相电压衰减，对应电动机减速。有电动机的系统中，开路相电压最初为故障前电压的 50%～70%，然后逐步衰减到故障前电压的 −50%（幅值为 50%，但反向）。

由以上例子可知，开路相电压为故障前电压的 −0.50～+0.75 倍。如果用 V 表示该电压，得以下各相电压的表达式：

$$\begin{aligned}
V_a&=V\\
V_b&=-\frac{1}{2}-\frac{1}{2}\mathrm{j}\sqrt{3}\\
V_c&=-\frac{1}{2}+\frac{1}{2}\mathrm{j}\sqrt{3}
\end{aligned} \tag{3-19}$$

用式（3-7）定义的变换方法，得线电压（△形连接负荷经历的电压）：

$$\begin{aligned}
V_a&=1\\
V_b&=-\frac{1}{2}-\frac{1}{2}\mathrm{j}\sqrt{3}\left(\frac{1}{3}+\frac{2}{3}V\right)\\
V_c&=-\frac{1}{2}+\frac{1}{2}\mathrm{j}\sqrt{3}\left(\frac{1}{3}+\frac{2}{3}V\right)
\end{aligned} \tag{3-20}$$

可见△形连接的负荷将经历两相电压降，但该电压降比Y形连接的负荷开路相经历的电压降小。同样，负荷受单相跳闸的影响比三相跳闸小。

3.6.2.4 转移到较低电压等级

通常，电压经由△/Y连接的变压器转移到低电压等级。经过一台这样的变压器后，线电压变为相电压，结果如式（3-20）。

为了得到△/Y连接变压器后的线电压，或两台这样的变压器后的相电压，需两次将变换式（3-7）用于式（3-20），结果为

$$\begin{aligned}
V_a&=\frac{1}{3}+\frac{2}{3}V\\
V_b&=-\frac{1}{2}\left(\frac{1}{3}+\frac{2}{3}V\right)-\frac{1}{2}\mathrm{j}\sqrt{3}\\
V_c&=-\frac{1}{2}\left(\frac{1}{3}+\frac{2}{3}V\right)+\frac{1}{2}\mathrm{j}\sqrt{3}
\end{aligned} \tag{3-21}$$

不同类型负荷所经历的电压见表 3.5，这种电压事件向更低电压等级转移将在 4.4 节进一步讨论。该节将分别将式（3-19）～式（3-21）中的电压表示为幅值为 V 的 B 类、幅值为 $\frac{1}{3}+\frac{2}{3}V$ 的 C 类和幅值为 $\frac{1}{3}+\frac{2}{3}V$ 的 D 类暂降。

表 3.5 单相跳闸引起的不同类型负荷经历的电压

星形连接负荷	三角形连接负荷	异步电动机负荷		
		初值	电机减速	
	开路相电压			
	$V_a=0$	$V_a=-0.5$	$V_a=0.75$	$V_a=0.25$
	一次△/Y变压后的电压			
	$V_a=1$	$V_a=1$	$V_a=1$	$V_a=1$
相位	$V_b=-\frac{1}{2}-\frac{1}{6}j\sqrt{3}$	$V_b=-\frac{1}{2}$	$V_b=-\frac{1}{2}-\frac{5}{12}j\sqrt{3}$	$V_b=-\frac{1}{2}-\frac{1}{4}j\sqrt{3}$
	$V_c=-\frac{1}{2}+\frac{1}{6}j\sqrt{3}$	$V_c=-\frac{1}{2}$	$V_c=-\frac{1}{2}+\frac{5}{12}j\sqrt{3}$	$V_c=-\frac{1}{2}+\frac{1}{4}j\sqrt{3}$
幅值	100%，57.7%，57.7%	100%，50%，50%	100%，87.8%，87.8%	100%，66.1%，66.1%
	二次△/Y变压后的电压			
	$V_a=\frac{1}{3}$	$V_a=0$	$V_a=\frac{5}{6}$	$V_a=\frac{1}{2}$
相位	$V_b=-\frac{1}{6}-\frac{1}{2}j\sqrt{3}$	$V_b=-\frac{1}{2}j\sqrt{3}$	$V_b=-\frac{5}{12}-\frac{1}{2}j\sqrt{3}$	$V_b=-\frac{1}{4}-\frac{1}{2}j\sqrt{3}$
	$V_c=-\frac{1}{6}+\frac{1}{2}j\sqrt{3}$	$V_c=-\frac{1}{2}j\sqrt{3}$	$V_c=-\frac{5}{12}+\frac{1}{2}j\sqrt{3}$	$V_c=-\frac{1}{4}+\frac{1}{2}j\sqrt{3}$
幅值	33.3%，88.2%，88.2%	86.6%，86.6%	83.3%，96.1%，96.1%	50%，90.1%，90.1%

3.6.3 故障过程中的电流

如上节所见，故障后故障相电压不一定为 0。故障后的非零电压暗示故障时电流非零，这使得故障消除更加困难。

为了计算单相跳闸后故障消除前的故障电流，分析图 3.15 所示的电路。电源和负荷阻抗用与前相同的符号表示，开路点系统侧电压、电流表示为 V_a、V_b 等，负荷侧用 V_a'、V_b' 等表示。

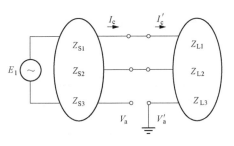

图 3.15 短路仍然存在时的单相跳闸

该系统的电气特性可用 12 个方程描述，3 个方程描述电源（$E_a=1$）：

$$1-Z_{S1}I_1=V_1$$
$$-Z_{S2}I_2=V_2 \qquad (3-22)$$
$$-Z_{S0}I_0=V_0$$

3 个方程描述负荷：

$$V_1' = Z_{L1} I_1'$$
$$V_2' = Z_{L2} I_2'$$
$$V_0' = Z_{L0} I_0'$$

(3-23)

3 个方程描述开路点电压：

$$V_a' = 0$$
$$V_b' = V_b$$
$$V_c' = V_c$$

(3-24)

开路点的 3 个电流方程：

$$I_a = 0$$
$$I_b = I_b'$$
$$I_c = I_c'$$

(3-25)

如果忽略电源阻抗，开路点系统侧电压等于电源电压：

$$V_1 = 1$$
$$V_2 = 0$$
$$V_0 = 0$$

(3-26)

由式（3-24）可得开路点两侧各序分量电压间的关系：

$$V_1' = \frac{2}{3} V_1 - \frac{1}{3} V_2 - \frac{1}{3} V_0$$
$$V_2' = -\frac{1}{3} V_1 + \frac{2}{3} V_2 - \frac{1}{3} V_0$$
$$V_0' = -\frac{1}{3} V_1 - \frac{1}{3} V_2 + \frac{2}{3} V_0$$

(3-27)

代入式（3-26）可得开路点负荷侧各序分量电压，结合式（3-23）和 $I_a' = I_0' + I_1' + I_2'$ 可得单相跳闸后故障电流表达式：

$$I_a' = \frac{2}{3 Z_{L1}} - \frac{1}{3 Z_{L2}} - \frac{1}{3 Z_{L0}}$$

(3-28)

可见，电流取决于负荷的正序、负序、零序阻抗，由于这些阻抗明显比电源阻抗大（典型系数为 10～20），电流变得比初始故障电流小得多。当然，这有助于故障消除，但故障仍然是当电流接近于 0 时更易消除，即 $2Y_{L1} \approx Y_{L2} + Y_{L0}$，其中 $Y_{L1} = \dfrac{1}{Z_{L0}}$ 等。根据式（3-15）可知，这也是故障消除后电压为 0 的条件。

3.7　短时中断的随机预测

为随机预测由给定馈线供电的用户经历的短时中断次数，需以下输入数据：

（1）馈线每千米故障率，主馈线和分支导线可用不同值；

（2）主馈线和分支线长度；

（3）重合闸成功率，如果采用多次重合闸，包括第一次成功率、第二次成功率等；

（4）重合闸断路器和熔断器的位置。

用图 3.16 所示的系统来分析随机预测的步骤。注意，这是一个虚构的系统。学者 Warren[139]在更大的系统（虽也是虚构的）中进行了随机预测研究。图 3.16 的系统数据假设如下：

（1）主馈线的故障率：0.1 次/（年·km）；

（2）分支线的故障率：0.25 次/（年·km）；

（3）第一次合闸成功率 75%，因此 25% 的情况出现第二次跳闸，需再次重合闸；

（4）第二次合闸成功率为故障总次数的 10%，因此有 15% 的故障第二次重合闸时没清除，这些故障为永久性故障，将导致长时中断。

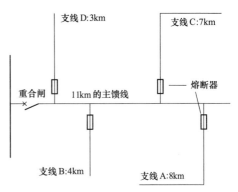

图 3.16 架空配电线路的随机预测的研究

重合闸过程如下：

（1）由于故障引起过电流，断路器立即断开；

（2）在短时间内（1s）断路器保持断开，在此期间 75% 的故障消失；

（3）断路器合闸，如果故障仍存在，断路器立即再次因过电流断开，25% 的情况需要这样的动作；

（4）断路器保持一个较长的死区时间（5s），在此过程中另外 10% 的故障清除；

（5）断路器第二次合闸，如果故障仍存在，断路器保持闭合，直到保护分支线的熔断器有时间吹断；

（6）如果在熔断器清除故障所需要时间后故障仍存在（电流仍大于阈值），断路器第三次断开并一直保持断开状态，再进行重合闸必须人工进行，整条馈线将经历长时中断。

馈线上总的故障次数为

$$11 \times 0.1 \text{ 次} + 22 \times 0.25 = 6.6 \text{（次/年）} \tag{3-29}$$

每次故障会导致一次电压幅值事件，有四种可能的事件：

（1）持续 1s 的短时中断；

（2）两次短时中断，一次持续 1s，另一次持续 5s；

（3）两次短时中断接一次暂降；

（4）两次短时中断接一次长时中断。

由于该馈线的短路故障，每年发生 6.6 次事件，其中：

（1）75%＝5.0 次/年，需一次跳闸，对所有用户产生一次短时中断；

（2）10%＝0.7 次/年，需两次跳闸，引起用户两次短时中断；

（3）15%＝1.0 次/年，为永久性故障，引起两次短时中断，接一次暂降或一次长时中断。

连接到该馈线上的所有用户经历的短时中断次数相等：持续 1s，5.0 次/年；持续

1＋5s，0.7 次/年。

长时中断次数取决于馈线位置：主馈线上的永久性故障对所有用户造成长时中断，一条分支线上的永久性故障只引起该分支线供电用户的长时中断。对馈线不同部分，永久性故障的次数为

（1）支线 A：$8 \times 0.25 \times 0.15 = 0.3$（次/年）；

（2）支线 B：$4 \times 0.25 \times 0.15 = 0.15$（次/年）；

（3）支线 C：$7 \times 0.25 \times 0.15 \approx 0.26$（次/年）；

（4）支线 D：$3 \times 0.25 \times 0.15 \approx 0.11$（次/年）；

（5）主馈线：$11 \times 0.1 \times 0.15 \approx 0.17$（次/年）。

馈线不同位置所连负荷经历的长时中断次数为

（1）主馈线：0.17 次/年

（2）支线 A：$0.17 + 0.3 = 0.47$（次/年）；

（3）支线 B：$0.17 + 0.15 = 0.32$（次/年）；

（4）支线 C：$0.17 + 0.26 = 0.43$（次/年）；

（5）支线 D：$0.17 + 0.11 = 0.28$（次/年）。

不采用重合闸方案，而由熔断器来清除所有分支线上的故障，将只引起长时中断：

（1）主馈线：1.1 次/年；

（2）支线 A：3.1 次/年；

（3）支线 B：2.1 次/年；

（4）支线 C：2.9 次/年；

（5）支线 D：1.9 次/年。

表 3.6 比较了系统有和没有重合闸方案长时和短时中断次数。对于仅对长时中断敏感的设备和生产过程，有重合闸方案的系统更优越，可以减少85%的长时中断；但当设备、生产过程对短时和长时中断都敏感时，最好取消重合闸方案，而采用每次故障都永久性跳闸。根据负荷在馈线上的位置，负荷将按系数 2～5 减少跳闸次数。实际中，往往很难做出决定，因为有的用户宁愿选择更多的短时中断而不愿意接受长时中断，而其他一些用户仅关心中断次数。第一类用户主要是居民用户，第二类主要是工业用户。按财务评估作决定，总是有利于工业用户；如果按用户数或 kWh 评估作决定，则有利于居民用户。

表 3.6　　　　带有重合闸装置和未带有重合闸装置的架空传输馈线年短时和长时中断次数

	仅长时中断		所有中断	
	有重合闸	无重合闸	有重合闸	无重合闸
主馈线	0.2	1.1	6.6	1.1
支线 A	0.5	3.1	6.6	3.1
支线 B	0.3	2.1	6.6	2.1
支线 C	0.4	2.9	6.6	2.9
支线 D	0.3	1.9	6.6	1.9

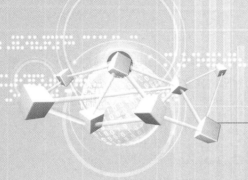

电压暂降特征描述

4.1 引言

电压暂降是电压有效值在短时间内减小，是由短路、过负荷和大型电动机启动等引起的电压扰动事件。对电压暂降感兴趣的原因在于该问题导致多类设备对其很敏感，如调速驱动装置、过程控制设备和计算机等。当电压有效值低于 90%，持续时间达到 1~2 周波以上时，有的设备就会跳闸停运。从本章及随后两章里可较清楚地发现，这样的设备每年可能会跳闸几十次。可以想象，如果这些设备是一家造纸厂的过程控制设备，那么由电压暂降引起的损失将是相当巨大的。当然，电压暂降对工业生产的危害并不如长时或短时中断，但是系统发生电压暂降的次数比中断次数多得多，因此电压暂降造成的总的危害也大得多。短时中断和大部分长时间中断通常起源于本地配电网，但是设备端的电压暂降可能由输电系统中几百千米以外的短路故障引起。相比于电压中断，电压暂降更是全局性问题。减少中断次数需要改善一条配电馈线，但是减少电压暂降次数需要改造多条馈线，甚至是远方输电线路。

由短路引起的电压暂降的一例，如图 4.1 所示。由图可见，电压幅值下降到事件前电压的 20%，持续时间大约为 2 周波，这 2 周波过后，电压又恢复到暂降前电压水平。该幅值和持续时间是电压暂降的主要特征，后续章节将对这些特征进行详细讨论。从图4.1 还可发现，幅值和持续时间并不能完整地描述暂降，电压暂降过程中的电压波形中包含有大量高频分量。同时，在暂降后电压立即有一个小的突起。

当前最感兴趣的电压暂降是由短路故障引起的电压暂降。这些电压暂降是造成敏感设备停运的主要原因。但是，异步电动机启动也会导致电压暂降，图 4.2 给出了这样一个电压暂降的例子[19]。与图4.1 比较，图 4.2 给出的并不是实际电压和时间的关系，而是电压有效值-时间图。电压有效值通常按系统频率的一个或半个周波进行计算。异步电动机启动引起的电

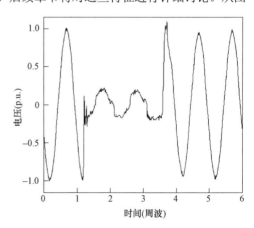

图 4.1 短路故障引起的电压暂降-时域内一相的电压（数据来源于文献［16］）

压暂降比短路故障引起的暂降的持续时间更长，典型持续时间为几秒到几十秒。本章重点关注短路引起的暂降，电动机启动引起的暂降将在 4.9 节讨论。

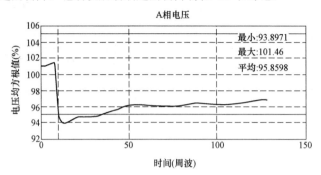

图 4.2　由异步电机启动引起的暂降（数据来源于文献［19］）

4.2　电压暂降幅值

4.2.1　监测

电压暂降幅值可用多种方式确定，很多现有监测仪根据电压有效值得到暂降幅值，但将来这种情况会发生变化。目前有几种方式来量化电压水平，两个典型例子是每周波或半周波内的基频（工频）电压幅值和峰值电压。只要电压是正弦的，用电压均方根值、基波电压或峰值电压得到的暂降幅值是一致的，但在暂降过程中经常就不是这样的情况了。

4.2.1.1　电压有效值

由于电压暂降是以时间上的采样点记录的，电压有效值只能根据时域采样电压进行计算，可用下式进行计算：

$$V_{rms} = \sqrt{\frac{1}{N}\sum_{i=1}^{N}V_i^2} \tag{4-1}$$

式中，N 为每周波内的采样次数；V_i 为时域内采样电压值。

式（4-1）的算法用于图 4.1 中的暂降，结果如图 4.3 和图 4.4 所示。在图 4.3 中，根据每周波一个窗口计算电压有效值，采样样本为 256。图 4.3 的每个点是之前 256 个样本点的电压均方根值（令最开始的 255 个点的均方根值与第 256 个样本点的值相等）：

$$V_{rms}(k) = \sqrt{\frac{1}{N}\sum_{i=k-N+1}^{i=k}V_i^2} \tag{4-2}$$

式（4-2）中 $N=256$，可见，电压有效值并不是立即降低而是经历了一个周波的过渡过程。同时还发现，暂降过程中，有效值并不是完全恒定的，故障后电压也不是立即恢复。一个惊奇的发现是，故障后瞬时的有效值电压只有暂降前电压的 90%。这一现象将在 4.9 节中讨论。由图 4.1 可知，时域里的电压稍微超出了阈值，图 4.4 中电压有效值按 128 采样点计算，式（4-2）中 $N=128$，过渡过程为半个周波，比半个周波更短的窗口是没用的，因为窗口的长度必须是半周波的整数倍。其他任何窗口长度将会产生频率为两倍基频的振荡。在两个图中都是在每次采样后计算电压有效值。在电能质量监测仪中，每周波计算一次：

$$V_{rms}(kN)=\sqrt{\frac{1}{N}\sum_{i=k-N+1}^{i=kN}V_i^2} \tag{4-3}$$

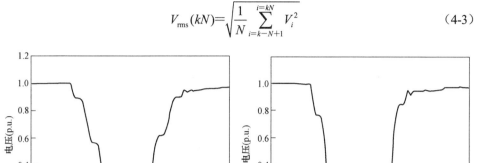

图 4.3　图 4.1 所示的电压暂降全周电压有效值　图 4.4　图 4.1 所示的电压暂降半周电压有效值

在电压有效值平稳下来之前，监测仪很可能得出一个中间幅值，在分析暂降持续时间时会再次讨论这一现象。

4.2.1.2　电压基频分量

采用电压基频分量的优点是可用相同方法确定相位跳变。相位跳变将在 4.5 节详细讨论。基频分量是时间的函数，计算如下：

$$V_{fund}(t)=\frac{2}{T}\int_{t-T}^{t}v(\tau)e^{jw_0\tau}d\tau \tag{4-4}$$

式中，$w_0=\dfrac{2\pi}{T}$；T 为基频周期。

注意，式（4-4）产生的是作为时间函数的复数电压。该复数电压的绝对值是作为时间函数的电压幅值，其辐角可用来得到相位跳变。用相似的方法，可得作为时间函数的电压谐波分量幅值与相角。这种称为时频分析的方法在数字信号处理中已是较完善的领域，在电力工程中将有较大的运用潜力。

图 4.1 中电压暂降的基频分量已经获得，其绝对值如图 4.5 所示。每个点代表前一周波（256 个点）基频分量的幅值，通过快速傅里叶算法（FFT）[148]得电压基波分量。与图 4.3 比较，基频分量的特性与电压有效值特性非常相似。

电压有效值的优点是可容易地用于半波窗口。从半波窗口得到基波电压要复杂得多。一种可能的方法是先计算第一个半波窗口，再利用下式计算第二个半波窗口：

$$\cos(wt+\phi+\pi)=-\cos(wt+\phi) \tag{4-5}$$

设 v_i，$i=1，\cdots，\dfrac{N}{2}$ 为一半波窗口采样电压，利用下面数列的傅里叶变换可得基频电压：

$$v_1, \cdots, v_{\frac{N}{2}}, -v_1, \cdots, -v_{\frac{N}{2}}$$ (4-6)

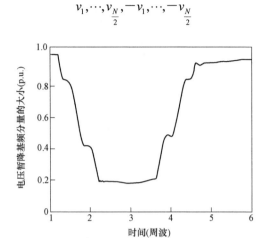

图 4.5　图 4.1 所示的电压暂降的基频分量幅值

用该算法分析图 4.1 中电压暂降的结果如图 4.6 所示。比较图 4.5，从故障前到故障过程中电压的过渡过程显然要快得多。注意，该方法假设没有电压直流分量存在，直流分量将引起基频电压误差。

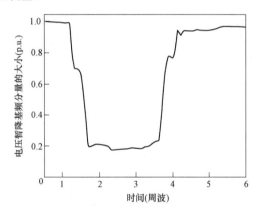

图 4.6　图 4.1 所示的电压暂降的基频分量幅值（由半波窗口得到）

另一种基频电压分量获得方法将在 4.5 节讨论。

4.2.1.3　峰值电压

作为时间函数的峰值电压可用下面表达式获得：

$$V_{\text{peak}} = \max_{0 < \tau < T} \left| v(t - \tau) \right|$$ (4-7)

式中，$v(t)$ 为采样电压波形；T 为半波的整数倍。在图 4.7 中，对于每一个样本点，计算出在此之前半个周波的最大绝对值。可见，峰值电压有一个明显的上升和下降，但是该上升和下降并没有与暂降的开始与结束相吻合。与电压有效值相反，暂降后峰值电压立即有一个突起,这与时域的过电压相对应。图 4.8 对两种方法进行了比较,可见,除暂降低压部分末端外,峰值电压大多数时候都比电压有效值高。

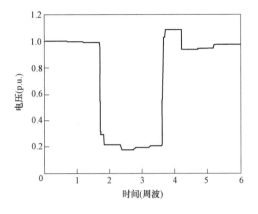 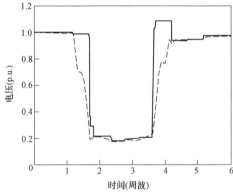

图 4.7　图 4.1 所示的电压暂降的　　　　　图 4.8　图 4.1 所示电压暂降的半周波峰值电压
　　　　半周波峰值电压　　　　　　　　　　　（实线）和半周波电压有效值（虚线）的比较

4.2.1.4　单周电压暂降

相对于图 4.1,另一种电压暂降如图 4.9 所示。图中给出了三相的全部情况:其中一相发生大约一周波的电压降低,然后迅速恢复;而其余两相出现一些暂态现象,但并不是明显的暂降或暂升。图 4.10 给出了图 4.9 中暂降的半周波有效值电压。可明显看出,两非故障相有较小的电压暂升。由于暂降持续时间短,电压有效值曲线没有平坦部分,电压暂降幅值的确定相当随机。如果监测仪每半周波采样计算一次,根据采样时刻测得的暂降幅值可能是 26%~70% 的任何值。如果用一周波窗口计算有效值,情况则更糟。

对于图 4.9 中的 b 相,用两种方法获得对应时间的电压暂降幅值:图 4.11 是半周波峰值电压,图 4.12 是半周波基频电压。后者的形状和半周波有效值的形状相似。半周波峰值电压与另外两种方法相比,再次显现出更加陡峭的过渡过程。

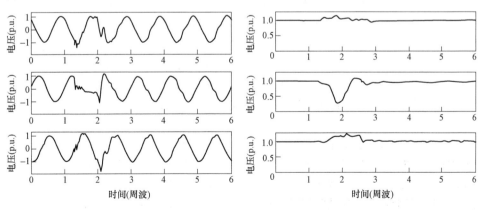

图 4.9　一周波暂降时域图,三相电压曲线图　　　图 4.10　图 4.9 所示电压暂降的
　　　　（数据来自文献 [16]）　　　　　　　　　　　　　半周波有效值电压

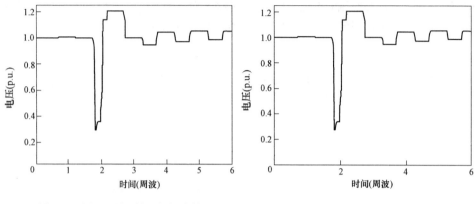

图 4.11 图 4.9 所示的 b 相暂降的
半周波峰值电压

图 4.12 图 4.9 所示的 b 相暂降的
半周波电压分量基频

4.2.1.5 获取暂降幅值

到此为止，我们已计算出作为时间函数的暂降幅值，可能是有效值电压、峰值电压、基频分量电压，都以一定的时间窗口采样计算获得。根据幅值-时间函数得到暂降幅值有不同方法，多数监测仪采用最低值。考虑到设备敏感度，对应假定电压降到一定值时设备立即中断（运行）。由于多数暂降在暂降底部中有恒定有效值，因此用最小值是可接受的假设。

迄今为止已达成的一致意见是，采用有效值和最小有效值都可确定电压暂降幅值。但是，需要从数量上量化暂降幅值时，这种共识就不成立了。一种通用的方式是，用暂降过程中剩余电压刻画暂降，用标称电压的百分数表示。因此，120V 系统的 70%暂降是指电压降到 84V，这种刻画暂降的方法被很多 IEEE 标准（493:1998，1159:1995，1346:1998）推荐。这样的术语容易引起混淆是显而易见的，人们可能习惯地认为 70%暂降是指电压下降了 70%，即剩余电压为 30%。因此，推荐采用的表述为"降至 70%的暂降"[3]。IEC 通过电压有效值实际下降量来刻画暂降，从而解决了这种模糊和混淆，这种方法在欧洲已较通用。但是，用电压下降值来刻画电压暂降并没有解决所有问题，因为接下来的问题是参考电压是什么？用故障前电压还是用标称电压，仍存在极大争论。国际发电与配电联合会（UNIPEDE）推荐用标称电压，如文献［5］。由于实际中几种不同的定义都有使用，因此清楚地知道具体情况下采用的是哪一种定义是十分重要的。本书中的暂降幅值定义为事件过程中的剩余电压。

以剩余电压作为暂降幅值也可能引起一些混淆。主要混淆是大的暂降幅值是指不严重的事件。事实上，暂降幅值 100%对应于没有发生暂降。"大暂降"和"小暂降"的使用很容易使人混淆。取而代之，我们使用"深暂降"和"浅暂降"这两个术语。深暂降是幅值低的暂降；浅暂降是幅值高的暂降。当涉及设备运转性能时，我们还是使用术语"严重暂降"和"温和暂降"；但当关心暂降幅值时，这些术语对应于"深暂降"和"浅暂降"。

4.2.2　理论计算

分析图 4.13 所示电力系统，其中，数字 1~5 指故障点，字母 A~D 为负荷在输电网中的位置。输电网络位置 1 发生故障，将在故障线路两侧相连的变电站产生严重暂降，该暂降会传递给所有由这两个变电站供电的用户。由于在低压端一般没有接发电机组，因此没有任何电压支撑。结果是，用户 A、B、C、D 均经受一次深暂降。其中，A 的暂降可能没那么深，因为该变电站所接发电机可维持电压。故障点 2 处的故障不会对用户 A 造成太深的电压暂降。输电系统与次输电系统间的变压器阻抗相当大，可有效限制变压器高压侧的电压下降幅值。用户 A 经受的暂降受本地输电变电站供电的发电机组抑制。但故障点 2 上的故障将在次输电变电站和由其供电的所有用户点（B、C、D）引起一个深暂降。

故障点 3 的故障给用户 D 造成一个很深的暂降，保护清除故障后，经历一个短时或长时中断；用户 C 仅经历一次深暂降。如果配电网中采用快速重合闸，对于永久性故障，用户 C 将在很短时间内经历两次或更多次暂降。由于故障发生在位置 3，存在变压器阻抗，用户 B 仅经历一次浅暂降。对于该故障，用户 A 可能没有什么感觉。最后，故障 4 引起用户 C 一次深暂降和用户 D 一次浅暂降。故障 5 引起用户 D 一次深暂降和用户 C 一次浅暂降。用户 A 和 B 不受故障 4 和故障 5 的影响。

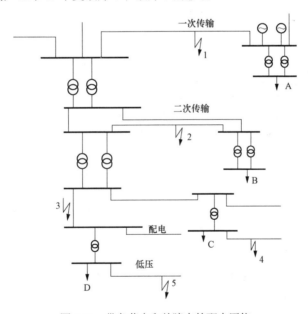

图 4.13　带负荷点和故障点的配电网络

为量化辐射型网络暂降幅值，可用图 4.14 所示的分压器模型。对输电系统而言，这显然是一个非常简化的模型。但是，在本节和后续章节中可以发现，这对预测某些暂降特性是相当有用的。图 4.14 中有两个阻抗，Z_s 是 PCC 点

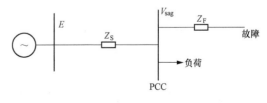

图 4.14　电压暂降分压模型

系统阻抗，Z_F 是 PCC 点与故障点间的馈线阻抗。PCC 点（公共连接点）是同时给故障和负荷供电的点，换句换说，这是负荷电流与故障电流分支的地方。通常将公共连接点简记为 PCC。在分压模型中，故障前和故障过程中的负荷电流被忽略，因此在负荷与 PCC 点间没有电压降，PCC 点电压即设备端电压可求解如下：

$$V_{SAG} = \frac{Z_F}{Z_S + Z_F} E \qquad (4-8)$$

在后续章节中，假设事件发生前的电压为 1p.u.，因此，$E=1$，这样电压暂降幅值的表达式可简化为

$$V_{SAG} = \frac{Z_F}{Z_S + Z_F} \qquad (4-9)$$

任何故障阻抗都应包含在馈线阻抗 Z_F 当中。由式（4-9）可见，故障到用户的电气距离越近（Z_F 越小），系统故障水平越低（Z_S 越大），则产生的暂降越严重。

注意，这里用的是单相模型，而实际系统是三相的，这意味着这个等式严格来说只适用于三相故障。如何将分压模型应用于单相和相间故障将在 4.4 节讨论。

式（4-9）可按到故障的距离来计算暂降幅值，为此我们有 $Z_F = Z \times L$，其中，Z 为单位长度馈线阻抗，L 为故障点与 PCC 点间距离，有

$$V_{sag} = \frac{zL}{Z_S + zL} \qquad (4-10)$$

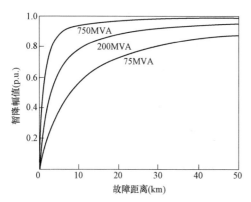

图 4.15　11kV，150mm^2 的架空线路发生故障，电压暂降为故障距离的函数

暂降幅值作为故障距离的函数已被计算出（对典型 11kV 架空线），结果如图 4.15 所示。计算用的架空线截面为 150mm^2，故障水平 750、200、75MVA。故障水平用来计算 PCC 点电源阻抗，馈线阻抗用来计算 PCC 点与故障点间阻抗。假设系统阻抗为纯电抗，$Z_S = $ j0.161Ω（对 750MVA 电源），150mm^2 架空线阻抗为 0.117+j0.315Ω/km[10]。

正如预期，随故障距离和故障水平的增加，暂降幅值增加（暂降严重性降低）。同时，我们发现，几十千米处的故障仍然可能引起严重暂降。

4.2.2.1　导线截面的影响

不同横截面架空线的阻抗不同，线路与电缆的阻抗也不同，因此，希望知道线路或电缆横截面对暂降幅值的影响。为说明这种影响，图 4.16 给出了用故障点与 PCC 点间距离的函数表示的 PCC 点暂降幅值。对 11kV 架空线，有三种不同的截面：50、150、300mm^2，用 200MVA 的系统阻抗。较小的截面的馈线阻抗更大，因此电压下降的较小。对于架空线，这种影响相当小，因为电抗支配阻抗。对于接地电缆，这种影响很大，如图 4.17 所示。同样，对于 50、150、300mm^2 的截面，电缆的电感明显比架空线小，因

而其电阻对阻抗影响更大，从而影响暂降幅值。为得到图 4.16 和图 4.17 而使用的阻抗值见表 4.1，所有阻抗均为 11kV 电压水平的阻抗。

表 4.1　　　　　　图 4.16 和图 4.17 中用的 11kV 线路和电缆阻抗

截面积（mm²）	阻抗	
	架空线	电缆
50	0.363＋j0.351Ω	0.492＋j0.116Ω
150	0.117＋j0.315Ω	0.159＋j0.097Ω
300	0.061＋j0.298Ω	0.079＋j0.087Ω

注　数据来自文献［10］。

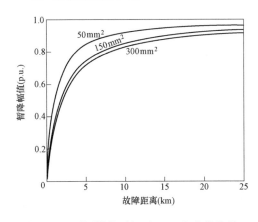

图 4.16　不同横截面积下 11kV 架空线路的　　　图 4.17　不同横截面积下 11kV 接地电缆的
电压暂降与距离的曲线关系　　　　　　电压暂降与距离的曲线关系

4.2.2.2　变压器低压侧故障

图 4.14 中故障点和 PCC 点间的阻抗不仅包括线路或电缆，而且还有电力变压器。由于变压器有相当大的阻抗，在所有限制低压侧故障水平的因素中，故障点与 PCC 点间变压器的出现将导致相对较浅的暂降。

为显示变压器对暂降幅值的影响，分析图 4.18 的情况：一台 132/33kV 变压器和一条 132kV 线路从同一 132kV 母线馈电，一条 33kV 线路从该变电器低压侧馈电。故障水平：132kV 母线 3000MVA，33kV 母线 900MVA。阻抗参数：132kV 母线系统（电源）阻抗为 5.81Ω，变压器阻抗 13.55Ω，均为 132kV 电压等级的值。需计算暂降幅值的敏感负荷接于 132kV 母线上（经另一台 132/33kV 变压器）。同

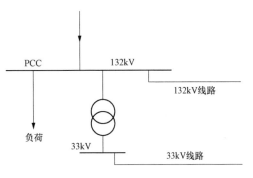

图 4.18　故障发生在两电压等级的电力系统

样用式（4-9），其中，$Z_S=5.81\Omega$，$X_F=13.55\Omega+z\cdot L$，其中 z 为馈线单位长度阻抗，L

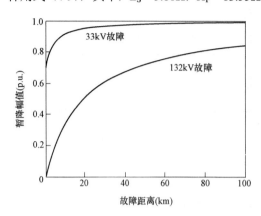

为故障点与变压器二次侧间的距离。馈线阻抗也必须折算到 132kV：当馈线在 33kV 的阻抗为 0.3Ω/km 时，折算到 132kV 侧为 $z=\left(\dfrac{132kV}{33kV}\right)^2\times0.3\Omega/km$。

计算结果如图 4.19 所示，其中，上面曲线的故障发生在 33kV 线路上，下面曲线的故障发生在132kV 线路上。可见，33kV 故障没有 132kV 故障严重，33kV 曲线不仅起始于较高的水平（由于变压器的阻抗），而且上升也较快。后者是由于从 132kV 侧看去的阻抗为从 33kV 侧

图 4.19　132kV 故障和 32kV 故障的暂降幅值比较

看去的阻抗的（$132/33$）$^2=16$ 倍。

4.2.2.3　故障水平

通常给定母线的电源阻抗并非直接获得，而由故障水平得来。可将故障水平转换成电源阻抗并用式（4-9）计算暂降幅值。但是如果已知 PCC 点和故障点的故障水平，也可直接计算暂降幅值。设 S_{FLT} 为故障点故障水平，S_{PCC} 为 PCC 点故障水平，对额定电压 V_n，故障水平与电源阻抗之间的关系如下：

$$S_{FLT}=\frac{V_n^2}{Z_S+Z_F} \tag{4-11}$$

$$S_{PCC}=\frac{V_n^2}{Z_S} \tag{4-12}$$

根据式（4-9），PCC 点电压可写为

$$V_{sag}=1-\frac{S_{FLT}}{S_{PCC}} \tag{4-13}$$

用式（4-13）计算变压器的暂降幅值，为此采用英国电网典型故障水平[13]：

400V	20MVA
11kV	200MVA
33kV	900MVA
132kV	3000MVA
400kV	17000MVA

分析一典型 11kV 母线上的故障，如故障水平为 200MVA，33/11kV 变压器高压侧暂降幅值由式（4-13）计算，得

$$V_{sag}=1-\frac{200}{900}\approx78\%$$

用相似的方法可得表 4.2。表中，0 表示故障发生在相同或更高水平，这时电压降到

更低值。从表 4.2 中可以看出，暂降在电力系统中向上一电压等级传播时受到明显的抑制。在暂降研究中，通常只考虑降低电压故障水平，即使这一等级的故障也并不怎么值得过分考虑。一个例外是，132kV PCC 点处 33kV 母线侧故障引起的暂降导致暂降降至 70%。

表 4.2   暂 降 的 上 行 传 递

故障点	PCC			
	11kV（%）	33kV（%）	132kV（%）	400kV（%）
400V	90	98	99	100
11kV	0	78	93	99
33kV	0	0	70	95
132kV	0	0	0	82

4.2.2.4 临界距离

式（4-10）给出的电压幅值是故障距离的函数，从该式可以得到导致一定暂降幅值的故障距离。若假设系统与馈线的比与 X/R 相等，有

$$L_{crit} = \frac{Z_S}{Z} \cdot \frac{V}{1-V}$$

$$(4-14)$$

称该距离为暂降电压 V 的临界距离。假设当电压低于一个给定水平（临界电压）时一台设备跳闸（停运），那么临界距离定义为临界距离内任意处的故障均引起该设备跳闸。该概念将在 6.5 节用于估计设备期望跳闸次数。

如果进一步假设故障次数正比于临界距离内线路长度，可以预期低于某水平 V 的暂降次数正比于 $V/(1-V)$。得出该结论还需要另一个假设：每条接于 PCC 点的馈线需无限长且没有任何分支，当然在实际中并非如此。这个等式也和一些较大规模的电能质量调查作对比，结果如图 4.20 所示。美国[11],[12]、英国[13]和挪威[16]的电能质量调查结果以点表示，理论曲线为实线（solid line）。尽管作了明显的近似处理，但结果的一致性却很好。

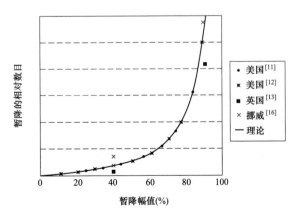

图 4.20 暂降次数与幅值：理论结果（实线）和监测结果（点）

虽然式（4-14）仅针对辐射型系统，但它给出了电压与暂降数目之间的一般性关系。该表达式表明大多数的暂降是浅暂降，这也被许多测试所证明。

4.2.3 暂降幅值计算算例

本节将上节提出的理论和概念应用于图 4.21 所示的系统，本例也将在后面章节中再次使用。图 4.21 所示的供电系统是北英格兰某地给工业用户供电的系统[15]，敏感负荷由几个大型 AC 和 DC 变速驱动装置构成。直流（DC）驱动装置由 420V 专用变压器供电，更先进的交流（AC）驱动装置由 660V 专用变压器供电。用于计算的许多数据均来自于当地电力企业，在数据无法获得时，尽量采用典型值。通常，在这样的研究中，数据收集与实际计算一样需付出很大努力，本书后面假设所有需要的数据已获得。

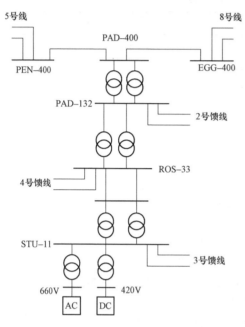

图 4.21 用于计算电压暂降的供电系统

暂降分析的第一步是识别 PCC 点。11kV 馈线上的任意故障，故障电流将经过 STU-11 母线但不会到负荷，STU-11 是 11kV 网络中任何故障的 PCC 点，同样，ROS-33 母线是 33kV 馈线故障的 PCC 点，其他可能的 PCC 点为 PAD-132 和 PAD-400。要计算暂降幅值，需有系统阻抗和馈线阻抗。系统阻抗见表 4.3，馈线阻抗见表 4.4，所有阻抗均以 100MVA 为基准。最后，表 4.5 给出了变压器连接和中性点接地方式，这些资料在后面章节分析不对称暂降时会用到。

表 4.3 图 4.21 所示以 100MVA 为基准的系统阻抗

	零　　序	正序和负序
11kV	787+j220%	4.94+j65.9%
33kV	251%	1.23+j18.3%
132kV	0.047+j2.75%	0.09+j2.86%
400kV		
自 EGG	0.329+j2.273%	0.084+j1.061%
自 PEN	0.653+j5.124%	0.132+j1.94%

表 4.4 图 4.21 所示以 100MVA 为基准的馈线阻抗

	正序和负序（%/km）	零序（%/km）	最大长度（km）
11kV	9.7+j26	18.4+j112	5
33kV	1.435+j3.102	2.795+j15.256	10

	正序和负序（%/km）	零序（%/km）	最大长度（km）
132kV	0.101+j0.257	0.23+j0.65	2
400kV	0.001+j0.018	0.007+j0.050	>1000

表 4.5　　　图 4.21 所示以 100MVA 为基准的中性点接地和变压器连接形式

电 压 等 级	变压器绕组连接	LV 端的中性点接地
400kV		直接接地
400/132kV	自耦变压器YY接法	直接接地
132/33kV	Y-△	经大容量变压器的电阻接地
33/11kV	△-Y	电阻接地
11kV/660V 及 11kV/420V	△-Y	直接接地

现在，我们忽略阻抗为复数的事实，而采用其绝对值来进行计算，在 4.5 节分析相角跳变时将使用复阻抗。对于 11kV 的故障，阻抗为 $z=27.75\%$/km，$Z_S=66.08\%$，临界距离由 $L_{crit}=2.381\times\dfrac{V}{1-V}$ 计算。

33kV 与 132kV 临界距离计算与 11kV 完全相同，结果见表 4.6。可见，在表 4.3 和表 4.6 中，400kV 系统有两列，因为短路功率有两个不同的可能电源。如果在 PAD-400 和 PEN-400 间某处故障，故障电流将从 EGG-400 的方向传输。因此，对这样的故障，阻抗 Z_S 是从 EGG-400 方向看的阻抗。由该阻抗引起的临界距离见表 4.6 中标有"到 PEN-400"的列，注意此处用的是从 EGG-400 方向看的阻抗。对 EGG-400 方向故障，采用从 PEN-400 方向看的阻抗，结果列于表 4.6 中"到 EGG-400"列。

理解表 4.6 时，注意这些值是针对辐射型系统且不带任何分支无限长的线路。在实际中，所有线路均为有限长度。在该系统中，对于 11kV 的故障，离 PCC 的最大距离为 5km，因此故障距离不能大于 5km，11kV 等级的故障引起的最浅暂降幅值为

$$V_{sag}=\frac{Z_F}{Z_S+Z_F}=\frac{5\times0.2727}{5\times0.2727+0.6608}\approx67\% \tag{4-15}$$

表 4.6　　　根据式（4-14）计算图 4.21 所示的网络的临界距离

	11kV	33kV	132kV	400kV 到 PEN-400	400kV 到 EGG-400
z	27.27%	3.418%	0.276%	0.018%	0.018%
Z_S	66.08%	18.34%	2.861%	1.064%	1.944%
$v=10\%$	0.3km	0.6km	1.2km	6.6km	12.0km
$v=30\%$	1.0km	2.3km	4.4km	25.3km	46.3km
$v=50\%$	2.4km	5.4km	10.4km	59.1km	108km
$v=70\%$	5.6km	12.5km	24.2km	138km	252km
$v=90\%$	21.4km	48.3km	93.3km	532km	972km

图 4.22 给出了图 4.21 中各电压等级的暂降幅值-距离关系。水平坐标是相应电压等

级的馈线最大长度。对于 400kV 等级，其长度采用的是 200km。由于 132kV 馈线的长度太短（2km），132kV 电压等级故障造成的电压暂降总是深暂降。

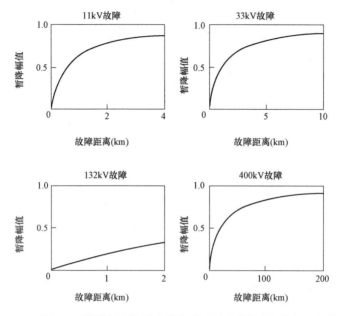

图 4.22　在图 4.21 系统图中不同电压等级发生故障的暂降幅值与距离的关系

4.2.4　非辐射型系统的暂降幅值

4.2.2 节讨论了辐射电网的暂降幅值-距离问题。辐射网络一般在中低压电网中采用，更高电压等级常用其他方案。下面分析几种典型情况，并提出计算网状系统暂降幅值的一般方法。

4.2.4.1　本地发电机

如图 4.23 所示的配电网中，本地机组以两种方式抑制特定负荷的暂降。发电机增大了配电母线上的故障水平，从而抑制了配电馈线上故障引起的电压暂降，特别是对于较脆弱的系统。对于强大的系统，只有承担超过开关设备最大允许短路电流的风险，故障水平才能有较多增加。安装本地机组要求馈电变压器阻抗较大。

本地机组可抑制系统其余部分故障引起的暂降。在故障过程中，发电机通过馈入故障电流支撑本地母线电压。量化该影响的等值电路如图 4.24 所示。其中，Z_4 是故障时本地机组阻抗（通常为暂态阻抗），Z_1 是 PCC 点系统阻抗，Z_2 是故障与 PCC 点间的阻抗，Z_3 是机组母线和 PCC 间的阻抗。注意，严格说来，公共连接点的概念不再成立，该概念是在辐射型系统中引用的，其中假设故障电流是单一的。由于靠近负荷端增加了发电机，引入了第二个故障电流。图 4.24 中所指 PCC 点是本地机组引入前的公共连接点。没有本地发电机时，设备侧的电压等于 PCC 点电压。有本地机组时，暂降过程中设备侧电压等于机组母线电压，该电压与 PCC 点电压的关系为

$$(1-V_{\text{sag}})=\frac{Z_4}{Z_4+Z_3}(1-V_{\text{PCC}}) \tag{4-16}$$

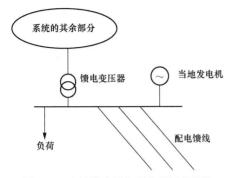
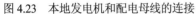

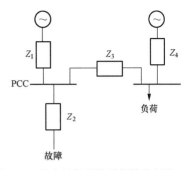

图 4.23 本地发电机和配电母线的连接　　　图 4.24 带本地机组的系统等效电路

发电机母线电压降是 PCC 点电压降的 $\dfrac{Z_4}{Z_4+Z_3}$ 倍。到 PCC 点的阻抗变大（Z_3 变大，弱连接），发电机阻抗变小（Z_4 变小，大机组），该电压降变小。在发电机母线上，系统其余部分的故障贡献通常主要取决于馈电变压器阻抗。这种情况下，发电机母线电压降的减少近似等于发电机对故障水平的贡献。因此，若发电机传输 50% 的故障电流，PCC 点暂降降到 40%（电压下降 60%），本地机组能将设备侧暂降降低到 70%（电压下降 30%）。从式（4-16）也可以得到，存在非零最小暂降幅值。即使 PCC 点故障也不再导致电压为 0 的暂降，而是这样一个暂降，其幅值为

$$V_{\min}=\frac{Z_4}{Z_3+Z_4} \tag{4-17}$$

对上述系统，本地发电机导致发电机母线 50% 的故障水平，更高电压等级故障引起的最小暂降幅值为 50%。在故障过程中，不仅本地发电机对故障有贡献，异步电动机也有。通过以上推论可得出：工厂母线上最小电压等于所有异步电动机对故障的贡献率。对异步电动机的讨论详见 4.8 节。

例： 图 4.25 为带本地发电机系统的一个例子，该工业用电系统通过两台并列运行的 66/11kV 变压器从一个 66kV，1700MVA 变电站馈电。11kV 母线短路容量为 720MVA，

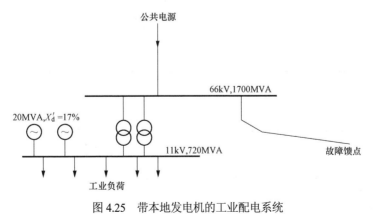

图 4.25 带本地发电机的工业配电系统

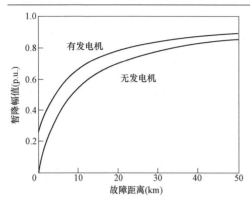

图4.26 有或无本地发电机时，暂降幅值
和距离的关系

其中包括两台暂态阻抗为 17%的 20MVA 发电机。实际工业负荷由 11kV 母线供电，试计算该负荷 66kV 侧故障引起的暂降幅值。66kV 侧馈线阻抗是 0.3Ω/km。

根据式（4-16）和图 4.24，可得该系统（以 66kV 为基准）的如下阻抗：

$Z_1=2.56Ω$，$Z_2=0.3L$（Ω/km），$Z_3=6.42Ω$，$Z_4=18.5Ω$。

暂降幅值计算结果如图 4.26 所示。下面的曲线是 11kV 发电机未投入运行时 66kV 馈线故障引起的 11kV 母线的暂降幅值。这时，11kV 母线暂降幅值等于 66 kV 母线暂降幅值，因为所有负荷电流均被忽略。上面的曲线是有发电机时 11kV 母线的暂降幅值，由于发电机对 11kV 母线电压的支撑作用，暂降幅值不会低于 26%。有两种方法可进一步提高供电质量：一种是增加发电机数量或发电机容量，相当于减少式（4-16）中的 Z_4；另一种方法是增加 Z_3，这样可使 11kV 母线的短路水平降低。

例：图 4.27 给出了使用式（4-16）的另外一个算例。该图是图 4.21 输电系统的一部分，包含 PAD-400 和 EGG-400 两个变电站，还有两站之间 30km 长的 400kV 架空线。阻抗值以 100MVA 为基准折算列表如下，其中 L 是 EGG-400 与故障点之间的距离：

$Z_1=1.4\%$，$Z_2=0.018L$（%/km），$Z_3=0.54\%$，$Z_4=1.94\%$

阻抗 Z_4 表示 PAD-400 点从 PEN-400 得到的电源贡献；Z_3 表示 30km 线路的阻抗（0.018%/km）；Z_2 表示 EGG-400 与故障点间的阻抗；Z_1 表示故障过程中 EGG-400 点（除 PAD-400 的贡献外）非故障线路的贡献。针对不同线路上的故障 Z_1 可能有不同的值。本例中，我们简单假定 Z_1 等于 EGG-400 结点所有线路（除去连接到 PAD-400 结点那条线路）的电源贡献。由于总共有 9 条线路，由此造成的误差不会很大。

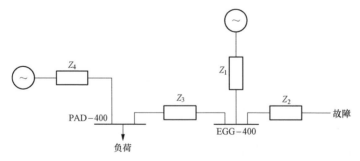

图4.27 两个输电变电站的电路图，左边为敏感负荷

对 EGG-400 右边的故障，已知 EGG-400 电压，用式（4-16）可计算 PAD-400 点电压。EGG-400 的电压可由分压公式获得，系统阻抗由 Z_1 与 Z_3+Z_4 并联构成。注意，此

处仍忽略所有负荷电流，因此所有电源的幅值和相位相等，可用一个电源代替。对于 PAD-400 和 EGG-400 间的故障，分压公式可直接给出需要的电压。现在系统阻抗由 Z_4 构成，馈线阻抗是 0.018%/km×L，其中 L 是 PAD-400 到故障点间的距离。作为故障距离函数的暂降幅值结果如图 4.28 所示。故障距离由 0km 上升至 30km，暂降幅值随距离的变化和辐射型电网里一样；对于 30km 以上的距离，暂降幅值上升得快得多。因此，和辐射型电网相比相同故障距离对应的暂降严重程度低。

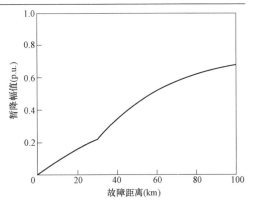

图 4.28　对输电系统，暂降幅值为故障
距离的函数

4.2.4.2　次输电回路

次输电网一般由几个回路构成，图 4.29 是一个典型例子。输电系统由两台或三台变压器连接到次输电网；若干变电站经一个回路从这些变压器的低压侧母线上馈电。这样的网络结构也常在工业电力系统中出现。通常，一个回路仅由两条并联支路构成，下面推导出的数学表达式也可用于计算并联馈线故障引起的电压暂降。

为计算暂降幅值，需识别负荷母线、故障支路和非故障支路。知道这些后，可得图 4.30 所示的等值电路。图中，Z_0 是馈电母线的系统阻抗，Z_1 是回路故障支路阻抗，Z_2 是非故障支路阻抗，p 是故障支路上的故障位置（$p=0$ 对应于故障发生在负荷馈电母线，$p=1$ 对应于故障发生在负荷母线）。

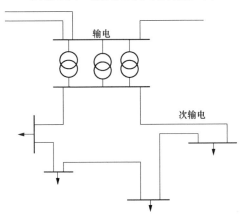

图 4.29　次输电回路的例子

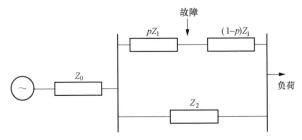

图 4.30　次输电回路等值电路

根据图 4.30 可计算出负荷母线电压，表达式为

$$V_{sag} = \frac{p(1-p)Z_1^2}{Z_0(Z_1+Z_2)+pZ_1Z_2+p(1-p)Z_1^2} \qquad (4\text{-}18)$$

对于 $p=0$（故障发生在主次输电母线）和 $p=1$（故障发生在负荷母线），$V_{sag}=0$；在两者之间某处，V_{sag} 有一最大值。

例：分析图 4.31 所示系统，一条 125km 132kV 回路上连接有若干变电站，图中仅给出了被分析负荷所在变电站，该站位于离主站 25km 处，供电点短路容量 5000MVA，馈线阻抗 $0.3\Omega/km$。故障可能发生在回路的 25km 支路上，也可能发生在 100km 支路上，因此，两条支路均可能是故障支路。对于 25km 支路上的故障，式（4-18）中的 $Z_1 = 25z$，$Z_2 = 100z$，z 为单位长度馈线阻抗；对于 100km 支路上的故障，在式（4-18）中，$Z_1 = 100z$，$Z_2 = 25z$。

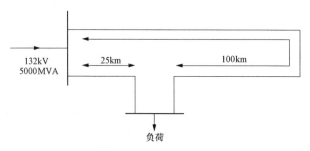

图 4.31　在 132kV 运行的闭环系统

图 4.32 给出了 132kV 次输电回路上故障引起的暂降幅值，虚线（上部）是 100km 支路故障的暂降幅值，实线（下部）是 25km 支路故障的暂降幅值。注意：横坐标对下面的曲线对应于 25km 支路，对上面的曲线对应于 100km 支路。图 4.33 给出了 100km 和 25km 馈线故障的暂降幅值，该幅值是故障点到 132kV 母线实际距离的函数。为便于比较，图中还画出了从 132kV 母线开始的辐射馈线故障引起的暂降幅值曲线（点线）。

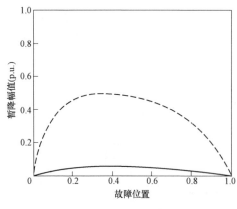

图 4.32　在 132kV 回路故障的暂降幅值

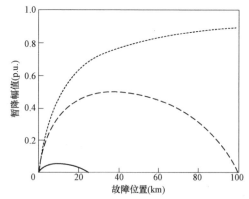

图 4.33　环路故障（实线和虚线）和辐射配电馈线故障（点线）时暂降幅值与距离的关系

从图 4.32 和图 4.33 可见，回路上任意处故障均引起电压下降到低于标称电压的50%。回路上的故障总是比辐射型馈线故障引起的暂降低。靠近供电点的故障将引起较深暂降，靠近负荷的故障也引起较深暂降。其间某处故障将产生一个电压暂降幅值的最大值，线路越长该最大值越大。由图可见，最大值不一定出现在支路正中间。作为系统参数的函数的最大暂降电压的计算结果如图 4.34 和图 4.35 所示。为得到这些图形，式 (4-18) 写为 $Z_1 = \dfrac{Z_1}{Z_0}$ 和 $Z_2 = \dfrac{Z_2}{Z_0}$ 的函数，Z_1 是故障支路的相对阻抗，Z_2 是非故障支路的相对阻抗。图 4.34 是不同 Z_1 值对应的随 Z_2 变化的最大电压；图 4.35 是不同 Z_2 值对应的随 Z_1 变化的最大电压。这两个图说明，当故障支路变长（阻抗增加）或非故障支路变短时，暂降严重程度降低（最大值增加）。这可解释为故障支路长意味着故障可能远离母线，非故障支路短意味着对负荷母线的电压支撑能力强。通过分析故障支路正中间发生故障的情况，这些关系就容易理解了。

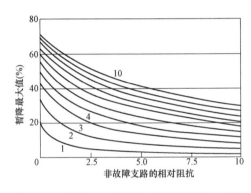

图 4.34　在回路中故障引起的最浅暂降，对应不同故障支路阻抗的非故障支路阻抗的函数　　图 4.35　在回路中故障引起的最浅暂降，对应不同非故障支路阻抗值的故障支路阻抗的函数

Z_1 和 Z_2 的取值范围均为 $1\sim10$，对更小的 Z_1，暂降幅值变得很小；更大则不符合实际。应认识到 $\dfrac{1}{Z_0}$ 正比于供电点的短路容量。因此，Z_1 和 Z_2 表示系统不同故障点短路水平的变化。取值为 10，说明最大和最小短路容量间至少相差 6 倍（注意：两支路并联运行）。在次输电网中，这样大的短路容量变化范围是非常不可能的，因为这样可能因负荷变化引起大的电压变化。

由图 4.34 和图 4.35 可得一般结论：无论在哪个电压等级，回路故障引起的暂降幅值都低于 50% 标称电压。正如前面所说，并行馈线是回路的一种特殊情况，即 $Z_1 = Z_2$。由此，我们可得出结论：对大多数系统而言，最浅暂降幅值为 20%～30%。

4.2.4.3　环网引出的支路

当负荷从环网中馈电时，就如上节所述，发生在引出支路上的故障也会引起暂降，这时可建立如图 4.36 所示的系统模型。到故障点的馈线不一定是单回馈线，也可能是另一回路的等效阻抗。图 4.36 所示系统的等值电路如图 4.37 所示。其中，Z_1 是主输电母线系统阻抗，Z_2 是该母线与负荷馈电母线间阻抗，Z_3 是负荷母线与故障馈入母线间的阻抗，Z_4和Z_5分别是故障支路馈电母线与主母线、故障支路馈电母线与故障点间的阻抗。
负荷母线电压为

$$V_{sag} = \frac{Z_5 Z_2 + Z_5 Z_3 + Z_5 Z_4 + Z_4 Z_3}{Z_1 Z_2 + Z_1 Z_3 + Z_1 Z_4 + Z_5 Z_2 + Z_5 Z_3 + Z_5 Z_4 + Z_4 Z_3 + Z_4 Z_2} \qquad (4\text{-}19)$$

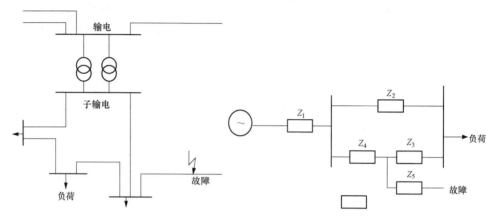

图 4.36　带有分支的回路系统　　　　图 4.37　图 4.36 所示的带有分支的
　　　　　　　　　　　　　　　　　　　　　　　回路系统的等值电路

　　同样的表达式也可用于评估一些工业配电系统，这些工业配电系统常在中压等级采
用母线分裂运行。一个大型工业电网的例子如图 4.38。左边图中，两台变压器并行运行，
两台变压器向变电站母线不同部分馈电，母线中间用一台断路器分开。这样，当其中一
条母线发生故障时，可保证不中断供电。右边电网中，变电站由两条分段母线组成，通
常两母线间有一台常开断路器。当中压断路器闭合时，该电压等级的故障引起的暂降将
被负荷全部感受到；当断路器断开时，暂降将按式（4-19）受到抑制。一方面，断路器
断开时，系统阻抗减少，在中压电网的暂降更深；另一方面，负荷母线上的暂降没有故
障所在中压等级的暂降深。

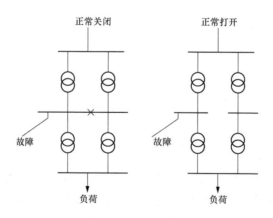

图 4.38　带中压母线断路器的工业配电系统，左图常闭右图常开

例：分析图 4.38 所示系统，其电压等级和短路容量分别为 66kV 侧 2500MVA，11kV 侧 500MVA（断路器闭合），660V 侧 50MVA。当连接两 11kV 母线的断路器断开时，电路图 4.37 可用以计算 11kV 馈线故障引起的 660V 母线上的电压暂降。根据所给短路容量，以 11kV 电压等级为基准，各阻抗值计算可得

$$Z_1=0.048\Omega,\ Z_2=4.75\Omega,\ Z_3=4.36\Omega,$$
$$Z_4=0.388\Omega,\ Z_5=0.3L\ (\Omega/km)$$

其中，L 为 11kV 母线与故障点间的距离，馈线阻抗为 $0.3\Omega/km$。当 11kV 断路器闭

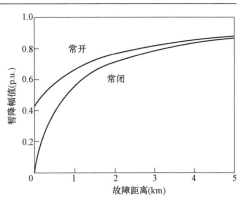

图 4.39 11kV 母线有和无分裂母线时，工业配电系统暂降幅值与距离的关系

合时，系统可看成是系统阻抗为 $Z_1+\dfrac{1}{2}Z_4$、馈线阻抗为 Z_5 的辐射型系统。系统两种运行方式的比较，如图 4.39 所示。由图可见，母线分裂运行（11kV 母线断路器常开）明显限制 11kV 故障对负荷的影响。这种影响尤其在近距离故障时非常明显；对于 11kV 变电站的远方故障，这种影响变小。但工业配电中压系统很少长于几千米。在第 7 章中，我们将再回过头来分析通过系统规划和运行来抑制暂降的这种方法和其他方法。

4.2.4.4 跨电压等级的并列运行

许多国家的次输电系统（subtransmission system）不是从输电系统的一个点而是多个点馈电，系统结构与图 4.40 相似。不

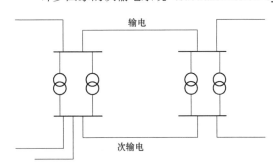

图 4.40 输电和次输电系统的并联运行

同国家的次输电网馈电点数不同，英国 275kV 系统、瑞典 130kV 系统和比利时 150kV 系统是像这样馈电的[23]。

这种结构可看作一个扩展到两个电压等级的环网，环网内的故障可应用式（4-18），环网分支馈线上的故障可应用式（4-19）。无论故障发生在哪一个电压等级，两方程均保持不变，唯一变化的是阻抗值。

4.2.5 网状系统的电压计算

当系统比前面的例子更加复杂时，暂降过程中的电压完全表达式将非常复杂，用手算是不可行的。对网状系统而言，矩阵计算法被证明是采用计算机进行分析的有效方法。故障过程中电压计算是基于电路理论中的两个基本原理，即戴维南叠加原理（Thevenin's superposition theorem）和节点阻抗矩阵。这两个理论在许多电力系统书中均有详细讨论，

下面仅作简单描述。

（1）根据戴维南叠加定理，暂降过程中系统电压和电流是两部分之和，即暂降前电压、电流，故障点电压变化引起的电压、电流。故障前电压、电流由系统内所有发电机决定的。故障引起的电压和电流来自于故障点处的电压源。计算后者时，认为所有其他电压源均短路。

（2）节点阻抗矩阵 Z 反映了节点电压与节点电流间的关系：

$$V = ZI \tag{4-20}$$

式中，V 是节点电压向量（复数），I 是节点电流向量（复数）。节点电压是该节点与参考节点（一般接地点）间的电压，节点电流等于所有流入该节点的电流和。根据基尔霍夫电流定理（Kirchhoff's current law），大部分节点电流为 0，唯一例外的是发电机节点，该节点电流是从发电机流向系统。

分析一个 N 节点加一参考节点的系统，故障前电压表示为 $V_k^{(0)}$，节点 f 发生短路，根据戴维南叠加原理，可得任意节点 k 故障过程中的电压

$$V_k = V_k^{(0)} + \Delta V_k \tag{4-21}$$

式中，ΔV_k 为故障引起的节点 k 电压变化量，由故障点处电压源 $-V_f^{(0)}$ 引起。计算 ΔV_k 时，将系统中所有其他电压源短路，则节点 f 是唯一非 0 节点电流节点，式（4-20）变为

$$\Delta V_k = Z_{kf} I_f \tag{4-22}$$

在故障点（$k=f$），$\Delta V_f = -V_f^{(0)}$，则

$$I_f = -\frac{V_f^{(0)}}{Z_{ff}} \tag{4-23}$$

$$V_k = V_k^{(0)} - \frac{Z_{kf}}{Z_{ff}} V_f^{(0)} \tag{4-24}$$

正常情况下，故障前电压接近于 1（标幺值），则式（4-24）可近似表示为

$$V_k = 1 - \frac{Z_{kf}}{Z_{ff}} \tag{4-25}$$

当节点阻抗矩阵已知时，计算暂降幅值就很容易了。该方法的缺点是需要计算节点阻抗矩阵。这可以通过每新增一条支路更新一次矩阵的递推方法来完成。或者，我们可以先根据支路阻抗求得节点导纳矩阵，节点阻抗矩阵是节点导纳矩阵的逆矩阵。

例：分析图 4.41 所示的电路图，该电路给出了一个 275/400kV 系统，节点 1 和节点 2 是 400kV 变电站，节点 3、4、5 是 275kV 变电站，节点 1 和 3、2 和 4 间的支路是变压器（2 和 4 之间是两台变压器并联），图中所标阻抗值是以 100MVA 为基准的百分比值。

由支路导纳或阻抗很容易得到节点导纳矩阵：节点导纳矩阵非对角元素 Y_{kl} 为节点 k 与 l 间支路导纳值取负，节点间无支路时取值为 0；对角元素 Y_{kk} 是与节点 k 相连的所有支路的导纳和，包括节点 k 与参考节点间的任意支路。计算图 4.41 电路的节点导纳矩阵为

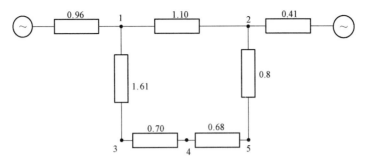

图 4.41　400/275kV 系统一部分示意电路图

$$Y=\begin{bmatrix} 2.5719 & -0.9091 & -0.6211 & 0 & 0 \\ -0.9091 & 4.5981 & 0 & -1.25 & 0 \\ -0.6211 & 0 & 2.0497 & 0 & -1.4286 \\ 0 & -1.25 & 0 & 2.7206 & -1.4706 \\ 0 & 0 & -1.4286 & -1.4706 & 2.8992 \end{bmatrix}$$ （4-26）

节点阻抗矩阵是节点导纳矩阵的逆矩阵：

$$Z=Y^{-1}=\begin{bmatrix} 0.5453 & 0.1771 & 0.3889 & 0.2548 & 0.3209 \\ 0.1771 & 0.3344 & 0.2439 & 0.3012 & 0.2730 \\ 0.3889 & 0.2439 & 1.2534 & 0.6144 & 0.9292 \\ 0.2548 & 0.3012 & 0.6144 & 0.9225 & 0.7707 \\ 0.3209 & 0.2730 & 0.9292 & 0.7707 & 1.1937 \end{bmatrix}$$ （4-27）

节点 2 故障引起的节点 5 的电压为

$$V_5=1-\frac{Z_{52}}{Z_{22}}=1-\frac{0.2730}{0.3344}\approx 0.1863$$ （4-28）

表 4.7 给出了任意节点故障引起的任意节点的电压。可发现，对节点 5 而言，节点 2 的故障比节点 1 的故障严重，这可理解为节点 2 的系统比节点 1 强。

表 4.7　　　　　　　　　　图 4.41 所示系统的暂降

电压节点	故 障 节 点				
	1	2	3	4	5
1	0	0.4704	0.6897	0.7238	0.7312
2	0.6753	0	0.8054	0.6735	0.7713
3	0.2869	0.2706	0	0.3340	0.2216
4	0.5327	0.0993	0.5098	0	0.3544
5	0.4116	0.1837	0.2586	0.1646	0

4.3 电压暂降持续时间

4.3.1 故障清除时间

在 4.2 节中已发现，在暂降过程中，电压下降是由于系统中出现了短路。一旦保护清除短路故障后，电压就能返回其初始值。暂降持续时间主要由故障清除时间确定，但可能比故障清除时间长，本章后面部分将进一步分析。

一般来说，输电系统故障比配电系统故障清除快。输电系统的临界故障清除时间相当短，因此快速保护和快速断路器是必不可少的。输电系统和次输电系统通常作为一个整网运行，要求配备距离保护或差动保护，这些保护的动作均相当快。配电系统的主要保护形式是过电流保护，该保护需有时间梯度，这样的时间延迟会增加故障清除时间。例外的情况是采用限流熔断器，这种保护方式能在半周波内清除故障[6], [7]。

文献［8］给出了不同保护装置的故障清除时间，如下：

（1）限流隔断器：少于一周波；

（2）冲出式熔断器：10～1000ms；

（3）带快速断路器的距离保护：50～100ms；

（4）Ⅰ段距离保护：100～200ms；

（5）Ⅱ段距离保护：200～500ms；

（6）差动保护：100～300ms；

（7）过电流保护：200～2000ms。

文献［9］给出了美国电网不同电网等级的部分典型故障清除时间，如下：

电 压 等 级	最 优 情 况	典 型 值	最 坏 情 况
525kV	33ms	50ms	83ms
345kV	50ms	67ms	100ms
230kV	50ms	83ms	133ms
115kV	83ms	83ms	167ms
69kV	50ms	83ms	167ms
34.5kV	100ms	2s	3s
12.47kV	100ms	2s	3s

从上表可清楚看出，在低压等级发生的暂降的持续时间长。许多电力企业按馈线上大部分故障都能在几周波内被清除的标准来运行其配电馈线，这种运行方式在第 3 章已详细讨论。但即使是这样的配电馈线，一定比例的故障仍可能引起较长时间暂降。两种运行方式的差异将在 7.1.3 节详细讨论。

4.3.2 幅值-持续时间图

已知电压暂降的幅值和持续时间，在幅值-持续时间平面上可将暂降事件表示成一个点。暂降特征的这种刻画方法已被证明对于暂降的各种研究相当有用，该方法将在后续章节中用于描述设备和系统性能。各种幅值-持续时间图将在 6.2 节进行分析。在第 6 章中，我们将用幅值-持续时间图来表示电能质量的调查结果。幅值-持续时间图的一个例子如图 4.42 所示，其中的数字分别代表以下暂降源：1 代表输电系统故障；2 代表远方配电系统故障；3 代表本地配电系统故障；4 代表大型电动机启动；5 代表短时中断；6 代表熔断器。

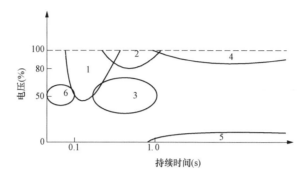

图 4.42 幅值-持续时间图中暂降的不同来源

分析图 4.43 所示的一般系统结构，本地配电网一个短路故障将导致一次相当深的暂降，这是由于配电馈线长度有限。当故障发生在远方配电系统时，由于故障与 PCC 点间的变压器阻抗，暂降将更浅。对任意配电网故障，暂降持续时间可能达到几秒。

输电系统故障一般在 50～100ms 内清除，导致短持续时间暂降。限流熔断器导致的暂降持续时间为 1 周波或小于 1 周波，若本地配电网络或低压网内故障，暂降会相当深。由限流熔断器清除远方配电网络故障时，引起持续时间短而深度浅的暂降，

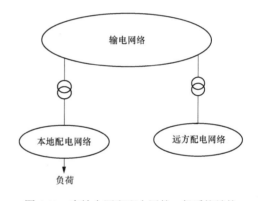

图 4.43 有输电网和配电网的一般系统结构

图中没标出。最后，图中还包括电动机启动引起的浅而长的暂降（见 4.9 节）和短时中断，深而持续时间长的暂降（见第 3 章）。

4.3.3 暂降持续时间的测量

暂降持续时间的单位比上节所说的更小。对图 4.1 中的暂降，持续时间大约为 2.5 周波，但是提出一种电能质量监测能自动获得暂降持续时间的方法并不是一件简单的事。通常采用的暂降持续时间定义为电压有效值低于给定阈值的周波数。不同监测仪阈值不同，但典型值大致为 90%。电能质量监测仪一般每周波计算一次有效值，如图 4.44 所示，这将导致持续时间的过估计。一般情况如图 4.44 图中的上图所示，有效值计算是在时间上的匀称规则瞬间进行的，而电压暂降的开始时间在两个规则时间瞬间之间；由于计算瞬间和暂降开始瞬间之间是无关联的，因此这种情况是最常见的情形。由图可见，连续三个采样点有效值很小，因此由监测仪得到的暂降持续时间为 3 个周波。这里假设暂降深度足以使中间的电压有效值低于阈值。对于浅暂降，两个中间值均可能大于该阈值，

监测仪记录为 1 周波暂降。图 4.44 中下面的图给出了暂降开始时刻几乎与电压有效值计算瞬间重合的罕见情况，这时监测仪给能出正确持续时间。

　　1 周波计算一次电压有效值得到的持续时间显然是整数倍周波。对一个 2.5 周波的暂降，持续时间计算结果可能为 2 周波，也可能为 3 周波。但即使使用一个滑动窗计算为时间函数的电压有效值，也可能得到不正确的暂降持续时间。为说明被测暂降的这种可能误差，将图 4.1 中暂降的半周波有效值绘制在图 4.45 中，同时给出被测电压绝对值。从电压急剧下降和上升得到的"实际暂降持续时间"为 2.4 周波。阈值大则记录的暂降时间会过估计：90%阈值得持续时间 2.8 周波，80%阈值得 2.5 周波；过低阈值得到的持续时间会欠估计：60%阈值得 2.1 周波，40%阈值得 2.0 周波。实际中，这种低阈值是不会被采用的，但如果暂降深度是变化的而阈值不变，会发生同样的影响，即深暂降的持续时间过估计，浅暂降的持续时间欠估计。

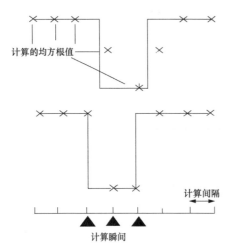

图 4.44　电能质量检测仪对一 2 周波暂降的暂
降持续时间估计：一周波过估计（上图），
正确估计（下图）

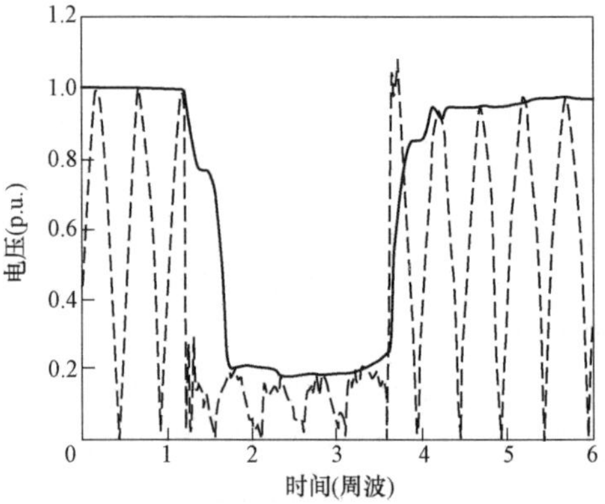

图 4.45　图 4.1 所示暂降的半周波均
方根电压及电压的
绝对值（虚线）

　　由于计算暂降幅值的最短时间窗口为半周波，那么暂降持续时间的最大误差可达到半周波，这是必须接受的事实。更精确的测量暂降开始时刻和电压恢复时刻的几种方法已被提出，这些方法能得到更精确的暂降持续时间[134]、[201]、[202]。用基频分量法得到的暂降前到暂降过程中的过渡过程与半周波有效值法得到的类似，因此持续时间的误差也相似。只要暂降起始和电压恢复时刻接近电压最大值时刻，用半周波峰值电压可得更陡峭的过渡过程。暂降开始和电压恢复发生在电压过零点附近，会导致过渡过程更加平滑，增大暂降持续时间的不确定性。

　　上面提到的暂降持续时间误差仅对短持续时间暂降有明显影响，对更长时间的暂降影响并不重要。对长时间暂降，故障后暂降将引起持续时间的严重不确定。当故障清除时电压不会立即恢复，这样的一些影响如图 4.3 和图 4.4 所示。暂降后的电压有效值较暂降稍低，三相故障引起暂降时，该影响特别严重，文献 [17]、[18] 对此进行了解释。

由于暂降过程中电压下降，异步电机减速。异步电动机的转矩正比于电压的平方，因此即使一个小的电压下降，也会导致异步电动机转矩和转速大幅下降。故障清除时电压恢复，异步电动机开始汲出一个大电流，可达标称电流的 10 倍。暂降后需要立刻再形成气隙磁场，换句话说，异步电动机此时的运行特征类似于一台短路变压器。气隙间恢复磁通量后，电动机开始再加速，这也需要相当大的电流。正是该电动机浪涌电流引起了延长的电压暂降。故障后暂降比实际暂降时间长得多，可持续几秒钟。

这样的故障后暂降将导致电能质量监测仪得到的暂降持续时间不确定，不同的监测仪可能得到不同结果。如图 4.46 所示，假设监测仪 1 设定一个定值，而监测仪 2 定值稍微高些。两台监测仪记录的持续时间都比故障清除时间长。故障清除时间可用暂降深的那部分来估计。可以看出，监测仪 2 记录的持续时间明显比监测仪 1 长。

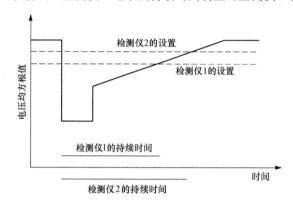

图 4.46　由故障后暂降引起的暂降持续时间的误差

图 4.47 给出了一个含明显故障后暂降部分的实测暂降，同时给出了三相，以便更好地显示故障后电压暂降。注意，故障期间的暂降是不对称的，但故障后对称性恢复。

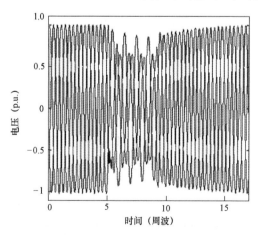

图 4.47　含明显故障后暂降部分的实测暂降（数据来自 Scottish Power）

图 4.47 的电压有效值-时间平面图如图 4.48 所示。可见，有两相电压下降较大而一

相较小。故障清除时间大约为 4 周波；引起暂降的故障发生在 132kV 侧，电压从 11kV 侧测得。暂降持续时间定义为电压有效值低于一个确定阈值的时间。图 4.49 给出了持续时间与阈值之间的函数关系图，对应三相都有。其中一相的电压仅降到 88%，因此对低于 88% 的任意阈值，该相的暂降持续时间为 0；阈值低于 90% 时，其余两相得到的持续时间大约为 4 周波；如果阈值再提高，持续时间将上升很快。

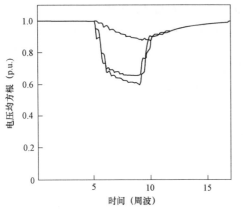

图 4.48　图 4.47 中暂降的电压均方根和时间的关系

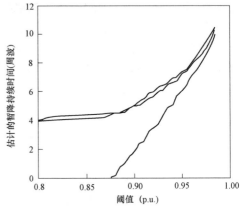

图 4.49　图 4.47 和图 4.48 所示各相暂降阈值和暂降持续时间的关系

4.4　三相不对称

之前的章节进行暂降幅值分析时仅考虑了一相的情况。例如，图 4.14 所示的分压模型是针对三相故障情况引入的，图中所用阻抗为正序阻抗值。但是，系统中大部分短路故障是单相或两相的，这时需考虑所有三相或采用对称分量法。文献 [24] 对采用对称分量法分析不对称故障进行了详细描述，在其他电力系统分析的书中也有讲述，这里不再重复，仅用该理论的结果来分析不对称短路引起的三相电压。

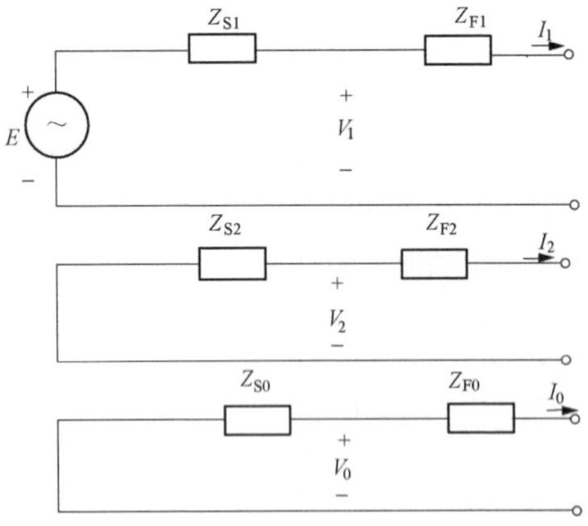

对于不对称故障，图 4.14 所示的分压模型仍可采用，只是需分解成三个分量：正序网、负序网和零序网。三个序网如图 4.50 所示，其中，V_1、V_2、V_0 分别表示 PCC 点正序、负序、零序电压，Z_{S1}、Z_{S2}、Z_{S0} 和 Z_{F1}、Z_{F2}、Z_{F0} 是系统和馈线阻抗各序分量阻抗值。故障电流的各序分量表示为 I_1、I_2、I_0；正序电动势表示为 E，负序和零序网中没有电动势。三个序网需在故障点连接成一个等值电路，序网的连接方式取决于故障类型。对于三相故障，在故障点处三个序网均短路，这样对正序网就是一个标准

图 4.50　图 4.14 所示分压模型的各序网络图，正序（上）、负序（中）、零序（下）

分压模型，对负序网和零序网，则是零电压和零电流。

4.4.1 单相故障

对于单相故障，图 4.50 所示的三个序网在故障点串联。单相故障（a 相）所得复合序网如图 4.51 所示。像图 4.14 所示的单相模型一样，如果我们仍假定 $E=1$，PCC 点处的各序电压表达式如下：

$$V_1 = \frac{Z_{F1}+Z_{S2}+Z_{F2}+Z_{S0}+Z_{F0}}{(Z_{F1}+Z_{F2}+Z_{F0})+(Z_{S1}+Z_{S2}+Z_{S0})} \tag{4-29}$$

$$V_2 = \frac{-Z_{S2}}{(Z_{F1}+Z_{F2}+Z_{F0})+(Z_{S1}+Z_{S2}+Z_{S0})} \tag{4-30}$$

$$V_0 = \frac{-Z_{S0}}{(Z_{F1}+Z_{F2}+Z_{F0})+(Z_{S1}+Z_{S2}+Z_{S0})} \tag{4-31}$$

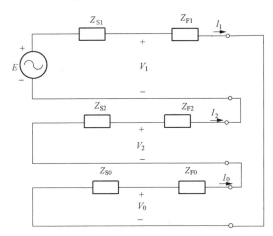

图 4.51　单相故障等效电路

通过各序分量到相域变换可得 PCC 点的三相电压：

$$\begin{aligned}
V_a &= V_1 + V_2 + V_0 \\
V_b &= a^2 V_1 + a V_2 + V_0 \\
V_c &= a V_1 + a^2 V_2 + V_0
\end{aligned} \tag{4-32}$$

对故障相电压 V_a 有

$$V_a = \frac{Z_{F1}+Z_{F2}+Z_{F0}}{(Z_{F1}+Z_{F2}+Z_{F0})+(Z_{S1}+Z_{S2}+Z_{S0})} \tag{4-33}$$

通过定义 $Z_F = Z_{F1}+Z_{F2}+Z_{F0}$ 和 $Z_S = Z_{S1}+Z_{S2}+Z_{S0}$ 可得式（4-9）的原始方程，因此图 4.14 和式（4-9）的分压模型仍适用于单相故障。条件是：电压为故障相电压，阻抗值为正序、负序、零序阻抗之和。通过式（4-29）～式（4-32）我们可计算出非故障相电压，从而三相电压表达式如下：

$$V_a = 1 - \frac{Z_{S1} + Z_{S2} + Z_{S0}}{(Z_{F1} + Z_{F2} + Z_{F0}) + (Z_{S1} + Z_{S2} + Z_{S0})}$$

$$V_b = a^2 - \frac{a^2 Z_{S1} + a Z_{S2} + Z_{S0}}{(Z_{F1} + Z_{F2} + Z_{F0}) + (Z_{S1} + Z_{S2} + Z_{S0})}$$ (4-34)

$$V_c = a - \frac{a Z_{S1} + a^2 Z_{S2} + Z_{S0}}{(Z_{F1} + Z_{F2} + Z_{F0}) + (Z_{S1} + Z_{S2} + Z_{S0})}$$

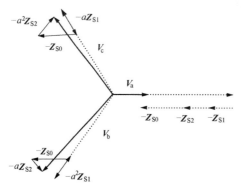

图 4.52　单相故障期间的相电压

注意，稍微改写了一下 V_a 的表达式，以便把电压降作为一个独立项明显地表示出来。

这些电压的相量图如图 4.52 所示，非故障相电压降由三个分量构成：

（1）沿故障前电压方向正比于正序阻抗的电压降；

（2）沿另一非故障相的故障前电压方向正比于负序阻抗的电压降；

（3）沿故障相的故障前电压方向正比于零序阻抗的电压降。

两非故障相相间电压为

$$V_b - V_c = (a^2 - a)\left[1 - \frac{Z_{S1} - Z_{S2}}{(Z_{F1} + Z_{F2} + Z_{F0}) + (Z_{S1} + Z_{S2} + Z_{S0})}\right]$$ (4-35)

可见，该电压的变化仅由正序与负序系统阻抗差引起。由于这两个阻抗通常基本相等，非故障相间的电压几乎不受故障影响。下面我们将在两种情况下简化式（4-34）和式（4-35）：

（1）正序、负序和零序系统阻抗相等；

（2）正序、负序系统阻抗和馈线阻抗相等。

4.4.1.1　直接接地系统

直接接地系统中，三个序分量的系统阻抗几乎相等，非故障相的三个电压下降分量消失，因此故障过程中的电压如下：

$$V_a = 1 - \frac{Z_{S1}}{\frac{1}{3}(Z_{F1} + Z_{F2} + Z_{F0}) + Z_{S1}}$$

$$V_b = a^2$$ (4-36)

$$V_c = a$$

故障相的电压与三相故障时相同，非故障相电压不受影响。

4.4.1.2　经阻抗接地系统

在一个经电阻或高阻抗接地系统中，系统零序阻抗明显不同于正序、负序阻抗。但是，可以假设后两者相等。当系统阻抗中包含大部分线路或电缆阻抗时（如输电系统），正序阻抗与零序阻抗明显不同。单相故障中，PCC 点各相电压的表达式如下，其中，$Z_{S1}=Z_{S2}$、$Z_{F1}=Z_{F2}$：

$$V_a=1-\frac{Z_{S0}+2Z_{S1}}{(2Z_{F1}+Z_{F0})+(2Z_{S1}+Z_{S0})}$$

$$V_b=a^2-\frac{Z_{S0}-Z_{S1}}{(2Z_{F1}+Z_{F0})+(2Z_{S1}+Z_{S0})}$$

$$V_c=a-\frac{Z_{S0}-Z_{S1}}{(2Z_{F1}+Z_{F0})+(2Z_{S1}+Z_{S0})} \tag{4-37}$$

非故障相电压降仅包含一个零序分量（非故障的两相相同）。稍后我们将会发现，电压零序分量对于设备端经受的电压暂降来说并不重要。暂将发生在与设备端同一电压等级的情况是非常少的。在暂降传播到低压侧的过程中，变压器通常会阻止电压的零序分量。即使故障发生在与设备端相同的电压等级，由于设备一般采用△形连接，也不会感受到电压零序分量。因此，从设备侧看，非故障相的电压降并不重要。所以，可将一个零序电压加到式（4-37）上，这样非故障相的电压降就消失了，其结果表达式为

$$V_a'=V_a+\frac{Z_{S0}-Z_{S1}}{(2Z_{F1}+Z_{F0})+(2Z_{S1}+Z_{S0})}=1-\frac{3Z_{S1}}{(2Z_{F1}+Z_{F0})+(2Z_{S1}+Z_{S0})}$$

$$V_b'=V_b+\frac{Z_{S0}-Z_{S1}}{(2Z_{F1}+Z_{F0})+(2Z_{S1}+Z_{S0})}=a^2$$

$$V_c'=V_c+\frac{Z_{S0}-Z_{S1}}{(2Z_{F1}+Z_{F0})+(2Z_{S1}+Z_{S0})}=a \tag{4-38}$$

将故障相的电压表达式稍微改写一下，得式（4-39），可与式（4-36）比较。

$$V_a'=1-\frac{Z_{S1}}{\frac{1}{3}(Z_{F1}+Z_{F2}+Z_{F0})+\frac{1}{3}(Z_{S0}-Z_{S1})+Z_{S1}} \tag{4-39}$$

与式（4-36）比，分母中增加了一项 $\frac{1}{3}(Z_{S0}-Z_{S1})$，这可以解释为 PCC 点与故障点之间的一个附加阻抗。当该阻抗为正，即 $Z_{S0}>Z_{S1}$ 时，该附加阻抗使暂降变浅。在电阻性和电抗接地系统中，$Z_{S0}\gg Z_{S1}$，因此即使终端故障 $Z_{F1}+Z_{F2}+Z_{F0}=0$，也会使电压暂降变浅。

注意，直接接地系统中，零序系统阻抗可能比正序系统阻抗小，$Z_{S0}<Z_{S1}$。因此，附加阻抗为负，对于近距离故障，将会得到一个负电压 V_a'。

所有这些看上去像是去掉非故障相电压降的一种数学技巧，但是确有一定的物理意义。为说明该意义，用文献 [24] 的一般方法，将三相分压模型画在图 4.53 中，根据该模型可计算 PCC 点相对中性点电压，若 $E=1$，计算结果为

$$V_{an} = 1 - \frac{3Z_{S1}}{(2Z_{F1} + Z_{F0}) + (2Z_{S1} + Z_{S0})}$$

$$V_{bn} = a^2 \qquad\qquad (4\text{-}40)$$

$$V_{cn} = a$$

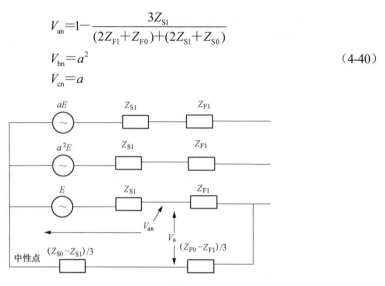

图 4.53   三相分压模型

显然式（4-40）与式（4-38）是一致的，因此式（4-38）中的电压对应于相对中性点的电压。注意：图 4.53 中的中性点不是物理上的中性点，而是一种数学上的中性点。在电阻性和高阻抗接地系统中，物理中性点（如变压器星形点）是该中性点很好的近似。推导出的该表达式不仅适用于电阻性接地系统，而且适用于任何可假定正负序阻抗相等的系统。

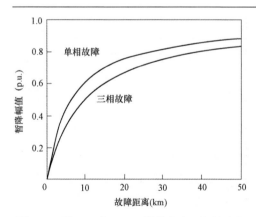

图 4.54   图 4.21 中 132kV 馈线发生三相故障和
单相故障时的故障相电压

例： 再次分析图 4.21 所示的系统，并假设在一条 132kV 馈线上发生单相故障。132kV 系统为直接接地，因此正负序系统阻抗相似。对馈线而言，零序阻抗大约为正序和负序阻抗的两倍，假设正负序阻抗相等。

$$Z_{S1} = Z_{S2} = 0.09 + j2.86\%$$
$$Z_{S0} = 0.047 + j2.75\%$$
$$Z_{F1} = Z_{F2} = 0.101 + j0.257\%/km$$
$$Z_{F0} = 0.23 + j0.65\%/km$$

用上面给出的式子，计算单相和三相故障时的各相电压，故障相的电压如图 4.54

所示。存在的差异主要是由于馈线阻抗不同。注意，这里假设馈线至少长 50km，实际上只有 2km。随着故障距离变长，零序馈线阻抗比正序阻抗增长快。因此，单相故障引起的电压降稍微比三相故障小。正如从上面式子中看出的，确定单相故障电压降的是三序阻抗分量的平均值。单相故障引起的非故障的电压只有很小的变化。

例：计算图 4.21 中 11kV 系统单相故障引起的电压。由于该系统为电阻性接地，零序系统阻抗远远大于正序阻抗。

$$Z_{S1}=Z_{S2}=4.94+j65.9\%$$
$$Z_{S0}=787+j220\%$$
$$Z_{F1}=Z_{F2}=9.7+j26\%/km$$
$$Z_{F0}=18.4+j112\%/km$$

注意：零序系统阻抗较大，尤其是电阻部分。三相和单相故障时的故障相电压如图 4.55 所示，是故障距离的函数。单相故障较大的系统阻抗更多地补偿了较大的馈线阻抗，使得单相故障暂降比三相故障更深。

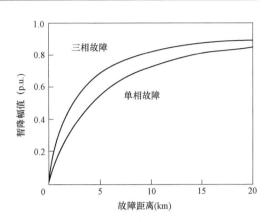

图 4.55　图 4.21 中 11kV 馈线发生三相和单相故障时的故障相电压

在直接接地系统中，非故障相电压在单相故障中几乎保持不变；在电阻性接地系统中，非故障相电压上升，如图 4.56 和图 4.57 所示。图 4.56 是电压幅值-故障距离图；图 4.57 是复平面的电压轨迹，圆和箭头表示正常运行时的复电压。曲线是复电压随故障距离变化的轨迹。其中，故障相电压降低，非故障相电压增加，有一相甚至增加到标称电压的 170%。从图 4.57 可见，在复平面上，三相电压偏移了一个相似的距离，这种共有的偏移（零序分量）使得相间电压变化不大。

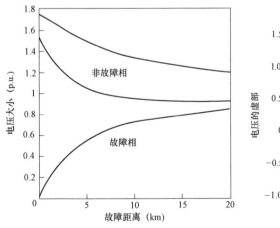

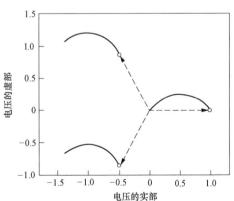

图 4.56　图 4.21 中 11kV 馈线发生单相故障时故障相和非故障相的电压，是故障距离的函数　图 4.57　图 4.21 中 11kV 馈线故障时的复电压

根据复数相电压可用下面表达式计算相间电压：

$$V_{ab} = \frac{V_a - V_b}{\sqrt{3}}$$

$$V_{bc} = \frac{V_b - V_c}{\sqrt{3}}$$ (4-41)

$$V_{ca} = \frac{V_c - V_a}{\sqrt{3}}$$

系数 $\sqrt{3}$ 是为确保故障前相间电压为 1p.u.。算出的电压幅值如图 4.58 所示，注意纵轴坐标与前面的图有所不同。可见，单相故障对相间电压没有太大的影响，最小电压幅值为 89%，最大为 101%。

由式（4-37）得到的相对地电压和由式（4-40）得到的相对中性点电压的比较如图 4.59 所示。可见，相对中性点电压降落较小。正如前面的解释，这是由于零序系统阻抗大。同时注意到，相对中性点电压最小时对应于非零故障距离。

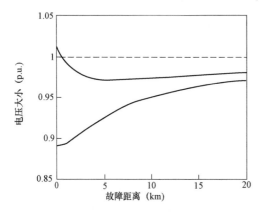

图 4.58 图 4.21 中 11kV 馈线发生单相故障时的线电压，为故障距离的函数

4.4.2 相间故障

对于相间故障，正序和负序网络并联，如图 4.60 所示。对于相间故障，零序电压和电流为 0。

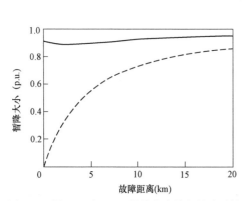

图 4.59 图 4.21 中 11kV 馈线发生单相故障时的相对地电压（虚线）和相对中性点电压（实线）

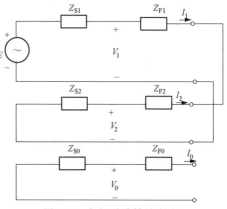

图 4.60 相间故障等效电路

PCC 点的各序电压为

$$V_1 = E - E \frac{Z_{S1}}{(Z_{S1} + Z_{S2}) + (Z_{F1} + Z_{F2})}$$

$$V_2 = \frac{Z_{S2}}{(Z_{S1} + Z_{S2}) + (Z_{F1} + Z_{F2})}$$ (4-42)

$$V_0 = 0$$

根据式（4-42）并用式（4-32）可得各相电压，同样假定 $E=1$ 时，可得以下表达式：

$$V_a = 1 - \frac{Z_{S1} - Z_{S2}}{(Z_{S1} + Z_{S2}) + (Z_{F1} + Z_{F2})}$$

$$V_b = a^2 - \frac{a^2 Z_{S1} - a Z_{S2}}{(Z_{S1} + Z_{S2}) + (Z_{F1} + Z_{F2})} \qquad (4\text{-}43)$$

$$V_c = a - \frac{a Z_{S1} - a^2 Z_{S2}}{(Z_{S1} + Z_{S2}) + (Z_{F1} + Z_{F2})}$$

在计算电压和电流分量时，已假设故障发生在 b 相和 c 相之间，因此，a 为非故障相，b 相和 c 相为故障相。由式（4-43）可见，非故障相的电压降取决于正序和负序系统阻抗之差。由于它们一般相等，非障相电压不会受相间故障影响。若假设 $Z_{S1} = Z_{S2}$，式（4-43）变为

$$V_a = 1$$

$$V_b = a^2 - \frac{(a^2 - a) Z_{S1}}{2 Z_{S1} + 2 Z_{F1}} \qquad (4\text{-}44)$$

$$V_c = a + \frac{(a^2 - a) Z_{S1}}{2 Z_{S1} + 2 Z_{F1}}$$

可见，故障相电压降幅值均等于 $\dfrac{Z_{S1}}{2 Z_{S1} + 2 Z_{F1}}$，但方向相反。两相电压降的方向是故障前相间电压 $V_b - V_c$ 的方向。

由式（4-43）可得故障相相间电压的表达式为

$$V_b - V_c = \frac{Z_{F1} + Z_{F2}}{(Z_{S1} + Z_{S2}) + (Z_{F1} + Z_{F2})}(a^2 - a) \qquad (4\text{-}45)$$

注意到 $(a^2 - a)$ 是两故障相故障前的相间电压，此公式与图 4.41 的单相分压模型和式（4-9）的类似之处就十分清楚了。针对三相故障的同样的表达式也可用于此处，但用于求取故障相相间电压时，表达式中的阻抗采用正负序阻抗值之和。

例：分析图 4.21 所示系统中 33kV 馈线上发生相间故障的情形，计算相间故障时各电压所需阻抗值如下：

$$Z_{S1} = Z_{S2} = 1.23 + j18.3\%$$

$$Z_{F1} = Z_{F2} = 1.435 + j3.102\%/\text{km}$$

图 4.61 所示为得到的复数电压，其中圆圈和箭头表示出故障前电压，"×"表示 33kV 母线故障时的故障相电压。可以看出，两故障相电压是如何向对方靠近，其轨迹与直线的偏差是由系统阻抗和馈线阻抗之间 X/R 不同所致，这些将在 4.5 节中详细讨论。

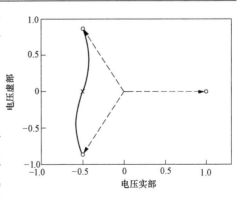

图 4.61　相间故障时的复电压（实线）

4.4.3　两相接地故障

前两节分析了单相故障和相间故障，剩下的不对称故障只有两相接地故障了。对两相接地故障而言，三个序网并联，如图 4.62 所示。仍可采用计算单相和相间故障的方法计算出各序分量电压，再由它们计算出各相电压。

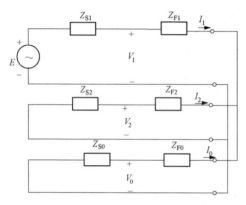

图 4.62　两相接地故障的等效电路

对于 b、c 两相接地故障，PCC 点各序电压表达式如下：

$$V_1 = 1 - \frac{Z_{S1}(Z_{S0} + Z_{F0} + Z_{S2} + Z_{F2})}{D}$$

$$V_2 = \frac{Z_{S2}(Z_{S0} + Z_{F0})}{D} \qquad (4\text{-}46)$$

$$V_0 = \frac{Z_{S0}(Z_{S2} + Z_{F2})}{D}$$

其中

$$D = (Z_{S0} + Z_{F0})(Z_{S1} + Z_{F1} + Z_{S2} + Z_{F2}) + (Z_{S1} + Z_{F1})(Z_{S2} + Z_{F2}) \qquad (4\text{-}47)$$

由式（4-46）可以计算出三相的相对地电压：

$$V_a = 1 + \frac{(Z_{S2} - Z_{S1})(Z_{S0} + Z_{F0})}{D} + \frac{(Z_{S0} - Z_{S1})(Z_{S2} + Z_{F2})}{D}$$

$$V_b = a^2 + \frac{(aZ_{S2} - a^2 Z_{S1})Z_0}{D} + \frac{(Z_{S0} - a^2 Z_{S1})Z_2}{D} \qquad (4\text{-}48)$$

$$V_c = a + \frac{(a^2 Z_{S2} - aZ_{S1})Z_0}{D} + \frac{(Z_{S0} - aZ_{S1})Z_2}{D}$$

有两个因素导致非故障相电压变化（V_a）：正序、负序系统阻抗之差和正序、零序系统阻抗之差。对于这两个因素，当正序阻抗增大时，都使得非故障相电压下降。负序与正序阻抗通常很接近，因此，式（4-48）中第二项可忽略。式中的第三项取决于零序和正序系统阻抗之差，该项会引起严重的电压变化。由于零序系统阻抗通常大于正序阻抗，因此非故障相电压上升。像单相故障一样，通过考虑相对中性点电压来取代相对地电压，从而消除第三项。

观察故障相电压，并认识到 Z_{S1} 接近于 Z_{S2}，可发现，第二项是指向另一故障相电压的电压降，$(a - a^2)$ 是两故障相相间的故障前电压。对 $Z_{S0} = Z_{S1}$，式（4-48）的第三项是指向非故障相故障前电压的电压降；对 $Z_{S0} \ll Z_{S1}$，第三项是沿正实轴方向的电压降，如图 4.63 所示。图 4.63 中 A 的电压降与相间故障电压降相等，接地会产生一额外的电压降，方向在 B 和 C 之间。此处假设所有阻抗 X/R 均相等。

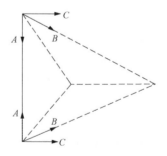

图 4.63　在两相接地故障期间故障相的电压下降

A：式（4-48）中的第二项；

B：$Z_{S0} = Z_{S1}$ 时的第三项；

C：$Z_{S1} \ll Z_{S0}$ 时的第三项

如前所述，通常正负序阻抗非常接近。在这种情况下，可用 $Z_{S1}=Z_{S2}$ 和 $Z_{F1}=Z_{F2}$ 简化表达式。当仅对相对中性点电压感兴趣时，采用图 4.53 分析单相故障引入的三相分压模型要简单得多。对两相接地故障，等值电路如图 4.64 所示。

不需任何计算，从图 4.64 中可见，非故障相的相对中性点电压不受两相接地故障的影响。故障点的相对中性点电压 V_{FN} 通过在故障点用基尔霍夫电流定理得到：

$$\frac{a^2-V_{FN}}{Z_{S1}+Z_{F1}}+\frac{a-V_{FN}}{Z_{S1}-Z_{F1}}=\frac{V_{FN}}{\frac{1}{3}(Z_{S0}-Z_{S1})+\frac{1}{3}(Z_{F0}-Z_{F1})} \tag{4-49}$$

解式（4-49），可以求出故障点电压的表达式：

$$V_{FN}=-\frac{(Z_{S0}+Z_{F0})-(Z_{S1}+Z_{F1})}{2(Z_{S0}+Z_{F0})+(Z_{S1}+Z_{F1})} \tag{4-50}$$

若零序和正序阻抗相等，$Z_{S0}=Z_{S1}$，$Z_{F0}=Z_{F1}$，有

$$V_{FN}=0 \tag{4-51}$$

若零序阻抗很大，如在电阻性接地系统中，故障点电压为

$$V_{FN}=-\frac{1}{2} \tag{4-52}$$

后一表达式对应于相间故障得到的

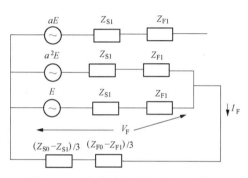

图 4.64 两相接地故障的三相分压模型

表达式。这是相当明显的，因为一个很大的零序阻抗意味着通过大地返回的电流非常小。因此，故障过程中与大地的连接并不会影响电压。

对于中间情况，$Z_{S1}<Z_{S0}<\infty$，故障相电压将在上述两种极端情况之间：

$$-\frac{1}{2}<V_{FN}<0 \tag{4-53}$$

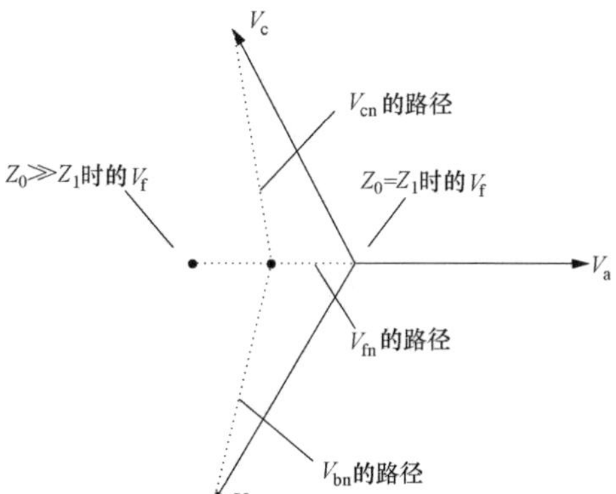

图 4.65 两相接地故障时的故障相的相对中性点电压

该电压和在 PCC 处引起的电压可由图 4.65 得到。故障点电压处于原点与 $-\frac{1}{2}$ 之间，前者对应正序、负序和零序阻抗相等的情况，后者对应零序阻抗很大的情况。PCC 点的故障相电压处于故障点电压与该相故障前电压之间。这一知识将在后面用于三相不对称暂降的分类。对于计算暂降幅值，这一解释是没有实际意义的，因为故障点对中性点电压 V_{FN} 取决于故障位置。

4.4.4 七类三相不对称暂降

前面几节分析了不同类型故障引起的电压暂降：4.2 节讨论了三相故障，4.4.1 节讨论了单相故障，4.4.2 节讨论了相间故障，

4.4.3 节讨论了两相接地故障。对每种故障类型，得到了 PCC 点电压表达式，但是，前面已提及，该电压并不等于设备侧电压。设备侧的电压等级通常比故障发生处电压等级低，因此，设备侧电压不仅取决于 PCC 点电压，还取决于 PCC 点与用户设备侧之间变压器绕组连接形式，更进一步，还与设备侧的负荷连接形式有关。三相负荷一般采用△形连接，但也有采用Y形连接的；单相负荷一般采用Y形连接（即相与中性点之间），有时也采用△形连接（接于两相之间）。注意，这里分析的电压暂降是终端用户设备侧的电压，而不是监测仪测得的电压。监测仪通常配置在配电网甚至是输电网水平。

本节将根据以下假设，对三相不对称电压暂降进行分类：

（1）正负序阻抗相等；

（2）电压零序分量不会传播到设备侧，因此可考虑相对中性点电压；

（3）忽略故障前中后的负荷电流。

4.4.4.1 单相故障

在以上假设下，单相对地故障引起的相对中性点电压为

$$V_a = V$$

$$V_b = -\frac{1}{2} - \frac{1}{2}j\sqrt{3} \tag{4-54}$$

$$V_c = -\frac{1}{2} + \frac{1}{2}j\sqrt{3}$$

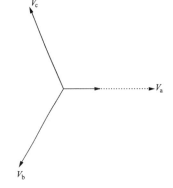

向量图如图 4.66 所示，如果负荷为Y形连接，则这些电压即为设备侧电压；如果负荷为△形连接，设备侧电压为线电压，可根据式（4-54）按以下变换得到：

$$V_a' = j\frac{V_b - V_c}{\sqrt{3}}$$

$$V_b' = j\frac{V_c - V_a}{\sqrt{3}} \tag{4-55}$$

$$V_c' = j\frac{V_a - V_b}{\sqrt{3}}$$

图 4.66 单相接地故障前相电压（点线）和故障期间的相电压（实线）

该变换将是进行分类的重要组成部分。引入系数 $\sqrt{3}$ 的目的是改变标幺值的基值，使正常运行电压维持在 100%。用因子 j 实现 90°旋转的目的是维持暂降的对称轴沿实轴。通常忽略式（4-55）中的撇号"'"。利用变换式（4-55）可得到由单相故障引起的，△形连接的负荷所经历的三相不对称电压暂降的表达式为

$$V_a = 1$$

$$V_b = -\frac{1}{2} - \left(\frac{1}{6} + \frac{1}{3}V\right)j\sqrt{3} \tag{4-56}$$

$$V_c = -\frac{1}{2} + \left(\frac{1}{6} + \frac{1}{3}V\right)j\sqrt{3}$$

设备侧电压相量图如图 4.67 所示，有两相的电压下降且相角变化，第三相完全不受影响。单相故障时，△形连接的设备在两相上经历暂降。

4.4.4.2 相间故障

对于相间故障，两故障相的电压向对方靠近。在相间故障过程中，相对中性点电压的表达式为

$$V_a = 1$$

$$V_b = -\frac{1}{2} - \frac{1}{2}V j\sqrt{3} \qquad (4\text{-}57)$$

$$V_c = -\frac{1}{2} + \frac{1}{2}V j\sqrt{3}$$

与前面一样，式（4-55）可用来计算相间连接的负荷承受的电压，结果为

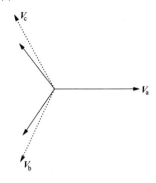

图 4.67　单相接地故障前的线电压（点线）和故障期间的线电压（实线）

$$V_a = V$$

$$V_b = -\frac{1}{2}V - \frac{1}{2}j\sqrt{3} \qquad (4\text{-}58)$$

$$V_c = -\frac{1}{2}V + \frac{1}{2}j\sqrt{3}$$

相应的相量图如图 4.68 和图 4.69 所示。对于相间故障，Y形连接负荷有两相经历了电压下降，△形连接负荷三相都经历了电压下降。对于Y形连接的负荷，最大电压降为 50%，对应 $V=0$ 时；对于△形连接的负荷，一相电压可能会降为 0。但是，若因此而得出负荷最好采用Y形连接的结论是错误的。许多暂降并非起源于设备侧所在电压等级。稍后会发现，设备侧暂降通常为图 4.68 和图 4.69 二者之一；至于具体是哪一类，取决于变压器绕组的连接方式。

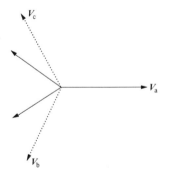

图 4.68　两相故障前的相电压（点线）和故障期间的相电压（实线）

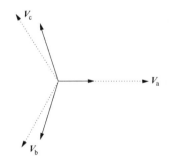

图 4.69　两相故障前的线电压（点线）和故障期间的线电压（实线）

4.4.4.3 变压器绕组连接

变压器有多种不同的绕组连接方式，但将其分为三类，便足以解释三相不对称暂降从一个电压等级向另一等级的转移。

（1）不对电压作任何改变的变压器。这类变压器二次侧电压（p.u.）等于一次侧电压（p.u.）。这类变压器仅包含Y-Y连接且中性点都接地的变压器。

（2）消去零序电压的变压器。二次侧电压等于一次侧电压减去零序分量。这类变压器的例子有Y-Y连接一或两边中性点不接地的变压器和△-△连接的变压器。另外，△-Z连接变压器也属于这一类。

（3）交换线-相电压的变压器。这类变压器，每个二次侧电压等于两个一次侧电压之差，例子有Y-△和△-Y连接变压器，以及Y-Z连接变压器。

以上三类的变压器都有不同钟点数（如 Yd1 和 Yd11），导致一次侧、二次侧电压有不同相位偏移。这种差异对设备承受的电压暂降而言并不重要。重要的是故障前和故障过程之间电压幅值和相位角的改变。包含故障前和故障过程中的相量的整个相量图是可以旋转的，而不会对设备产生任何影响。这样的旋转可看成是时间轴上零点的偏移，当然不会影响设备特性。这三类变压器从数学上可用以下变换矩阵来定义：

$$T_1 = \begin{bmatrix} 1 & 0 & 0 \\ 0 & 1 & 0 \\ 0 & 0 & 1 \end{bmatrix} \tag{4-59}$$

$$T_2 = \frac{1}{3}\begin{bmatrix} 2 & -1 & -1 \\ -1 & 2 & -1 \\ -1 & -1 & 2 \end{bmatrix} \tag{4-60}$$

$$T_3 = \frac{j}{\sqrt{3}}\begin{bmatrix} 0 & 1 & -1 \\ -1 & 0 & 1 \\ 1 & -1 & 0 \end{bmatrix} \tag{4-61}$$

式（4-59）很简单，矩阵 T_1 是一单位矩阵。式（4-60）消除电压零序分量，认识到零序电压为 $\frac{1}{3}(V_a + V_b + V_c)$，则 T_2 矩阵就较易理解了。矩阵 T_3 实际描述的是与式（4-55）相同的变换。90°旋转的另一个优点是，应用 2 次矩阵 T_3 得到与用一次矩阵 T_2 相同的结果，即 $T_3^2 = T_2$；用工程术语就是说两台△-Y连接的变压器对电压暂降的影响与一台△-△连接的变压器相同。

4.4.4.4　电压暂降通过变压器的转移

三类变压器可用于单相和相间故障引起的暂降。为对所有结果作一个概述，下面对所有不同的组合作一个系统的分析：

（1）单相故障，Y形连接负荷，无变压器。这种情况前面已讨论，结果见式（4-54）和图 4.66，可称这种暂降为暂降 X1。1 类变压器显然也给出同样的结果。

（2）单相故障，△形连接负荷，无变压器。这种情况的电压暂降可由式（4-56）和图 4.67 给出，可称为暂降 X2。

（3）单相故障，Y形连接负荷，2 类变压器。2 类变压器会移去电压的零序分量。由单相故障引起的相电压的零序分量可由式（4-54）计算得 $\frac{1}{3}(V-1)$，从而可得以下电压

表达式:

$$V_a = \frac{1}{3} + \frac{2}{3}V$$

$$V_b = -\frac{1}{6} - \frac{1}{3}V - \frac{1}{2}j\sqrt{3} \tag{4-62}$$

$$V_c = -\frac{1}{6} - \frac{1}{3}V + \frac{1}{2}j\sqrt{3}$$

这看起来像一种新的暂降类型,但后面会发现,这与相间故障过程中一个△形连接的负荷所经历的暂降是一样的,现在暂时称为暂降 X3。

(4)单相故障,△形连接负荷,2 类变压器。△形连接负荷,其经历的线电压中不包含任何零序分量,2 类变压器不会对暂降电压有任何影响,因此这种暂降仍为 X2。

(5)单相故障,Y 形连接负荷,3 类变压器。3 类变压器将相电压转换成线电压。因此,二次侧 Y 形连接的负荷经历的暂降与一次侧△形连接负荷经历的暂降相同,这种情况是暂降 X2。

(6)单相故障,△形连接负荷,3 类变压器。这里有两次变换,即从 Y 形到△形连接负荷的变换和从变压器一次侧到二次侧的变换。每种变换都可用式(4-61)的矩阵 $\boldsymbol{T}_3$ 来描述,这两种变换级联后与变换 $\boldsymbol{T}_2$ 有相同作用。因此,△形连接负荷经历的暂降与采用 2 类变压器时 Y 形连接负荷相同,所以暂降类型为 X3。

(7)相间故障,Y 形连接负荷,无变压器。这种情况在式(4-57)和图 4.68 中讨论了,暂降类型为 X4。

(8)相间故障,△形连接负荷,无变压器。见式(4-58)和图 4.69,暂降类型为 X5。

(9)相间故障,Y 形连接负荷,2 类变压器。由于相间故障不会产生任何零序电压,2 类变压器(消去零序分量)不会产生任何影响,因此暂降类型为 X4。

(10)相间故障,△形连接负荷,2 类变压器。与前面相同,暂降类型为 X5。

(11)相间故障,Y 形连接负荷,3 类变压器。3 类变压器的二次侧 Y 形连接负荷与一次侧△形连接负荷承受的暂降相同,暂降类型为 X5。

(12)相间故障,△形连接负荷,3 类变压器。此处两个 $\boldsymbol{T}_3$ 变换级联,得到一个 $\boldsymbol{T}_2$ 变换。但是变换 $\boldsymbol{T}_2$ 仅去掉零序分量,因此并不影响相间故障引起的暂降,所以仍为 X4 类暂降。

第二个变压器对 X1~X5 类暂降的影响见表 4.8,这些结果可用与上面相同的推理得到。显然,组合数量是有限的,由单相和相间故障引起的暂降最多可能有 5 类。

表 4.8   暂 降 的 进 一 步 传 播

暂降类型	变压器类型		
	1	2	3
X1	X1	X3	X2
X2	X2	X2	X3
X3	X3	X3	X2
X4	X4	X4	X5
X5	X5	X5	X4

4.4.4.5 电压暂降基本类型

我们发现，单相故障可引起三类暂降，分别定名为暂降 X1、暂降 X2 和暂降 X3。相间故障可引起暂降 X4 和暂降 X5。从图 4.67 和图 4.68 的相量图中可以看出，单相和相间故障可引起相似的暂降，X2 类暂降的电压为

$$V_a = 1$$
$$V_b = -\frac{1}{2} - \left(\frac{1}{6} + \frac{1}{3}V\right)j\sqrt{3} \tag{4-63}$$
$$V_c = -\frac{1}{2} + \left(\frac{1}{6} + \frac{1}{3}V\right)j\sqrt{3}$$

X4 类暂降的电压为

$$V_a = 1$$
$$V_b = -\frac{1}{2} - \frac{1}{2}V j\sqrt{3} \tag{4-64}$$
$$V_c = -\frac{1}{2} + \frac{1}{2}V j\sqrt{3}$$

比较这两组方程可发现，式（4-63）可用 $\frac{1}{3} + \frac{2}{3}V$ 取代式（4-64）中的 V 得到。若定义暂降 X4 的幅值为 V，X2 类暂降可看作幅值为 $\frac{1}{3} + \frac{2}{3}V$ 的 X4 类暂降。

用同样的方法可比较暂降 X3：

$$V_a = \frac{1}{3} + \frac{2}{3}V$$
$$V_b = -\frac{1}{6} - \frac{1}{3}V - \frac{1}{2}j\sqrt{3} \tag{4-65}$$
$$V_c = -\frac{1}{6} - \frac{1}{3}V + \frac{1}{2}j\sqrt{3}$$

以及暂降 X5：

$$V_a = V$$
$$V_b = -\frac{1}{2}V - \frac{1}{2}j\sqrt{3} \tag{4-66}$$
$$V_c = -\frac{1}{2}V + \frac{1}{2}j\sqrt{3}$$

用 $\frac{1}{3} + \frac{2}{3}V$ 代替式（4.66）中的 V 可得式（4-65）。这样，只剩下三种类型，即 X1，X4 和 X5。第四种暂降是由三相故障引起的，三相电压下降值相同。用方程表示的分类见表 4.9，用图形表示的分类如图 4.70 所示。图 4.70 中所有暂降幅值均为 50%，通过以上对单相、相间故障引起的暂降和四种类型的定义的讨论，理解电压暂降的产生与传播就变得简单了。表 4.10 归纳了暂降起源，表 4.11 归纳了暂降向低压侧的传播情况。在

表4.10 和表4.11 中暂降类型后加的上标（＊）是指暂降幅值不等于 V，而等于 $\frac{1}{3}+\frac{2}{3}V$。

表4.10 中 V 是指故障相或故障相相间的电压，表4.11 中 V 是指一次侧暂降的幅值。注意在效果上，这两种定义是相同的。

表 4.9	四种暂降类型的方程式	

A 类

$$V_a = V$$
$$V_b = -\frac{1}{2}V - \frac{1}{2}jV\sqrt{3}$$
$$V_c = -\frac{1}{2}V + \frac{1}{2}jV\sqrt{3}$$

B 类

$$V_a = V$$
$$V_b = -\frac{1}{2} - \frac{1}{2}j\sqrt{3}$$
$$V_c = -\frac{1}{2} + \frac{1}{2}j\sqrt{3}$$

C 类

$$V_a = 1$$
$$V_b = -\frac{1}{2} - \frac{1}{2}jV\sqrt{3}$$
$$V_c = -\frac{1}{2} + \frac{1}{2}jV\sqrt{3}$$

D 类

$$V_a = V$$
$$V_b = -\frac{1}{2}V - \frac{1}{2}j\sqrt{3}$$
$$V_c = -\frac{1}{2}V + \frac{1}{2}j\sqrt{3}$$

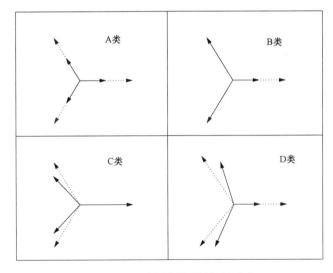

图 4.70 四种暂降类型的相量形式

表 4.10	故障类型、暂降类型和负荷连接	
故障类型	负荷Y形连接	负荷△形连接
三相短路	A 类暂降	A 类暂降
两相短路	C 类暂降	D 类暂降
单相短路	B 类暂降	C*类暂降

表 4.11

变压器的连接形式	A 类暂降	B 类暂降	C 类暂降	D 类暂降
YNyn	A 类	B 类	C 类	D 类
Yy, Dd, Dz	A 类	D*类	C 类	D 类
Yd, Dy, Yz	A 类	C*类	D 类	C 类

4.4.4.6 两相接地故障

两相接地故障可按与分析单相和相间故障相同的方法讨论。假定非故障相电压不受故障影响,正如在 4.4.3 节所示,这对应于正序、负序、零序阻抗相等的情况,可被看成是一种极端情况。零序阻抗大于正序阻抗,会使电压向相间故障的情况偏移。

由两相接地故障引起的 PCC 点相对地电压为

$$V_a = 1$$
$$V_b = -\frac{1}{2}V - \frac{1}{2}V\,j\sqrt{3}$$
$$V_c = -\frac{1}{2}V + \frac{1}{2}V\,j\sqrt{3}$$

（4-67）

经过△-Y 变压器或者其他第三类变压器后的电压为

$$V_a = V$$
$$V_b = -\frac{1}{3}j\sqrt{3} - \frac{1}{2}V - \frac{1}{6}V\,j\sqrt{3}$$
$$V_c = +\frac{1}{3}j\sqrt{3} - \frac{1}{2}V + \frac{1}{6}V\,j\sqrt{3}$$

（4-68）

经过两级第三类变压器或一级第二类变压器后有

$$V_a = \frac{2}{3} + \frac{1}{3}V$$
$$V_b = -\frac{1}{3} - \frac{1}{6}V - \frac{1}{2}V\,j\sqrt{3}$$
$$V_c = -\frac{1}{3} - \frac{1}{6}V + \frac{1}{2}V\,j\sqrt{3}$$

（4-69）

由上可知,这 3 类暂降与先前的 4 类都不同,也不可能把其中一种归入另一种。因此,两相接地故障可引起多余 3 类暂降,则暂降种类总共达到 7 种。其中,3 类新暂降的相量图如图 4.71 所示,表达式见表 4.12。图 4.72 对两相接地故障与相间故障引起的暂降进行了比较。C 类暂降电压仅沿虚轴变化,D 类暂降电压仅沿实轴变化。F 和 G 类暂降沿实轴、虚轴均有降低。在两相接地故障中,设备侧电压更低些。其他不同之处还有,G 类暂降三相电压幅值均有下降。同样注意:对 D 类和 F 类暂降,最严重相电压降落相同;对 C 类和 G 类暂降,最严重两相间的电压的电压降也相同。这一特性将用于定义测定三相不对称暂降的幅值。

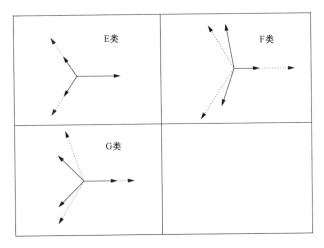

图 4.71　两相接地故障引起的三相不对称暂降

表 4.12　　　　　　　　　　　　两相接地故障引起的暂降

E 类	F 类
$V_a=1$	$V_a=V$
$V_b=-\dfrac{1}{2}V-\dfrac{1}{2}Vj\sqrt{3}$	$V_b=-\dfrac{1}{3}j\sqrt{3}-\dfrac{1}{2}V-\dfrac{1}{6}Vj\sqrt{3}$
$V_c=-\dfrac{1}{2}V+\dfrac{1}{2}Vj\sqrt{3}$	$V_c=+\dfrac{1}{3}j\sqrt{3}-\dfrac{1}{2}V+\dfrac{1}{6}Vj\sqrt{3}$

G 类
$V_a=\dfrac{2}{3}+\dfrac{1}{3}V$
$V_b=-\dfrac{1}{3}-\dfrac{1}{6}V-\dfrac{1}{2}Vj\sqrt{3}$
$V_c=-\dfrac{1}{3}-\dfrac{1}{6}V+\dfrac{1}{2}Vj\sqrt{3}$

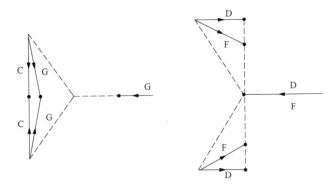

图 4.72　由两相接地故障引起的三相不对称暂降（F 和 G）与由两相故障和
单相接地故障引起的三相不对称暂降（C 和 D）的比较，
箭头表示不同暂降类型其复电压的变化方向

暂降类型 F 和 G 是在假设正序、负序和零序阻抗相同的情况下得到。若零序阻抗比正序阻抗大，两类暂降将分别处于 C 类和 G 类之间、D 类和 F 类之间。

4.4.4.7　三相不对称暂降的 7 种类型

表 4.13 和表 4.14 总结了 7 类三相不对称暂降的起源和向低压等级的转移。图 4.73 给出了一个暂降向低电压等级转移的例子。在 33kV 侧一个故障造成 PCC 点电压降到额定电压的 50%。对于三相故障，情况比较简单，任何电压等级的任何连接形式的负荷都经历幅值为 50% 的 A 类暂降。对于相间故障，PCC 点处故障相之间的电压降到 50%；对于 33kV 侧星形连接的负荷，暂降为 C 类，电压为 50%；11kV 侧，为 D 类暂降，电压为 50%；660V 侧，为 C 类暂降，电压为 50%。若故障是单相故障，在 PCC 点处故障相电压降到 50%；这对应 33kV 侧 50% 幅值的 B 类暂降；经过△-Y 变压器后电压的零序分量被消除；11kV 侧 Y 形连接的负荷将承受幅值为 67% 的 C 类暂降；△形连接的负荷将承受幅值为 67% 的 D 类暂降；对 660V 供电的负荷则是另一种情况，Y 形连接负荷承受 D 类暂降，△形连接的负荷承受 C 类暂降。

表 4.13　　　　　　　　　　　　　**三相不对称暂降的来源**

故障类型	负荷Y形连接	负荷△形连接	故障类型	负荷Y形连接	负荷△形连接
三相短路	A 类	A 类	两相短路	C 类	D 类
两相接地短路	E 类	F 类	单相短路	B 类	C*类

表 4.14　　　　　　　　　　　　　**到较低电压等级暂降类型的转换**

变压器连接形式	一次侧的暂降						
	A 类	B 类	C 类	D 类	E 类	F 类	G 类
YNyn	A	B	C	D	E	E	G
Yy, Dd, Dz	A	D*	C	D	G	F	G
Yd, Dy, Yz	A	C*	D	C	F	G	F

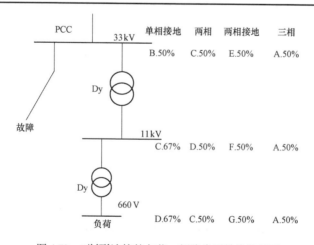

图 4.73　对Y形连接的负荷，暂降类型转换的例子

4.4.4.8 小结

本节一开始时假设电压的零序分量不会传播到设备端。利用这个假设，得到了单相接地故障期间电压的表达式。在相同的假设下，我们发现在设备侧不会发生 B 类或 E 类不对称暂降。因此，在设备侧只有以下 5 类三相不对称暂降。

（1）三相故障引起的 A 类；

（2）由单相和相间故障引起的 C 类和 D 类；

（3）由两相接地故障引起的 F 类和 G 类。

后面两类可认为是 C 类和 D 类的畸变类型。C 类和 D 类暂降也会因异步电动机负荷的出现发生畸变。异步电动机负荷使得正序和负序系统阻抗不再相等，其结果之一是使得 C 类暂降的非故障相电压不再等于 100%。以上这些已成为我们将三相不对称暂降分成 A、C 和 D 三类并进行特征描述的基础。

4.5 相位跳变

电力系统的短路故障不仅会引起电压幅值下降，还会导致电压相位角的改变。在 50Hz 或 60Hz 系统内，电压是有幅值和相位角的复数量（一个相量）。系统的改变，如短路将引起电压的变化，这种变化不仅限于相量的幅值，也包括相位角的改变。我们将后者称为电压暂降的相位跳变，相位跳变为瞬时电压过零点的变化。对于许多设备而言，相位跳变并不值得关注，但是用相位角信息作为其触发角的电力电子换流器却可能会受影响。本书第 5 章将进一步分析相位跳变对设备的影响。

图 4.74 是一相角跳变＋45°的电压暂降，故障电压超前故障前电压；图 4.75 是相角跳变－45°的暂降，故障电压滞后于故障前电压，两个暂降幅值为 70%。在这两个图中，故障前电压均以虚线画出。注意：这两个暂降均为假想暂降，而不是实测暂降。

我们将利用三相故障来解释产生相位跳变的根源，因为对于三相故障，可以采用单相模型。三相故障的相位跳变是由系统与馈线之间 *X*/*R* 比值差引起的。另一个原因是，暂降向低电压等级转移引起相位跳变。该现象在 4.4 节分析不对称暂降时已讨论过。

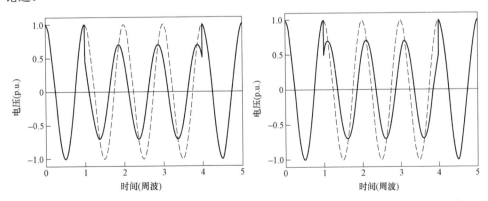

图 4.74　70%幅值和＋45°相位跳变的合成暂降　　图 4.75　70%幅值和－45°相位跳变的合成暂降

4.5.1 监测

为了得到被测暂降的相位跳变，暂降过程中的电压相位角需与暂降前的电压相位角进行比较。电压相位角可由电压过零点或电压基频分量的相位得到。通过对信号进行傅里叶变换可得到复数形式基频电压，可以采用快速傅里叶算法（FFT）。

为阐述另一种方法，分析以下电压信号：

$$v(t)=X\cos(w_0t)-Y\sin(w_0t)=\mathrm{Re}\{(X+\mathrm{j}Y)\mathrm{e}^{\mathrm{j}w_0t}\} \tag{4-70}$$

式中，w_0 为基波频率（角频率）。由该信号可得以下两个新信号：

$$v_\mathrm{d}(t)=2v(t)\times\cos(w_0t) \tag{4-71}$$

$$v_\mathrm{q}(t)=2v(t)\times\sin(w_0t) \tag{4-72}$$

可写为

$$v_\mathrm{d}(t)=X+X\cos(2w_0t)+Y\sin(2w_0t) \tag{4-73}$$

$$v_\mathrm{q}(t)=-Y+Y\cos(2w_0t)+X\sin(2w_0t) \tag{4-74}$$

取两信号的基频半周波平均值，得所求的基频电压：

$$X+\mathrm{j}X=\overline{v_\mathrm{d}(t)}-\mathrm{j}\overline{v_\mathrm{q}(t)} \tag{4-75}$$

求得了 X 和 Y 的值，就可以算出暂降幅值为 $\sqrt{X^2+Y^2}$，相位跳变为 $\arctan\dfrac{Y}{X}$。

将该算法用于图 4.1 中的暂降，所得暂降幅值和相位跳变如图 4.76 和图 4.77 所示。在基频一周波内，取 $v_\mathrm{d}(t)$ 和 $v_\mathrm{q}(t)$ 的平均值，结果如图 4.78 和图 4.79 所示，分别为电压幅值和相位跳变。窗口加宽的结果是过渡过程变慢，相角突起减小。窗口长度需按实际应用的需要进行选取。

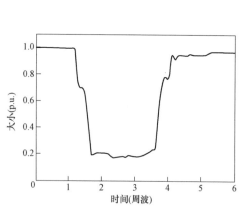

图 4.76　图 4.21 电压暂降的电压基频分量
幅值和时间的关系（半周波窗口）

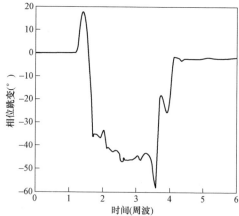

图 4.77　图 4.21 电压暂降的电压基频分量的
辐角和时间的关系（半周波窗口）

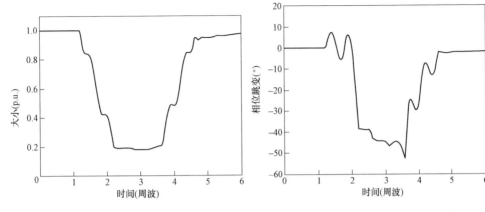

图 4.78　图 4.21 电压暂降的电压基频分量
幅值和时间的关系（一周波窗口）

图 4.79　图 4.21 电压暂降的电压基频分量的
辐角和时间的关系（一周波窗口）

4.5.2　理论计算

4.5.2.1　相位跳变产生的原因

为理解电压暂降相位跳变的产生原因，可用图 4.14 的单相分压模型，其中，不同之处在于 Z_S 和 Z_F 为复数值，分别表示为 $\overline{Z}_S$ 和 $\overline{Z}_F$。与前面的分析一样，忽略所有负荷电流，且假设 $E=1$，则 PCC 点电压为

$$\overline{V}_{sag} \frac{\overline{Z}_F}{\overline{Z}_S + \overline{Z}_F} \tag{4-76}$$

设 $\overline{Z}_S = R_S + jX_S$、$\overline{Z}_F = R_F + jX_F$，$\overline{V}_{sag}$ 的幅角，即电压的相位跳变可由下式得出：

$$\Delta\phi = \arg(\overline{V}_{sag}) = \arctan\left(\frac{X_F}{R_F}\right) - \arctan\left(\frac{X_S + X_F}{R_S + R_F}\right) \tag{4-77}$$

若 $\dfrac{X_S}{R_S} = \dfrac{X_F}{R_F}$，式（4-77）的值为 0，即没有相位跳变。因此，如果系统与馈线的 X/R 比值不同，就会引起相位跳变。

4.5.2.2　系统强度的影响

再次分析得到图 4.15 所示的系统，取代暂降幅值，这里仅计算相位跳变，结果如图 4.80 所示。我们再次发现较强的系统会使暂降严重程度降低，电压幅值降低量减小，相位跳变也会减小。唯一的例外是终端故障。零距离故障引起的相位跳变与系统强弱程度无关。注意，这仅是理论意义，因为零故障距离下的相位跳变对应的是零电压幅值，因此没有物理意义。

4.5.2.3　导线截面的影响

图 4.81 给出了不同截面的 11kV 架空线路相位跳变-距离图，在计算中忽略了系统电阻，即 $R_s=0$。相应的电压暂降幅值如图 4.16 所示。根据表 4.1 中的架空线阻抗数据计

算馈线阻抗的 X/R 值，$50mm^2$ 线路为 1.0，$150mm^2$ 线路为 2.7，$300mm^2$ 线路为 4.9。馈线 X/R 值越大，相位跳变越小。

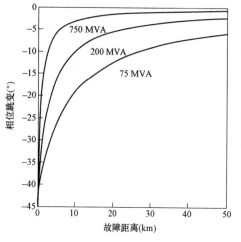

图 4.80　不同系统强弱程度下 $150mm^2$
11kV 架空馈线故障时的相位
跳变与故障距离的关系

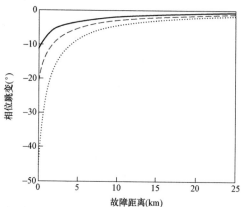

图 4.81　截面 $300mm^2$（实线）、
$150mm^2$（虚线）、$50mm^2$（点线）
架空线路相位跳变与故障距离的关系

对地下电缆的计算结果如图 4.82 所示，

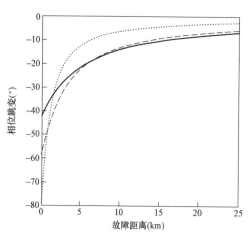

图 4.82　截面 $300mm^2$（实线）、
$150mm^2$（虚线）、$50mm^2$（点线）
地下电缆相位跳变与故障距离的关系

对于短距离故障，电缆截面越小，相位跳变越大，但随着距离增加，相位跳变的衰减也更快。这是由于单位长度的阻抗较大，相应的暂降幅值如图 4.17 所示。

暂降幅值和相位跳变，即故障期间复电压的幅值和辐角可绘制于同一图中。图 4.83 给出了复平面上的电压轨迹，其中，暂降前电压方向为正实轴方向。复电压离 $1+j0$ 越远，由故障引起的复电压的变化就越大。电压暂降前的电压与实际值之差为损失电压，将在 4.7.2 节进一步介绍损失电压概念。

除了将扰动分为实部和虚部外，也可绘制出暂降幅值-相位跳变图，如图 4.84 所示。由该图可知，当电压下降增大时（即当暂降幅值降低时），相位跳变增大（绝对值）。相位跳变增大和暂降幅值减小都可看成是事件更加严重。掌握当故障距离增加时电压降和相位跳变都增大的事实，可得出以下结论：越靠近 PCC 点的故障引起的暂降越严重。稍后会发现，该结论仅适合于三相故障，对单相和相间故障不完全成立。

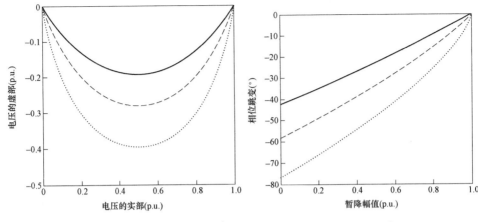

图 4.83　截面 300mm²（实线）、150mm²（虚线）、50mm²（点线）地下电缆，当故障距离改变时，在复平面上电压的路径

图 4.84　截面 300mm²（实线）、150mm²（虚线）、50mm²（点线）地下电缆电压幅值与相位跳变的关系

4.5.2.4　幅值和相位跳变与距离的关系

为了获得幅值和相位跳变与故障距离的函数表达式，式（4-76）中，用 $\overline{Z}_F = \overline{z}L$ 替代 $\overline{Z}_F$，其中，$\overline{z}$ 为单位长度馈线复阻抗，则

$$\overline{V}_{sag} = \frac{\overline{z}L}{\overline{Z}_S + \overline{z}L} \tag{4-78}$$

相位跳变可由下式求出：

$$\arg(\overline{V}_{sag}) = \arg(\overline{z}L) - \arg(\overline{Z}_S + \overline{z}L) \tag{4-79}$$

因此，相位跳变等于 $\overline{Z}_S + \overline{z}L$ 和 $\overline{z}L$ 在复平面上角度之差，如图 4.85 所示。其中，ϕ 为相位跳变，α 为系统阻抗 $\overline{Z}_S$ 与馈线阻抗 $\overline{z}$ 之间的角度。

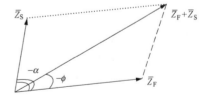

图 4.85　计算暂降幅值和相位跳变的相量图

$$\alpha = \arctan\left(\frac{X_F}{R_F}\right) - \arctan\left(\frac{X_S}{R_S}\right) \tag{4-80}$$

我们把 α 称为阻抗角，当馈线的 X/R 值较系统的 X/R 值大时，其值为正。注意，这种情况很少出现，大多数情况下，阻抗角为负。对图 4.85 中较低的三角形应用两次余弦定理，得以下两个表达式：

$$\left|\overline{Z}_S + \overline{z}L\right|^2 = \left|\overline{z}L\right|^2 + \left|\overline{Z}_S\right|^2 - 2\left|\overline{z}L\right|\left|\overline{Z}_S\right|\cos(180° + \alpha) \tag{4-81}$$

$$\left|\overline{Z}_S\right|^2 = \left|\overline{Z}_S + \overline{z}L\right|^2 + \left|\overline{z}L\right|^2 - 2\left|\overline{Z}_S + \overline{z}L\right|\left|\overline{z}L\right|\cos(1 - \phi) \tag{4-82}$$

将式（4-81）代入式（4-82）并稍做处理，得作为距离函数的相位跳变表达式：

$$\cos\phi = \frac{\lambda + \cos\alpha}{\sqrt{1 + \lambda^2 + 2\lambda\cos\alpha}} \tag{4-83}$$

式中，$\lambda = zL/Z_S$ 为到故障点的"电气"距离一种测度；α 为阻抗角。注意，X/R 值的差异并不怎么影响相位跳变的大小，相位跳变的大小主要是由系统阻抗与馈线阻抗间的夹角来决定。例如，系统侧 $X_S/X_R = 40$，馈线 $X_F/X_R = 2$ 得到的阻抗角为

$$\alpha = \arctan(2) - \arctan(40) = 63.4° - 88.6° = -25.2° \tag{4-84}$$

如果系统侧 $X_S/R_S = 3$，馈线侧 $X_F/R_F = 1$，则阻抗角 $\alpha = -26.6°$，后者将导致更严重的相位跳变。

最大角度差产生于配电系统中的地下电缆上。若系统 $X/R = 10$，电缆 $X/R = 0.5$，则阻抗角大约为 $-60°$。在以后章节中，通常将 $-60°$ 作为最坏的情况。虽然这是少有的情况，但有助于说明各种关系。当系统和馈线的 X/R 相近时，输电系统可能产生较小的正相位跳变。阻抗角超过 $+10°$ 的情况极为罕见，在以后的大多数分析中均假设阻抗角为 $0 \sim -60°$。

根据式（4-83）可得出结论：最大相位跳变发生在 $L = 0$，$\lambda = 0$ 时，其值等于阻抗角 α。

由式（4-79）可求出暂降幅值为

$$\overline{V}_{sag} = \frac{|\overline{z}L|}{|\overline{Z}_S + \overline{z}L|} \tag{4-85}$$

再利用式（4-81）可得幅值与故障距离间的函数关系为

$$\overline{V}_{sag} = \frac{\lambda}{(1+\lambda)} \frac{1}{\sqrt{1 - \dfrac{2\lambda(1-\cos\alpha)}{(1+\lambda)^2}}} \tag{4-86}$$

注意，式（4-86）右边第一个因子给出的是当 X/R 比值差被忽略（$\alpha = 0$）时的暂降幅值，这与 4.2 节中式（4-9）相同。做这样的近似所产生的误差，可通过当 α 取很小值对式（4-86）第二个因子进行近似处理得到估计值：

$$\frac{1}{\sqrt{1 - \dfrac{2\lambda(1-\cos\alpha)}{(1+\lambda)^2}}} \approx \frac{1}{1 - \dfrac{\lambda(1-\cos\alpha)}{(1+\lambda)^2}} \approx 1 + \frac{\lambda}{(1+\lambda^2)}(1-\cos\alpha) \approx 1 + \frac{\lambda}{(1+\lambda^2)}\alpha^2 \tag{4-87}$$

该误差正比于 α^2。因此，对于适当的 α，不考虑相位跳变的简化表达式可用于计算暂降幅值。

4.5.2.5 暂降幅值与相位跳变范围

对应四个阻抗角的暂降幅值-相位跳变关系绘制于图 4.86，幅值和相位跳变分别用式（4-83）和式（4-86）计算。在三相故障中，三相电压幅值和相位跳变经历的变化相同，

因此图 4.86 绘出的关系同样适用于单相设备。当用三相故障导致的电压暂降来测试设备时，我们需考虑到暂降幅值和相位跳变可能在图 4.86 给出的整个范围内变化。

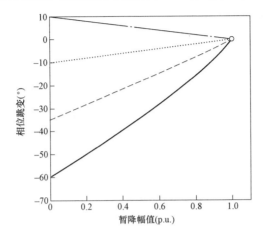

图 4.86　三相故障时暂降幅值和相位跳变的关系

对应阻抗角：−60°（实线）、−35°（虚线）、−10°（点线）、+10°（点画线）

例：对图 4.21 所示系统，不同电压等级三相故障引起的电压暂降的幅值和相位跳变已算出。用表 4.3 和表 4.4 中的数据，可计算出系统内发生任意故障时 PCC 点的复电压。复电压的绝对值和幅角，如图 4.87 所示。小于最长馈线长度（表 4.4 中最后一列）的故障距离的复电压都已计算出来。由于 132kV 侧最大馈线长度仅 2km，由 132kV 故障引起的暂降幅值不会超过 20%。我们发现输电系统故障引起的最大相位跳变为 20°，其中最大的发生在 33kV 电压等级。输电系统故障仅引起非常温和的相位跳变。不论负荷连接在哪个电压等级，也不管连接方式为Y形还是△形，这些暂降幅值和相位跳变既适用于单相设备，也适用于三相设备。

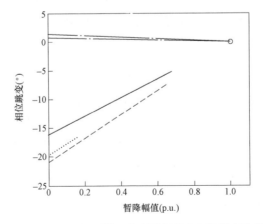

图 4.87　图 4.21 所示系统三相暂降幅值和相位跳变的关系

实线：11kV；虚线：33kV；点线：132kV；点画线：400kV

4.6　三相不对称暂降的幅值与相位跳变

4.6.1　幅值与相位跳变的定义

4.6.1.1　三个不同的幅值与相位跳变

在 4.2 节中，暂降幅值被定义为故障过程中电压的有效值。尽管实际得到的有效值会有许多问题，但只要考虑一相电压，该定义还是切实可行的。对于三相不对称暂降，由于有三个有效值可选，问题更加复杂。最常用的定义是：三相不对称暂降幅值是三相中电压最低一相的有效值。在较早以前，除了文献［205］，也有用三相平均值、最小值定义的方式。这里，我们将基于对三相不对称暂降进行分析提出一种暂降幅值的定义。

首先需区分三种不同的幅值与相位跳变。在各种情况下，幅值与相位跳变分别为复电压的绝对值和幅角。

（1）初始复电压是故障所在电压等级 PCC 点的电压。单相接地故障的初始复电压是 PCC 点故障相与地之间的电压；相间故障的初始复电压为两故障相间的电压；两相对地或三相故障的初始复电压既可以是一故障相电压，也可以是两故障相间的电压（只要采用的是标幺值）。初始暂降幅值是初始复电压的绝对值，初始相位跳变是初始复电压的幅角。

（2）三相不对称暂降的特征。复电压定义为表 4.9 和表 4.12 中的 V 值。稍后会给出特征复电压的简单解释。特征暂降幅值是特征复电压的绝对值，特征相位跳变是特征复电压的幅角，这些是三相不对称暂降幅值和相位跳变的一般化定义。

（3）设备侧复电压是表 4.9 和表 4.12 及围绕这些表的几个公式中的 V_a、V_b、V_c 的值。设备侧幅值和相位跳变分别是设备侧复电压的绝对值和幅角。对于单相设备，这些值就是前面定义的单相电压暂降的幅值和相位跳变。

4.6.1.2　获取特征幅值

在 4.4 节中，我们已经介绍了七类暂降及其特征复电压 V。对 D 类和 F 类，暂降幅值为三相电压中最低一相的有效值；对于 C 类和 G 类，暂降幅值是两相最低电压（pu）之差的有效值。因此，可得到以下根据设备侧测量到的电压确定暂降特征幅值的方法。

（1）确定三相电压的有效值；

（2）确定三个电压差的有效值；

（3）三相暂降幅值为这 6 个值中的最小值。

根据前面给出的表达式容易看出，这样能够求得三相不对称暂降定义中使用的 $|V|$ 值。例外的情况是暂降 B 和暂降 E。对于与式（4-54）和式（4-67）相对应的暂降，该方法给出的依然是幅值的准确值。但是，零序和正序系统阻抗之间的差异会使实际暂降有明显偏移。这样一来，该方法可能得到完全错误的结果。另外一个问题是，当暂降向低电压等级传播时，暂降幅值会发生改变。这就使中压侧的测量不适用于预测设备侧暂降。该问题可通过去除电压中的零序分量并将该方法用于剩余电压的办法来解决，完整过程如下：

（1）获取三个时间函数的电压 $V_a(t)$、$V_b(t)$、$V_c(t)$；

（2）确定零序电压：

$$V_0(t) = \frac{V_a(t) + V_b(t) + V_c(t)}{3} \tag{4-88}$$

（3）确定减去零序电压后的剩余电压：

$$V_a'(t) = V_a(t) - V_0(t)$$
$$V_b'(t) = V_b(t) - V_0(t) \tag{4-89}$$
$$V_c'(t) = V_c(t) - V_0(t)$$

（4）确定电压 V_a'、V_b'、V_c' 的有效值；

（5）确定三个电压差：

$$V_{ab}(t) = \frac{V_a(t) - V_b(t)}{\sqrt{3}}$$
$$V_{bc}(t) = \frac{V_b(t) - V_c(t)}{\sqrt{3}} \tag{4-90}$$
$$V_{ca}(t) = \frac{V_c(t) - V_a(t)}{\sqrt{3}}$$

（6）确定电压 V_{ab}、V_{bc}、V_{ca} 的有效值；

（7）三相暂降幅值为 6 个有效值中的最小值。

当相位跳变和暂降类型都需要确定时，最好采用数学上更精确的方法。最近，Zhang 在文献 [203] 和文献 [204] 中提出了一种基于对称分量的方法。

例： 将上述过程应用于图 4.1 所示的电压暂降。首先，确定测量到的三个相对地电压的有效值，结果如图 4.88 所示。有效值由每半周波 128 点采样确定。我们可发现其运行特性（对于架空线路上的单相故障尤为典型）为一相电压下降，剩余两相电压上升。

去除零序分量后，所有三相电压均呈现出幅值降低（见图 4.89）。用实线表示相对地电压减去零序分量，虚线表示相间电压。最小电压有效值出现在相对地电压中的一相，说明暂降为 D 类。这并不奇怪，因为初始暂降为 B 类（尽管比一般情况下含有更大的零序分量），除去零序分量后就转化为 D 类暂降。该三相不平衡暂降的特征幅值为 63%。

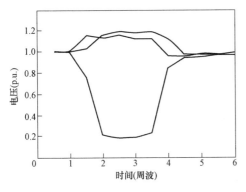

图 4.88　图 4.21 所示暂降的
相对地电压有效值

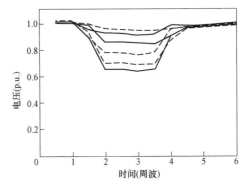

图 4.89　图 4.21 所示暂降去掉零序分量后的相间
电压（虚线）和相对地电压（实线）的有效值

4.6.2 相间故障

相间故障的影响取决于故障点与设备之间变压器绕组的连接方式。如 4.4 节所述，其导致的暂降既可能是 C 类，也可能是 D 类。从 4.4.2 节可发现，故障相间电压可通过与三相暂降相同的分压模型得到。后者已被用于获得式（4-83）和式（4-86）的相位跳变、暂降幅值与故障距离的关系式。因此，这些关系式也可用于计算初始幅值和初始相位跳变：PCC 点故障相间电压的绝对值和辐角。4.4 节中的三相不对称暂降均是在假设初始电压幅值降低、相位不变的条件下得到的，如果初始电压相位跳变，PCC 点处三相不对称暂降的特征电压也变得更加复杂。表 4.9 和表 4.12 中的表达式仍然成立，只不过特征电压 V 变为一个复数量。当 C 类和 D 类暂降向低电压等级转移时，其特征电压不变，因此特征复电压仍等于初始复电压。

4.6.2.1　C 类暂降

C 类暂降的相量图如图 4.90 所示。其中，ϕ 为特征相位跳变，V 为特征幅值。根据单相设备连接在哪一个相上，设备可能经受一幅值为 V_b，相角跳变为 ϕ_b 的暂降，或经受幅值为 V_c，相角跳变为 ϕ_c 的暂降，或根本不经受暂降。由于有初始相位跳变 ϕ，两故障相的电压幅值不再相等。注意，图 4.90 中，$\phi<0$，$\phi_b<0$，$\phi_c>0$。

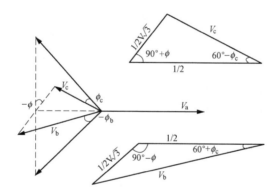

图 4.90　特征幅值为 V，特征相位跳变为 ϕ 的 C 类暂降相量图

由图 4.90 可推导出设备侧幅值和相位跳变的表达式。第一步，对图 4.90 中两个三角形用正弦定理和余弦定理可得

$$V_b{}^2=\frac{1}{4}+\frac{3}{4}V^2-2\times\frac{1}{2}\times\frac{1}{2}V\sqrt{3}\cos(90°-\phi) \tag{4-91}$$

$$\frac{\sin(60°+\phi_b)}{\frac{1}{2}V\sqrt{3}}=\frac{\sin(90°-\phi)}{V_b} \tag{4-92}$$

$$V_c{}^2=\frac{1}{4}+\frac{3}{4}V^2-2\times\frac{1}{2}\times\frac{1}{2}V\sqrt{3}\cos(90°+\phi) \tag{4-93}$$

$$\frac{\sin(60°-\phi_c)}{\frac{1}{2}V\sqrt{3}}=\frac{\sin(90°+\phi)}{V_c} \qquad (4\text{-}94)$$

根据这些表达式，可得到需要的式子：

$$V_a=1$$

$$V_b=\sqrt{\frac{1}{4}+\frac{3}{4}V^2-\frac{1}{2}V\sqrt{3}\sin\phi} \qquad (4\text{-}95)$$

$$V_c=\sqrt{\frac{1}{4}+\frac{3}{4}V^2+\frac{1}{2}V\sqrt{3}\sin\phi}$$

$$\phi_a=0$$

$$\phi_b=-60°+\arcsin\left(\frac{1}{2}\sqrt{3}\frac{V}{V_b}\cos\phi\right) \qquad (4\text{-}96)$$

$$\phi_c=60°-\arcsin\left(\frac{1}{2}\sqrt{3}\frac{V}{V_c}\cos\phi\right)$$

将式（4-83）和式（4-86）代入式（4-95）和式（4-96），可得故障距离函数表示的三相电压幅值和相位跳变。计算结果如图 4.91 所示，阻抗角分别为 0°和−60°，水平尺度（横坐标）对应于式（4-83）中的 $\lambda=\dfrac{ZL}{Z_S}$。可见，当没有特征相位跳变时，随故障距离增加，暂降严重程度降低。特征相位跳变引起了故障相间的不对称。例如，其中一相电压在开始阶段随故障距离增加而降低；其中一相的相位跳变迅速降到 0，而另一相的相位跳变在较长时间内仍维持较高水平。

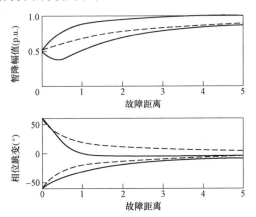

图 4.91　相间故障引起的暂降 C 的幅值（上图）和相位跳变（下图）
虚线：0°阻抗角（无特征相位跳变）；实线：−60°阻抗角（大特征相位跳变）

图 4.92 给出了四个阻抗角对应的幅值-相位跳变图。可见特征相位跳变明显扰乱了故障相间的对称性。同时电压也可能降到明显低于 50%，这在没有特征相位跳变时是不可能的。

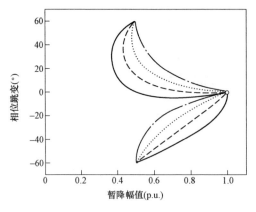

图 4.92 相间故障引起的暂降 C 的幅值和相位跳变的关系

对应阻抗角：−60°（实线）、−40°（虚线）、−20°（点线）、0°（点画线）

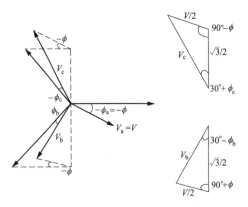

图 4.93 幅值为 V、相位跳变为 ϕ 的
D 类暂降相量图

4.6.2.2 D 类暂降

D 类暂降的相量图如图 4.93 所示。其中，ϕ 同样为特征相位跳变。其中一相将出现明显下降，并伴有等于特征值的相位跳变。连接在其余两相中的一相上的设备，将感受到小的电压降和最大到 30° 的相位跳变。较严重的特征相位跳变甚至可能引起电压暂升（swell）。电压下降小的两相可能经历正的相位跳变，也可能经历负的相位跳变；电压下降大的一相总是经历一个负的相位跳变。

根据图 4.93 可计算 D 类暂降三相电压幅值和相位跳变。对图 4.93 中两个三角形用正弦定理和余弦定理可得以下表达式：

$$V_b{}^2 = \frac{1}{4}V^2 + \frac{3}{4} - 2 \times \frac{1}{2} \times \frac{1}{2}V\sqrt{3}\cos(90° + \phi) \tag{4-97}$$

$$\frac{\sin(30° - \phi_b)}{\frac{1}{2}V} = \frac{\sin(90° + \phi)}{V_b} \tag{4-98}$$

$$V_c{}^2 = \frac{1}{4}V^2 + \frac{3}{4} - 2 \times \frac{1}{2} \times \frac{1}{2}V\sqrt{3}\cos(90° - \phi) \tag{4-99}$$

$$\frac{\sin(30° + \phi_c)}{\frac{1}{2}V} = \frac{\sin(90° - \phi)}{V_c} \tag{4-100}$$

整理后结果为

$$V_a = V$$

$$V_b = \sqrt{\frac{3}{4} + \frac{1}{4}V^2 + \frac{1}{2}V\sqrt{3}\sin\phi} \qquad (4\text{-}101)$$

$$V_c = \sqrt{\frac{3}{4} + \frac{1}{4}V^2 - \frac{1}{2}V\sqrt{3}\sin\phi}$$

$$\phi_a = \phi$$

$$\phi_b = 30° - \arcsin\left(\frac{V}{2V_b}\cos\phi\right) \qquad (4\text{-}102)$$

$$\phi_c = -30° + \arcsin\left(\frac{V}{2V_c}\cos\phi\right)$$

同样，我们可以画出幅值/相位跳变-故障距离图，也可以画出幅值-相位跳变图。图 4.94 是阻抗角分别为 0° 和 60° 时幅值/相位跳变-故障距离图。由图可见，非故障相的电压降非常小，仅降到约 75%。在设备侧，特征相位跳变将引起一个额外的电压降。图 4.95 是对应四个不同阻抗角的幅值-相角跳变图。

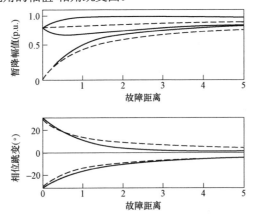

图 4.94　相间故障引起的 D 类暂降幅值（上图）和相位跳变（下图）
虚线：0° 阻抗角；实线：-60° 阻抗角

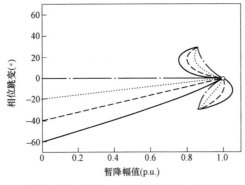

图 4.95　相间故障引起的 D 类暂降幅值和相位跳变的关系
对应阻抗角：-60°（实线）、-40°（虚线）、-20°（点线）、0°（点画线）

4.6.2.3 幅值与相位跳变范围

如前所述，相间故障引起 C 类和 D 类暂降。将图 4.92 的 C 类暂降幅值-相位跳变范围和图 4.95 的 D 类暂降范围合并到一起，可得相间故障期间单相设备经受的全部暂降的变化范围。将两图合并后得图 4.96，这里仅给出区域的包络线。

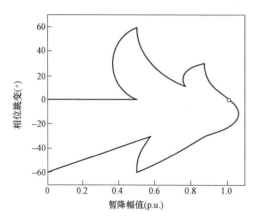

三相故障引起的暂降自然也包含于图 4.96。三相故障在三相中均产生有初始幅值、初始相位跳变的暂降，这样的暂降也会出现在由相间故障引起的 D 类暂降的一相中，即图 4.96 中较大的三角形区域。由单相和两相接地故障引起的暂降并没

图 4.96　单相设备经受的相间故障引起的暂降范围包括在图中，这些将在下面进行分析。

例：相间故障，三相负荷　对于图 4.21 的示例系统，已计算出两相故障引起的暂降幅值和相位跳变，分别对两种类型的负荷进行计算：

（1）在 660V 侧△形连接的三相负荷；

（2）在 420V 侧Y形（相对地）连接的单相负荷。

对于一个三相负荷，可用 4.4 节的分类法对暂降进行特征描述。这些三相不对称暂降引起的幅值、相位跳变与三相故障相同，唯一的区别是暂降类型。11kV 侧的两相故障将对同在 11kV 电压等级的△形连接负荷产生一个 D 类暂降。故障点（11kV 侧）与负荷（660V 侧）之间的△-Y

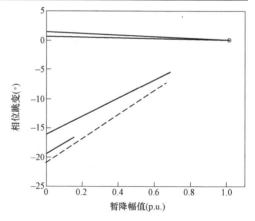

图 4.97　图 4.21 示例系统相间故障引起的暂降的幅值和相位跳变的关系
实线：C 类暂降；虚线：D 类暂降

变压器会将这类暂降变成 C 类。因此，由于 11kV 侧的相间故障，660V 侧△连接的负荷会经历一个 C 类暂降。该三相不对称暂降的特征幅值和相位跳变与在相同故障点处发生三相故障所引起的任何相的电压幅值和相位跳变相同。利用同样的推理可以发现，33kV 侧的相间故障将引起 D 类暂降，132kV 和 400kV 侧的相间故障将引起 C 类暂降。相间故障引起的三相不对称暂降的特征幅值和相位跳变的关系如图 4.97 所示。注意，此图与图 4.87 相似，曲线完全在相同位置，唯一区别是 33kV 侧相间故障引起的是 D 类暂降，其他的是 C 类暂降；在任何电压等级的三相故障均引起 A 类暂降。

例：相间故障，单相负荷 对在 420V 侧相对中性点连接的单相负荷，计算由相间故障引起的暂降幅值和相位跳变。三相暂降的分类方式不再能够完全描述设备侧电压，需附加的信息是故障发生在哪两相之间。我们可针对三种不同的相间故障，计算出一相的电压暂降；但针对同一个相间故障计算出三相电压要容易得多，这三个电压就是针对三种不同的相间故障的一相电压。在前面已发现，我们并不需要计算从故障电压等级到设备侧的所有变换，只需要判断设备侧电压对应于故障电压等级的相间或相对中性点的电压。在本例中，设备侧电压对应于 33、132、400kV 的相间电压和 33kV 侧的相对中性点电压。

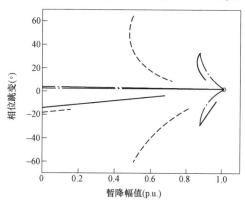

图 4.98 图 4.21 示例系统相间故障时，420V 侧相对地连接的单相负荷设备端暂降幅值和相位跳变的关系

实线：11kV；虚线：33kV；点线：132kV；点画线：400kV

得到的幅值-相位跳变图如图 4.98 所示。对 Y 形连接的设备，在 11、132、400kV 侧的故障引起一个三相不对称 D 类暂降。对于 D 类暂降，一相的电压降到较低值，剩余两相的电压只有较小的下降，并伴有最大到 30°的相位跳变。注意，在 400kV 侧产生的暂降具有对称性，而在 11kV 和 132kV 侧产生的暂降中不会出现这种情况。这是由于后两者具有较大的初始相位跳变。33kV 侧的故障引起 C 类暂降，其中两相电压可降到 50%，相位跳变可达 ±60°。

4.6.3 单相故障

对于单相故障，情况变得稍微复杂一些。式（4-83）和式（4-86）仍能用以计算故障相 PCC 点处的电压幅值和相位跳变（即初始幅值和相位跳变）。与故障相同电压等级的 Y 形连接的设备会经历 B 类暂降，但前已提及，这是少有的情况。在多数情况下，单相故障引起的暂降是 C 类或 D 类。这些三相不对称暂降的特征幅值不再等于初始幅值，相位跳变也如此。

4.6.3.1 初始幅值与特征幅值

为得到特征幅值和相位跳变的表达式，需回过头来考虑 B 类暂降。B 类暂降的电压为

$$V_a = V\cos\phi + jV\sin\phi$$
$$V_b = -\frac{1}{2} - \frac{1}{2}j\sqrt{3} \qquad (4-103)$$
$$V_c = -\frac{1}{2} + \frac{1}{2}j\sqrt{3}$$

式中，V 为初始幅值；ϕ 为初始相位跳变。当该三相不对称暂降向低电压等级传播时，零序电压消失。式（4-103）的零序电压是

$$V_0 = \frac{1}{3}(V_a + V_b + V_c) = \frac{1}{3}(V\cos\phi + jV\sin\phi - 1) \qquad (4-104)$$

从式（4-103）中消去零序电压，得三相不对称 D 类暂降。D 类暂降的特征幅值和

相位跳变等于受影响最大一相（V_a）的复电压的绝对值和辐角：

$$V_a = \frac{1}{3} + \frac{2}{3}(V\cos\phi + jV\sin\phi) \qquad (4\text{-}105)$$

注意，将 $V = (V\cos\phi + jV\sin\phi)$ 代入式（4-62），也可得到该表达式。由单相故障引起的三相不对称暂降的特征幅值变为

$$V_{char} = |V_a| = \frac{2}{3}\sqrt{V^2 + V\cos\phi + \frac{1}{4}} \qquad (4\text{-}106)$$

式中，V 和 ϕ 为初始幅值和相位跳变，V_a 由式（4-105）决定。特征相位跳变为

$$\phi_{char} = \arg(V_a) = \arctan\left(\frac{2V\sin\phi}{1 + 2V\cos\phi}\right) \qquad (4\text{-}107)$$

当 ϕ 值较小时，有以下近似：

$$\sin\phi \approx \phi$$
$$\cos\phi \approx 1$$
$$\arctan(x\phi) \approx x\phi, \quad x < 1$$

则表达式变为

$$V'_{char} = \frac{1}{3} + \frac{2}{3}V \qquad (4\text{-}108)$$

$$\phi'_{char} = \frac{2V\phi}{1 + 2V} \qquad (4\text{-}109)$$

图 4.99 和 4.100 所示的是用近似表达式（4.108）和式（4.109）造成的误差，误差定义为 $1 - \dfrac{V_{char}}{V'_{char}}$。阻抗角分别取 $-60°$、$-40°$ 和 $-20°$ 进行计算，即使系统有大的相位跳变（阻抗角为 $-60°$），误差也不是很大。只有计算深暂降的特征相位跳变时才需用精确表达式。但是应注意，对初始幅值较小的单相故障，特征相位跳变接近于 0，如式（4-107）所示。即使阻抗角为 $-60°$，绝对误差也小于 $1°$。

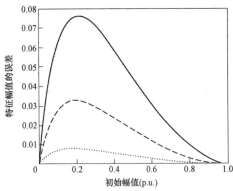

图 4.99　由单相故障引起的暂降由近似公式造成的特征幅值误差

对应阻抗角：$-60°$（实线）；$-40°$（虚线）；

$-20°$（点线）

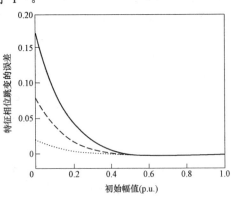

图 4.100　由单相故障引起的暂降由近似公式造成的特征相角跳变的误差

对应阻抗角：$-60°$（实线）；$-40°$（虚线）；

$-20°$（点线）

图 4.101 比较了初始幅值、相位跳变间的关系与特征幅值、相位跳变间的关系，阻抗角为 −60°。底部（实线）曲线同样也给出了由相间和三相故障引起的暂降的特征幅值与相位跳变之间的关系。单相故障引起的暂降明显不太严重，包括两方面幅值和相位跳变。

4.6.3.2　C 类与 D 类暂降

已知 C 类和 D 类暂降特征幅值和相位跳变就可计算设备侧幅值和相位跳变，其结果与相间故障引起的暂降曲线相似。主要区别是，单相故障引起的暂降没有相间故障严重。图 4.102 对应四个阻抗角画出了幅值-相位跳变图，设备侧最低暂降幅值大约为 58%，最大相位跳变为 30°。

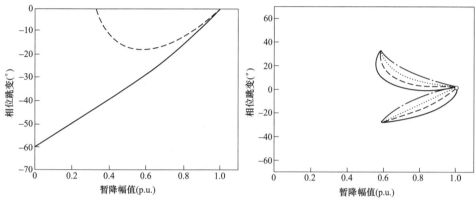

图 4.101　由单相故障引起的暂降幅值和
相位跳变的关系：特征值（虚线）和
初始值（实线）

图 4.102　对单相故障引起的 C 类暂降，
单相设备经受的暂降范围

对应阻抗角：−60°（实线）；−40°（虚线）；
−20°（点线）；0（点画线）

图 4.103 对单相故障引起的 D 类暂降进行了同样的处理，最低暂降幅值为 33%，最大相位跳变为 19°。将 C 类和 D 类暂降范围合并得图 4.104，图中给出了单相故障引起

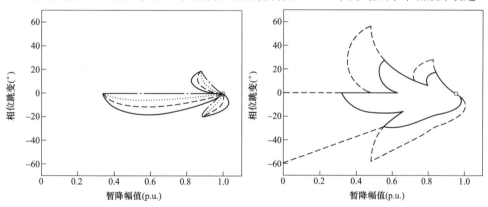

图 4.103　对单相故障引起的 D 类暂降，
单相设备经受的暂降范围

对应阻抗角：−60°（实线）；−40°（虚线）；
−20°（点线）；0（点画线）

图 4.104　由单相故障引起的暂降范围
（实线）和由相间故障引起的暂降范围（虚线）

的单相设备经受的整个暂降范围。该范围比相间故障引起的范围小，如图 4.104 中虚线所示。

例：单相故障，三相负荷 将上节计算相间故障的方法在这里用于计算单相故障。对于图 4.21 中不同电压等级的单相故障，计算 660V 侧△形连接（三相）负荷经受的暂降幅值、相位跳变和暂降类型。式（4-108）和式（4-109）是针对正序、负序和零序阻抗相等的系统推导出来的，这对（直接接地的）132kV 系统是很好的近似，但不适合于（电阻接地的）11kV 和 33kV 系统。在 400kV 侧，系统阻抗主要取决于架空线，因此零序系统阻抗比正序系统阻抗大。为了计算单相故障引起的三相不对称暂降的特征幅值，首先按式（4-40）计算故障相相对中性点电压，再根据式（4-108）和式（4-109）可得特征值。或者，可以先计算相对地复数电压，再对之应用一次 2

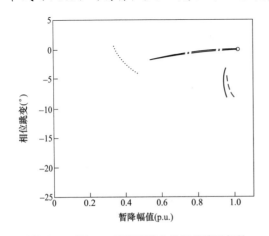

图 4.105 图 4.21 示例系统中单相故障引起的 660V△形连接三相负荷经受的特征暂降幅值和相位跳变

实线：11kV；虚线：33kV；点线：132kV；点画线：400kV

类变压器。2 类变压器消除零序电压，得到一个 D 类三相不对称暂降。最严重相的幅值和相位跳变等于特征值。换句话说，特征复电压可通过从 PCC 点处的故障相电压中扣除零序电压得到。

结果如图 4.105 所示。可见，11kV 和 33kV 侧的单相故障仅造成较小的电压下降，但相位跳变中等，这是由于这些电压等级采用了电阻接地。发生在 132kV 和 400kV 网络中的电压暂降的电压幅值降低较大，相位跳变较小。注意，对于直接接地系统，由 400kV 侧故障引起的暂降曲线并不是开始于期望的 33%电压。这是因为 PAD-400 系统阻抗主要由架空线构成，零序系统

阻抗大于正序系统阻抗。对 PEN 方向的故障，系统阻抗为 $Z_{S1}=0.084+j1.061$，$Z_{S0}=0.319+j2.273$，以此求得终端故障时初始相对中性点电压：

$$V_{an}=1-\frac{3Z_{S1}}{2Z_{S1}+Z_{S0}}=0.2185+j0.0243 \tag{4-110}$$

低压侧特征幅值由下式确定：

$$V_{char}=\left|\frac{1}{3}+\frac{2}{3}V_{an}\right|=0.519 \tag{4-111}$$

对 EGG 方向的单相故障，有 $V_{cm}=0.3535-j0.026$，$V_{char}=0.571$，这是在电阻性接地系统中引起很浅暂降作用的温和情况。注意，这里仍假设系统为辐射型，这对于 400kV 侧单相故障将导致错误结果。这就解释了为什么从两个不同的方向计算终

端故障所得的电压暂降结果存在差异。实际值应在 0.519 与 0.571 之间，误差小到足以忽略。

图 4.105 没有给出暂降类型：对于设备侧△形连接负荷，33kV 侧故障引起 C 类暂降，11、132、400kV 侧故障引起 D 类暂降。在设备侧不可能区别是单相故障还是相间故障引起的暂降，这两类故障都导致 C 类或 D 类暂降。因此，把图 4.97 和图 4.105 合成一个图，图 4.106 给出了 660V 侧△形连接三相负荷经历的由单相和相间故障引起的所有三相不对称暂降的特征幅值和相位跳变。可以看出，设备将经历暂降幅值和相位跳变的整个范围。当确定设备耐受能力要求时，这些范围不得不考虑。为了能全面地解释这些结果，还需要两个描述指标。首先，必须认识到不是所有暂降都有相等的持续时间。由 11kV 和 33kV 侧故障引起的暂降一般比由 132kV 和 400kV 侧故障引起的暂降有更长的持续时间。其次，不同暂降的发生率也不同。粗略地说，可认为较深的暂降比较浅的暂降发生得少。本书将在第 6 章详细分析其概率。将幅值、相位跳变、持续时间和概率同时包含在一个二维图形中，即使有可能，也是非常困难的。

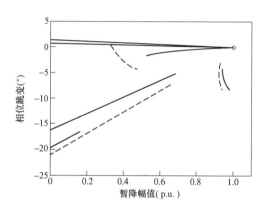

图 4.106　图 4.21 中三相不平衡暂降特征幅值和相位跳变，负荷为三相△形连接
实线：C 类暂降；虚线：D 类暂降

例：单相故障，单相负荷　计算由单相故障引起的单相 Y 形连接负荷经受的电压暂降幅值和相位跳变。为此，在故障电压等级，既可计算相间电压，也可计算扣除零序分量后的相对地电压。对 11kV 侧单相故障，420V 侧 Y 形连接负荷经历 C 类暂降，设备侧复电压等于 PCC 点相间电压。相同的方法可用于在 132kV 和 400kV 侧的单相故障。33kV 侧单相故障引起 D 类暂降。设备侧复电压可通过 PCC 点相对地电压扣除零序分量后得到。这些计算结果如图 4.107 所示。可见，电压从不降到 50% 以下，相位跳变在 −30° 和 30° 之间。由于系统经电阻接地，11kV 和 33kV 侧的故障也仅引起浅暂降。对于 33kV 侧的故障，负荷甚至可能经受小的电压暂升。因为零序阻抗大约是正序值的两倍，400kV 侧的故障也受到抑制。因此，单相故障引起的暂降比直接接地系统中所期望的更温和。在 132kV 系统中，零序阻抗甚至可能较正序值小，因此引起深暂降。但在 420V 侧，暂降为 C 类，其相电压不会低于 50%。对该给定系统，单相故障不会对 Y 形连接负荷产生很深的暂降。注意，这不是一般性结论。如果 11kV/420V 变压器为△-△形连接，设备经受的电压可能降到 30%（见图 4.105）。

为得到单相负荷经历的所有暂降的完整图，把图 4.87（三相故障）、图 4.98（相间故障）和图 4.107（单相故障）合并到图 4.108，可看出幅值和电压暂降的整个范围。

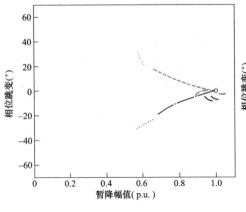

图 4.107　图 4.21 示例系统中单相
故障引起的 420V 侧Y形连接单相
负荷经受的暂降幅值和相位跳变

实线：11kV；虚线：33kV；

点线：132kV；点画线：400V

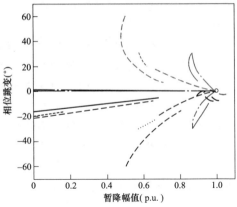

图 4.108　图 4.21 示例系统中 420V 侧Y形
连接单相负荷经受的所有暂降
的幅值和相位跳变

实线：11kV；虚线：33kV；

点线：132kV；点画线：400V

4.6.4　两相对地故障

两相对地故障的分析与相间故障的处理并没有什么不同。第 4.4.4 节中已知，两相对地故障会引起 E 类、F 类和 G 类暂降。E 类暂降是很少出现的暂降类型，这里不作讨论。就像单相接地故障的 B 类暂降，E 类暂降含有零序分量，该分量通常不会传递到公用电网，也不会出现在△形连接的设备侧。

对 F 类和 G 类暂降，也可以画出特征幅值-相位跳变图。三相不对称暂降的特征幅值和相位跳变的关系与初始幅值和相位跳变的关系相同，即 PCC 点故障相电压的幅值和相位跳变。该关系可用式（4-83）和式（4-86）描述，如图 4.86 所示。

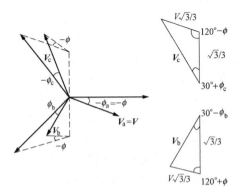

图 4.109　幅值为 V，相角
跳变为 ϕ 的三相不对称
F 类暂降相量图

4.6.4.1　F 类暂降

F 类暂降的详细相量图如图 4.109 所示。就像 D 类暂降，一相电压幅值明显降低，另两相下降较小；但 D 类暂降从 $-\frac{1}{2}\pm\frac{1}{2}j\sqrt{3}$ 降到 $\pm\frac{1}{2}j\sqrt{3}$，而 F 类暂降下降得较多，降到 $\pm\frac{1}{3}j\sqrt{3}$；D 类暂降的最低幅值为 86.6%，而 F 类暂降的最低幅值为 57.7%。

在图 4.109 上面的三角形中，用余弦定理和正弦定理求设备侧幅值和相位跳变。注意，在图 4.109 中，$\phi<0$，$\phi_b>0$，$\phi_c<0$，由余弦定理得

$$V_c{}^2=\left(\frac{1}{3}\sqrt{3}\right)^2+\left(\frac{1}{3}V\sqrt{3}\right)^2-2\times\frac{1}{3}\sqrt{3}\times\frac{1}{3}V\sqrt{3}\times\cos(120°-\phi) \qquad (4\text{-}112)$$

可得电压幅值 V_c 的表达式：

$$V_c=\sqrt{\frac{1}{3}+\frac{2}{3}V^2-\frac{2}{3}V\cos(120°-\phi)} \qquad (4\text{-}113)$$

在同一三角形由正弦定理得

$$\frac{\sin(30°+\phi_c)}{\frac{1}{3}V\sqrt{3}}=\frac{\sin(120°-\phi)}{V_c} \qquad (4\text{-}114)$$

则相角跳变 ϕ_c 为

$$\phi_c=-30°+\arcsin\left[\frac{V}{V_c\sqrt{3}}\sin(120°-\phi)\right] \qquad (4\text{-}115)$$

同样的定理可用于下面的三角形，可得幅值 V_b 和相位跳变 ϕ_b 的表达式如下：

$$V_b=\sqrt{\frac{1}{3}+\frac{2}{3}V^2-\frac{2}{3}V\cos(120°+\phi)} \qquad (4\text{-}116)$$

$$\phi_b=30°-\arcsin\left[\frac{V}{V_b\sqrt{3}}\sin(120°+\phi)\right] \qquad (4\text{-}117)$$

根据这些表达式，可再求出设备侧幅值和相位跳变，如表示成故障距离的函数。图 4.110 给出了由两相对地故障引起的 F 类暂降的幅值-相位跳变图。可见，其中一相的特性类似于三相故障引起的暂降，其余两相有点像图 4.95 中 D 类暂降幅值下降较少的两相。差别是，F 类暂降电压下降得较多。幅值下降较少的两相的最大相角跳变也为 30°。

4.6.4.2 G 类暂降

G 类暂降的详细相量图如图 4.111 所示。a 相复电压降到 $\frac{2}{3}$（C 类暂降不下降），b、c 相复电压降至 $-\frac{1}{3}$（C 类暂降至 $-\frac{1}{2}$）。

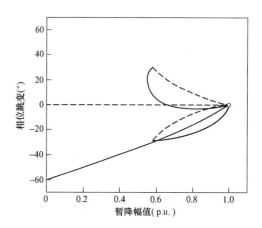

图 4.110　由两相接地故障引起的 F 类暂降在终端设备上的幅值和相位跳变

对应抗角：0°（虚线）；−60°（实线）

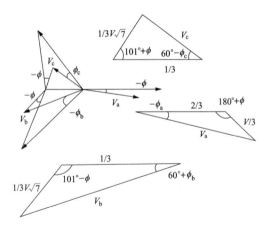

图 4.111　幅值为 V，相位跳变为 ϕ 的三相不对称 G 类暂降详细相量图

对右边三角形用余弦定理和正弦定理，得以下表达式：

$$V_a{}^2=\frac{4}{9}+\frac{1}{9}V^2-2\times\frac{2}{3}\times\frac{V}{3}\cos(180°+\phi)\qquad(4\text{-}118)$$

$$\frac{\sin(180°+\phi)}{V_a}=\frac{\sin(-\phi_a)}{\frac{1}{3}V}\qquad(4\text{-}119)$$

由此推出设备侧幅值和相位跳变的表达式：

$$V_a=\sqrt{\frac{4}{9}+\frac{1}{9}V^2+\frac{4}{9}V\cos\phi}\qquad(4\text{-}120)$$

$$\phi_a=\arcsin\left(\frac{V}{3V_a}\sin\phi\right)\qquad(4\text{-}121)$$

对其余三角形重复以上计算，得另外两相幅值和相位跳变的表达式。注意，角度 101°
和因子 $\frac{1}{3}\sqrt{7}$，这些来源于由复数 0，$-\frac{1}{3}$ 和 $-\frac{1}{2}\pm\frac{1}{2}\mathrm{j}\sqrt{3}$ 构成的三角形。

$$V_b=\frac{1}{3}\sqrt{1+7V^2-2V\sqrt{7}\cos(101°-\phi)}\qquad(4\text{-}122)$$

$$\phi_b=-60°+\arcsin\left[\frac{1}{3}\sqrt{7}\frac{V}{V_b}\sin(101°-\phi)\right]\qquad(4\text{-}123)$$

$$V_c=\frac{1}{3}\sqrt{1+7V^2-2V\sqrt{7}\cos(101°+\phi)}\qquad(4\text{-}124)$$

$$\phi_c=60°-\arcsin\left[\frac{1}{3}\sqrt{7}\frac{V}{V_c}\sin(101°+\phi)\right]\qquad(4\text{-}125)$$

G 类暂降的结果如图 4.112 所示。可见，G 类暂降与 C 类暂降有些相似，如图 4.92

所示。不同于相间故障的是，两相对地故障引起两相电压降到33%而不是50%。由于初始相位跳变，对离PCC点一定距离以外的故障，电压幅值甚至变得略低于33%。与相间故障的另一个差异是，所有三相电压幅值都下降。完全不受相间故障影响的第三相，在两相对地故障中可能降到67%。

4.6.4.3　幅值与相位跳变范围

合并图4.110和图4.112得出由两相对地故障引起的单相负荷经受的幅值与相位跳变的整个范围。在图4.113中，将两相对地故障引起的范围（实线）与相间故障引起的范围（虚线）进行了比较。可以发现，幅值和相位跳变的一定区域只由相间故障而不由两相对地故障产生，反之也成立。这些曲线是在假设零序与正序阻抗相等的条件下得到的。如果零序阻抗比正序阻抗大，两相对地故障引起的暂降会向相间故障引起的暂降方向靠近。结果是，可能出现一个更大的幅值和相位跳变范围。零序阻抗增加将意味着图4.113中实线包围的区域会向虚线包围的区域方向移动，当零序阻抗为无穷大时就达到后者。

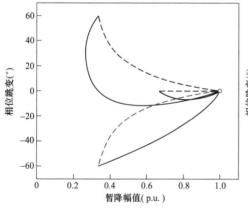 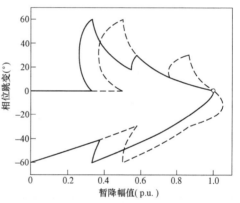

图4.112　两相接地故障引起的G类暂降在　　　　图4.113　由于相间故障（虚线）和两相
　　　　终端设备上的幅值和相位跳变　　　　　　　　　　接地故障（实线）引起的设备端
　　对应阻抗角：0°（虚线）；−60°（实线）　　　　　　暂降幅值和相位跳变的范围

例：两相对地故障，单相负荷　对于前面已用过的相同系统（图4.21），计算由两相对地故障引起的设备侧复电压。两相对地故障与相间故障引起的特征幅值和相位跳变相同。对于三相△形连接设备，可直接采用图4.97相间故障的结果。对于两相对地故障，实线为G类暂降，虚线为F类暂降。根据表4.13，对△形连接的负荷，11kV侧两相对地故障造成F类暂降。根据表4.14，△-Y 11kV/660V变压器将该类暂降变成G类。33kV侧两相对地故障引起F类暂降，故障发生在132kV和400kV侧则导致G类暂降。

对于Y形连接的单相负荷，情况则完全不同。零序系统阻抗和馈线阻抗将影响在两相接地故障期间的电压，但并不影响两相故障。图4.114显示了单相设备承受的电压暂

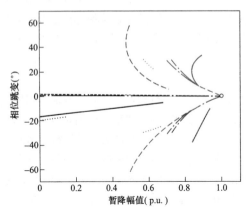

图 4.114　图 4.21 示例系统中两相接地故障
引起的 420V Y 形接地单相负荷经受的
暂降幅值和相位跳变
实线：11kV；虚线：33kV；点线：132kV；
点画线：400kV

降。11、132、400kV 侧的故障会引起 G
类暂降，其中一相暂降深，另两相暂降浅。
在 11kV 侧，由于该电压等级经电阻接地，
零序系统阻抗远大于正序阻抗，导致的电
压暂降非常接近于相间故障引起的 D 类暂
降。大零序阻抗使得两相接地故障的接地
连接并不承载多少电流，暂降浅的两相的
电压幅值因此仅降到大约 90%。对 132kV
侧的故障，该系统为直接接地系统，这些
电压降到约 55%。400kV 系统也是直接接
地系统，但线路阻抗决定系统阻抗，使得
零序阻抗大于正序阻抗两倍以上。在暂降
深的故障相中，三个电压等级的电压幅值
（标幺值）几乎相同。33kV 侧故障引起 G
类暂降，但由于系统为电阻性接地，该暂
降非常接近于相间故障引起的 C 类暂降。

4.6.5　高阻抗故障

在本章前面的所有计算中，均假设故障阻抗为零，其理由是故障阻抗可合并到馈线
阻抗，即式（4-9）中的 Z_{F}。当仅分析暂降幅值时该理由仍然成立，但相位跳变会受到
明显影响。首先分析三相故障，再看单相故障。高阻抗故障更可能是单相接地故障而非
三相故障。

4.6.5.1　三相故障

再次考虑基本分压模型表达式（4-9），但这时显然包含了故障电阻 R_{flt}：

$$V_{\mathrm{sag}} = \frac{\overline{Z}_{\mathrm{F}} + R_{\mathrm{flt}}}{\overline{Z}_{\mathrm{S}} + \overline{Z}_{\mathrm{F}} + R_{\mathrm{flt}}} \tag{4-126}$$

在多数情况下，系统与馈线阻抗主要是电抗性的，故障阻抗主要是电阻性的。系统
阻抗与馈线加故障阻抗之间的角度接近 90°，将会引起很大的相位跳变。

故障电阻仅当 $\left|\overline{Z}_{\mathrm{F}}\right| \ll R_{\mathrm{flt}}$ 时对电压有显著影响，即故障点离 PCC 点较近的时候。对
零故障距离，可得复电压为（用 $\overline{Z}_{\mathrm{S}} = \mathrm{j}X_{\mathrm{S}}$）

$$V_{\mathrm{sag}} = \frac{R_{\mathrm{flt}}}{\mathrm{j}X_{\mathrm{S}} + R_{\mathrm{flt}}} \tag{4-127}$$

故障电阻一般远远小于系统阻抗，此时，暂降幅值是故障电阻与系统电抗之比，相
位跳变接近 90°。

为量化故障电阻的影响，计算图 4.21 中 11kV 侧发生三相故障引起的作为故障距离
函数的暂降复电压。分别对零故障电阻和故障电阻（绝对值）等于系统阻抗的 10%、20%

和30%进行计算。暂降幅值（复电压的绝对值）如图4.115所示，是故障距离的函数。正如预期，故障电阻对暂降幅值的影响仅限于短故障距离。故障电阻增加了 PCC 点与故障点间的阻抗，因此 PCC 点的电压减小。

故障电阻对相位跳变的影响更大，如图4.116所示。相位跳变最高可达80°。随故障电阻增加，相位跳变的最大值并没有减小很多。

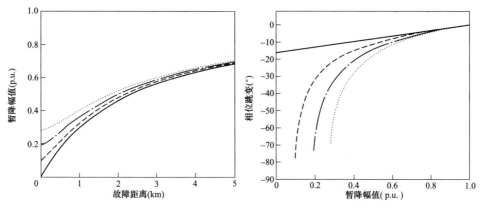

图 4.115　故障电阻分别为 0（实线）、
10%（虚线）、20%（点画线）、
30%（点线）系统阻抗时，三相故障
引起的暂降幅值和故障距离的关系

图 4.116　故障电阻分别为 0（实线）、
10%（虚线）、20%（点画线）、
30%（点线）系统阻抗时，三相故障
引起的暂降幅值与相位跳变的关系

4.6.5.2　单相故障

为了评估高阻抗单相故障对设备侧电压的影响，再次利用三相不对称暂降的分类。首先分析直接接地系统，为此可假定两非故障相的电压维持为其故障前电压。换句话说，此时的暂降为 B 类暂降。故障相电压受故障电阻的影响，如图4.115和图4.116所示。在设备侧，暂降为 C 类或 D 类。C 类、D 类设备侧暂降幅值和相位跳变分别如图4.117和图4.118所示。从图4.117中可以看出，随故障电阻增大，受影响的两相间的不对称度增加。虽然由于有故障电阻，特征幅值增大，实际上其中一相电压下降。在图中，特征幅值是受影响的两相电压之差。同时可见，尽管初始相位跳变很大，但设备侧相位跳变仅略超过 30°。最大相位跳变发生在 30%故障电阻、零距离时，为−31.9°。由图4.118可见，对于 D 类暂降，故障电阻增大了电压降最大相的相位跳变，其余两相电压中，一相增大，另一相减小。超过30%的故障电阻会引起其中一相出现较小的电压暂升。

对于图4.117和图4.118，1kV 系统假设为直接接地，因此零序系统阻抗等于正序阻抗。但在实际中，这样的系统是电阻性接地，正序与零序系统阻抗明显不同，这时相对地电压要低得多。为计算相对地电压，对式（4-38）进行修正：

$$V_{an}=1-\frac{3Z_{S1}}{2Z_{F1}+Z_{F0}+2Z_{S1}+Z_{S0}+3R_{flt}} \qquad (4-128)$$

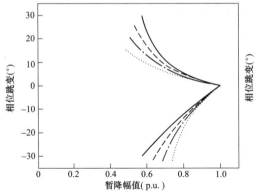 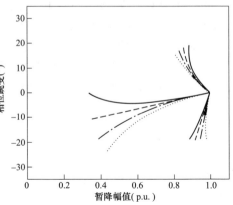

图 4.117　故障电阻分别为系统阻抗的
0%（实线）、10%（虚线）、
20%（点画线）、30%（点线）时，
直接接地系统单相故障时设备端的
C 类暂降幅值和相位跳变

图 4.118　故障电阻分别为系统阻抗的
0%（实线）、10%（虚线）、
20%（点画线）、30%（点线）时，
直接接地系统单相故障时设备端的
D 类暂降幅值和相位跳变

这时，故障电阻的影响很小，如图 4.119 所示。该图给出了设备侧 D 类暂降的幅值

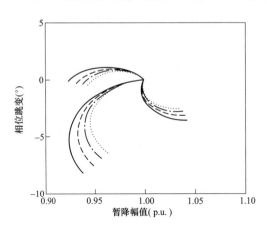

图 4.119　在经电阻接地系统，终端设备单相故障时
D 类暂降的幅值和相位跳变；故障电阻分别为
系统阻抗的 0%（实线）、50%（虚线）、
100%（点画线）、150%（点线）的系统阻抗

和相位跳变。由于故障电流弧很小，电阻在电阻性接地系统中的值比直接接地系统中大得多。在计算图 4.119 的过程中，故障电阻分别采用等于正序系统阻抗的 50%、100% 和 150%。大故障电阻的主要影响是，在幅值和相位跳变方面暂降严重程度降低。

4.6.6　网状系统

4.4 节和 4.5 节的所有计算均假设网络为辐射型，因此可唯一地确定 PCC 点、系统阻抗 Z_S 和馈线阻抗 Z_F，如图 4.14 所示。由图 4.14 可得暂降复电压的基本分压方程：

$$V_{sag}=1-\frac{Z_S}{Z_S+\overline{Z}_F} \qquad (4\text{-}129)$$

若系统带负荷，可利用戴维南叠加原理，即故障电压等于故障前电压加上由故障引起的电压变化：

$$V_{sag}=V_{PCC}^{(0)}-\frac{Z_S}{Z_S+Z_F}V_f^{(0)} \qquad (4\text{-}130)$$

式中，$V_{\text{PCC}}^{(0)}$ 为 PCC 点故障前电压；$V_f^{(0)}$ 为故障点故障前电压。注意，系统阻抗 Z_S 包含了系统内所有负荷的影响。

对于网状系统，需用矩阵法计算故障过程中的电压，见 4.2.5 节。利用式（4-24）计算 f 点故障时 k 点的电压

$$V_k = V_k^{(0)} - \frac{Z_{kf}}{Z_{ff}} V_f^{(0)} \tag{4-131}$$

式中，$V_k^{(0)}$ 为 k 点故障前电压；$V_f^{(0)}$ 为故障点故障前电压；Z_{ij} 为节点阻抗矩阵中第 i 行第 j 列的元素。式（4-131）和式（4-129）结构一样。当用以下的系统阻抗和馈线阻抗时，分压模型可以用于网状系统中。

$$Z_S = Z_{kf} \tag{4-132}$$

$$Z_F = Z_{ff} - Z_{kf} \tag{4-133}$$

主要差别是 Z_S 和 Z_F 均取决于故障位置，等值系统和馈线阻抗可由正序、负序、零序网得到，前面的分析仍适用。

4.7 电压暂降的其他特征

4.7.1 波形点特征

到目前为止，所讨论的电压暂降特征（幅值、相位跳变、三相不对称）都与电压的基频分量有关，都需要在超过半周波或更长的周波里计算电压有效值或复电压。前面已发现，这会导致暂降持续时间计算的不确定。为得到更精确的暂降持续时间，需要高精度地确定暂降的"开始"与"结束"。找到"暂降起始波形点"和"电压恢复波形点"[38],[134] 都需要更先进的分析技术，这些技术仍在发展中。在下一章还会发现，波形点特征也会影响某些设备的性能。

4.7.1.1 暂降波形起始点

暂降波形起始点是电压暂降开始时刻基频电压波形的相位角，该相位角对应于短路故障发生瞬间的角度。由于多数故障与闪络有关，故障发生在电压最大时刻的可能性比发生在电压接近于零的时刻的可能性要大。在图 4.1 给出的暂降中，暂降起始波形点接近电压最大值；在图 4.9 中，暂降起始位置出现在电压最大值之后大约 35°，至少在电压降最大的相是这样。在其他相中，暂降事件开始于相对该相基频电压的其他角度。

在量化波形点时，需要有一个参考点。基频电压的向上过零点显然是一种选择。很可能以故障前电压的最后一个向上过零点作为参考，因为这个电压很类似于基频电压。将图 4.1 中暂降的一部分复制到图 4.120：1 周波（1/60s）开始于暂降发生前最后一个向上过零点。可见，暂降起始波形点大约为 275°，仔细分析数据可知，波形点在 276° 和 280° 之间。暂降开始的斜坡实际持续 4°，约 185μs，这可能是由测量电路的低通特性所致。

图 4.121 给出了暂降的三相，其中一相如图 4.120。对于每一相，水平轴零点是该相暂降开始前最后一个向上过零点。可见，三相波形点不同，这是显然的，因为三相暂降

事件开始于同一时刻。由于电压过零点存在 120°偏移，因此，波形点值也相差 120°。如果用相间电压，得到的结果又不同。在量化波形点时，明确定义参考点非常重要。

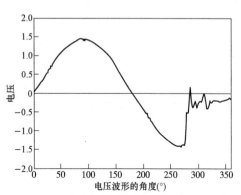

图 4.120　将图 4.1 中的暂降放大，
显示暂降起始波形点的位置

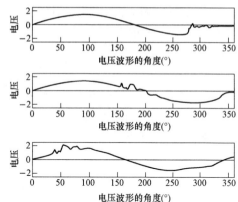

图 4.121　以暂降前最后一个电压向上过
零点为参考，三相中暂降发生起始点

4.7.1.2　电压波形恢复点

电压波形恢复点是指电压恢复时刻对应的基频电压波形的相位角。在前面已发现，许多电能质量监测寻找电压恢复到标称电压的 90%或 95%的点。注意，在多数情况下，这两个点之间是无关联的。再次分析图 4.1 中的暂降例子，根据本节的方法，电压恢复大约发生在暂降起始后 2.5 周波，虽然至少在另外两周内电压还没有完全恢复（见图 4.3）。

电压恢复对应于故障清除，一般发生在电流过零点。因为电力系统是感性的，电流过零对应于电压最大点。因此，可预期电压波形恢复点在 90°或 270°附近。这是假设以暂降前工频电压为参考点，而不是暂降过程中的电压。驱动故障电流的是暂降前电压，该电压与故障电流相比偏移 90°。图 4.120 的暂降恢复如图 4.122 所示，至少在这种情况下，暂降恢复比暂降发生得慢。电压恢复形状对应于断路器测试中的"暂态恢复电压"。图 4.122 中平滑的正弦曲线是暂降前基频电压波形的延续。分析电压恢复的开始点，可发现波形点为 52°。若进一步假设故障清除的瞬间为零电流时刻，可发现电流滞后于电压 52°，这样可求出故障点处 X/R 等于 $\tan^{-1}(52°)=1.3$。

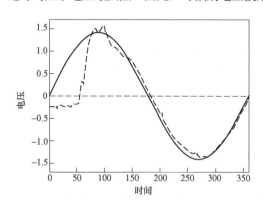

图 4.122　将图 4.1 放大后的电压波形恢复，
显示电压波形恢复点，平滑曲线
为暂降前基波电压的延续

对两相接地或三相故障，三相故障清除不在同一瞬间，这样会使电压恢复波形点的确定变得困难。将这一概念应用于三相不对称暂降的分析，需要清晰定义一个参考点和参考相。

4.7.2 损失电压

损失电压是近些年来提出的另一个电压暂降特征[134]。损失电压是一种描述设备经历的瞬时电压改变的方法。该概念对确定用于补偿故障引起的电压降的串联电压转换器的规格来说是很重要的。在 7 章会发现，串联补偿的电压输入量等于损失电压，是无暂降时的电压与暂降过程中实际电压的差值。

4.7.2.1 复损失电压

可以将损失电压看作一个复电压（相量），是复平面上故障前电压与暂降过程中的电压之差。该复损失电压的绝对值可直接从图 4.83 上读出。在图 4.83 中，损失电压是暂降过程中复电压（在三条曲线中一条上）与图右上角（1+j0）之间的距离。

例：分析图 4.83 中所示在 50mm^2 地下电缆上的暂降，暂降幅值为 60%。如果暂降前电压为 100%，电压数值下降 40%。如果没有其他进一步信息，人们很容易说补偿器应注入电压有效值为标称电压 40%的电压。

在复平面上观察可见，60%的幅值对应于一复电压 $\overline{V}=0.45-j0.39$。损失电压是故障前电压与暂降过程电压之差。因此，$1-\overline{V}=0.55+j0.39$，损失电压的绝对值为 67%。与此相比，40%的有效值电压降低了。

复损失电压也可以根据暂降幅值 V 和相位跳变 ϕ 来计算，暂降过程中的复电压为

$$\overline{V}=V\cos\phi+jV\sin\phi \tag{4-134}$$

则损失电压为

$$1-\overline{V}=1-V\cos\phi-jV\sin\phi \tag{4-135}$$

绝对值为

$$V_{\text{miss}}=\left|1-\overline{V}\right|=\sqrt{1+V^2-2V\cos\phi} \tag{4-136}$$

当忽略相位跳变，即假设 $\overline{V}=V$，损失电压简记为 $\tilde{V}_{\text{miss}}=1-V$。可用 $1-V=\sqrt{1+V^2-2V}$ 来估计误差，与式（4-136）比，可得精确表达式与近似表示式之间的损失电压误差为

$$V_{\text{miss}}^2-\tilde{V}_{\text{miss}}^2=2V(1-\cos\phi) \tag{4-137}$$

4.7.2.2 时域内的损失电压

损失电压的概念扩展到时域时，变得更有用。第一步是观察暂降前基频电压与暂降过程中基频电压之差，但是这并没有给出与复损失电压相关的额外信息。

图 4.123 的上半部分重新画出了图 4.1 中的暂降，同时画出实际时域电压波形和暂降前基频电压波形。后者是对电压波形的第一个周波应用 FFT 算法得到的。根据傅里叶级数的基频项复系数 C_1，可计算电压的（时域）基频分量为

$$V_{\text{fund}}(t)=\text{Re}\{C_1\text{e}^{-jwt}\} \tag{4-138}$$

暂降前电压的基频分量是图 4.123 上半部分图形中的光滑正弦曲线。

用实际电压与暂降前基频电压之差计算损失电压：

$$V_{miss}(t) = V(t) - V_{fund}(t) \qquad \text{(4-139)}$$

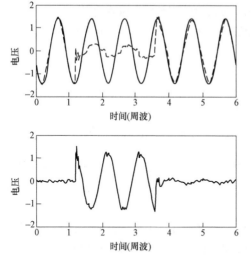

图 4.123　时域上的测量电压及故障前基波电压
（上图）和时域上的损失电压（下图）

损失电压示于图 4.123 的下半部分。在暂降开始前，显然没有基频分量出现；在暂降过程中，损失电压的基频分量较大；主要暂降过后（故障清除后），仍存在较小基频分量。从上面曲线可清楚看出，其原因为电压不会立刻恢复到暂降前的值。

对图 4.123 和图 4.1 相同的事件，图 4.124 是对非故障相中的一相电压重复以上过程的结果。由上部曲线可见，故障过程中的电压比故障前的电压有效值大，从有效值电压的观点看，可称为电压上升，即电压暂升。但对损失电压而言，不可能区别潜在事件是暂降还是暂升。这可能是损失电压概念的一个缺陷。但应认识到，该概念并不是要取代其他刻画暂降特征的方法，而是提供额外的信息。

最后，图 4.125 中给出了所有三相的损失电压。正如预期，对于单相接地故障，两非故障相的损失电压相同，并与故障相中的损失电压同相。故障后，三相损失电压构成一个正序序列，这可能是由公用电网馈电的异步电动机再加速引起的。

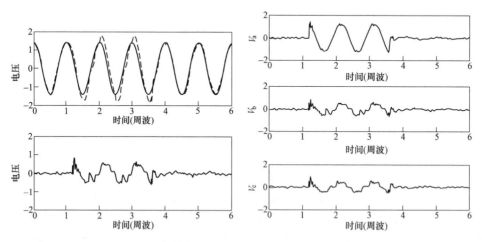

图 4.124　电压暂升中，测量电压及暂升前的　图 4.125　由单相故障引起暂降的三相损失电压
基频电压（上图）和损失电压（下图）

图 4.124 和图 4.125 中是以暂降前基频电压为参考得到的损失电压。损失电压的概念已被用于量化与理想值之间的偏差。换句话说，即将暂降前得到的基频电压当作理想

电压。这可能成为一个讨论的焦点，因为至少有三种参考电压可供选择：

（1）用包含谐波扰动在内的暂降前全波电压作为参考。既可用暂降前的最后一周波，也可用前几周波的平均值。后一种方法在应用时受到限制，因为通常仅能得到暂降前不超过 1～2 周波。

（2）以暂降前电压的基频分量为参考。同样可以选择暂降前最后一周波的电压基频分量（图 4.124 和图 4.125 就是这样做的）或从暂降前几周波中得到基频分量。

（3）以幅值和有效值与标称电压相同、与暂降前电压基频分量同相位的正弦波为参考。后两种方法的差别同讨论定义电压降是以暂降前电压有效值为参考还是以标称电压为参考是相同的。两种方法各有其优点，均可用。具体情况下，指明采用的是哪种方法非常重要。

4.7.2.3　损失电压的分布

另一种很有潜在价值的、描述损失电压的有效方法是损失电压绝对值超过给定值的时间总和，即在这段时间内，实际电压与理想电压的偏差大于某给定值。

图 4.126 中的上图再次给出了图 4.123 中的损失电压，但这次给出的是绝对值而非实际波形。可见，在暂降过程中，该绝对值超过 0.5 共 6 次，这 6 次的累积持续时间为 1.75 周波。此损失电压有效值超过给定值的累积持续时间可按不同水平确定，该计算结果在图 4.126 的下图中给出。从该曲线可看出，损失电压不会超过 1.53；1 周波内大于 0.98，1.75 周波内大于 0.5，2 周波内大于 0.32 等。图 4.126 尾部较长是由于故障后电压暂降和暂降前的非零损失电压。后者的作用可通过以暂降前全波为参考计算损失电压或仅考虑暂降起始后的损失电压样本来消除。

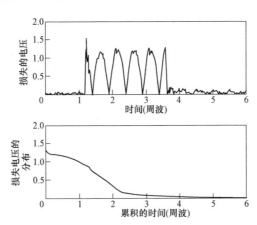

图 4.126　图 4.1 中暂降损失电压的绝对值（上图）和损失电压的分布图（下图）

按相同的过程，可得其余两相的损失电压分布，结果如图 4.127 所示。故障相的损失电压（实线）自然比非故障相大。但非故障相的损失电压也十分明显，损失电压在约 1 周波内大于 0.4。同时，也可以发现，两非故障相的损失电压间也存在小的差异，b 相值稍微高于 c 相值。

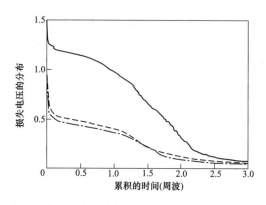

图 4.127　a 相（实线）、b 相（虚线）和 c 相（点画线）的损失电压分布图

损失电压分布曲线可用作定义暂降持续时间的一般方法。与理想电压偏差越大，暂降累积持续时间越短。给定偏差的暂降累积持续时间可定义为电压偏移理想电压波形给定偏差的总时间。

4.8　负荷对电压暂降的影响

在计算不同系统结构中的电压暂降幅值，以及进行三相暂降分类和大多数实例中，均假设负荷电流为零。本节讨论故障过程中某些负荷电流对电压有明显影响的情况。在暂降过程中或暂降后对电压有影响的主要负荷是异步电动机和同步电动机，因为在短路过程中和短路后它们均有最大电流。但同时也简要讨论单相和三相整流的情况，毕竟在很多地方单相和三相整流负荷占了负荷的大部分。

4.8.1　异步电动机和三相故障

三相故障过程中，电动机侧电压幅值降低，产生的结果有两个：

（1）定子电压和气隙磁通量不再平衡。磁通按恒定时间常数衰减，该时间常数最大到几个周波。在衰减过程中，异步电动机馈入故障并在一定程度上维持机端电压。

（2）电压衰减引起电磁转矩下降。电磁转矩正比于电压有效值的平方，而同一时间的机械转矩基本保持不变，则电动机减速。当电动机减速时，它将汲取一个功率因数较小的大电流，可能导致电压进一步下降。对于较小的电压下降，在较低的速度上可能达到一个新的稳态，这取决于机械负荷的速度-转矩特性。对于深暂降，电动机将连续减速，直到电动机停止或电压恢复（无论哪一种情况先发生）。电动机的机械时间常数是秒级的或者更高，因此当电压恢复时电动机速度通常还没有降到零。

一旦电压恢复，情况则相反。气隙磁通将重构，产生一个大的涌入电流，会减慢电压的恢复，其后，电动机再加速直到达到暂降前速度。在再加速过程中，电动机再次汲取功率因数较小的大电流，将会产生持续几秒的故障后电压暂降。

异步电动机负荷对故障的作用可按电抗后电压源来建模。电压源在故障起始时的值为 1p.u.并按次暂态时间常数（0.5～2 周波）衰减。电抗是电动机的漏抗，其值为电动机基准阻抗的 10%～20%。注意，这不是确定启动电流的漏抗而是额定转速下的漏抗。对于双鼠笼式异步电动机，两者有明显区别。

例：分析图 4.21 示例系统中 33/11kV 变压器的一次侧螺栓故障。连接到 11kV 母线上的总异步电动机负荷是短路容量的 5%，异步电动机漏抗是电动机基准阻抗的 10%。我们关心的是变压器二次侧电压，只分析阻抗中的电抗部分。

变压器阻抗是 33kV 和 11kV 电压等级之间的故障水平之差，以 100MVA 为基准，$Z_T = 47.6\%$。11kV 侧的故障水平为 152MVA，因此总异步电动机负荷（5%）为 7.6MVA。以 7.6MVA 为基准，电动机的漏抗为 10%，以 100MVA 为基准，其值为 $Z_M = 132\%$。根据电压分配方程求变压器二次侧电压：

$$V_{load} = \frac{Z_T}{Z_T + Z_M} = 27\% \tag{4-140}$$

为了评估故障后电动机电流的增加，采用异步电动机的等效电路，包括串联连接的定子电阻 R_S、漏抗 X_L 及由转差率决定的转子电阻 $\frac{R_R}{s}$，s 为电动机的转差率，则电动机阻抗为

$$Z_M = R_S + jX_L + \frac{R_R}{s} \tag{4-141}$$

计算4种不同规格的异步电动机阻抗随滑差率的变化，电动机参数来自于文献[135]和文献[136]，电动机阻抗由式（4-141）计算，结果如图 4.128 所示。对每台电动机，在额定滑差率的阻抗设为 1p.u.。图中给出了额定转差率与 25%转差率之间的阻抗绝对值。可见，各电动机阻抗均下降,电动机电流以5倍因子增加。大型电动机的阻抗衰减比小型电动机快得多。

若假设故障清除后电压立即恢复到1p.u.，电动机产生的电流是阻抗的倒数（均等于正常运行时的 1p.u.）。电流在复平面上的轨迹如图 4.129 所示，该轨迹对应于转差率从额定值增加到25%，实轴正方向是电动机端电压的方向。对于小型电动机，电流的增加主要

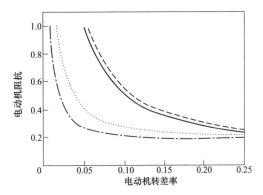

图 4.128　异步电动机阻抗与转差率的关系，
额定转差率时的阻抗为 1p.u.
3hp 220V（实线）；50hp 460V（虚线）；
250hp 2300V（点线）；1500hp 2300V
（点画线）（1hp＝745.700W）

是电阻性的，而大型电机电流的增加主要是电感性的。当转差率进一步增加时，电阻性电流也开始下降。电流的功率因数明显降低，尤其是大型电动机。

学者 YalcinKaya 在文献[136]中详细分析了异步电动机对电压暂降的影响。图 4.130 显示了带有大型异步电动机负荷的工业电力系统中由三相故障引起的电压暂降（上图）和电动机转差率（下图）。无异步电动机负荷时，暂降过程中电压为 0，暂降后电压为 1p.u.。图 4.130 中的电压是在某暂态稳定程序中采用的时域相量的绝对值。对异步电动

机负荷的影响是故障过程中电压增大，故障后电压减小。在暂降过程中，所有电动机的
转差率快速增加，甚至会在故障清除后继续增加。

故障清除后的电压，即故障后暂降，在故障清除后大约 200ms 内继续减小。这对应于电动机从开始再加速到汲取大电流的整段时间。故障清除后电压立即降低是由于重建气隙磁通需要大电流。

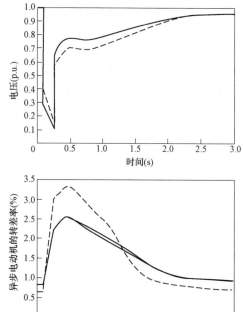

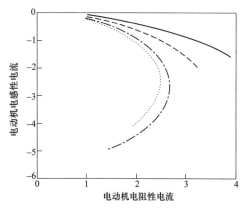

图 4.129　转差率增大时异步电动机电流的变化，额定转差率时电流为 1p.u.
3hp 220V（实线）；50hp 460V（虚线）；250hp 2300V（点线）；1500hp 2300V（点画线）

图 4.130　工业电力系统中三母线上的电压暂降（上图）和异步电动机的转差率（下图）

故障过程中，异步电动机明显支撑电压，甚至到暂降快结束时，电动机母线电压仍高于暂降前电压的 10%。

应注意到，这是一种比较特殊的情况，因为连接到系统上的电动机负荷很大。在其他系统中也发现了类似但不太严重的影响。另外一种作用于故障后电压暂降的现象是两台并联变压器中一台变压器发生故障，保护清除故障变压器，因此故障清除后只有一台变压器可供电，故障后的电压明显低于故障前电压。两条并联馈线中一条馈线发生故障时也有类似的影响。这里仅针对三相故障分析故障后电压，但在单相故障后也观察到故障后电压。

4.8.2　异步电动机和不对称故障

不对称故障过程中，异步电动机的运行性能相当复杂。仅用网络分析程序对系统大部分进行仿真就能较为准确地量化其影响。以下现象为不对称故障过程中系统与异步电动机相互作用产生的影响：

（1）在故障发生后 1 或 2 周波内，异步电动机馈入故障，导致正序电压增加，负序和零序电压不受影响。

（2）异步电动机减速，引起正序阻抗减小。该阻抗减小引起电流增大，则正序电压

降低。

（3）电动机的负序阻抗较小，一般为额定正序阻抗的 10%～20%。故障引起的负序电压在机端明显降低。负序阻抗与转差率无关，因此故障过程中负序电压将保持恒定。

（4）异步电动机不会汲取任何零序电流，因此零序电压不会受到异步电动机的影响。

4.8.2.1　算例仿真

异步电动机负荷对不对称暂降影响的仿真见文献［136］和文献［137］，这里给出部分结果。研究的是一辐射型系统，在其每条低压母线上连有大型异步电动机。电动机规格和变压器阻抗按照使电源对每条母线故障水平的贡献是电动机负荷从母线馈电功率的 15 倍进行选择。利用电磁暂态分析软件 EMTP 计算系统电压和电流。系统内所有变压器均为Y-Y连接，中性点都接地，虽然这不是常见的配置，但有助于清楚认识该现象。图 4.131 给出了一台电动机的机端电压。如果没有异步电动机的影响，暂降为幅值为 0 的 B 类暂降：a 相电压为 0，b 相和 c 相电压无变化。反之，我们发现 a 相有较小的非零电压，非故障的两相刚开始电压升高而后缓慢地衰减。故障清除后，系统恢复对称，从而三相电压幅值相等。电动机再加速引起一个持续时间大约为 100ms 的故障后暂降。

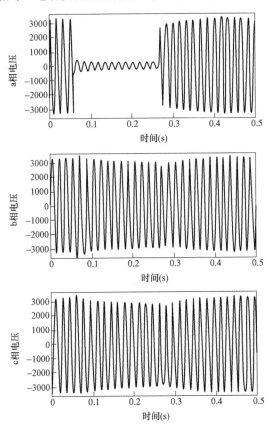

图 4.131　供电端发生单相接地故障时的电动机终端电压（数据来自文献［136］）

故障相的非零电压是由负序电压下降引起的。由式（4-32）和式（4-34）可见，单

相故障过程中故障相的电压为

$$V_a = V_1 + V_2 + V_0 = |V_1| - |V_2| - |V_0| \qquad (4\text{-}142)$$

异步电动机的作用是使 V_2 的绝对值下降，从而引起故障相的电压上升。

暂降期间，正序电压仍然下降，表现为各相电压均缓慢而稳定地降低。

非故障相电压最初升高，这可解释为单相故障过程中，非故障相电压由正序、负序和零序分量构成。无异步电动机时，c 相电压在复平面上的总和为

$$V_c = V_{c1} + V_{c0} + V_{c2} = \frac{2}{3}a - \frac{1}{3} - \frac{1}{3}a^2 = a \qquad (4\text{-}143)$$

由于有异步电动机，正序电压不会立即从 1p.u.降到 0.67p.u.，负序电压会立即从 0 跃变到新数值，结果导致电压幅值略微超过其故障前的值。几周波之后，异步电动机不再能够维持正序电压。由于负序、正序电压分别小于 33% 和 67%，非故障相电压下降，低于暂降前的值。

异步电动机汲取的电流如图 4.132 和图 4.133 所示。图 4.132 给出了转速降低较少的电动机电流，在暂降期间，该电动机的转差率从 2% 增加到 6%。图 4.133 中电动机转速降低较多，其转差率从 3% 增加到 19%。若不考虑对称分量则很难解释该特性。但是，一般地我们可发现，故障相电流最初增大，非故障相中有一相电流上升到较大值，另一非故障相电流最初下降。在一定时间之后，第二个非故障相的电流再次上升，时间依赖于电动机的减速。

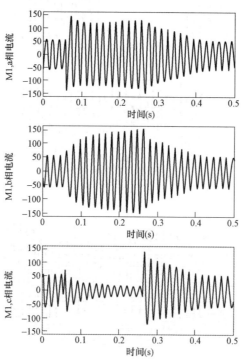

图 4.132　在供电端发生单相接地故障期间和故障后的异步电动机电流，
电机速度下降较少（数据来自文献［136］）

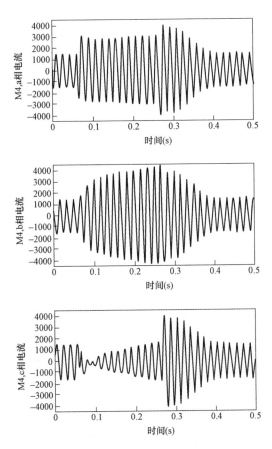

图 4.133　在供电端发生单相接地故障期间和故障后的异步电动机电流，
电机速度下降较多（数据来自文献［136］）

对于图 4.131 和图 4.132 中的电动机，电压和电流各分量绘制于图 4.134 和图 4.135。从图 4.134 中可见，暂降过程中负序和零序电压维持恒定，但正序电压平稳衰减，这是由于电动机减速时，正序阻抗减小。图 4.135 清楚地显示出，当电动机减速时正序电流增大。由于电动机绕组是△形连接，零序电流为 0。由图 4.134 和图 4.135 可计算电动机的正序、负序阻抗，即简单地电压除以电流，结果如图 4.136 所示。可再次发现，负序阻抗保持恒定，而正序阻抗减小。当电动机停止时，它们不再是动态元件，

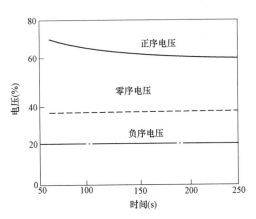

图 4.134　图 4.131 电压的对称分量
（来源于文献［136］）

正序、负序阻抗相等。

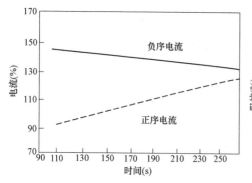

图 4.135　图 4.132 中电流的对称分量
（来源于文献［136］）

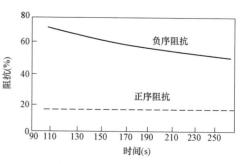

图 4.136　暂降期间感应电机的正序和
负序阻抗（来源于文献［136］）

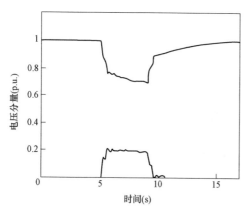

图 4.137　图 4.47 所示的三相不对称
暂降的正序、负序、零序电压

4.8.2.2　监测实例

如图 4.137 所示的三相不对称暂降的例子，严重的故障后暂降表明存在异步电动机负荷。对于每一个样本，均可用 4.5 节的方法来确定其时间函数的复电压。根据三个复电压，计算正序、负序、零序电压，图 4.137 给出了其时间函数的绝对值。由图可见，零序分量很小；当无故障时负序分量为 0，故障过程中负序分量非零但恒定；在故障前正序电压为 1p.u.，故障过程中正序电压缓慢衰减，故障后又缓慢增长。这些结果与上面描述的理论和仿真结果完全相符。

4.8.2.3　简化分析

根据仿真和监测结果，可得电压暂降的三个阶段：

（1）异步电动机向故障馈电，提高正序电压；

（2）正序电压与没有异步电动机负荷时相同；

（3）异步电动机减速，汲取额外正序电流，引起正序电压下降。

在故障过程中，负序电压恒定，但比没有异步电动机负荷时低。为量化异步电动机的影响，分两步进行计算。第一步计算无负荷时的正序、负序电压（$V_1^{(\text{no})}$，$V_2^{(\text{no})}$）。正如前面所见，这可能引起不同特征幅值的 C 类或 D 类暂降。我们均假设无特征相位跳变。第二步考虑异步电动机的影响。为此，将电源建模为产生 C 类或 D 类暂降的系统阻抗有限的电源。注意，在故障过程中，电源用三相戴维南电源表示。对于正序和负序分量，异步电动机的影响是电源端电压和电动机侧电压之差。电动机端电压表示为 $V_1^{(\text{load})}$ 和 $V_2^{(\text{load})}$。对于上面提及的三个阶段，有如下关系：

（1）正序电压降减少 15%，负序电压下降 30%。

$$V_1^{(\text{load})} = 0.15 + 0.85 V_1^{(\text{no})}$$

$$V_2^{(\text{load})} = 0.7 V_2^{(\text{no})}$$

（2）负序电压下降 30%。

$$V_1^{(\text{load})} = V_1^{(\text{no})}$$

$$V_2^{(\text{load})} = 0.7 V_2^{(\text{no})}$$

（3）正序电压下降 10%，负序电压下降 30%。

$$V_1^{(\text{load})} = 0.9 V_1^{(\text{no})}$$

$$V_2^{(\text{load})} = 0.7 V_2^{(\text{no})}$$

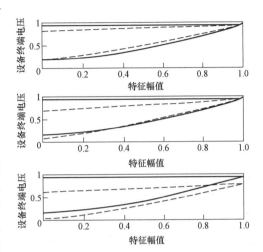

图 4.138　C 类暂降时异步电动机三阶段对设备终端电压的影响

实线为无异步电动机，虚线为有异步电动机

根据正序、负序电压 $V_1^{(\text{load})}$ 和 $V_2^{(\text{load})}$ 计算电动机侧电压。三个阶段的相电压，如图 4.138 和图 4.139 所示。对于 C 类暂降，给出深暂降的一相电压及浅暂降的一相电压。异步电动机减速越多，浅暂降相电压下降越多。受影响最严重的电压由于异步电动机的影响最初稍微升高，但当电动机减速时电压下降，且正序电压在数值上也下降。对于 D 类暂降，受影响最小的相的电压在暂降的三个阶段都下降，受影响最大相的电压最初上升但稍后减小。

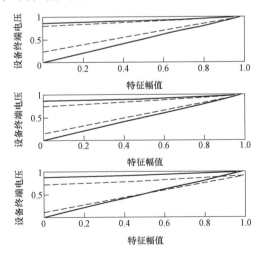

图 4.139　D 类暂降时异步电动机三阶段对设备终端电压的影响

实线为无异步电动机，虚线为有异步电动机

从图 4.138 和图 4.139 可以发现以下两种模式：

（1）最低电压上升，最高电压下降，因此不对称性变小。如果意识到负序电压明显下降，这是很容易理解的。

（2）对较长的暂降，所有电压都下降，这是由于正序电压下降。

4.8.3 电力电子负荷

在大部分负荷由单相或三相整流器构成的电力系统中，这些设备也能影响暂降过程中和暂降后的电压。下面简要定性讨论整流器影响电压的几个方面。在不同系统中，整流器影响电压主要方面也不同。在暂降过程中，电力电子设备的性能将在第 5 章作详细讨论。

（1）对于长而深的暂降，大部分电力电子负荷会出故障，减小负荷电流，从而增加暂降过程及暂降后的电压。

（2）因为直流母线电压比交流峰值电压大，不故障的设备开始从供电系统中汲取一个较小的电流，甚至无电流。在几周波内直流母线电容向整流器充分放电，然后又开始充电。通常负荷功率维持恒定，因此交流电流会变大。该电流含有高次谐波，则暂降过程中谐波电压畸变会增大。

（3）电压恢复后，直流母线电容将从系统汲取一个大电流脉冲，这将使电压恢复最大延迟 1 周波。

（4）对三相整流器，在不对称暂降下，有最大电压差的两相之间有最大电流流过，造成这两相的电压下降而另一相电压升高。因此，三相整流器减小了相间的不对称，在这个层面上，其特性与异步电动机负荷相似。发生不对称暂降时，三相整流器电流中包含非特征谐波电流，显然为三次谐波电流，因此暂降过程电压包含的三次谐波分量比正常时更大。

（5）因为暂降时系统电压较低，三相可控整流器将经历较长的切换时间。在设备不故障的前提下，这会引起暂降过程中更严重的换流暂态（缺口）。

4.9 异步电动机启动引起的暂降

在本章前几节中已讨论了由短路故障引起的电压暂降，这些电压暂降是导致设备故障的主要原因，也是近年来电能质量成为重点关注问题的主要原因。引起电压暂降的另一个重要原因是大型异步电动机启动，实际上，在工业电力系统的设计中这已得到很大重视。当然，其他负荷投入也会引起暂降，如电容器组的投切等。但这些情况下，电压下降相当小，且电压只下降不会恢复。因此，将这些情况称为电压幅值变动更准确些。

异步电动机启动过程中产生比正常时大的电流，典型值为 5～6 倍正常电流。该电流保持较大值直到电动机达到其额定转速，典型时间为几秒到 1min。电压降在很大程度上取决于系统参数，由异步电动机启动引起暂降的等效电路如图 4.140 所示。图中，Z_S 为系统阻抗，Z_M 为启动过程中电动机阻抗。

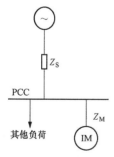

图 4.140 由异步电动机启动引起暂降的等效电路

与异步电动机在同一母线上馈电的负荷，其经受的电压可根据分压方程得

$$V_{sag} = \frac{Z_M}{Z_S + Z_M} \tag{4-144}$$

类似于前面的大多数计算，假设电源电压为 1p.u.，当一台额定功率为 S_{motor} 的电动机从短路容量为 S_{source} 的电源馈电时，系统阻抗为

$$Z_S = \frac{V_n^2}{S_{source}} \tag{4-145}$$

启动过程中，电动机阻抗为

$$Z_M = \frac{V_n^2}{\beta S_{motor}} \tag{4-146}$$

式中，β 为启动电流与正常电流的比值。

则式（4-144）也可写为

$$V_{sag} = \frac{S_{source}}{S_{source} + \beta S_{motor}} \tag{4-147}$$

应注意，这仅是一个近似计算。该值可用于估计异步电动机启动引起的暂降；对于更精确的结果，需应用电力系统分析软件。后者使用户可在考虑所关注的电动机启动过程中加入其他电动机的影响。在其他电动机机端电压降会使其减速，导致负荷电流额外增加，从而引起额外电压降。

例： 假设一台 5MVA 电动机在 100MVA，11kV 供电系统启动，启动电流是标称电流的 6 倍。稍后可看出，对于这样强的供电系统而言，该电动机是一台相当大的电动机。启动过程中机端电压可估计为

$$V_{sag} = \frac{100}{100 + 6 \times 5} = 77\% \tag{4-148}$$

若电动机启动过程中的电压对连接在同一母线上的设备太低，则要应用专用变压器，如图 4.141 所示。

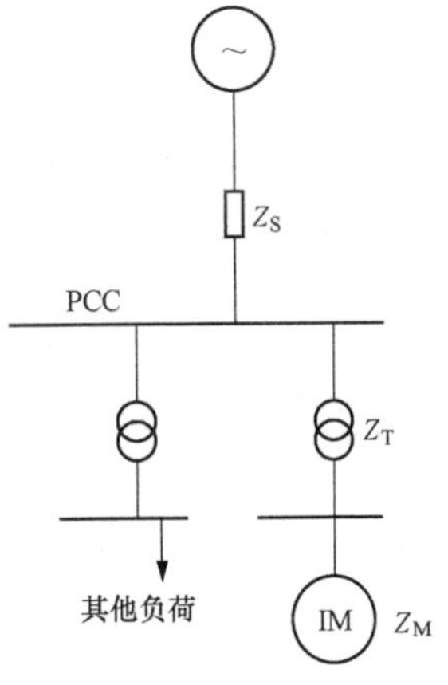

设 Z_S 为 PCC 点系统阻抗，Z_M 为运行时的电动机阻抗，Z_T 为变压器阻抗。敏感负荷经历的电压暂降幅值为

$$V_{sag} = \frac{Z_T + Z_M}{Z_S + Z_T + Z_M} \tag{4-149}$$

图 4.141 带有敏感负荷的异步电动机（配有专用变压器）的启动

同样引入系统短路容量 S_{source}，电动机额定功率 S_{motor}，并假设变压器与电动机的额定功率相同，阻抗为 ε，由式（4-149）得

$$V_{sag} = \frac{(1+6\varepsilon)S_{source}}{(1+6\varepsilon)S_{source} + 6S_{motor}} \tag{4-150}$$

例：分析上例中电动机经专用变压器供电的情况。电动机经一台 5MVA，5%，33/11kV 变压器从 300MVA，33kV 系统馈电。注意，33kV 母线的故障电流与上例中 11kV 侧的故障电流相同，得以下参数：$S_{source}=300MVA$，$S_{motor}=5MVA$，$\varepsilon=0.05$，由式（4-150）得暂降幅值93%。多数负荷能承受这样的电压降。注意，暂降下降幅值减小主要是因为 PCC 点的故障水平提高，而不是因为变压器阻抗。忽略变压器阻抗（式（4-150）中 $\varepsilon=0$）得 $V_{sag}=91\%$。

电动机启动引起的暂降持续时间依赖于许多电动机参数，其中，电动机惯性是最主要的参数。当确定启动时间时，确定电机机端暂降幅值也很重要。电动机转矩正比于端电压的平方，暂降下降到90%导致转矩下降到81%。引起电动机加速的是机械负荷转矩与电磁转矩之差，启动时间也由此确定。如果端电压为标称值，在大部分启动过程中，假设机械转矩是电磁转矩的一半。该假设是基于一般设计准则，即电动机最大转矩是正常运行时的两倍。当电压降到标称值的90%时，电磁转矩降到标称值的81%，机械转矩的162%，加速转矩为电磁转矩和机械转矩之差，从100%到62%，下降了38%。

例：再次考虑 5MVA 的异步电动机从 100MVA，11kV 馈电启动。如前所述，启动期间异步电动机机端电压下降至 77%，电磁转矩下降至额定转矩的 59%，机械转矩的 118%，因此，加速转矩从100%降到仅有 18%，起动时间按 6 倍数增加。

仅采用专用变压器不能解决问题，因为电动机端电压仍然很低。这里需要的是更强的系统。为防止电动机机端电压降到 V_{min}，按式（4-147），电源的强度要达到

$$S_{source}=\frac{6S_{motor}}{1-V_{min}} \tag{4-151}$$

一台启动期间最小允许电压为 85% 的 5MVA 电动机，所需要的最小系统强度为 $\frac{6\times5MVA}{0.15}=200MVA$。为保持电压在90%以上，系统强度需达到300MVA。

由这些例子可清楚地看出，较大的电压降不仅对敏感负荷是个问题，而且会引起很长的启动时间。如果同一母线连接有很多电动机，情况会更糟。因为它们将更进一步拉低电压。由异步电动机启动引起的电压降很少超过 85%。

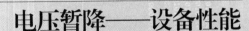

第 5 章
电压暂降——设备性能

本章重点研究电压暂降对用电设备的影响，介绍通用术语，并讨论对电压暂降敏感的三类典型设备：①计算机、家用电器和过程控制设备，这些设备可用单相二极管整流器进行建模，直流母线欠电压是引起故障的主要原因；②交流调速驱动器，通常通过三相整流器馈电，除直流母线欠压外，对电流不平衡、直流电压纹波、电动机转速等也进行了分析；③直流调速驱动器，用三相可控整流器馈电。由于相位跳变，触发角控制会带来附加问题。本章对磁场绕组分开供电的影响也进行了分析。

除这些典型设备外，本章还简要介绍了其他一些敏感设备，如异步和同步电动机、接触器和灯具等。

5.1 引言

5.1.1 电压耐受能力和电压耐受曲线

一般来说，当电压有效值恒定且等于标称值时，电气设备运行最佳。如果在一定时间内电压降到 0，设备会完全停运。因为停电时，没有哪台设备能运行。有的设备，像台式计算机，在 1s 内就会停运，其他设备能承受更长一点的供电中断，如笔记本式计算机本身就专门设计为能耐受供电中断，但即使是笔记本式计算机使用电池供电，其电池也仅能保证计算机运行几小时。对于每台设备，通过较简单的测试可确定其在供电中断后还能连续运行多长时间。对供电电压仅有 10% 或 20% 的情况，可做相同的测试，如电压足够高，设备运行状况正常，通过测试结果得到临界点，并将这些点连起来可得到一条曲线，该曲线称为"电压耐受曲线"。如图 5.1 的例子，该图为给诺底克（Nordic）输电网供电的电站的电压耐受能力[149]。辅助供电可耐受电压下降到 25% 时持续 250ms。系统可运行于标称电压的 95%。不需对电压低于 25% 的情况供电，因为此时不太可能从电厂辅助供电电源馈电。人们可能会说，这不是一条电压耐受曲线，而是电压耐受能力的要求，人们可以认为这是电压耐受要求，把设备测试结果看作电压耐受特性，我们将这两种曲线以及要求，当作

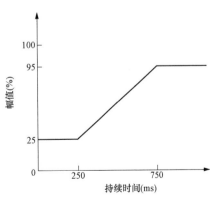

图 5.1　电站的电压耐受能力
（数据来源于文献［149］）

是电压耐受曲线，根据上下文会很清楚是指电压耐受能力要求还是电压耐受特性。

敏感电子设备电压耐受曲线的概念是 1978 年 Thomas Key[1]引入的。在研究军用设备的供电可靠性时，他认识到电压暂降及其导致的主计算机不正常对国家安全和威胁可能比供电完全中断还大。因此，他联系了一些设备制造厂，得知了他们的设计标准，并且还做了一些测试，得到的电压耐受曲线几年后变成了众所周知的 CBEMA 曲线。在后面分析计算设备时还会再次分析 CBEMA 曲线。注意，曲线绘制的最小电压-最大持续时间已用于同步机多年，但还没用于电子设备，在第 5.5 节中将再分析同步机的电压耐受能力。

电压耐受曲线是 IEEE 标准 1346[22]的重要部分，该标准推荐了一种比较设备特性与供电质量的方法。电压耐受曲线是被推荐来描述设备特性的方法，"电压暂降配合图"是 IEEE 1346 标准的核心，将在 6.2 节详细介绍。

在用电压耐受曲线描述设备特性时作了许多假设，基本假设是，暂降可用幅值和持续时间进行唯一描述，在前面章节中已经发现，这只是一种近似，从设备的角度来看，电压耐受曲线隐含的基本假设是：如果两个暂降的幅值、持续时间相同，它们要么导致设备同时不正常，要么都不会导致设备出错。正如在第 4 章所见，现在所用的暂降幅值和持续时间的定义早已不是唯一的，而且相位跳变和三相电压不平衡会明显地影响设备特性，二维电压耐受曲线已有其局限性，尤其是对三相设备，本书将在下一章对该概念做一些拓展。

表 5.1 概括了现有可得到的设备电压耐受能力。电压耐受能力的范围，一部分是由于设备的不同引起的，另一部分原因是前面提到的不确定性。对于这些数据以及本章后面部分提出的电压耐受数据，人们应认识到，这些值不是用于特定的某设备的。如表 5.1 给出的电动机启动起的电压耐受能力，在 20ms、60%和 80ms、40%之间，用该范围设计设备可能相当不可靠，用平均值可能更好些。这些值仅给读者建立一个设备对暂降的敏感性的印象，而不是设计设备的依据。目前，有必要确定某设备的某特定部位的电压耐受能力或整个设备满足于某个测试要求。在将来，电压耐受能力要求也许会使工作变得容易。

表 5.1   各种设备的电压耐受能力范围

敏感设备	电压耐受能力		
	上限	平均值	下限
PLC	20ms，75%	260ms，60%	620ms，45%
PLC 输入卡	20ms，80%	40ms，55%	40ms，30%
5hp 交流驱动	30ms，80%	50ms，75%	80ms，60%
交流控制继电器	10ms，75%	20ms，65%	30ms，60%
电动机启动器	20ms，60%	50ms，50%	80ms，40%
个人计算机	30ms，80%	50ms，60%	70ms，50%

注　数据来源于 IEEE Std.1346[22]，该数据不是设备的设计原则。

表 5.1 中的值可理解为，一个 a ms、b%的电压耐受能力，意味着在任何时候，设备可承受一个 a ms 的零电压和一个标称电压 b%的电压，任何长于 a ms 和深于 b%的暂降

都会导致出错或设备故障，换句话说，设备电压耐受能力是直角在 a ms、b% 处的矩形。

5.1.2 电压耐受能力测试

当前描述如何获得设备电压耐受能力的唯一标准是 IEC 61000-4-11[25]，但是，该标准并未提出电压耐受曲线的术语，而是定义了许多设备必须测试的幅值和持续时间（注：标准中的"测试水平"是指暂降过程中剩余电压值）。设备不必对所有这些值都进行测试，但需选择一个或多个幅值和持续时间。首选的幅值和持续时间组合是表 5.2 中所给的矩阵的（空的）元素。

表 5.2　设备抗扰性实验首选的幅值和持续时间（根据 IEC 61000-4-11[25]）

	持续时间/周波（50Hz）					
幅值	0.5	1	5	10	25	50
70% 40% 0%						

现有格式的标准没有规定任何电压耐受要求，仅定义了如何获得设备电压耐受能力的方法，标准的附录中提出了测试的两个例子。

（1）用一台有两个输出电压的变压器，其中一个输出电压等于 100%，另一个等于所需暂降幅值，用晶闸管开关在两个输出间很快地进行切换；

（2）用与功率放大器串联的波形发生器产生暂降。

为了获得设备电压耐受能力，IEEE Std1345[22]参照 IEC 61000-4-11，特别提出在两个供电电压之间切换是产生暂降的一种方法，两种方法都只能一次对一台设备进行测试。为了使这个设备经历一个给定的暂降，每部分构件都需进行测试，希望它们相互连接后不会导致不希望出现的性能变化。文献[56]提出了一种测试整个装置的方法，测试时由一台三相柴油发电机供电，暂降由降低磁场电压来产生。在突然改变磁场电压后大致两周波时电压变化发生。因此，该方法只能用于持续 5 周波或更长时间的暂降。

5.2　计算机与家用电子产品

计算机和大多数电子产品通常由二极管整流器和电子电压调节器(DC/DC 变换组成的电源)供电，与小功率电子设备的供电相似，因此，对暂降的敏感度也相似。不同之处是，暂降导致的出错结果不同，电视机可能黑屏几秒，压缩硬盘播放器可能自己重新设置和从磁盘的开始处重新播放，或仅等待新指令。电视机和视频录像机通常有一小电池，能维持包括频道设置等所需电力，这是为了避免当电动机移动或因某些原因拔电源时内存消失。若该电池没有足够电力，暂降或中断会导致这些设置丢失。通常，微波炉并没有配置电池，所以微波炉也有相同的情况发生。

化工厂的过程控制计算机与台式计算的供电相当类似。因此，在 1s 内，它们会因暂降和电压中断而出错。但是台式计算机的出错可能导致（典型地少于）1h 工作丢失，过程控制计算机的故障，可能会导致耗时 48h 来重启，甚至有时会发生非常危险的情况。显然，前者仅是不方便，而后者可能要花不少成本才能避免。

5.2.1 典型电源结构

给计算机供电的一个简化结构如图 5.2 所示，连接到不可控直流母线上的电容减小了电压调节器输入的电压纹波。电压调节器将未调节的几百伏的直流电压转换成 10V 的调节后的直流电压。如果交流电压降低，整流器直流侧电压（调节前直流电压）降低，电压调节器能维持其输出电压恒定在某一个确定的输入电压范围内。如果直流母线电压太低，被调节直流电压也会开始下降且最后误差会发生在数字电子设备上。有的计算机检测到控制器输入端的欠电压会给出计算机被控停机的信号，如通过一个停止硬驱动等。这样计算机虽会更早跳闸，但是是以受控的方式停止的。

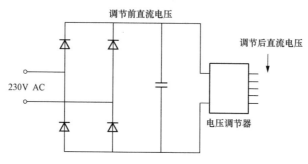

图 5.2　计算机电源

5.2.2　计算机电压耐受能力评估

5.2.2.1　直流母线电压

如图 5.2 所示，单相整流器由 4 个二极管和一只电容器组成，电容器每周波两次被充电到供电电压幅值，两个充电脉冲之间，电容器通过负荷放电，当供电电压超过直流电压时二极管才导通，当供电电压降低时，二极管不再导通，电容器连续放电，直到直流电压再次达到导通供电电压。一般运行情况下，电容器在每周波的两个小时段内充电，其余时段放电，在稳态情况下，电容充、放电量相等。

为研究电压暂降对直流母线电压的影响，供电电源建模如下：

（1）当供电电压绝对值大于直流母线电压时二极管导通，在二极管导通时，直流母线电压等于供电电压；

（2）在暂降前供电电压为 1p.u.的正弦波，在暂降过程中为幅值恒定但小于 1p.u.的正弦波，电压仅呈现为幅值的降低，无相位跳变，供电电压不受负荷电流影响；

（3）当二极管不导通时，电容器向电压调节器放电，电压调节器产生的功率恒定且独立于直流母线电压。

该模型已被用于计算幅值为 50%（无相位跳变）的电压暂降的暂降前、暂降过程中和暂降后的直流母线电压，结果如图 5.3 所示，作为参数，交流电压绝对值画成虚线。

由于电压下降，交流最大电压变得小于直流电压，导致电容器连续放电，直到电容器电压降到低于交流电压最大值，其后，达到新的平衡。因为假设为恒功率负荷，当直流母线电压较低时，电容器放电较快，这就解释了暂降过程中有较大直流电压纹波的原因。

206

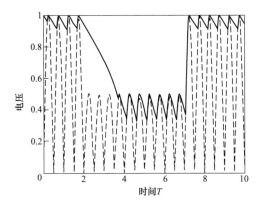

图 5.3 电压暂降对接入单相整流器的直流母线电压的影响

（交流电压的绝对值：虚线；直流母线电压：实线）

认识到电容器放电仅决定于直流母线上所接负荷，而非交流侧电压，是非常重要的。因此所有暂降均会在直流电压上造成相同的初始衰减，但衰减的持续时间决定于暂降幅值。暂降越深，电容器充分放电到再充电的时间越长，图 5.4 绘出了不同幅值暂降的交流侧暂降和直流侧电压（纵坐标用标幺值表示，单位为 p.u.），上面的曲线是交流电压降到 50%的暂降计算结果，下面曲线是 70%暂降的曲线，虚线是交流侧电压有效值，可见对不同暂降，直流电压母线电压的初始衰减是相同的。

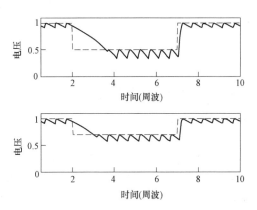

图 5.4 交流侧（虚线）、直流侧（实线）幅值

为 50%（上）和 70%（下）的电压暂降

5.2.2.2 直流母线电压衰减

在输入电压的一给定范围内，电压调节器能维持其输出恒定，与输入电压无关。因此，电压调节器的输出功率与输入电压无关，如果假设调节器是无损的，输入功率与直流电压无关。因此，接在直流母线上的负荷可认为是恒功率负荷。

只要交流电压绝对值小于直流母线电压，负荷所需电能就来自于电容器储存的能量，假设电容器的电容为 C，暂降开始后时刻 t 的能量为 $\frac{1}{2}C[v(t)]^2$，其中，$v(t)$ 是直流母线电压，该能量等于暂降开始时的能量减去负荷消耗的能量：

$$\frac{1}{2}CV^2 = \frac{1}{2}CV_0^2 - Pt \qquad (5\text{-}1)$$

式中，V_0 为暂降开始时直流母线电压；P 是直流母线上的负荷功率。表达式（5-1）满足直流母线电压高于交流电压绝对值的情况。因此，在图 5.3 和图 5.4 的初始衰减期内成立，求解式（5-1）得初始衰减期内电压的表达式：

$$V = \sqrt{V_0^2 - \frac{2P}{C}t} \qquad (5\text{-}2)$$

在暂降前的正常运行条件下，直流母线电压变化小，因此可在 $V = V_0$ 处将式（5-2）线性化，结果为

$$V = V_0\sqrt{1 - \frac{2P}{V_0^2 C}t} \approx V_0\left(1 - \frac{P}{V_0^2 C}t\right) \qquad (5\text{-}3)$$

式中，t 为从电容器最后一次再充电起消耗的时间。电压纹波定义为直流母线电压最大、最小值之差，$t = 0$ 时达最大值，$t = \dfrac{T}{2}$ 时为最小值，T 为一个工频周期，得纹波表达式为

$$\varepsilon = \frac{PT}{2V_0^2 C} \qquad (5\text{-}4)$$

电压纹波常用作单相二极管整流器的设计原则。

将直流纹波表达式（5-4）代入式（5-2）得放电期间直流电压的表达式，因此在暂降开始几周内：

$$V(t) = V_0\sqrt{1 - 4\varepsilon\frac{t}{T}} \qquad (5\text{-}5)$$

式中，$\dfrac{t}{T}$ 为从暂降开始起消耗的周波数。正常运行时直流电压纹波较大，暂降过程中直流电压降低较快。

5.2.2.3 电压耐受能力

在电压暂降过程中，计算机脱扣是由于直流母线电压降低到电压控制器正常工作所需最小输入电压，称该电压为 V_{min}，进一步假设，在正常情况下，暂降发生前交流和直流母线电压均等于 1p.u.。

如果忽略直流电压纹波，幅值为 V 的暂降将导致一个新的稳态直流电压，其值也为 V。据此可得结论：$V > V_{min}$，计算机不会脱扣；$V < V_{min}$，如果暂降持续时间超过一个确定值 t_{max}，直流母线电压仅降到低于 V_{min}。当 $V_0 = 1$ 时，由式（5-5）可求出 t，进而可求出电压达到 V_{min} 时的时间 t_{max}：

$$t_{max} = \frac{1 - V_{min}^2}{4\varepsilon}T \qquad (5\text{-}6)$$

当已知最小直流母线电压时，可用式（5-6）计算计算机需多长时间脱扣。或者换句话说，就是设备所能耐受的最大暂降持续时间。设备实际故障时的直流母线电压取决于电压控制器的设计：一般情况下，直流电压在 50%～90% 变化，有的时候会有时间延迟。表 5.3 给出了用公式（5-6）计算求得的电压耐受能力的一些值。

表 5.3   **计算机和家电设备的电压耐受能力**

（两直流电压纹波值对给定直流母线电压最小值的电压暂降最大允许持续时间）

最小直流母线电压	暂降最大持续时间（周波）	
	5%纹波	1%纹波
0	5	25

最小直流母线电压	暂降最大持续时间（周波）	
	5%纹波	1%纹波
50%	4	19
70%	2.5	13
90%	1	5

因此，如果计算机在 50%直流母线电压时脱扣，由于正常运行的直流电压纹波为5%，持续时间小于 4 周波的暂降将不会引起误脱扣。对于持续时间长于 4 周波幅值小于 50%的任意暂降，将使计算机脱扣，计算机能承受幅值大于 50%的电压暂降。这一结果被称为"矩形电压耐受曲线"，如图 5.5 所示。每个电压调节器都有一个非零最小运行电压。水平零最小直流母线电压仅被用作一个参考。从表 5.3 可见，减小电压控制器超过 50%的最小运行电压，性能没有大的改善。当直流电压降到 50%时，电容器已失去其能量的 75%。

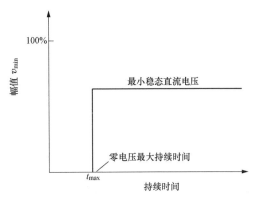

图 5.5　计算机电压耐受曲线
（矩形电压耐受曲线举例）

5.2.3　个人计算机电压耐受能力测量

大量学者[28],[29],[41],[49],[50]对个人计算机（PC）的电压耐受能力进行了测量，他们在上节提出简化的模型的基础上，在相同的范围内提出了电压耐受曲线。图 5.6 给出一台个人计算机的电压、电流，采用的暂降是计算机能耐受的最严重的暂降之一。

从图 5.6 中可知，交流电压开始下降的瞬间，直流母线电压下降。在直流母线电压衰减期内，整流器的输入电流很小。首先，电压控制器的输出维持恒定，但当直流母线电压下降到一确定值时，直流电压调节器不再能正常运行，其输出也开始下降。这时，达到一个新的稳态，该状态下被调节直流电压仍能满足数字电子设备正常运行。在新稳态，输入电流不再为 0，根据交流电压的恢复，直流母线电压也快速恢复。这与有很大电流峰值充电的直流母线电容器有关。如果采用快速过电流保护，电流可能导致设备出错甚至是长时间中断。

不同的测试得到的电压耐受曲线如图 5.7 和图 5.8 所示。图 5.7 给出美国的一个研究结果[29]。对于每台计算机，零电压以及计算机能无限运行的稳态电压是确定的。对于一台计算机，80%的电压耐受能力被确定，其他计算机能无限制地耐受该电压。可见，不同计算机的电压耐受能力的范围较大，计算机的寿命或价格不会有任何影响。反过来，对不同运行状态重复实验，空载、计算、读或写，运行状态不会对电压耐受能力或耗电功率有任何明显影响。图 5.7 证明，电压耐受曲线几乎是矩形。

图 5.8 给出了日本研究[49]得到的个人计算机电压耐受曲线，与图 5.7 中美国的测试

有相同的格式和范围，基本形状是相同的，但图 5.7 中的计算机不比图 5.8 的计算机更敏感。

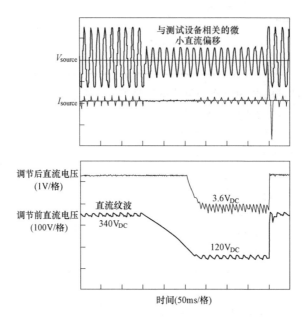

图 5.6 特征值为 200ms、50% 暂降发生过程中个人计算机的调节后直流电压和调节前
直流电压：（从上至下）交流电压；交流电流；调节后直流电压；调节前直流电压
（从 EPRI 电能质量数据库[28]复制）

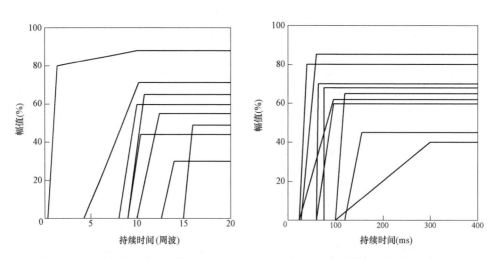

图 5.7 PC 的电压耐受曲线（数据来源   图 5.8 日本测试的个人计算机电压耐受
EPRI 电能质量数据库[29]）   曲线（数据来源于文献 [49]）

综合而言，个人计算机电压耐受能力的变化范围相当大：30～170ms、50%～70%，
是包含一半模型的范围，极限值是 8ms、88% 和 210ms、30%。

5.2.4 电压耐受能力的要求：CBEMA 和 ITIC 曲线

如前所述，最早的现代电压耐受曲线是为大型计算机引入的[1]。该曲线如图 5.9 中的实线，可见其形状与图 5.5、图 5.7 和图 5.8 给出的曲线形状不相符。如果意识到这些图是一台设备一次能耐受的电压特性，而图 5.9 是设备在整个范围内的电压耐受要求，这种不相符就能理解了。对设备的电压耐受能力的要求是设备电压耐受曲线应该高于图 5.9 的电压耐受能力要求。图 5.9 中的曲线就是众所周知的计算机商业设备制造协会（CBEMA）向其成员推荐采用的曲线。该曲线后来被 IEEE 标准[26]采用，变成了设备电压耐受能力和电压暂降严重程度的一种参考，大量电能质量分析软件绘制的电压暂降幅值-持续时间图与 CBEMA 曲线比较。CBEMA 曲线也包含了电压耐受能力的过电压部分，但在图 5.9 中没有给出。最近，修订后的 CBEMA 曲线被信息技术工业协会（ITIC）采用，是 CBEMA 的延续。因此，新的曲线是 ITIC 曲线，是图 5.9 中的虚线。

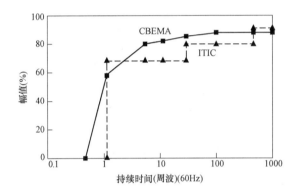

图 5.9   计算设备的电压耐受能力要求：CBEMA 曲线（实线）和 ITIC 曲线（虚线）

ITIC 曲线给出了比 CBEMA 曲线更强的要求，因为电能质量监测显示，在 CBEMA 曲线下面就有大量暂降告警[54]。

5.2.5 过程控制设备

过程控制设备通常对电压暂降额外敏感，文献［31］、［37］、［39］、［41］中已报道，当电压降到低于 80%，持续几周波时设备就出错。过程控制设备出错的后果严重，例如，一个小继电器出错，就可能引起大型化工厂停运，导致 1000000 美元产品损失。幸运的是，所有这些设备都是可用 UPS 供电的低功率设备，或通过附加电容器，或一些备用电池，可较容易地提高其电压耐受能力。

文献［39］用前面提出的与个人计算机测试相同的方法对可编程逻辑控制器（PLC）的电压耐受能力进行了测试，图 5.10 给出了某些控制器的电压耐受曲线。由曲线可清晰地知道，该类设备对电压暂降额外敏感，由于多数暂降持续时间为 4～10 周，可理所当然地假设对于低于某阈值的暂降，在 85%～35% 变化，PLC 出错。

更为令人担心的是，某些控制器在实际出错之前可能会发出错误的控制信号。这不得不对控制器的不同部分的不同电压耐受能力做出处理。错误信号可能引起危险的过程失灵。

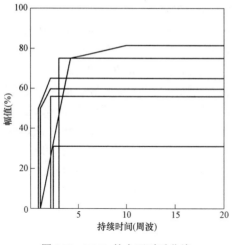

图 5.10 PLCs 的电压耐受曲线
（数据来源于文献［39］）

从文献［41］得到的过程控制设备电压耐受曲线图 5.11，曲线（1）～（7）对应于以下设备：

（1）热处理中用的（如水温控制用的、完全通用的）控制器；

（2）可用于压力/温度流补偿等多控制策略的更复杂的过程控制器；

（3）过程逻辑控制器；

（4）更新和更高级的第三代过程逻辑控制器；

（5）用于重要设备供电的交流控制继电器；

（6）用于与（5）相同的制造厂的重要设备供电用交流控制继电器；

（7）用于电动机、电动机接触器的交流控制继电器。

该研究证明，过程控制设备对电压扰动相当敏感，但也可以使设备具有对剩余幅值小、持续时间长的暂降的耐受能力。某些设备在半个周波的暂降下就已跳闸的事实说明，对电压暂态有严重的敏感度。防止过程控制设备跳闸的重要步骤是，用 UPS 给所有基本过程控制设备供电，或用另外的方法确保设备能承受至少持续时间短、深度浅的暂降。

图 5.11 中的设备（2）和（3）证明，使过程控制设备对暂降有弹性是可能的，但是 UPS 的成本问题必然是这时需认真对待的重要问题。

从图 5.11 可观察到其他一些情况：

（1）设备（2）是设备（1）的复杂版本，除了更复杂外，设备（2）比设备（1）的敏感度低；

（2）设备（4）是比设备（3）更新、更高级的版本，注意电压耐受能力严重恶化；

（3）设备（5）和（6）来自相同制造厂，但呈现出完全不同的电压耐受能力。

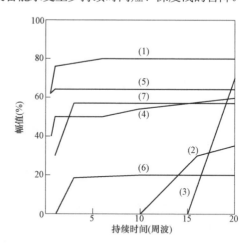

图 5.11 各种生产控制设备的电压耐受曲线[41]

5.3 交流变速驱动器

许多变速驱动器对电压暂降的敏感度与上节讨论的过程控制设备相同，变速驱动器脱扣可能由几种现象引起：

（1）驱动控制器或保护会检测到运行条件的突然改变，跳闸驱动器，以保护电力电子元件；

（2）暂降引起直流母线电压下降会引起驱动控制器或 PWM 换流器误动或脱扣；

（3）暂降过程中或暂降后的过电流向直流电容器充电引起交流电流上升，会造成熔断器保护的电力电子元件过电流脱扣或断电；

（4）由电动机驱动的过程不能承受暂降引起的转速降低或转矩变化。

脱扣后，有的驱动器在电压恢复时立即重启；有的在一定延时后重启；而其他一些只能人工重启。不同自动重启方式与该过程耐受一定程度的转速和转矩变化能力有关。本节后面部分将首先看设备测试结果，得到驱动器电压耐受能力的一个总体印象，在其后再讨论电压暂降对直流母线电压的影响和设备脱扣的主要原因。直流母线电容器的大小将被公式化，也将讨论电压暂降对交流电流和电动机端电压的影响，同时分析自动重启的几方面问题。最后，给出抑制方法的简要回顾。

5.3.1 交流驱动器的运行

变速驱动器（ASD）可用三相二极管整流，也可用三相可控整流器供电。一般而言，第一类可在交流电动机驱动器中找到，第二类在直流驱动器和大型交流驱动器中。本节分析中、小型三相二极管整流器馈电的驱动器，下一节分析由可控整流器馈电的直流驱动器。

多数交流驱动器的结构如图 5.12 所示，三相交流电压馈入三相二极管整流器，整流器输出电压因为直流母线上所连电容器而变得平滑，有的驱动器中有电感的目的是平滑直流链接电流，以减小供电侧引起的电流谐波畸变。

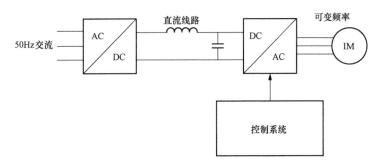

图 5.12 典型交流驱动器的结构

直流电压被一种称为电压源型换流器（VSC）的逆变器逆变成不同频率和幅值的交流电压，最常用的技术是 PWM，当描述电压暂降对电动机端电压的影响时，我们会对 PWM 进行简要讨论。电动机速度由 VSC 输出电压的幅值和频率控制，对于交流电动机，转速主要决定于定子电压频率。因此，通过改变电压频率可得到一种容易的控制速度的方法。作为转子速度函数的定子电压频率和幅值如图 5.13 所示。在速度上升到标称速度的过程中，频率和幅值都正比于转动速度，异步电动机的最大转矩与电压幅值平方成正比，与频率的平方成反比[53],[206]：

$$T_{\max} \approx \frac{V^2}{f^2} \tag{5-7}$$

同时增加电压幅值和频率，最大转矩保持恒定，电压幅值不可能增加到大于其标称值，转速的进一步增加会导致最大转矩的快速下降。

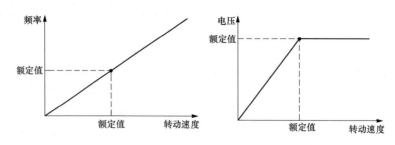

图 5.13　交流调速驱动转动速度作用下的电压和频率

5.3.2　驱动器测试结果

大量变速驱动器的性能与工厂监测的电压暂降之间的关系如图 5.14[40]所示：小圆圈表示该幅值和持续时间的暂降引起驱动器脱扣，叉号表示的是该电压暂降下，驱动器没有脱扣。可见，工厂使用的驱动器对电压暂降非常敏感。这些驱动器的电压耐受能力是80%电压，持续时间少于 6 周波。驱动器脱扣的精确持续时间不能确定，因为监测仪的分辨率只有 6 周波。在其他文献中[2],[35],[42],[48]报道了变速驱动装置的相似的高敏感性。将这些数据作为典型的变速驱动器数据带有一定的风险。如果驱动器对暂降不敏感，就不用进行深入研究了。该警示是针对许多提及对暂降等有敏感性的设备。变速驱动器很可能并非对所有暂降都敏感，为判定典型驱动器的性能，需随机选取驱动器进行测试。

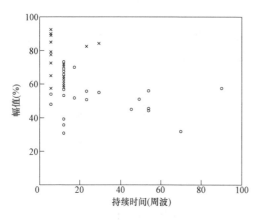

图 5.14　引起驱动中断的电压暂降（○）和
未引起设备中断的电压暂降（×）
（数据来源 Sarmiento[40]）

在分析变速驱动器的电压耐受能力的基础上，文献［32］、［47］研究了随机选取问题，其中，文献［47］测试了不同厂家生产的 20hp 和 3hp（马力）的驱动器，每个厂家提供一只 20hp 和一只 3hp 的驱动器，每只驱动器对后面三个电压幅值时间进行测试：

（1）33ms，0 电压；

（2）100ms，50%电压；

（3）1s，70%电压。

在暂降事件过程中，驱动器性能按图 5.15 给出的三种速度曲线进行分类：

（1）Ⅰ：在电压恢复后电动机出现速度上升；

（2）Ⅱ：电动机速度降到零后自动重启且加速到标称转速；

（3）Ⅲ：电动机转速变为 0，驱动器不会重启电动机。

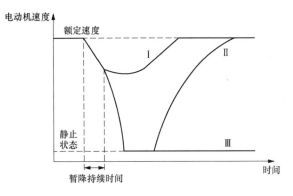

图 5.15　暂降引起调速驱动电动机速度的三种反应

测试结果见表 5.4 和表 5.5，表中每列列出了不同性能的驱动器数。其中，50%的电压降，持续 100ms 的暂降作用下，有 4 台 20hp 的驱动器的性能与图 5.15 中的曲线Ⅱ相符，7 台驱动器与曲线Ⅲ相一致。表 5.4 给出的是满负荷情况下驱动器的测试结果，目的是比较 3hp 和 20hp 驱动器的差异。表 5.5 对比满负荷和半负荷时的驱动特性，这些结果包括 20hp 和 3hp 驱动器。

表 5.4　　　　　**ASD 电压耐受能力测试结果：驱动器各种反应数目**

Ⅰ：仅速度下降；Ⅱ：自动重启；Ⅲ：手动重启

施加暂降	驱动器反应					
	20hp 驱动器			3hp 驱动器		
	Ⅰ	Ⅱ	Ⅲ	Ⅰ	Ⅱ	Ⅲ
0%，33ms	4	2	5	12	—	—
50%，100ms	—	4	7	3	5	4
70%，1000ms	—	5	6	1	7	4

表 5.5　　　**负荷对驱动电压暂降耐受能力的影响：驱动器各种反应数目**

Ⅰ：仅速度下降；Ⅱ：自动重启；Ⅲ：手动重启

施加暂降	驱动器反应					
	满负荷			半负荷		
	Ⅰ	Ⅱ	Ⅲ	Ⅰ	Ⅱ	Ⅲ
0%，33ms	7	1	2	8	1	1
50%，100ms	2	4	4	3	4	3
70%，1000ms	1	5	4	1	4	5

从表 5.4 和表 5.5 可得以下结论：

（1）3hp 驱动器没有 20hp 驱动器敏感，这不一定符合所有情况，虽然比较了同一厂家生产的 3hp 和 20hp 的驱动器，在相同暂降作用下，带相同负荷时 25 种情况下 3hp 驱动器性能较好，20 种情况下性能相同，只有 3 种情况下 20hp 的驱动器性能更好。

（2）满负荷和半负荷情况下，电压耐受能力之间没有明显区别，带部分负荷时性能改善，其他情况性能恶化，但多数情况下没有任何影响。前面做的相同比较证明，满负荷时有两种情况较好，4 种情况下在半负荷时性能较好，24 种情况在相同等级下性能下降。对第 I 类情况，驱动器性能下降，可能满负荷时比半载时速度下降更严重，但现有研究没有进行详细报道。

（3）非常短的电压中断（0%，33ms）能被 3hp 驱动器和多数 20hp 驱动器承受。

（4）持续 100ms 及更长的暂降，变速驱动器很难承受，尤其是分析响应 I，可能发生敏感机械过程严重中断。

（5）测试证明了变速驱动器对暂降很敏感，尽管如此，一些极端敏感性情况（85%，8ms）并未在测试中发现。

文献［32］给出了相似的结果，用两个不同的暂降测试 17 只驱动器：

1）电压降到标称值的 50%，持续 100ms（6 周波）（注：这里显然是 60Hz 系统）。

2）电压降到 70%，持续 167ms（10 周波）（注：这里显然是 60Hz 系统）。

结果列于表 5.6，分类法与表 5.4 和表 5.5 相同，除此以外，包括了"驱动器维持速度恒定"，在表 5.6 中表示为 0 类，而第 I、II、III 类与前面相同。

表 5.6   **ASD 电压耐受能力测试结果**

施加暂降	驱动器反应			
	0	I	II	III
50%，100ms	2	1	9	5
70%，170ms	11	1	5	—

注　数据从文献［32］中得到。

从这些研究中可得到变速驱动器的一种"平均电压耐受曲线"，如图 5.16 所示，其中，小圆圈代表测量点，这里，耐受能力被定义为 0 和 1。注意，实际驱动器有较宽的电压耐受范围，有的驱动器可能不能承受任何暂降，而有的能承受所有暂降，进一步假设驱动器在 85%电压时能正常运行。

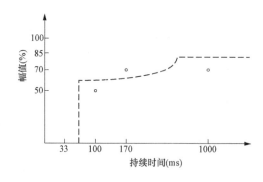

图 5.16　调速驱动的平均电压耐受曲线（注意：水平坐标是非线性坐标）

Conrad 等在文献 [48] 中，通过对驱动器厂家的调查得到了变速驱动器的电压耐受数据。厂家提供的耐受能力如图 5.17 所示，实心圆圈表示厂家同时给出了最小电压和最大持续时间，其他厂家见图 5.17 中的三角形，仅给出了最大暂降持续时间值。注意，13 个厂家中 10 个指出了其驱动器在 3 周或更短时间的暂降情况下驱动器会出错或脱扣。

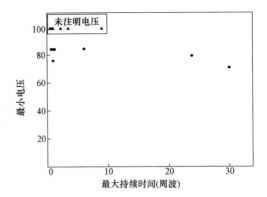

图 5.17 制造商给出的调速驱动电压耐受能力（●：幅值和持续时间；▲：仅为持续时间。数据来源文献 [48]）

验收准则（可接受准则）

当测试变速驱动器时，没有驱动器所驱动负荷的详细资料，需根据成功和不成功的性能特征识别出判定驱动器正常的公认的准则。IEC 标准 61800-3[52]提供了用以评估变速驱动器电磁兼容性的准则，这些准则见表 5.7。也可用于测试变速驱动器的电压暂降的特性，电磁兼容特性可归纳如下：

（1）A：驱动器有计划地运行；

（2）B：驱动器在计划范围外临时运行，但自动恢复；

（3）C：驱动器安全地停运。

表 5.7　　　　　　　　驱动器的分类准则（根据 IEC 61800-3[52]）

	分类判据		
	A	B	C
具体性能	在容许范围内性能没有改变	显著的改变、可自动恢复	关机、大变化、不能自动恢复
产生的转矩行为	转矩在容许范围内	暂时超出容许范围	转矩损耗
电力电子电路、驱动电路的运转	电力半导体器件没有误动作	暂时产生不会引起关机的误动作	关机、保护触发
信息处理功能、感知功能	通信、数据交换未受干扰	暂时干扰通信	通信错误、数据和信息丢失错误
显示面板、控制面板运行情况	可见的显示信息没有改变	暂时改变可见的信息	关机、显示信息明显错误

5.3.3　平衡暂降

交流驱动器的许多脱扣是由于直流母线低电压，脱扣或误动作可能是由于电压太低时控制器或脉宽调制（PWM）不正常运行，但也可能是由于直流母线上的欠电压保护干预，最大的可能性是设备发生失效前的保护动作。

直流母线电压一般经二极管整流器从三相交流电压中获得，当交流侧电压下降时，整流器停止导通，脉宽调制换流器将从连接在直流母线上的电容器中供电，该电容器只有有限的容量（与电动机的功率消耗有关），不能满足负荷几个周波以上的需要。通过降低直流母线欠电压保护的定值可以提高变速驱动装置的电压耐受能力。因此，人们应注意到，在发生误动作前和在元件被损坏前保护应该跳闸，不仅是因为欠电压保护是设备被损坏的潜在根源，当交流电压恢复时，过电流保护也是根源之一。如果驱动器没有配置附加过电流保护，直流母线欠电压保护也会保护这些过电流，许多驱动器配置有与二极管串联的熔断器，以防止过电流。这些不应该用于保护暂降后的过电流。发生暂降后不得不更换熔断器，仅是带来了一些麻烦。

5.3.3.1 直流母线电压衰减

三相暂降期间变速驱动器直流母线电压与 5.2 节讨论的 PC 的直流母线电压特性相同。当分析某些驱动器时，其电动机负荷为 P，直流母线标称电压为 V_0，直流母线所连电容器为 C 时，可用式（5-2）计算暂降过程中直流母线电压的初始衰减：

$$V(t) = \sqrt{V_0^2 - \frac{2P}{C}t} \tag{5-8}$$

式（5-8）中，已假设暂降开始时直流母线电压等于标称值，进一步假设带恒功率负荷。对于标准脉宽调制逆变器可能不是这种情况，但可将恒功率假设转换成逆变器交流侧的负荷，例如，交流电动机对电压暂降不敏感。因此，逆变器的输出功率不受直流母线电压约束，如果忽略逆变器损失对较低直流母线电压的增加（由于电流较大），就达到了恒功率假设。因此，恒功率假设对应于假设为理想逆变器：电动机端没有电压降，暂降期间损耗不增加。

5.3.3.2 电压耐受能力

由于欠电压保护主动干预或逆变器误动作或控制器误动作，变速驱动器会脱扣。两种情况下，当直流电压达到给定值 $V_{\min}$ 时，会发生脱扣，交流电压不低于该值时，驱动器不会脱扣。对于低于该值的暂降，式（5-8）可用来计算直流母线电压达到 $V_{\min}$ 值的时间：

$$t = \frac{C}{2P}(V_0^2 - V_{\min}^2) \tag{5-9}$$

例：分析文献［42］中的例子，一驱动器，直流母线电压 $V_0 = 620\text{V}$，直流母线电容器 $C = 4400\mu\text{F}$，向交流电动机供电功率为 $P = 86\text{kW}$。当直流母线电压低于 $V_{\min} = 560\text{V}$ 时，驱动器脱扣，由（5-9）得脱扣时间为

$$t = \frac{4400\mu\text{F}}{2 \times 86\text{kW}} \times [(620\text{V})^2 - (560\text{V})^2] \approx 1.81\text{ms} \tag{5-10}$$

驱动器不会脱扣的最小交流母线电压为 560/620＝90%，因此，当交流母线电压在 2ms 内降到低于 90% 时，该驱动器会脱扣。

假设可将直流母线欠电压保护定值减小到 310V（50%），这样可极大减少驱动器误脱扣，因为低于 90% 的暂降中，幅值小于 50% 的暂降只占小的比例，但低于 50% 的暂降引起的脱扣时间非常短，将 $V_{\min} = 310\text{V}$ 代入式（5-9），得 $t = 7.38\text{ms}$。实际上，假设负

荷功率恒定，将 $V_{\min}=0$ 代入，可见，暂降开始后 9.83ms，电容完全放完电。我们可以得出结论：无论逆变器有多好，任何持续时间长于 10ms 的电压中断均会使驱动器脱扣。

变速驱动器直流母线上所连接电容的容量单位可表示为μF/kW。如果直流母线电压单位为 kV，时间单位为 ms，式（5-9）可写为

$$t=0.5\left(\frac{C}{P}\right)(V_0^2-V_{\min}^2)\tag{5-11}$$

式中，C/P 的单位是μF/kW。若 C/P 的单位是μF/hp，式（5-11）变为

$$t=0.67\left(\frac{C}{P}\right)(V_0^2-V_{\min}^2)\tag{5-12}$$

现代变速驱动器直流母线上所接电容容量在 75～360μF/kW[138]，按式（5-11），对不同的三个直流母线电容和电动机容量计算其比值，图 5.18 给出了直流母线欠电压保护定值（纵轴）与脱扣时间（横轴）之间的关系。对于平衡暂降，驱动器的电压耐受能力能得到如下结论：

（1）直流母线欠电压保护定值确定了驱动器运行的最小电压；

（2）由电容器大小，根据适当的曲线，可找出最大暂降持续时间。

可见，即使是直流母线欠电压定值非常小，驱动器也会在几周内脱扣。

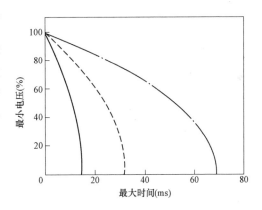

图 5.18　不同容量调速驱动的电压耐受能力

5.3.3.3　电容器大小

由上面的例子可见，连接到直流母线上变速驱动装置的电容大小并不能满足抵御暂降的能力。可通过加大直流母线电容来改进免疫力，为了计算给定电压耐受能力下的电容器的大小，返回式（5-8）并假设 $V(t_{\max})=V_{\min}$，得

$$C=\frac{2Pt_{\max}}{V_0^2-V_{\min}^2}\tag{5-13}$$

该式得出了为得到 $V_{\min}$，$t_{\max}$ 的电压耐受能力所需的直流母线电容（即当电压低于 $V_{\min}$，时间长于 $t_{\max}$ 时，驱动装置会脱扣）。

例：分析与上例相同的驱动器，希望驱动器能耐受持续时间达 500ms 的暂降，欠电压保护定值为 560V（标称值的 90%）。把 $t_{\max}=500$ms，$V_{\min}=560$V 代入式（5-13）求出为达到该目标的电容为

$$C=\frac{286\text{kW}\times500\text{ms}}{(620\text{V})^2-(560\text{V})^2}\approx2.02\text{F}\tag{5-14}$$

该例用以与［42］比较提高驱动器电压耐受能力的不同方式，包括不同方法的成本。2.02F 电容的成本以及外壳、熔丝、导线和风扇，大约要 200000 美元，更换这些电容器将要 $2.5 \times 8m^2$ 和 60cm 高的空间，电池备用"仅"需成本 15000 美元，和 $2.5 \times 4 \times 0.6m^3$ 的空间，但是，电池备用比电容器需要更多维护。

假设欠电压保护定值 310V（50%）是可行的且驱动器能耐受达 200ms 的电压暂降，可再用式（5-13）求所需电容：119mF。

对原逆变器而言，这仅是所需电容的 $\frac{1}{10}$。安装电容的成本仍比备用电池高，但电容器更低的维护成本可很好地使两者平衡，使逆变器能在更低电压下运行，不会获得更多穿越时间或可以节约电容，但是会明显提高经过逆变器的电流。最小运行电压下降到 25%，将使逆变器电流达额定电流的 2 倍，但仍需 95mF 的电容，电容仅减少了 20%。

5.3.4 三相不平衡暂降对应的直流电压

正常运行时，直流母线电压在某种程度上被直流母线电容平滑，电容越大，电压纹波越小。对于单相整流器，在一个周波内，电容器仅放电两次，而三相整流器中，每个周波放电 6 次。图 5.19 给出了不同的电容器规格，三相整流器后的直流母线电压，从直流母线上馈电的负荷假设为恒功率型负荷，电容大小选择如下：对大电容和直流母线 100% 电压，电压初始衰减率为当交流电压下降时，每周波下降 10%；对小电容，初始衰减率为每周波 75%，可更进一步将其与驱动器参数联系起来。

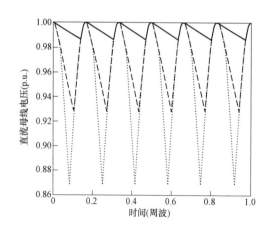

图 5.19 正常运行时三相整流器后对大电容（实线）、小电容（虚线）和无电容（点线）3 种情况下的直流母线电压

在 4.4 节中已发现，多数三相负荷经历的暂降为 A、C 和 D 类。对于 A 类暂降，三相幅值下降相同，图 5.19 中所有 6 个电压脉冲的幅值都下降，连到直流母线上的电容将放完电，直到直流母线电压再次降到低于交流电压峰值，这种情况的电压耐受能力已在上节分析。

5.3.4.1 C 类暂降

对于三相不平衡 C 类或 D 类暂降，不同相的电压降不同，某些相电压还有相位跳变。因此，驱动器的直流母线电压特性与平衡暂降情况下相比完全不同。图 5.20 的上部给出了 C 类暂降时驱动器端电压波形。注意，由于驱动器是△形连接的，这些电压是相间电压。当正弦波各自运动时，两相电压降低，第三相电压幅值不变，图中给的是 50% 幅值，0 相位跳变为特征的暂降。驱动器端两相电压为 66.1%，第三相为 100%，相位跳变分别为 −19.1°、＋19.1° 和 0。

三相不平衡暂降对直流母线电压的影响如图5.20的下部。所用电容器大小与图5.19相同，可见，即使是小电容，直流母线电压也不会低于70%。对于大电容，直流母线电压很难偏离其正常运行值。对于后一种情况，无论暂降的特征幅值如何，在C类暂降期间，驱动器不会脱扣。由于一相电压保持在暂降前水平，在暂降过程中，三相整流器简单地像单相整流器一样运行。直流母线电压仅温和下降（事实上，电压纹波增加）。起始性能与前面讨论的由三相故障引起的平衡暂降相同，主要区别是，半周波后直流母线电压恢复，这是由于对C类暂降而言，有一相的电压维持在标称电压。

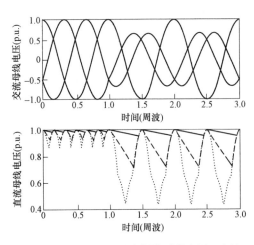

图 5.20　C类三相不平衡暂降时的电压：交流（上）、直流（下）对大电容（实线）、小电容（虚线）和无电容（点线）的情况

5.3.4.2　D 类暂降

对一个特征幅值为50%，特征相位跳变为0的D类三相不平衡暂降，整流器交流侧和直流侧电压如图5.21所示。驱动器侧电压幅值为50%，90.14%，90.14%，相位跳变为0、−13.9°和+13.9°。

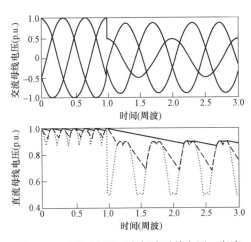

图 5.21　D类三相不平衡暂降时的电压：交流（上）、直流（下）对大电容（实线）、小电容（虚线）和无电容（点线）的情况

对于 D 类暂降，所有三相电压都下降，因此，不再有一相的电压来保持直流母线电压。幸运的是，三相中有两相的电压下降温和，即使是端点处故障，一相的电压降到 0，其余两相电压也不会低于 $\frac{\sqrt{3}}{2} \approx 86\%$。图 5.21 的上部给出的一相电压明显下降，另两相电压幅值下降小，其最大偏移各自独立。图 5.21 的下部给出这对直流母线电压的影响。对于直流母线电容值不太小的情况，直流母线电压达到略低于电压温和下降的两相的峰值电压的值。因此，暂降对直流母线电压、电动机转速与转矩的影响，比平衡暂降的影响小。

5.3.4.3　相位跳变

在图 5.20 和图 5.21 中，假设特征相位跳变为 0。这使两相电压峰值相同，对 D 类暂降是电压最高的两相（见图 5.21），C 类暂降是电压最低的两相（见图 5.20）。非零特征相位跳变使这两相中，当一相电压较低时，另一相较高。对于特征幅值为50%的三相不平衡 D 类暂降，其影响如图 5.22 所示。所有相位跳变假设为负相位跳变，正相位跳变有相同的影响。当没有电容连接到直流母线（点线）时，最小直流母线电压由交流侧最低电压确定。相位跳变的影响是使得最小直流母线电压更低，但对于直流母线上所接电容较大的驱动器，确定直流母线电压是最大峰值电压。对于每个驱动器，相位跳变增加，直流母线电压会升高，当相位跳变为 −30° 时，直流母线电压甚至比正常运行时还高。对于 −30° 的相位跳变是特征幅值为 50% 的暂降的极端情况。

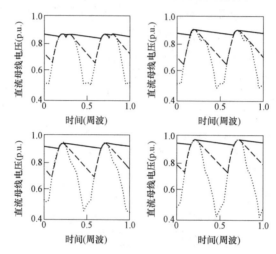

图 5.22　D 类特征幅值为 50% 相位跳变为 0°（上左）、10°（上右）、
20°（下左）、30°（下右）三相不平衡暂降时的直流母线电压
实线：大电容；虚线：小电容；点线：无电容

对于三相不平衡 C 类暂降，直流母线电压由幅值没下降的相的电压决定，相位跳变对该值没有影响，简单地看，仍维持在 100%。因此，假设直流母线连接的电容足够大，对于 C 类暂降，直流母线电压不受相位跳变影响。

5.3.4.4　电容器大小和暂降幅值的影响

在不平衡暂降过程中，直流母线电容的大小对直流母线电压的某些影响归纳到图 5.23～图 5.30。所有图中，水平轴为暂降特征幅值，实线对应于大电容，虚线对应于小电容，点线对应于完全无电容。图 5.23～图 5.26 对应于 C 类三相不平衡暂降，图 5.27～图 5.30 对应于 D 类暂降。

图 5.23 给出了对最小直流母线电压的影响。直流母线欠电压保护通常采用该值作为跳闸依据，因此，最小直流母线电压与驱动器电压耐受能力之间存在一个直接关系。由图可见，无论交流侧暂降深度如何，只要有充足的电容，直流母线电压就不会低于标称值。显然，这是由于有一相交流电压保持在其标称值。对一个大电容而言，直流母线电压降很小。电容越小，直流母线电压降越大。

图 5.24 给出了暂降幅值和电容大小对直流母线上电压纹波的影响，电容越大，特征幅值越大，电压纹波就越小，大电容又抑制了直流母线上的电压扰动。有的驱动器用电压纹波检测整流器的失灵，在较大纹波电压可以指明一个触发电路错误的受控整流器

中，这种方法更多地被采用。这种情况下，该图在一定程度上令人误解，因为，大电容也会使检测整流器中的不平衡变得更困难（就像晶闸管触发错误）。在这种情况下，要么应采用更敏感的电压纹波保护定值，要么将整流器电流用作检测判据（可能会引入对不平衡暂降更敏感的电流）。

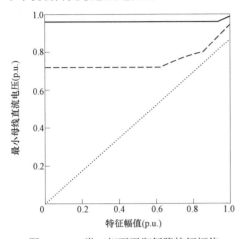

图 5.23　C 类三相不平衡暂降特征幅值
作用下的最小直流母线电压
实线：大电容；虚线：小电容；点线：无电容

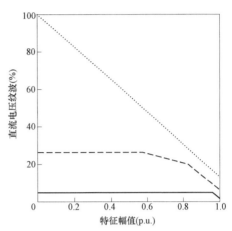

图 5.24　C 类三相不平衡暂降引起的
直流母线处的电压纹波
实线：大电容；虚线：小电容；点线：无电容

平均直流母线电压如图 5.25 所示，有效值如图 5.26 所示，这些确定驱动器所驱动的电动机转速如何下降。可见，电压平均值或有效值下降没有最小电压那样具有戏剧性，这里显然电容也较大，速度下降较小，尤其是对持续时间较长的暂降，或更低的负荷，这是决定性的差异，当然，需假设在暂降过程中逆变器能运行。这种情况更有可能是大电容，大电容时直流母线电压比小电容时高，小电容情况下在两个周波内直流电压降到较低值。

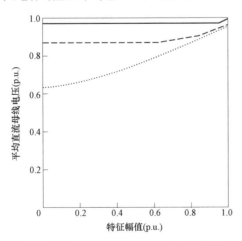

图 5.25　C 类三相不平衡电压暂降引起的
平均直流母线电压
实线：大电容；虚线：小电容；点线：无电容

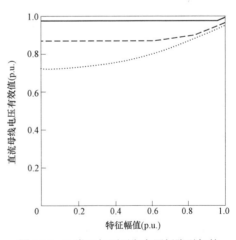

图 5.26　C 类三相不平衡电压暂降引起的
直流母线电压有效值
实线：大电容；虚线：小电容；点线：无电容

D 类三相不平衡暂降结果如图 5.27～图 5.30。从图 5.21 中可见，对于大电容，不会立即达到新的稳态。D 类暂降的所有值均在暂降的第三周波计算，D 类暂降直流母线电压最小值如图 5.27 所示，与图 5.23 的 C 类暂降相比较，即使有大电容，D 类暂降直流母线电压最小值也会以更低的特征幅值连续下降。但电容增大能明显减少直流母线电压下降，对有大电容的驱动器，即使发生最深的暂降，直流母线电压也不会降到低于 80% 的水平。

图 5.28 给出了 D 类暂降的电压纹波，与 C 类暂降有相似的特性，电压纹波按相对于标称电压的峰-峰纹波进行计算，因此，对于 D 特征幅值的暂降，无电容的驱动器电压纹波不会达到 100%。

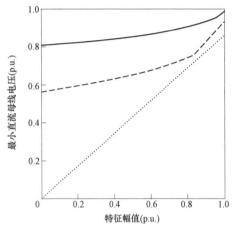 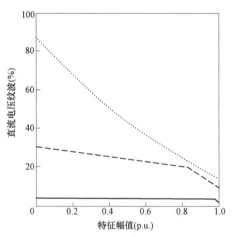

图 5.27　D 类三相不平衡电压暂降引起的
最小直流母线电压
实线：大电容；虚线：小电容；点线：无电容

图 5.28　D 类三相不平衡电压暂降引起的
直流母线处的电压纹波
实线：大电容；虚线：小电容；点线：无电容

图 5.29 和 5.30 给出了直流母线电压平均值和有效值，可见与 C 类暂降有相似值，

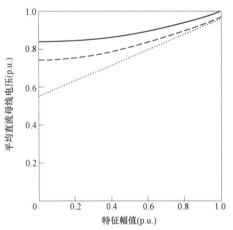 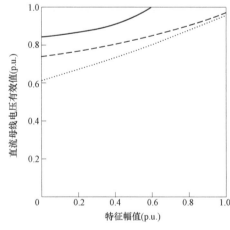

图 5.29　D 类三相不平衡电压暂降引起的
平均直流母线电压
实线：大电容；虚线：小电容；点线：无电容

图 5.30　D 类三相不平衡电压暂降引起的
直流母线电压有效值
实线：大电容；虚线：小电容；点线：无电容

区别是，随着特征幅值下降，直流母线电压连续下降，D 类深暂降将比 C 类相同幅值电压引起电动机转速更大的下降，对于浅暂降，对电动机的影响大致相同。

5.3.4.5　直流母线电容大小

在前面的图中，对连在直流母线上电容的 3 个值计算了直流母线电压，分别被称为"大电容"、"小电容"和"无电容"，大和小是以直流母线电压的初始衰减为依据进行量化的，大电容每周衰减 10%，小电容每周衰减 75%，这里量化对应的电容量的 μF 值。

在暂降过程中，直流母线电压 $V(t)$ 受能量守恒定律控制，电负荷功率 P 等于直流母线电容器储存的能量的改变量，其公式形式为

$$\frac{\mathrm{d}}{\mathrm{d}t}\left(\frac{1}{2}CV^2\right)=P \tag{5-15}$$

设 V_0 为暂降开始时的直流母线电压，则可得暂降开始时：

$$CV_0\frac{\mathrm{d}V}{\mathrm{d}t}=P \tag{5-16}$$

根据式（5-16），可计算直流母线电压起始衰减率：

$$\frac{\mathrm{d}V}{\mathrm{d}t}=\frac{P}{CV_0} \tag{5-17}$$

根据式（5-16）可得为达到给定直流母线电压衰减率所需电容大小的表达式：

$$C=\frac{P}{V_0\dfrac{\mathrm{d}V}{\mathrm{d}t}} \tag{5-18}$$

例：对与前面相同的驱动器参数（620V，86kW），可用式（5-18）计算所需电容的大小，第一步，可将每周的百分数转换成每秒多少伏：

75%/周波＝27900V/s

10%/周波＝3730V/s

为了得到每周波 75% 的衰减率，需要电容大小为

$$C=\frac{86\mathrm{kW}}{620\mathrm{V}\times 27\,900\mathrm{V/s}}\approx 4972\mu\mathrm{F} \tag{5-19}$$

或 57.8μF/kW。

相似地，对于每周波 10% 的衰减率，电容为 37.3mF 或 433μF/kW。这些值需与当前驱动器所用电容大小进行比较，现有值在 75～360μF/kW[138]，可见对当前的变速驱动器，用大电容曲线是可行的。

5.3.4.6　负荷影响

如 4.8 节，负荷对暂降的主要影响是由于异步电动机负荷减小了负序电压，为了分析对变速驱动器的影响，再次用降低了的负序电压的 C 类和 D 类暂降计算不可控整流器后的直流母线电压，采用图 4.138 和图 4.139 相同的方法，计算负序电压减小了的三相

不平衡暂降。对于三相不平衡暂降,用特征幅值的 50% 和 0 相位跳变进行分析,对于 50% 的 C 类暂降,设备侧电压为

$$V_a = 1$$

$$V_b = -\frac{1}{2} - \frac{1}{4} j\sqrt{3}$$ （5-20）

$$V_c = -\frac{1}{2} + \frac{1}{4} j\sqrt{3}$$

对 D 类暂降为

$$V_a = \frac{1}{2}$$

$$V_b = -\frac{1}{4} - \frac{1}{2} j\sqrt{3}$$ （5-21）

$$V_c = -\frac{1}{4} + \frac{1}{2} j\sqrt{3}$$

对 C 类暂降,将相电压分解为序分量得:

$$V_1 = \frac{3}{4}$$

$$V_2 = \frac{1}{4}$$ （5-22）

对 D 类暂降,有

$$V_1 = \frac{3}{4}$$

$$V_2 = -\frac{1}{4}$$ （5-23）

通过保持正序电压恒定,减小负序电压,得畸变 C 类暂降,以此仿真异步电动机负荷的影响,如果假设负序电压按系数 β 下降,当其从 V_2 降到 $(1-\beta)V_2$ 时,可由下式求出相电压:

$$V_a = V_1 + (1-\beta)V_2$$
$$V_b = V_1 + a^2(1-\beta)V_2$$ （5-24）
$$V_c = V_1 + a(1-\beta)V_2$$

式中, $a = -\frac{1}{2} + \frac{1}{2} j\sqrt{3}$ 。

用与非畸变暂降相同的方法,用所得相电压计算暂降过程中的直流母线电压,结果如图 5.31～图 5.34 所示。图 5.31 给出了作为负序电压下降的函数的平均直流母线电压。

注意，负序电压下降 50%需非常大的异步电动机负荷。从图 5.31 可见，当使用电容器时，异步电动机负荷使直流母线电压最小值下降。对于没有使用直流电容器的驱动器，最小直流母线电压会上升。负序电压下降使得三相电压幅值靠近，因此，电容器的影响减小，图 5.33 中 D 类暂降有相同的影响，图 5.32 和图 5.34 也给出了随电动机负荷增加，平均直流母线电压下降的情况。

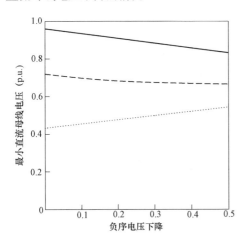

图 5.31　异步电动机引起的 C 类电压暂降
对最小直流母线电压的影响
实线：大电容；虚线：小电容；点线：无电容

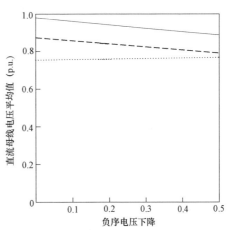

图 5.32　异步电动机引起的 C 类电压暂降
对直流母线电压平均值的影响
实线：大电容；虚线：小电容；点线：无电容

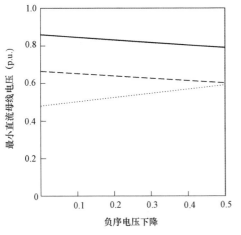

图 5.33　异步电动机引起的 D 类电压暂降
对最小直流母线电压的影响
实线：大电容；虚线：小电容；点线：无电容

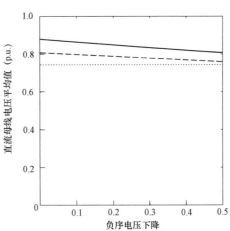

图 5.34　异步电动机引起的 D 类电压暂降
对直流母线电压平均值的影响
实线：大电容；虚线：小电容；点线：无电容

5.3.4.7　控制器供电

在较早的驱动器中，PWM 逆变器的控制电子元件由供电网供电，这使得驱动器对供电系统的扰动很敏感。在现代驱动器中，控制电子元件由直流母线供电，由于有电容器，其电压更恒定。基于相同的原因，可用于过程控制设备。控制器基本上是小功率设备，仅需较少储能就能抗暂降。驱动器控制器供电设计应保证控制器至少能维持电力电子元件或电动机永久性或持续运行，而不出现持续脱扣，不能让控制器成为驱动器的薄弱部分。图 5.35 为调速驱动内控制电路的供电电源结构。连接在整流器和逆变器之间的直流母线上的电容一般不能维持几周波以上平衡暂降的电动机负荷和控制器电能的需要，可用多种方式保证控制器的供电：

（1）通过抑制逆变器触发，使直流母线电容不再向电动机放电，控制器消耗的功率比电动机小得多，即使发生较长电压暂降，电容器也可以较容易地给控制器供电。当供电电压恢复时，控制器能自动重启负荷。

（2）在直流母线和控制电路之间 DC-DC 切换模式供电的低压侧安装附加电容，由于该电容仅给控制器供电，电容相对仅需较小值，当然备用电池也能满足该需要。

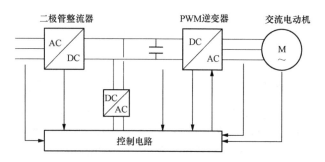

图 5.35　调速驱动内控制电路的供电电源结构

（3）有些驱动在暂降或短时电压中断的过程中，用电动机旋转的能量给控制器提供能量。这会引起电动机转速很小的下降，小到可以忽略。这需特殊的逆变器控制技术以及暂降检测方法[33]。

5.3.5　电流不平衡

5.3.5.1　仿真

交流电压不平衡不仅造成直流电压纹波增加，而且交流电流也会出现大的不平衡，该不平衡取决于暂降类型。首先分析 D 类暂降，其中一相电压较另两相低。图 5.36 的上面部分给出了一个 D 类暂降，特征幅值等于 50%，为在一个周波内交流侧电压（绝对值）与直流母线电压（靠顶部的实线）的比较，这里假设在整个暂降过程中，直流母线电压不改变。当交流电压（绝对值）大于直流电压时，整流器仅传递电流，并假设该电流正比于交流电压绝对值与直流电压之差，这样得到图 5.36 中剩余 3 个图中的线电流。

图 5.36 中顶部图中给出的 3 个电压是 a 与 b、b 与 c，c 与 a 相之间的电压差（分别用虚线、点画线、点线表示）。当 a、c 相间电压（点线）超过直流电压时，产生第一个脉冲（在 $t=0.2$ 周波附近），在 a、c 相间得到一个脉冲；在 $t=0.3$ 周波附近，b、c 相间电压超过直流电压，得到 b、c 相间一个电流脉冲，该过程自己重复在 $t=0.7$ 周波和 $t=0.8$ 周波附近，因为此时交流电压反向，电流流向反向。反之，$t=0.2$ 周波，c、a 相间

电压为负，得电流从 a 相流向 c 相；电压为正，电流从 c 相流向 a 相。a 与 b 相间的电压下降较大，a 与 b 相间没有电流脉冲，这样 a、b 相每周波失去两个脉冲。

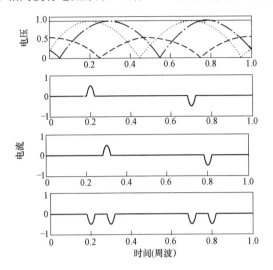

图 5.36　D 类三相不平衡暂降时交流侧电压（顶）和
电流（从上到下为 a 相、b 相、c 相）

正常情况下每周电容器放电 6 次，现在却只有 4 次，这 4 次放电必须与 6 次放电的电荷相同，结果脉冲幅值将上升 50%。

对 C 类暂降，情况更糟，如图 5.37 顶部曲线，一个线电压比其余两个大。因此，该电压引起电流脉冲，这样三相的电流脉冲如图 5.37 底部 3 曲线。

由于 C 类暂降的电流脉冲数从 6 个/周波减少到 2 个/周波，故过电流达 200%。注意，对一浅暂降，电流已上升为一个过电流。这时，一个或两个电压降到低于直流母线电压，产生脉冲损失，剩余的电流脉冲必须升高以补偿该损失。

5.3.5.2　测量

图 5.38、图 5.39 和图 5.40 给出了变速驱动器输入电流的测量结果[27],[30]。图 5.38 是正常运行时驱动器的输入电流，只给出了两个电流，第三个电流与另两个之一相似。驱动器△形连接，因此，每个电流脉冲出现在两相。三相中每相 4 个脉冲的总和意味着电容器每周波充电 6 个脉冲。这里的供电电压有小的不平衡，导致了电流脉冲之间的不同。可发现，电流脉冲的幅值在 200～250A。

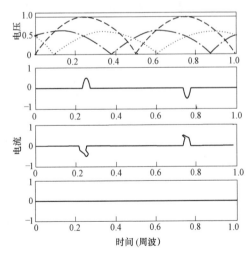

图 5.37　C 类三相不平衡暂降时交流侧电压（顶）
和电流（从上到下为 a 相、b 相、c 相）

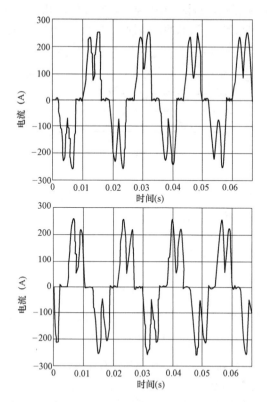

图 5.38 正常运行情况下交流驱动的输入电流（从 Mansoor[27] 复制）

图 5.39 给出了供电电压不平衡的相同的电流，最高电压幅值比最低电压高 3.6%，这样一个小的不平衡引起与同一线电压有关的两个脉冲的损失，只剩下 4 个脉冲，幅值在 300～350A，证明了前面预测的 50%过电流。

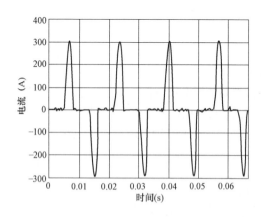

图 5.39　电压不平衡情况下交流驱动的输入电流（从 Mansoor[27] 复制）（一）

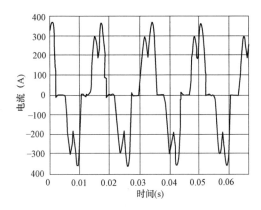

图 5.39 电压不平衡情况下交流驱动的输入电流（从 Mansoor[27] 复制）（二）

图 5.40 给出整流器侧单相暂降时整流器输入电流,被测暂降由 3 个功率放大器产生,如 4.4 节的分析,单相故障在△形连接的负荷引起一个 D 类暂降,剩余 2 个脉冲/周波和 500~600A 的峰值电流证明了前面的 200%过电流。

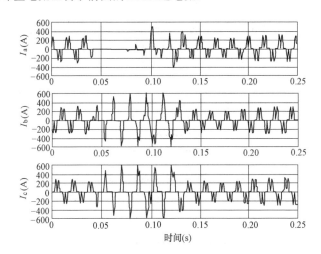

图 5.40 单相故障时交流驱动的输入电流（从 Mansoor[27] 复制）

5.3.6 不平衡电动机电压

通过电压源型换流器（VSC）和脉宽调制（PWM）,直流母线电压被转换成所需幅值和频率的交流电压,脉宽调制原理可用图 5.41 来解释,产生一个典型频率为几百赫兹的载波信号 V_{cr},并与参考信号 V_{ref}（图 5.41 上面图中的虚线）相比较。参考信号是所需电动机侧电压,有确定幅值、频率和相位。如果参数信号比载波信号大,逆变器输出就等于正的输出信号 V_+,否则相反:

$$V_{out} = V_+, \quad V_{ref} > V_{cr}$$
$$V_{out} = V_-, \quad V_{ref} < V_{cr}$$

（5-25）

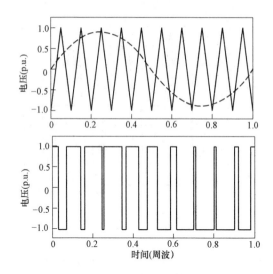

图 5.41 脉宽调制原则:顶部是带参考信号(虚线)的
载波信号图,底部是脉宽调制信号图

得到的输出电压 V_{out} 如图 5.41 中的下面曲线。可以证明,输出电压由基频正弦波和开关频率的谐波构成[43],后者可用一低通滤波器滤除,剩下所需正弦电压。如果直流母线电压变化,正、负输出电压 V_+ 和 V_- 将按比例变化,这些变化将以输出电压的幅值调制形式出现。假设所需电动机电压为

$$V_a = V_m \cos(2\pi f_m t)$$
$$V_b = V_m \cos(2\pi f_m t - 120°)$$
$$V_c = V_m \cos(2\pi f_m t + 120°)$$

(5-26)

假设 PWM 切换所产生的高频谐波全被低通滤波器滤除,但直流母线电压的变化没被滤波器滤除。对于直流母线电压 $V_{dc}(t)$,电动机电压是所需电压和标么值直流母线电压的综合结果:

$$V_a = V_{dc}(t) \times V_m \cos(2\pi f_m t)$$
$$V_b = V_{dc}(t) \times V_m \cos(2\pi f_m t - 120°)$$
$$V_c = V_{dc}(t) \times V_m \cos(2\pi f_m t + 120°)$$

(5-27)

一般地,电动机频率不等于系统频率,因此,直流电压纹波与电动机频率不同步,这可能引起电动机电压不平衡和间谐波。

对于不同特征幅值和电动机频率,计算了 C 类和 D 类暂降时电动机侧电压,直流母线上接有一小电容,图 5.42(纵坐标单位为 p.u.)给出了 C 类 50%暂降和电动机频率等于基波频率的结果。可见,电动机端电压因直流母线电压纹波而严重畸变,其中一相下降到 75%,而另两相仍保持在 100%。图 5.42 中直流母线用虚线表示,图 5.43(纵坐标单位为 p.u.)给出了 D 类暂降幅值为 50%,电动机频率为 50Hz 的结果,其影响与 C 类暂降相似,但没有 C 类暂降严重。

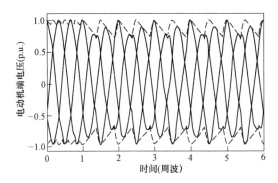

图 5.42　特征幅值为 50% 的 C 类三相不平衡暂降引起的电动机端电压
（电动机频率为 50Hz），直流母线电压如虚线所示

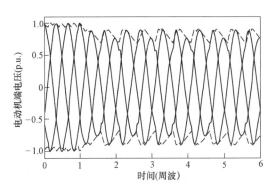

图 5.43　特征幅值为 50% 的 D 类三相不平衡暂降引起的电动机端电压
（电动机频率为 50Hz），直流母线电压如虚线所示

　　图 5.44（纵坐标单位为 p.u.）给出了电动机频率为 40Hz，供电频率为 50Hz 的 3 个电动机侧电压，电动机频率不再是系统频率两倍（直流纹波频率）的整分数倍，但电动机频率（50ms）的两个周波对应于系统频率的 5 个半周波。因此，机端电压的周波是 50ms。在图 5.44 中，次谐波清晰可见。

　　图 5.45（纵坐标单位为 p.u.）给出了作为电动机速度的函数的电动机侧电压的不平衡情况。不平衡度同时用电压的正序和负序分量来表示。负序分量越大，不平衡度越大。可见，电动机频率在 50Hz 附近，不平衡度最大，对于低转速，不平衡度很小，注意驱动器的供电侧电压（如 C 类暂降）包含 25% 的负序和 75% 的正序电压。即使仅有一个小的直流电容器，电动机端的不平衡度也明显比供电端小。

　　计算结果归纳到表 5.8，得到的最大和最小正序、负序电压如图 5.45 所示（在两种情况下最低负序电压小于 0.01%），所得平均直流母线电压如图 5.25 所示，直流母线电压有效值如图 5.26 所示，对于一个大直流母线电容，直流母线电压纹波变得非常小，因此，无论供电电压的不平衡度有多大，电动机端电压都会维持平衡。

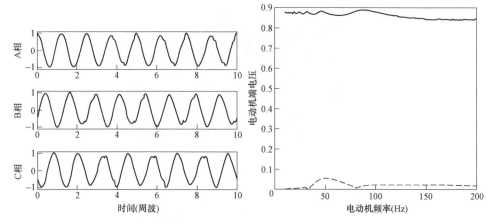

图 5.44　特征幅值为 50%的 C 类三相
不平衡暂降引起的电动机端电压
（电动机转速为 40Hz）

图 5.45　电动机转速作用下的电动机端电压的
正序（实线）和负序（虚线）分量；
调速驱动供电端产生一个特征幅值
为 50%的 C 类暂降

表 5.8　　特征幅值为 50%的 C 类暂降引起的交流驱动器电动机终端和直流母线电压

	正序电压		负序电压	直流母线电压	
	最大值	最小值	最大值	平均值	有效值
小电容	88.88%	83.44%	5.56%	87.38%	87.80%
大电容	98.25%	96.91%	0.81%	97.83%	97.84%

5.3.7　电动机减速

因前面讨论的特征，许多交流变速驱动器会跳闸。驱动器跳闸后，简单地，异步电动机连续减速，直到其转速超出过程可接受范围。除非驱动器的电气部分能承受暂降，否则系统电压下降就会引起电动机端电压下降。下面对平衡与不平衡暂降估计电动机转速。采用简化电动机模型，电气转矩正比于电压的平方，但独立于电动机转速；机械转矩为常数。

5.3.7.1　平衡暂降

平衡暂降时所有三相电压下降值相同，假设电动机机端电压等于其供电电压（p.u.），因此，机端电压暂降与整流器端暂降严格相等。直流母线电容会稍微延迟直流母线电压下降，因此，电动机端电压降也会延迟。但我们发现该影响相对小，电动机端电压下降会引起转矩下降，转速也会下降，该转速下降会使需过程控制干预的生产过程被破坏，电动机速度受能量平衡所控制：

$$\frac{\mathrm{d}}{\mathrm{d}t}\left(\frac{1}{2}J\omega^2\right)=\omega(T_{\mathrm{el}}-T_{\mathrm{mech}}) \tag{5-28}$$

式中，J 为电动机和机械负荷的机械要素；ω 为电动机转速（rad/s）；T_{el} 为作用于电动机的电气转矩；T_{mech} 为机械负荷转矩。电气转矩 T_{el} 正比于电压的平方。假设电压为 1p.u.

时，电动机在稳态运行，因此

$$T_{el} = V^2 T_{mech} \qquad (5\text{-}29)$$

当 $V=1$ 时，电气和机械转矩相等，所得电动机转速下降的表达式为

$$\frac{\mathrm{d}\omega}{\mathrm{d}t} = \frac{(V^2-1)T_{mech}}{J} \qquad (5\text{-}30)$$

由动能与机械输出功率之比决定的电动机-负荷组合的惯性常数 H 为

$$H = \frac{\frac{1}{2}J\omega_0^2}{\omega_0 T_{mech}} \qquad (5\text{-}31)$$

若正常速度下的角频率为 ω_0，则滑差率为

$$s = \frac{\omega_0 - \omega}{\omega_0} \qquad (5\text{-}32)$$

用式（5-30）组合式（5-31）和式（5-32）得暂降时电动机滑差率变化率的表达式：

$$\frac{\mathrm{d}s}{\mathrm{d}t} = \frac{1-V^2}{2H} \qquad (5\text{-}33)$$

因此，对于持续时间为 Δt，幅值为 V 的暂降，滑差率增量为

$$\Delta s = \frac{\mathrm{d}s}{\mathrm{d}t}\Delta t = \frac{1-V^2}{2H}\Delta t \qquad (5\text{-}34)$$

惯性常数 H 越大，滑差率增量越小。对于对速度变化敏感的过程，通过增大负荷惯性可提高电压耐受能力。图 5.46 给出了惯性常数 $H=0.96\mathrm{s}$ 时，暂降幅值和持续时间函数的滑差率增量。注意，滑差率增加对应于转速下降，给出的 4 条滑差率增量曲线对应于 4 个不同暂降持续时间，分别为 50Hz 系统中的 2.5、5、7.5 和 10 周波，正如料想的一样，暂降越深，持续时间越长，转速下降也越大，但即使对 0 电压（PWM 不能工作），转速下降在暂降过程中也仅为几个百分点。

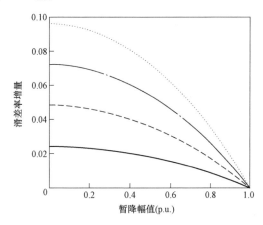

图 5.46 不同持续时间暂降作用下的滑差率增量：
50ms（实线），100ms（虚线），
150ms（点画线），200ms（点线）

如果最大允许滑差率增量（滑差率耐受能力）等于 Δs_{max}，对于暂降持续时间 T，最小允许暂降幅值 V_{min} 为

$$V_{min} = \sqrt{1 - \frac{2H\Delta s_{max}}{T}} \qquad (5\text{-}35)$$

持续时间为 $2H\Delta s_{max}$ 的 0 电压能被耐受，对 $H=0.96\mathrm{s}$ 和不同滑差率耐受能力 Δs_{max} 所得电压耐受曲线如图 5.47 所示，这些曲线是不同约束因素使机械负荷速度下降的变速

驱动器的电压耐受曲线。

注意，前面引用的变速驱动器耐受能力是超过1%或2%的曲线，这主要是因为驱动器的电力电子部分的敏感度，也应注意，已假设驱动器处于运行状态，驱动器临时跳闸会导致驱动器侧的0电压，这显然会导致转速的更大下降。

5.3.7.2 不平衡暂降

假设电动机侧电压构成一个平衡三相集合，计算得图5.46和图5.47中的曲线。对于平衡暂降，显然是这样的情况，但由于在上节已看到，对于一个不平衡暂降，电动机端电压也相当平衡。直流母线电容越大，电动机端电压越平衡。以上电动机滑差率的计算仍适用，当电动机端电压严重不平衡时，应用正序电压。

假设电动机端正序电压等于直流母线电压有效值，三相不平衡暂降对电动机转速的影响已被计算。这有点近似，但我们发现，即使对于供电电压大的不平衡，电动机端电压仅略为不平衡。对于带大直流母线电容的驱动器尤其如此。用与图5.26和图5.30相同的方法计算直流母线电压有效值，按式（5-34）用以计算电动机转速下降量，并得到电压耐受曲线，如图5.47所示。C类暂降的计算结果如

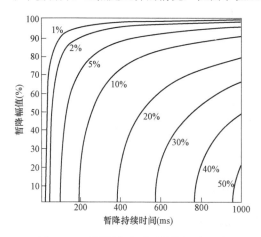

图5.47　不同滑差率耐受值的调速驱动
对三相平衡暂降的电压耐受曲线

图5.48，图5.49和图5.50所示。图5.48和图5.49分别给出了直流母线上无电容和带小电容时，负荷能耐受的不同转速最大下降值对应的电压耐受曲线。即使是小电容，也能明显地提高电动机的电压耐受能力。低于一个给定暂降特征幅值，直流母线电压有效值维持恒定，这显示为图5.49中的垂直线部分。图5.50比较了负荷滑差率耐受能力为1%，直流母线电容大、小和无电容时驱动器的电压耐受曲线。可见，电容器大小明显影响了驱动器特性。

对C类暂降，电容大小对驱动器特性有大的提高，显然与交流供电电压不下降的那一相有关。对于大电容，该相能维持供电电压就像几乎什么都没发生。对D类暂降，这种影响要小，即使受最小影响的相的电压幅值下降。图5.51给出D类暂降时电容大小对电压耐受能力的影响，左边3条曲线的滑差率耐受能力为1%，右边的滑差率耐受能力为10%。对于滑差率耐受能力为1%的情况，这种提高可看作是边际的，但应意识到，深电压暂降的持续时间主要为100ms，当暂降为50%时，大电容将电压耐受能力从50ms提高到95ms，这也能大大减少设备跳闸次数。

从图5.48～图5.51可清楚看到，不平衡暂降对电动机转速的影响小，防止转速变化的最佳方式是用大直流母线电容和保持驱动器正常，小的转速变化如果不能被负荷承受，可用控制系统进行补偿。

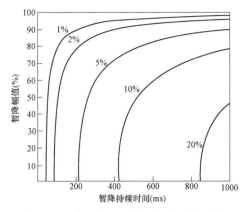

图 5.48　直流母线处未接入电容时不同
滑差率耐受值对 C 类暂降的电压耐受能力

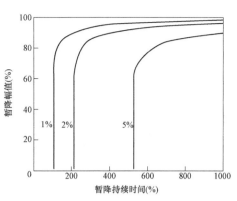

图 5.49　直流母线处接入小电容时不同
滑差率耐受值对 C 类暂降的电压耐受能力

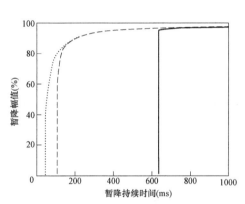

图 5.50　直流处接入大电容（实线）、
小电容（虚线）和未接入电容（点线）时
对 C 类暂降的电压耐受能力

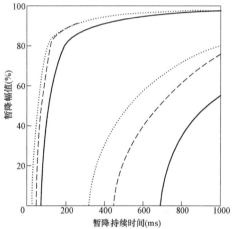

图 5.51　对于两个滑差率暂降耐受值，D 类
暂降的电压耐受能力直流母线处接入大电容
（实线）、小电容（虚线）、无电容（点线）

5.3.8　自动重启

如前所见，对于仅持续几周的暂降，许多驱动器因欠电压跳闸，但这种跳闸并不是总意味着过程中断，出现跳闸后会发生什么，取决于电压恢复时电动机如何反应，文献[51]进行了较好总结，基本内容如下：

（1）有些驱动器直接跳闸并等待人工重启，这必然导致过程中断。驱动器跳闸后不能自动恢复看起来是相当糟糕的选择，但是有些情况下这是最好的方式。有些过程对驱动器停运不是很敏感，一个标准例子是用于空调的驱动器，气流中断几分钟很少引起关注，在其他范围人们发现过程对速度变化相当敏感，即使很小的速度变化也会严重地中断过程，最好不要重启驱动器。重启驱动器必然导致一个转速和转矩暂态，可能使情况变得更差，从安全的角度考虑，完全停运比自动重启更好些。

（2）有的驱动器在自动重启前等待几分钟，这样可确保电动机负荷完全停止，控制系统仅简单地按正常启动一样的方式启动，采用延迟后自动重启的方式，必须进行安全测试，以保证电动机重启不会伤害任何人。

（3）驱动器的控制系统能提供电气或机械制动，迫使负荷停止，然后进行正常启动。如果没有特定的控制措施，要在其遇到停顿前成功地重启驱动器是很难的。因此，强迫制动能减少恢复时间，其要求是，由驱动器驱动的过程要能耐受转速变化和因制动和再加速引起的转矩变化。

（4）许多驱动器在满负荷情况下能启动，当然也能驱动已开始转动的负荷，已转动的负荷的危险是，可能仍有部分气隙磁通会引起电动机端存在开路电压，当驱动器不同步被重启时，由于剩磁可能发生严重的电气暂态，解决办法是延迟大约 1s 重启，以使剩磁得到衰减。这种方法意味着大约 1~2s 内电动机没有供电，这时电动机转速衰减到典型值标称转速的 50%，具体取决于负荷的惯性，在重启的瞬间，逆变器频率也不等于电动机转速，这引起的机械暂态过程可能不能承受。

（5）可能需采用一个转速识别技术以确保逆变器在适当的速度时驱动负荷，这样可减小重启时的机械暂态并使电动机快速恢复，转速识别的过程应能在几周波内识别出电动机速度，以使驱动器快速重启。

（6）为了严格限制转速下降和恢复时间，驱动器需在电压恢复后快速重启，为此，逆变器应能与剩余定子电压再同步，这需有额外的电压传感器，因此增加了驱动器成本。

（7）取代暂降后驱动器再同步，可以在暂降过程中保持逆变器与电动机同步，这要求有一个更复杂的测量和控制机制。

图 5.52 和图 5.53 给出了自动重启驱动器的响应，在图 5.52 中，驱动器同步重启引起转速下降在 10% 以内。在暂降过程中，电动机电流降到 0，这说明逆变器不能运行（抑制逆变器晶体管触发）。在电压恢复的瞬间，逆变器运行会引起大的电动机峰值电流。由于电动机气隙磁场低且逆变器电压不同步，使得电动机实际再加速前另需 100ms。如果该电动机所驱动的过程能承受转速和转矩的变化，从过程的角度来看，这是一个成功

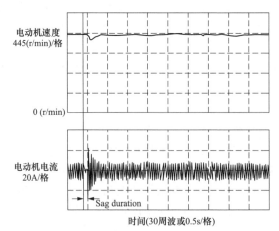

图 5.52　同步重启动的驱动响应（从 Mansoor[32] 复制）

的穿越。在图 5.53 中可见在非同步重启过程中发生了什么,逆变器重新工作前花费约
1s,电动机启动再加速又用掉 500ms,在这些时间内,电动机速度几乎降到 0,如果该
电动机给任何生产过程提供动力,这几乎不能被接受,但是,如果电动机用于空气调节,
速度的暂时下降没有关系。

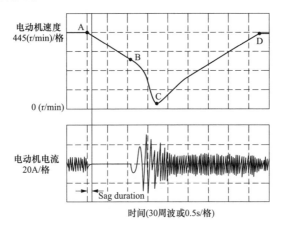

图 5.53 异步重启动的驱动响应(从 Mansoor[32] 复制)

5.3.9 交流驱动器抑制方法概述

5.3.9.1 自动重启

最常用方法是使逆变器不运行,电动机不再成为驱动器的负荷,这样可防止过电流、
过电压和转矩振荡的危险,电压恢复后,驱动器自动重启。这种方法的缺点是,电动机
速度比需要的下降得更多。当采用同步重启时,转速下降稍微受到限制,但非同步重启
可能引起转速非常大的下降,甚至电动机停运,这类驱动器最重要的要求是控制器始终
保持在运行状态,暂降过程中,控制器的能量可来自于直流母线电容或独立电容或电池。
另一种选择是,在暂降或短时中断过程中,可用机械负荷的动能向直流母线电容提供能量。

5.3.9.2 安装附加贮能元件

驱动器的电压耐受问题最终是一个能量问题,在许多应用中,电动机转速下降太多
而不能维持生产过程,通过在直流母线上附加电容或备用电池能解决该问题,安装接到
直流母线上的感应发电机组也能提供所需能量。为抵御三相暂降或短时中断,需较大的
贮能。对于由单相或相间故障引起的暂降,这些是最常见故障,仅需有限的贮能确保至
少一相电压维持在较高值即可。对于大多数暂降而言,这显然是提高电压耐受能力最容
易的方法。

5.3.9.3 改进整流器

采用二极管整流器便宜但使直流母线电压控制困难,交流电压最大值下降到低于直
流母线电压的瞬间,整流器停止供电,电动机由电容器供电,在直流驱动器中,采用由
晶闸管组成的可控整流器,就像在直流驱动器中所用的一样,得到直流母线电压的某些
控制。当交流母线电压降低时,晶闸管触发角可减小以维持直流母线电压。对于不平衡
暂降,三相控制相当复杂,需要不同的触发角,附加缺点是控制系统响应要花费几周,

触发角的控制使驱动器对相位跳变敏感。

另一种方法是采用额外的电力电子元件，在暂降过程中，从供电侧吸收更多的电流，一种电力电子电流源被安装在二极管整流器和直流母线电容之间，该电流可用保持暂降过程中直流母线电压恒定的方式控制[150,151]。

通过采用由自换相元件（如 IGBT）构成的整流器，完全控制直流电压是可能的，在文献［44］、［45］、［46］中，对交流电压的任意不平衡、下降或相位改变，提出了维持直流母线电压恒定的相关算法，另外一个优点是，这些 IGBT 逆变器能确保一个正弦输入电流，解决由变速驱动器引起的诸多谐波问题。

所以这些方法的主要局限是它们有一个最小运行电压，发生电压中断时肯定不能运行。

5.3.9.4 改进逆变器

除了控制直流母线电压，也可以控制电动机机端电压，通常速度控制器假设有恒定的直流母线电压，并据此计算逆变器的投切时间。在前面已发现，在理想电动机机端，这种影响是直流母线电压幅值调制形成的，该影响可通过计算投切时间的算法来分析直流母线电压，并以此进行补偿，为此式（5-25）可重写如下，其中，V_{dc} 为直流母线电压：

$$V_{out} = V_+, \frac{V_{ref}}{V_{dc}} > V_{cr}$$

$$V_{out} = V_-, \frac{V_{ref}}{V_{dc}} < V_{cr}$$

(5-36)

该式的影响是，当直流母线电压下降时（代替脉宽调制，这样得所谓的"脉宽区域调制"），增大了参考电压；该方法的缺点是，当驱动器接近标称转速运行时，会引起附加谐波畸变。同时，该方法有一个最小电压，低于该值不能正常运行。

5.4 直流变速驱动器

传统直流驱动器比交流驱动器更适合变速驱动运行。首先，近似认为交流电动机转速正比于电压频率，直流电动机转速正比于电压幅值，电压幅值比频率更易变化，仅仅通过引入带变频逆变器的功率变换器就可实现交流变速驱动，因此，本节将探讨暂降过程中直流驱动器的几个特性，而现代直流驱动器的多种不同结构、不同保护和控制策略等超出了本书的探讨范围，下面的探讨没有包括所有类型的直流驱动器的性能，而应看作是当电压暂降发生在直流驱动器端时可能出现的现象的一个特例。

5.4.1 直流驱动器的运行

5.4.1.1 结构

一种典型的直流驱动器结构如图 5.54 所示，主要耗能的电枢绕组通过三相可控整流器馈电。电枢电压受晶闸管触发角控制，触发角延迟越大，电枢电压越低。直流母线上一般没有接电容器。电枢电流的大小确定直流电动机的转矩，意味着由于电枢绕组的大电感，电枢电流中几乎没有纹波。励磁绕组仅消耗少量功率，因此，用单相整流器就足够了。励磁绕组由供电侧的一个相间电压供电。当利用磁场削弱来扩展直流电动机的转速范围时，需用单相可控整流器，也可以采用简单的二极管整流器。为限制磁场电流，一个电阻与磁场绕组串联，这样磁场电路主要是电阻性的，因此，电压波动引起电流和转矩波动。用一个电容来限制电压（和转矩）纹波，就像在单相整流器中限制电压纹波一样。

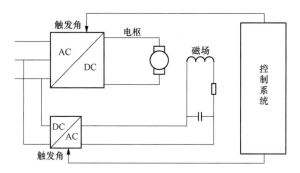

图 5.54　电枢绕组和励磁绕组独立的直流驱动

5.4.1.2　直流电动机速度控制

直流电动机标准等值电路如图 5.55 所示。由于仅考虑了电流和电压的直流分量，该电路仅适用于正常运行状态。我们还将进一步讨论一种考虑绕组电感的模型。

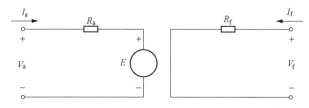

图 5.55　正常运行时直流电机的等值电路

由于电流 I_f 通过磁场绕组产生电压 V_f 为

$$V_f = R_f I_f \tag{5-37}$$

式中，R_f 是磁场电路的电阻（绕组电阻加其他附加串联电阻），该磁场电流产生气隙磁场：

$$\phi_f = k I_f \tag{5-38}$$

该磁场按速度 ω_m 旋转，在电枢绕组中感应一个电压 E，被称作"反电动势（back-EMF）"：

$$E = k \omega_m I_f \tag{5-39}$$

该感应电压限制电枢电流 I_a：

$$V_a = E + R_a I_a \tag{5-40}$$

式中，V_a 为电枢绕组上的电压；R_a 为电枢绕组的电阻。磁场电流和电枢电流一起产生一个转矩：

$$T_m = k I_a I_f \tag{5-41}$$

该转矩使电动机加速至使电动机转矩与负荷转矩达到平衡的转速。

电动机的典型设计是，电枢电阻小而磁场电阻相对较高，若忽略电枢电阻，便得下面电枢电压的表达式：

$$V_a \approx E = k\omega_m I_f \tag{5-42}$$

用磁场电压作为独立变量，重写该式，得直流电动机转速控制的基本表达式：

$$\omega_m = \frac{R_f}{k} \frac{V_a}{V_f} \tag{5-43}$$

电枢电压升高或者磁场电压降低都会使电动机转速增加。控制直流驱动的转速的方式有两种：

（1）电枢电压控制法：磁场电压保持在其最大值而通过控制电枢电压来控制转速，这也是先采用的方式。磁场电流很大，因此，对于给定转矩，电枢电流有其最小值，这样限制了电枢损耗和电刷磨损。

（2）磁场削弱法：当达到某一电枢电压值时，其电压不会再升高，保持恒定。这时通过减小磁场电压可进一步加大转速。由于电枢电流有一个最大值，随转速升高，最大转矩减小。

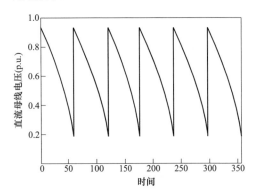

图 5.56 发射角为 50° 的受控整流器的输出电压，直流母线处未接入电容，注意与图 5.19 垂直方向刻度的不同

5.4.1.3 触发角控制

晶闸管整流器输出电压的直流分量随触发角变化。在每周波内，如果整流器导通的触发角的大小确定，平均输出电压也就确定，三相不可控整流器的输出电压如 5.3 节中的图 5.19，二极管开始导通的瞬间，其正向电压为正，只有在正向电压为正且栅极有一触发脉冲时，晶闸管才导通。通过在二极管要导通的瞬间触发晶闸管，可控整流器的输出才与不可控整流器的输出相同，这种触发方式被称为自然触发。将有延迟的触发角与自然触发比较，图 5.56 给出触发角为 50° 的三相晶闸管整流器的输出电压。

对于受控整流器的直流母线电压仍由 6 脉波组成，但与不可控整流器相比有些偏移，这是由于导通周波偏离了电压最大值，因此，平均电压变小。

在一个周波 $\frac{\alpha}{2\pi} \times T$ 内，触发角 α 延迟导通，T 为基频周期，对触发角 α，平均输出电压（即直流分量）为

$$V_{dc} = V_{max} \cos\alpha \tag{5-44}$$

式中，V_{max} 为不可控整流器的输出电压。

该电压中也包含有交流分量，其频率是系统频率的 6 倍，在 50Hz 系统中为 300Hz，60Hz 系统中为 360Hz。由于电枢绕组的电感大，该电压分量不会引起大的电流和转矩波动。

晶闸管触发发生在供电电压正弦波上的给定点，为此，控制系统需得到供电电压信

息。获得正确触发时间有下面 3 种方法：

（1）按与实际供电电压的过零点相比确定的延迟角触发晶闸管，在正常运行条件下，三相电压之间相差 120°，因此以一个电压过零点为参考点，所有触发时刻由此参考点确定，这种控制方式对供电电压相当敏感，任何过零点的改变都会引起触发角改变，从而改变电枢电压。由于晶体管整流器是供电电压正弦波缺口和波形畸变的主要原因，该问题尤其严重[53],[155]，在驱动器不能承受其自身的扰动发射时，人们自然会结束或放弃这种方式。

（2）以锁相环（PLL）的输出电压为参数。锁相环完全按照输入信号的基波分量同相位产生输出信号。参考信号不再对供电电压的短时变化敏感。当暂态过程中有相位跳变时，这种缓慢响应会成为严重的潜在问题。

（3）更高级的方法是用同步旋转 dq 坐标分析电压。在正向旋转坐标系中，电压由正比于正序供电电压的直流分量和正比于负序供电电压的 2 倍基频分量组成；在反向旋转坐标系中，直流分量正比于负序电压。用一个低通滤波器可得复数正、负序电压和所有所需系统电压信息。低通滤波器截止频率的选择是速度与扰动敏感度之间的一种折中[152],[153]。

5.4.2 平衡暂降

一个平衡暂降会导致直流电动机产生相当复杂的暂态过程，达到与原速度相同的一个新状态。然而新稳态难以达到。绝大多数驱动器，由于电力电子元件几种保护的干预，很早就会脱扣。即使驱动器没有脱扣，典型电压暂降也会超过 1s。只有在持续时间长的轻度暂降情况下，新稳态才能达到。

根据式（5-43），电动机转速正比于电枢电压与磁场电压的比值。三相电压暂降使电枢和磁场电压降低量相同，因此，转速维持在相同值，但是，式（5-43）反映的模型中忽略了暂态的影响，主要是由于电动机绕组电感和负荷惯性的影响，适当考虑暂态的模型，如图 5.57 所示，其中，L_a 和 L_f 分别是电枢和磁场绕组的电感。

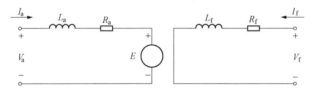

图 5.57　直流电动机的暂态等值电路

5.4.2.1　理论分析

假设控制系统和保护都不干预，电动机的定量特性可归纳如下：

（1）由于暂降，磁场绕组整流器交流侧的电压下降，导致磁场电流衰减。衰减速度取决于电感和电容中贮能的多少，通常电容器给出占主要的时间常数。因此，磁场电流的衰减可表示如下：

$$I_f(t) = I_{f_0}\left(1 - e^{-\frac{t}{\tau}}\right) \qquad (5\text{-}45)$$

式中，I_{f_0} 为起始电流；τ 为磁场电流衰减时间常数。

由式（5-45）所得磁场电流不会衰减到0，但当磁场电压再次达到交流电压幅值时，衰减将停止。对一个20%的电压降低，磁场电流也下降20%，这与5.2节分析的情况相同。唯一的区别是，用恒阻抗负荷代替恒功率负荷。对于较小的直流电压纹波，电容电压衰减用10周波或更长时间。因此，磁场电流的衰减也如此。注意，磁场电流的纹波直接转换为转矩纹波。由于后者不能接受，因此，常用大电容，有的驱动器采用恒压变压器给磁场绕组供电，这样磁场电流下降慢。

（2）电压暂降直接引起电枢电压下降，导致电枢电流衰减，其衰减与磁场电流衰减有些不同。电枢电流由电枢电压和感应反电动势之差驱动（反电动势，back-electromotive force）。由于该差值通常仅有百分之几，电枢电流变化可达很大。电流迅速衰减到0，但整流器会截止，因此，不会为负数，由图5.57可得由电枢电流 I_a 的微分方程：

$$V_a = L_a \frac{dI_a}{dt} + R_a I_a + E \tag{5-46}$$

在时间0处求解的电枢电流为

$$I_a = \frac{V_a - E}{R_a} + \left(I_0 - \frac{V_a - E}{R_a} \right) e^{-\frac{t}{\tau}} \tag{5-47}$$

式中，V_a 为暂态过程中的电枢电压，$\tau = \dfrac{L_a}{R_a}$。

如前所见，至少在几个周波内，磁场电流保持在接近于暂降前的值，因为，电动机速度不会立即下降，反电动势 E 保持不变，因此，电枢电压降的影响是电流下降到一个大的负值$(V_a - E)/R_a$。

用式（5-47）对 $t \ll \tau$ 近似估计电枢电流下降到0用多少时间，由 $e^{-\frac{t}{\tau}} \approx 1 - \dfrac{t}{\tau}$ 得

$$I_a \approx I_0 - \frac{E - V_a}{L_a} t \tag{5-48}$$

暂态前，稳态电流 I_0 可由下式求：

$$I_0 = \frac{1 - E}{R_a} \tag{5-49}$$

式中，稳态电枢电压设为1p.u.，用基频周波为单位的电流衰减到0的时间为

$$t = \frac{1}{2\pi} \left(\frac{X_a}{R_a} \right) \frac{1 - E}{1 - V} \tag{5-50}$$

式中，X_a 是基频下的电枢电抗，对于 $X_a/R_a \approx 31.4$ 和 $1 - E = 0.05$ 有

$$t = \frac{0.25}{1 - V} （周波） \tag{5-51}$$

对于下降到75%的电压暂降，电流在一周波内降到0；对于90%的暂降，电流衰减时间为2.5周波，仍然很快。因此，对于多数电压暂降，电枢电流和转矩会在几个周波内下降到0。

（3）电枢和磁场电流下降引起转矩下降，导致转速降低。转速和磁场电流下降又引

起反电动势下降。

（4）反向电动势迟早会变得比电枢电压小，电枢电流下降反向。因为，转速和磁场电流已下降，新的电枢电流比暂降前电流高。

（5）转速下降越多，反电动势下降越多，电枢电流增加越多，转矩增加越多。换句话说，直流电动机是基于反电动势的转速控制机制。

（6）转矩变得比负荷转矩大，负荷再加速。

（7）但对于较低的磁场电流，较大的电枢电流，负荷稳定在初始速度和转矩下。磁场电流降等于电压降，电枢电流增加量与磁场电流减小量相同，因为它们的转矩保持不变。

5.4.2.2 平衡暂降的仿真

为量化以上提及的特性，进行实际仿真，结果如图 5.58～图 5.61 所示，被仿真驱动器结构如图 5.54 所示，用三相整流器给电枢绕组供电，一单相整流器馈电给磁场绕组，驱动器在正常转速下运行。因此，整流器触发角为 0，在该系统中，时间常数为 100ms，电枢绕组与磁场绕组均为 100ms，用 660V 电压给一台 10kW 暂降前电动机供电，转速为 500r/min。电动机驱动负荷的初始转矩为 $3.65kg \cdot m/s^2$，负荷转矩正比于转速，用逐步逼近法通过求解微分方程进行仿真[154]。在 500ms（30 周波）（注意，这里又是 60Hz 系统）所有三相电压下降到 80%。图中绘出了暂降前 2 周波，暂降过程中 30 周波和暂降后 88 周波情况。

电枢电流如图 5.58 所示。由于前面所叙原因，电枢电流在很短时间内降到 0，直接结果是转矩也变为 0，如图 5.60 所示。该变化导致转速迅速下降，如图 5.61 所示。几周波后，因为反电动势变得比电枢电压低，磁场电流（图 5.59）和转速下降。从电枢电流和转矩恢复瞬间起，几百微秒后甚至超过它们暂降前数值，结果电动机再次提速。

在图中，$t = 0.5s$ 时，由于电压恢复，相反的影响发生。电枢电压变得比反电动势大很多，引起过电流、大转矩甚至明显的过转速，暂降后暂态大约持续到 1s，注意，被仿真的特性是由相当轻度、剩余电压为 80% 的暂降引起的。由于电枢电流快速下降，即使是这样浅的暂降也已造成转矩和转速严重的暂态。

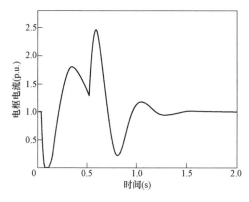

图 5.58 平衡暂降时直流电动机的电枢电流

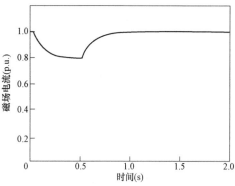

图 5.59 平衡暂降时直流电动机的磁场电流

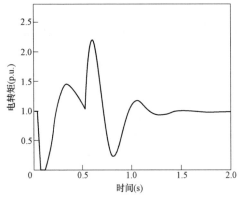

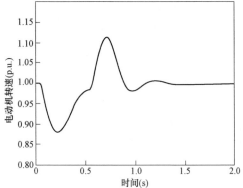

图 5.60　平衡暂降时直流电动机产生的转矩　　　　图 5.61　平衡暂降时直流电动机转速

5.4.2.3　控制系统的干预

直流驱动器的控制系统能控制许多系数，如电枢电压、电枢电流、转矩或转速。如果控制系统能保持电枢和磁场电压恒定，驱动器就不会经受暂降。但是，控制系统的反应通常需要几个周波时间。因此，电动机的电枢电流仍将经历快速下降，采用这种控制系统也会导致电压恢复时产生更严重的暂态。电枢电压将突然变得比反电动势高，引起电枢电流、转矩和转速很快升高。如果电动机要求维持在恒定转速，速度的下降（见图5.61）将通过减少晶闸管触发整流器的触发角来计数。对于深暂降，触发角迅速达到其最小值，进一步补偿电枢电压降将要求控制磁场电压，但如前所见，磁场电压被有意保持恒定，因此，控制困难。

5.4.2.4　保护的干预

暂降过程中，直流驱动器跳闸的经典原因是保护定值之一越界，如图5.58～图5.61所示，电压、电流、转速和转矩经历一个大的暂降，任何参数的变化都会导致保护跳闸，但更多情况下保护是由于直流母线欠电压而跳闸。

直流驱动器常用于工业生产过程，要求有精确的速度和定位，即鲁棒性要好。在这种情况下，即使小的偏差也不能忍受，如前所见，即使对于浅暂降，电动机转矩下降也很快。因此，转速下降比交流驱动器严重，直流驱动器受一个浅暂降的影响与交流驱动受0电压的影响相同，在两种情况下，电动机转矩都下降到0。

5.4.3　不平衡暂降

不平衡暂降对于直流驱动器的影响之一是电枢与磁场电压下降量不同。电枢电压由三相整流器提供，而磁场电压来自于单相整流器。在不平衡暂降过程中，单相整流器很可能给出与三相整流器不同的输出电压。如果磁场电压比电枢电压下降多，新的稳态转速将比初始转速高。但是，刚开始电枢和磁场电流都减小，导致转矩和转速下降。当磁场电压保持恒定时，转速恢复速度最慢。当电动机停止时，反电动势才开始下降。当磁场电压恒定时，电枢电流为0的持续时间更长。

（1）如果磁场电压比电枢电压下降多，反电动势将比电枢电压小，引起电枢电流增大。新稳态转速也比暂降前高，电枢绕组过电流和过转速是主要风险。

（2）如果磁场电压比电枢电压下降少，电枢电流的衰减仅受电动机转速下降影响，电动机转矩恢复将用较长时间。由于新稳态转速较暂降前低，因此将是主要风险。

对与前面相同结构的驱动器进行仿真，但取代平衡暂降，将大量不平衡暂降用于驱动器，这里给出两个 D 类和一个 C 类暂降的仿真结果。这 3 个暂降的持续时间为 10 周波，特征幅值为 50%，0 特征相角跳变。注意，这里暂降的电压是指相间电压而不是相对中性点电压，整流器为△形连接，因此，线间电压更直接影响驱动器性能。

（3）暂降Ⅰ：D 类暂降，其电压下降最大的相向磁场绕组供电。因此，磁场电压下降到 50%，暂降Ⅰ的结果如图 5.62～图 5.65 所示。

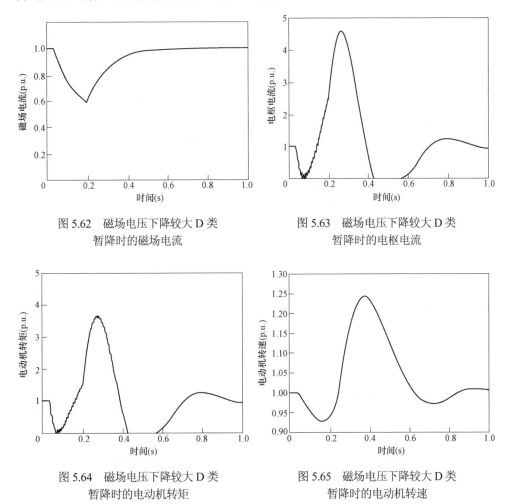

图 5.62　磁场电压下降较大 D 类
暂降时的磁场电流

图 5.63　磁场电压下降较大 D 类
暂降时的电枢电流

图 5.64　磁场电压下降较大 D 类
暂降时的电动机转矩

图 5.65　磁场电压下降较大 D 类
暂降时的电动机转速

（4）暂降Ⅱ：D 类暂降，其电压下降最大的相向磁场绕组供电，使磁场电压下降到大约 90%，结果如图 5.66～图 5.69 所示。

（5）暂降Ⅲ：给磁场绕组供电相电压不下降的一个 C 类暂降，磁场电压为 100%，其结果与暂降Ⅱ相似，因此未出详细介绍。

所有图给出暂降前 2 周波、暂降过程中 10 周波和暂降后 48 周波，由图可见，磁场电压的深暂降（暂降Ⅰ）导致电枢电流（见图 5.63）、转矩（见图 5.64）和转速（见图 5.65）大的突起；对磁场电压的浅暂降（暂降Ⅱ），电枢电流和转矩长时间为 0，但有较小的突起（见图 5.67 和图 5.68）；转速有大的下降，但伴有小的突起（见图 5.69），注意，在暂降过程中，电枢电流中有纹波，交流电压不平衡比正常运行时会引起电枢电压出现更大的纹波，该纹波随电压恢复而消失，在平衡暂降时不会出现（见图 5.58）。

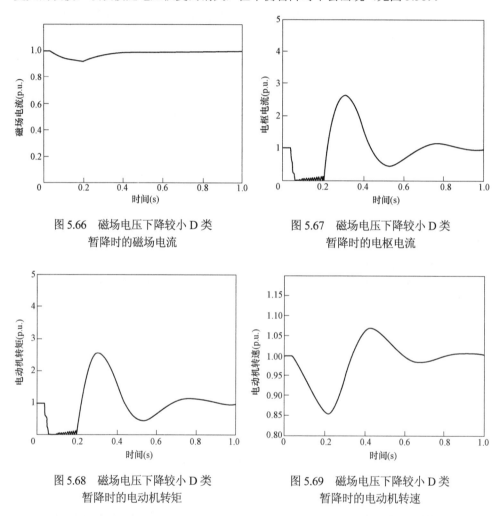

图 5.66 磁场电压下降较小 D 类
暂降时的磁场电流

图 5.67 磁场电压下降较小 D 类
暂降时的电枢电流

图 5.68 磁场电压下降较小 D 类
暂降时的电动机转矩

图 5.69 磁场电压下降较小 D 类
暂降时的电动机转速

电流、转矩和转速的最大值和最小值列于表 5.9 中，所有这些值均为暂降前平均值的百分数。驱动器跳闸可能由于欠电压或过电流，欠电压和三相暂降相似，且由于大的电枢电流，Ⅰ类暂降是所有带电部分最严重暂降之一。但机械过程是由于转矩和转速变化而中断，对低转速敏感的负荷，暂降Ⅱ和暂降Ⅲ更严重，对转矩变化敏感的过程，暂降Ⅰ最严重。主要结论是，不平衡暂降需测试所有相；之前很难预测哪个暂降对驱动器影响更严重。

表 5.9   直流驱动在不同相不平衡暂降时的性能

暂降	类型	场电压	磁场电流		电枢电流		电动机转矩		电动机转速	
			最小值	最大值	最小值	最大值	最小值	最大值	最小值	最大值
I	D	50%	59%	100%	0	460%	0	367%	93%	124%
II	D	90%	90%	100%	0	264%	0	256%	85%	107%
III	C	100%	100%	100%	0	229%	0	229%	85%	114%

5.4.4 相位跳变

相位跳变影响晶闸管触发角。触发瞬间通常由锁相环（PLL）的输出确定，响应相位跳变至少要几周波时间。

学者 Wang[57]提出了传统数字锁相环对相位跳变的响应的计算步骤，其结果如图 5.70 所示。从图中可见，PLL 恢复大约需 400ms，需 250ms 误差才会小于 10%，仍比多数暂降持续时间长。因此，对于初步分析，可假设触发瞬间固定地保持在暂降前电压的过 0 点，附加方法可使 PLL 对相位跳变响应更快，但对谐波和其他扰动更敏感。

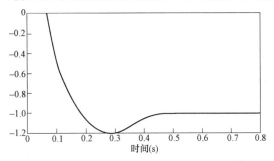

图 5.70   传统数字锁相环的阶跃响应（从 Wang[57]幅值）

有理由假设暂降过程中锁相环的输出不变。相位跳变的影响是实际电压偏离参考电压，由于该晶闸管在供电电压正弦波形的错误点上被触发，对一个负相位跳变，如图 5.71 所示，暂降过程中的电压滞后于暂降前电压。因此，实际供电电压过零点比 PLL 输出的过零点到达晚。在图 5.72 中，实际电压正弦波用作参数，由于负相位跳变$\Delta\phi$，晶闸管在比预期的早$\Delta\phi$的相位被触发。

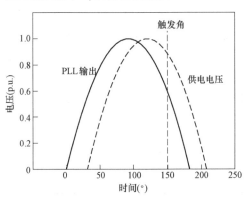

图 5.71   锁相环对触发角的影响

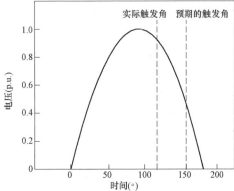

图 5.72   锁相环对触发角的影响：
以实际电压作参考

5.4.4.1 平衡暂降

对于平衡暂降，三相相位跳变相等；因此，3 个电压的触发角偏移相同。如果比预期触发角的延迟偏移小，整流器的输出电压将比没有相位跳变时高，该假设是相位跳变为负，这是一般情况。因此，负相位跳变在某种意义上补偿了由暂降引起的电压降低，对于正相位跳变，输出电压减小，相位跳变会加剧暂降的影响。

对于一个触发角为 α，暂降前电枢电压等于：

$$V_\alpha = \cos(\alpha) \tag{5-52}$$

对于零触发角，电压为额定电枢电压，对幅值 V（p.u.）和相位跳变 $\Delta\phi$ 的暂降，暂降过程中电枢电压为

$$V_\alpha' = V \times \cos(\alpha - \Delta\phi) \tag{5-53}$$

相位跳变假设为负，$\Delta\phi$ 是其绝对值，V_α' 与 V_α 间的比值是电枢电压暂降的相对幅值。对触发角 30°、50° 和 70°，如图 5.73 所示，假设暂降过程中幅值为 50%，相位跳变在 0°~30° 间变化，按图 4.86，这是 50% 暂降所期望的范围。对于大的触发角延迟，电枢电压低，因此，相位跳变会明显提高电压。对一个 70° 触发角延迟和 20° 相位跳变以及更大跳变，暂降过程中的电压甚至比暂降前的电压高。磁场电压的特性决定了这会不会使暂降影响降低。当用二极管整流器向磁场绕组供电时，磁场电压不会受相位跳变的影响，相位跳变的结果是磁场电压比电枢电压下降多，与上节讨论的暂降 I 相似。这可能导致电枢绕组大的过电流和超转速。当采用可控整流器时，有丢失脉冲的风险，使磁场电压比电枢电压低。

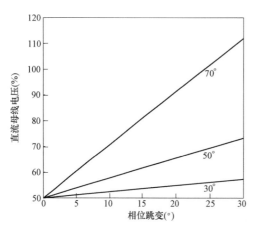

图 5.73 不同触发角相位跳变对电枢电压的影响

如果偏移比预期触发角延迟大，实际触发将在自由触发点之前。经过晶闸管的正向电压仍为负，不会导通，其影响的严重程度取决于触发脉冲的持续时间。用短脉冲会使驱动器更敏感，注意，无论电枢还是磁场整流器是运行于最大电压，因此，它们中至少有一个易丢失脉冲。

5.4.4.2 不平衡暂降

对于不平衡暂降，问题相当复杂。在很多情况下，不同相有正和负的相位跳变。因此，对有的相而言，相位跳变有改进作用而其他相没有。有些相会丢失触发脉冲，有的相不会，如前所见，电枢绕组与磁场电流的受影响情况不同。

图 5.74 和图 5.75 给出了暂降前和暂降过程中的直流母线电压，此时整流器运行于触发角 10°。图 5.74 是一个 50% 幅值 D 类暂降的影响，三相电压幅值和最大直流电压都下降。受影响最小的相的两个电压脉冲彼此靠得很近。在相量图中，它们相互远离，因此整流器电压最大值接近，结果两相在自然换相点换相，在该瞬间前晶闸管已被触发。

因此有丢失脉冲的风险,甚至干扰直流母线电压,图 5.75 是－50%幅值 C 类暂降的影响。

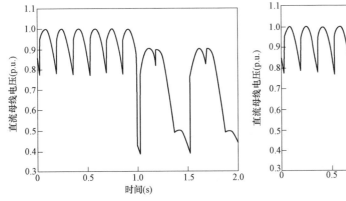

图 5.74　整流器触发角为 10°的 D 类
暂降的直流电压

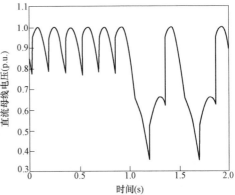

图 5.75　整流器发射角为 10°的 C 类
暂降的直流电压

5.4.5　换相失败

当晶闸管被触发并有正向偏置电压时导通。但由于电流呈感性,通过导体的电流不会立即达到其最大值。分析图 5.76 的情况,从相 1 到相 2 的电流换相,两相驱动电压偏移 120°:

$$v_1(t)=\hat{V}\cos\left(\omega_0+\frac{\pi}{3}\right)\qquad(5\text{-}54)$$

$$v_1(t)=\hat{V}\cos\left(\omega_0-\frac{\pi}{3}\right)\qquad(5\text{-}55)$$

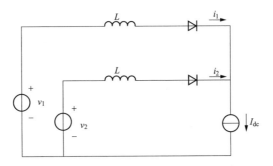

图 5.76　换相延迟的原因

在时间为 0 时,两个驱动器电压相等,因此对应于自然触发点,线电压为 0。对一个触发延迟角 α,晶闸管 2 在 $\omega_0 t=\alpha$ 处触发,这时晶闸管 1 的电流开始升高而晶闸管 2 的电流开始下降,电流变化可用以下微分方程描述(注意,两只晶闸管都导通,因此两相短路):

$$v_1(t)-L\frac{\mathrm{d}i_1}{\mathrm{d}t}+L\frac{\mathrm{d}i_2}{\mathrm{d}t}=v_2(t)\qquad(5\text{-}56)$$

式中，L 为电源电感。假设电枢电流 I_{dc} 恒定，因此，i_1、i_2 的变化相互补偿：

$$\frac{di_1}{dt} + \frac{di_2}{dt} = 0 \qquad (5\text{-}57)$$

根据下面微分方程求解 i_2：

$$\frac{di_2}{dt} = \frac{\sqrt{3}\hat{V}\sin(\omega_0 t)}{2L} \qquad (5\text{-}58)$$

解得下式：

$$i_2(t) = \frac{\sqrt{3}\hat{V}}{2\omega_0 L}[\cos(\alpha) - \cos(\omega_0 t)], \quad t > \frac{\alpha}{\omega_0} \qquad (5\text{-}59)$$

换相完成且在 $i_2(t) = I_{dc}$ 时晶闸管 1 停止导通，对于较小的 $\hat{V}$ 值，换相更长，因此，在暂降过程中，对于触发延迟角 α 接近 180°，驱动器为再生模式。供电电压能换相的最大电流可由式（5-59）获得：

$$I_{max} = \frac{\sqrt{3}\hat{V}}{2\omega_0 L}(1 + \cos\alpha) \qquad (5\text{-}60)$$

如果该值比实际电枢电流小，会发生换相失败，两晶闸管连续导通，导致相间故障，这会引起熔丝吹断或损失晶闸管，暂降过程中和暂降后，电枢电流增大会进一步增加换相失败的风险。

负相位跳变会减小实际触发角，因此降低了换相失败的风险。正相位跳变更可能引起换相失败。不平衡故障引起正、负序混合相位跳变，因此，至少在一相会增加风险。

5.4.6 直流驱动器限制方法综述

要使直流驱动器能耐受电压暂降，这比交流驱动器更复杂。下面讨论 3 种方案：电枢绕组附加电容、改进控制系统和自换相整流器。

5.4.6.1 电枢绕组附加电容

在三相整流器直流侧电枢绕组安装电容，使电枢电压不在暂降开始瞬间就下降，而是以与磁场电压相同的方式衰减，为得到更大的电枢电压衰减时间常数，电枢绕组需有一个大电容器。注意，电枢绕组消耗的功率比磁场绕组大。对于三相不平衡暂降，在半周波内足以维持电压。

维持电枢电压仍不能解决由相位跳变和换相失败引起的丢失脉冲问题。任意容量的电枢电容的另一缺点是会使驱动器对控制系统响应变慢。可通过改变触发角来改变电动机转速。电枢电容减慢了电枢电流和转矩对触发角变化的响应。当驱动器需满足转矩和转速快速变化时，电枢电容应较小。

5.4.6.2 改进控制系统

任何直流驱动器控制系统最终都控制可控整流器的触发角，其可以是电枢整流器、磁场整流器或两者同时。由于晶闸管整流器的特点，控制系统不太可能有小于两周波的开环时间常数，如前所述，电枢电流和转矩下降比这快。因此，不可能防止电枢电流和转矩暂态。

两个直接可控的量是电枢电压和电动机转速。控制电枢电压可用带一小开环时间常数的简单控制器。对于工作的控制器，整流器必须有充足的边界使电枢电压能返回100%，如果 50%幅值的暂降不得不限制，整流器直流侧正常运行电压不应超过最大值的 50%，结果只有一半整流器控制范围可用于转速控制，另一半需用于电压暂降控制。

转速控制是直流驱动器常用的方法。电压暂降会引起转速降低，转速控制器检测该变化并减小触发角以进行补偿。如果触发角为 0，控制器不再提高转速，转速控制不会控制转矩和电流暂态，但会减小转速变化。

两种控制技术的缺点是，随着电压的恢复，会引起电枢电流和转矩的严重暂态。

5.4.6.3　改进整流器

采用自换相整流器、驱动器的控制得到明显改进。这些整流器能在 5 周波时间内控制输出电压。这会防止电枢电压下降和因此而引起的转矩严重下降。所用的改进控制技术也可安装附加能量贮存装置，仅在供电电压减小时可用。

通过采用自换相整流器，可采用一种复杂控制系统检测和限制相位跳变。有这样的控制系统，参数信号不再取自于锁相环，而通过适当的数字滤波器取自于被测供电电压。

5.4.6.4　其他方法

其他方法包括更严格的欠电压和过电流保护定值；使用具有更高电流耐受能力的原件；防止过电流跳闸晶闸管不触发，等等。所有这些方法只有在负荷能承受相当大的转速变化时才可行。

5.5　其他敏感负荷

5.5.1　直馈异步电动机

尽管变速驱动器数量在增多，大量异步电动机仍是直馈的，即电动机端连接到恒频、恒压供电系统，显然不能控制电动机转速。虽然当太多电动机从同一母线馈电时会产生问题，直馈电动机对暂降很不敏感。

端电压下降会引起异步电动机转矩下降，由于转矩下降，电动机会减速直到达到新运行点。如果端电压下降太多，负荷转矩将高于拖动转矩，电动机会持续减速。异步电动机一般运行于其拖动转矩的一半处。由于拖动转矩正比于电压的平方，电压降到 70%或更小且不会达到异步电动机的新运行点。对于直馈异步电动机，速度下降不是主要关心的问题，这些电动机用于对转速变化不很敏感的生产过程中，转速变化很少大于 10%。在假设异步电动机和负荷转矩恒定的条件下，电压暂降对异步电动机的影响已在 5.3 节讨论。在很多实际中，当电动机变慢时，负荷转矩减小而电动机转矩增大，实际转速下降值比指定值小。

虽然异步电动机通常对电压暂降相当不敏感。由于暂降，有许多因素会导致生产过程中断。

（1）深暂降造成在暂降开始和电压恢复时严重的转矩振荡，这些可能导致损坏电动机和过程中断，当内部磁通来自于供电电压相时，恢复转矩更严重，因此，在电压暂降与相位跳变有关。

（2）在暂降开始时，磁场将由气隙驱动。严重暂降会引起转速下降。在此期间，电动机提供短路电流并在一定程度上抑制暂降，这种影响已在 4.8 节讨论。

（3）当电压恢复时，气隙场再次被建立起来。在弱系统中，这会持续 100ms，在此过程中，电动机连续减速。在电动机每年不断增加的系统中，这可能成为一个问题。在过去电压暂降可能不是问题，现在电动机"突然"不再能承受暂降引起的转速下降。由于深暂降很少出现，在这样的问题被发现前，会花费很长时间。

（4）当电压恢复时，电动机产生一个高的涌流，首先建立气隙场（电气涌流），然后加速电动机（机械涌流）。该涌流会引起 1s 或更长时间的故障后暂降，并造成欠电压和过电流保护跳闸。对弱系统而言，该问题更严重，当电动机增多时，这可能因此而变成一个问题。

（5）对不平衡暂降，电动机受正、负序端电压制约，负序电压引起转矩纹波和大的负序电流。

5.5.2　直馈同步电动机

同步电动机与异步电动机在电压暂降上有相似问题：过电流、转矩振荡、转速下降。但是，同步电动机实际上可能与供电系统失去同步。故障后，异步电动机很可能再加速，对生产过程而言时间太长，电动机电流可能太高，或供电网太弱，但至少在理论上是可能的。当同步机失去同步时，不得不停止，在再次返回正常转速前不得不切除负荷。

同步电动机失去同步用供电系统向电动机传输的功率的方程来描述：

$$P = \frac{V_{\text{sup}} E \sin \phi}{X} \tag{5-61}$$

式中，V_{sup} 为供电电压；E 为电动机反电动势；ϕ 为反电动势与供电电压间的角度；X 为供电网和同步电动机之间的电抗（包括电动机漏抗和供电网系统阻抗），该关系如图 5.77 所示。

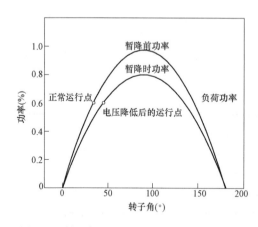

图 5.77　转子角作用下同步电动机的功率传输

对一给定电动机负荷，负荷运行在负荷消耗与供电功率相等的点上，该点在图 5.77 中表示为"正常运行点"。当电压下降时，即暂降过程中，输入电动机的功率比负荷功率小，结果电动机变慢，意味着角度 ϕ 增大，稳定到一个新的运行点，用"电压减小运行点"表示，这时输入电动机和负荷消耗功率再次相等。

由图 5.77 可得，对于深暂降，不再有稳定运行点。这时，转子角连续增加直到供电电压恢复，如果转子角增加太多，电动机失去同步，观察图 5.78 可发现两个运行点，第一个点（正常运行点）标记为"稳定的"，第二个运行点标记为"不稳定的"。后一运行点上，潮流再次相等使得电动机能恒速运行，但由于其旋转比气隙场慢（因此比供电电压频率低），其转子角会连续增大。当电动机转速返回正常值时，达到最小转子角。只要该角度比非稳定运行点对应的角度小，电动机就不会失去同步。图中给出了暂降结束时的最大角度，不会导致失稳状况，该角度指定为"临界角"，根据等面积法则，图中两个阴影部分面积相等[207]。

最大可能稳态转子角等于 90°——这种情况在当电动机负荷等于输入电动机的最大功率时出现。如果电动机负荷仅是最大值的一半，50%的电压降将导致运行点返回到正弦波顶点，但这个 50%不是电动机能承受的长时最深暂降。电压下降会引起电动机减速，因此当转子角达到 90°时，电动机不会停止，而是继续增减直到电压恢复。从图 5.79 中可发现最深长持续时间暂降，等面积判据再次告诉我们两个阴影部分面积相等。

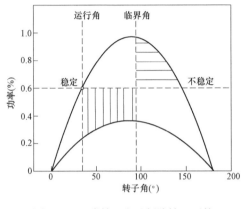

图 5.78　正常情况和深暂降情况下的
功率传输

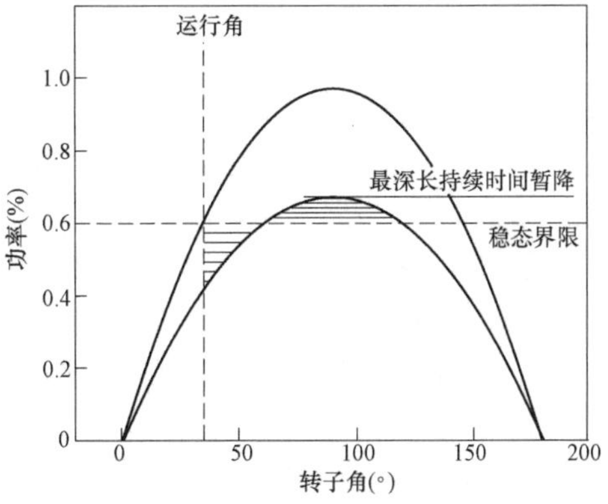

图 5.79　正常情况和最深长持续时间
暂降情况下的功率传输

5.5.3　接触器

接触器是将电动机负荷接入供电网很常用的方式。供电电压会产生一个磁场以保证接触。当供电电压下落时，接触断开，防止在电压恢复时电动机突然重启。对于电压长时中断，计划外的电动机启动很危险的情况，这种方式运行很好，但对于电压暂降和短时中断，这种特性并非总能被接受。接触器也会脱开，接触器的测试结果见文献［34］，其测量的电压耐受曲线如图 5.80所示。接触器耐受任何降到大约 70%的暂降。当暂降幅值低于 70%持续几周波时，接触器跳开，也可发现有显著影响，即对较深暂降，电压耐受能力变得更好，0 电压能耐受 3.5 周波，而 50%电压仅能耐受1 周波，这种影响或许是由于实验的步骤产生的。暂降由在正常供电与可变输出变压器的输出开关切换来产生，不是电压而是电流通过铁芯产生一个维持接触器接触的力。电流下降到低于一给定值时，接

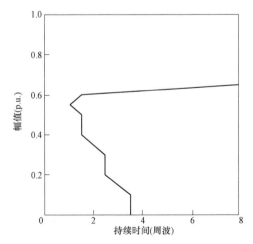

图 5.80　接触器的电压耐受
曲线（数据来源文献［34］）

触器开始脱开。对于较低电压，通过变压器的电流较小，因此有较小电阻阻尼电流，由

于较小电压的电流阻尼更慢，接触器不会像中压那样快脱开，这证明，对接触器来说，供电特征明显影响电压耐受能力。

事实上，是通过电流而非电压和根据暂降开始时波形点上电压耐受能力的独立性来确定接触器是否脱开的，图 5.80 接触器在 0 电压水平耐受 3、5 周波暂降，但在电压最大值开始仅为 0.5 周波暂降。由于接触器铁芯主要是感性的，在 0 电压时有一个最大值且在电压最大值时为 0。

学者 Turner 和 Collins[38]对暂降开始时的波形点的影响进行了进一步研究，发现了一个在 30°电压过零点处暂降开始持续 30ms 的电压耐受能力，比在电压最大值处开始暂降的耐受时间减少了 8ms 以下。

注意，以上全指交流接触器，另一种选择是用直流接触器，该接触器用自己带备用电池的独立直流系统馈电，在暂降过程中，这些接触器通常不会脱扣。但是，它们需要一个独立直流系统和一个可选择的保护以防电动机出现意外重启。

5.5.4 照明灯具

在发生电压暂降时，许多灯会闪变，使用灯的某些人可能会注意到，但它可能不会被看成是严重问题，这与灯完全熄灭和几分钟后恢复是不同的。在工业环境中，有的地方集聚了许多人，用街道路灯可能造成危险情况。

学者 Dorr 等[36]研究了高压钠灯的电压耐受能力，电压暂降会使灯熄灭，在重启前必须用一到几分钟进行冷却，3 只灯的电压耐受曲线如图 5.81，对电压低于 50%的暂降，持续时间短于 2 周波的暂降就已使灯熄灭。灯大约需 1min 才重点亮，在达到全光线强度前还需要花 3min，灯的电压耐受能力进一步取决于灯的老化程度。当灯老化时，需更高的运行电压。因此，较小的电压降就会熄灭灯。较长持续时间的暂降，灯的最小耐受电压从新灯的 45%开始到处于寿命末期的灯的 85%之间变化。

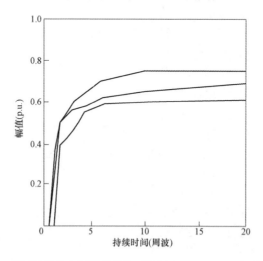

图 5.81　高压钠灯的电压耐受曲线（数据来源 Dorr et al.文献［36］）

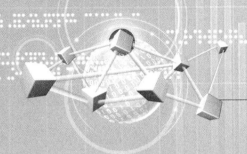

第 6 章

电压暂降随机估计

本章讨论电压暂降的严重性问题，即电压暂降会导致设备每年跳闸多少次，对其描述、测量和预测方法进行介绍。本章将讨论定量刻画电压暂降严重性的两种方法：监测法和随机预测法。电能质量监测主要能得到一般事件的信息，但对于较少出现的事件，随机预测法更适用。在本章将对两种方法进行详细介绍。

首先分析进行电压暂降随机预估的必要性，然后介绍刻画电压暂降特性的不同方法，再分析电压暂降监测问题，包括许多实测结果，最后通过一些算例分析电压暂降随机预测的两种方法，其中，故障点法适合于用计算机软件实现，是研究网孔型输电网的有效工具，而辐射形配电网和手算时采用临界距离法更适用。

6.1　用电设备与供电网之间的兼容性

在电压暂降情况下，用电设备与供电网之间的兼容性问题，需通过电压暂降随机估计来分析。由于最糟糕的供电质量扰动是电压长时间中断，因此，用最严重供电扰动分析方法来研究电压暂降的影响是不行的。在有些情况下，用一种"可能最坏的情况"，如靠近用电设备端的系统故障，该故障由供电系统内的主保护及时清除，不会引起供电点长时间电压中断，但这样很难得到判断用电设备是否会跳闸的可能性信息，要获取这些信息，需用"兼容性随机估计"法，这种随机估计法由 3 部分组成：

（1）获取系统特性。首先需要获得特定供电点处的系统特性信息，如有不同特征的电压暂降次数。获取该信息的方法有：由供电企业提供；通过对供电网进行数月或数年监测获得；通过随机预测获得。本章将讨论对电压暂降监测及其随机预测方法。注意，由供电企业提供信息仅是在回避问题，应该由电力企业对这些信息进行监测或进行随机预测。

（2）获取用电设备电压耐受能力。获取用电设备对不同特征电压暂降的特性信息。该信息可由设备制造厂提供，或通过对设备进行测试获取，或简单地采用设备的电压耐受能力典型值确定，关于电压暂降扰动与用电设备耐受能力之间的兼容性估计问题已在第 5 章介绍。

（3）确定电压暂降的期望影响。如果以上两方面信息均已按一定形式给出，就可估计用电设备每年因电压暂降造成的跳闸次数，并判定由此造成的影响（如成本损失）。根据这样的研究结果，人们就可以选择更适当的供电方式，可以更好地选择用电设备或满足于当前状况。达到这一目标的先决条件是，系统电压暂降特性和设备电压耐受能力能用适当的方式刻画，可能的刻画方式将在 6.2 节介绍。

图 6.1 给出了一个随机兼容性估计的例子，其目的是对比两种供电方法和用电设备两种耐受能力。图 6.1 中，两种供电方式的电压暂降严重性用暂降次数的函数表示：实线表示供电方式 1，虚线表示供电方式 2。假设两种供电方式和两种设备的成本为（单位：任意）：

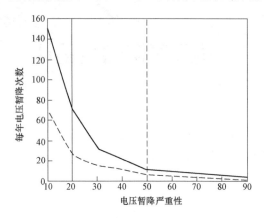

供电方式Ⅰ：200 单位/年；

供电方式Ⅱ：500 单位/年；

设备 A：100 单位/年；

设备 B：200 单位/年。

同时，假设用电设备故障造成的成本损失为 10 单位。

根据图 6.1，可在供电曲线和设备曲线的 4 个交点中看出任何一个点虚拟的每年跳闸次数，对设备 A 和供电Ⅰ，设备每年经受 72.6 次跳闸，等等，结果见表 6.1。

图 6.1 两种供电方案（实线：供电方式Ⅰ，虚线：供电方式Ⅱ）和两种设备的耐受能力（实垂直线：设备 A，虚线：设备 B）的比较

表 6.1　　　　　　　　　　4 种设计方案每年虚拟的跳闸次数

	供电点Ⅰ	供电点Ⅱ
设备 A	72.6	29.1
设备 B	14.6	7.9

如果已知设备跳闸（脱扣）次数，以及 4 种方案中每种方案的年成本和每次脱扣成本，就可容易地计算年总成本，对于设备 A 和供电Ⅰ的组合，这些成本为

$$72.6 \times 10 + 100 + 200 = 1026（单位/年）$$

4 种方案的结果见表 6.2，由该表可见，供电Ⅰ和设备 B 的组合年成本最低。

表 6.2　　　　　　　　　　4 种设计方案每年总成本

	供电方式Ⅰ	供电方式Ⅱ
设备 A	1026	891
设备 B	546	779

注意估计的随机特性。期望值（一台设备的脱扣成本乘以每年设备脱扣的次数）加到一个确定值上（供电和设备的年成本）。假设在所有环境下设备的电压的耐受能力相同，因此，电压耐受能力是确定量，但暂降次数每年在变化，进一步假设一暂降的发生与其他暂降的发生无关，这时，在任意给定年内，暂降次数服从泊松分布，设 N 为任意给定年内暂降的次数，μ 为暂降期望次数（见表 6.1），$N=n$ 时泊松分布的概率为

$$\Pr\{N=n\} = e^{-\mu} \frac{\mu^n}{n!} \tag{6-1}$$

对于表 6.1 中的 4 种方案，该分布图如图 6.2 所示，由图可见，方案 BⅡ（供电电

源Ⅱ和设备 B）的脱扣次数在 2～18 次变化，方案 BⅡ 的次数在 7～26 次变化，因此，在给定年内，方案 BⅡ 是否次数少于 BⅠ 并不能确定。

根据脱扣次数的概率密度函数（见图 6.2）可计算每年总成本的概率密度函数，结果如图 6.3 所示，由该图可清楚地看出方案 BⅠ 比其他方案更好。

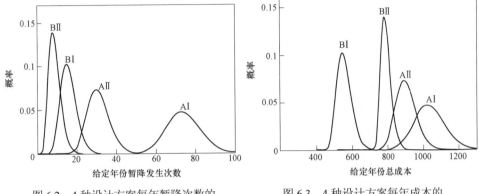

图 6.2　4 种设计方案每年暂降次数的
概率密度函数

图 6.3　4 种设计方案每年成本的
概率密度函数

6.2　结果描述：暂降配合图

本节讨论几种供电特性表示方法，讨论集中于对电能质量检测结果的表示，相同的技术可用于随机估计研究的结果。

6.2.1　散点图

每台电能质量监测仪得到的电压暂降输出至少有幅值和持续时间，当在给定时间周期内监测供电侧时，将记录大量的暂降。可用幅值和持续时间对每一个暂降进行刻画，并将每个暂降在幅值-持续时间平面上化成一个点，图 6.4 是得到的散点结果图的一个例子，该散点是在某工厂供电侧监测一年得到的[155]，对许多电能质量调查，所有点的散点图可进行组合，所得散点图的一种格式如图 6.5 所示，在该图中不仅是暂降，中断和暂升也可以表示出来。

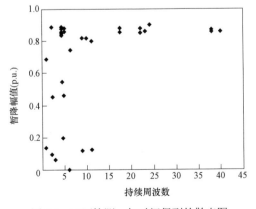

图 6.4　工厂检测一年时间得到的散点图

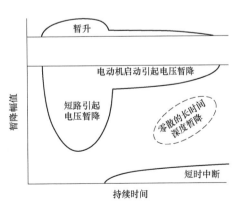

图 6.5　大规模电能质量调查中得到的散布图

在图 6.5 中，可见几个慢慢变化的区域：

（1）短路引起的电压暂降，持续时间长达几百毫秒，幅值为 50%及以上，也有更深和更长时间的暂降，但很少。

（2）电动机启动引起的暂降，持续时间为几秒或更长，幅值为 80%及以上。

（3）快速重合闸引起的短路中断，电压幅值为 0，持续时间大约为 10 周波以上。

（4）由短路引起的电压暂升与电压暂降有相似的持续时间，但其幅值大于 120%。

紧靠这些密集区域，可能由于对故障后长暂降持续时间的记录产生误差，分散着长、深的暂降。这些长、深暂降由短、深暂降紧跟长、浅暂降构成，这说明常用暂降特征刻画方法的一个缺点：以最小有效值为暂降幅值，低于给定阈值的周波数为暂降持续时间。

关于大量非矩形部分的暂降次数尚未见可靠信息的报道，在文献 [156] 中指出，在美国配电网中，大约 10%的暂降非矩形，该影响不是非常严重的另一个原因是，许多暂降持续时间对应于系统内典型故障清除时间。

6.2.2 暂降密度表

散点图对于给出供电特性的定性特性是很有用的，但是若要进行定量评估，则需要其他的表示方式。量化暂降次数的直接法是采用一张有幅值和持续时间范围的表，表 6.3就是根据大量电能质量调查[20]并采用该方法得到的，表中每个元素给出了暂降幅值和持续时间在给定范围内的暂降次数，如幅值为 40%~50%、持续时间为 400~600ms，每个元素给出该幅值和持续时间范围内暂降的密度，因此采用术语"暂降密度表"或"暂降密度函数"。幅值范围和持续时间范围的组合称为"幅值-持续时间二元组"。

表 6.3   电 压 暂 降 密 度 表   （单位：发生次数/年）

幅值	0~200ms	200~400ms	400~600ms	600~800ms	>800ms
80%~90%	18.0	2.8	1.2	0.5	2.1
70%~80%	7.7	0.7	0.4	0.2	0.5
60%~70%	3.9	0.6	0.2	0.1	0.2
50%~60%	2.3	0.4	0.1	0.1	0.1
40%~50%	1.4	0.2	0.1	0.1	0.0
30%~40%	1.0	0.2	0.1	0.0	0.1
20%~30%	0.4	0.1	0.1	0.0	0.0
10%~20%	0.4	0.1	0.1	0.0	0.1
0~10%	1.0	0.3	0.1	0.0	2.1

注 数据来源参考文献 [20]。

暂降密度函数通常用柱状图表示，对表 6.1 中的数据用柱状图表示可得图 6.6，每条柱的高在相应范围内与暂降次数成比例，根据该柱状图可容易得到暂降特性分析特征的表达，但对于数字值，该表用处更大。这时，由图 6.6 可见，多数暂降幅值大于 80%，持续时间小于 200ms，同时也发现在 800ms 及以上集中了短时中断。

在图 6.6 中，所有暂降幅值有相同的尺度，持续时间范围也是如此。在多数情况下，

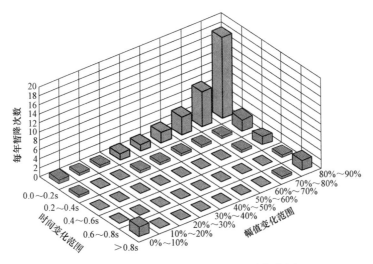

图 6.6　表 6.3 中暂降密度函数的两维柱状图

这些范围会有所变化，在幅值-持续时间平面上，持续时间短且幅值高的暂降比其他地方更多，柱状图上其他几个密度函数例子见 6.3 节。

6.2.3　累计表

用户所关心的不是给定幅值和持续时间范围内的暂降次数，而且关心由暂降引起的给定设备跳闸（脱扣）的次数，后者比给出特定幅值和持续时间的暂降次数更有意义，这被称作"累计暂降表"。累计暂降表的元素 MD 定义为

$$F_{\text{MD}}=\sum_{m=0}^{M}\sum_{d=D}^{d_{\max}} f_{\text{md}} \qquad (6\text{-}2)$$

式中，f_{md} 为密度表的元素 md，即持续时间范围为 d，幅值范围为 m 的暂降次数；F_{MD} 为累计表的 MD 元素，即持续时间长于 D，幅值小于 M 的暂降次数。由于持续时间越长，暂降越严重，因此，持续时间向上累计，由于幅值越小说明暂降越严重，因此，幅值从取值开始向下累加到 0，这是暂降幅值定义的直接结果，其中，较高幅值说明暂降不太严重。

根据密度表 6.3 得到的累计表见表 6.4，由表可见，如有效值低于 60%，持续时间长于 200ms 的暂降每年平均 4.5 次，如果设备仅能够承受 60%、200ms 的暂降，每年该设备会脱扣平均 4.5 次，从这个表，几乎可以直接得到每年设备脱扣的次数。

表 6.4		电 压 暂 降 累 计 表			（单位：发生次数/年）
幅值	0	200ms	400ms	600ms	800ms
90%	49.9	13.9	8.4	6.1	5.2
80%	25.4	7.4	4.7	3.6	3.1
70%	15.8	5.5	3.6	2.9	2.6
60%	10.9	4.5	3.1	2.6	2.4
50%	8.0	3.8	2.9	2.5	2.3
40%	6.2	3.4	2.7	2.3	2.3

幅值	0	200ms	400ms	600ms	800ms
30%	4.9	3.1	2.6	2.3	2.2
20%	4.2	2.8	2.4	2.2	2.2
10%	3.5	2.5	2.2	2.1	2.1

注　数据根据表 6.3 中数据得出。

6.2.4　电压暂降配合图

表 6.4 可表示为图 6.7。累计表中的值是单调函数，在图 6.7 中向左后角的值不断增加，因此，表 6.4 中的值可看成是与幅值和持续时间相对的暂降次数的二维函数。从数学上讲，该函数定义于整个幅值-持续时间平面，当根据电能质量监测来获得时，函数不连续。随机预测技术一般也不会得到一个连续函数。无论函数连续与否，表示二维函数的一般方法是等高线图，学者 Conrad 在表示二维累计暂降函数时采用了这种方法，结果如图 6.8 所示[20]。

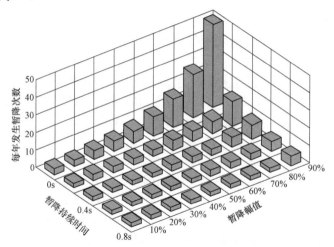

图 6.7　表 6.4 中累计电压暂降的柱状图

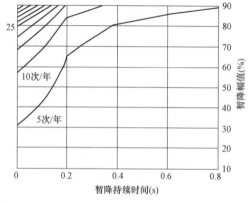

图 6.8　基于表 6.4 的累计电压暂降函数的等高线图

等高线图在 IEEE 标准 493[21]和 IEEE 标准 1346[22]中推荐为"电压暂降配合图"。在电压暂降配合图中,供电侧的等高线图与设备电压耐受曲线组合,用以估计设备脱扣次数。包含两条设备电压耐受曲线的图 6.8 重绘制于图 6.9,两条曲线均为矩形,即当电压下降时间比所给持续时间更长,电压值低于给定值时设备脱扣,当电压低于 65%、持续时间长于 200ms 时,设备 A 脱扣。根据前面的定义,暂降低于 50%,持续时间长于 200ms 的次数等于累计表中 65%、200ms 的元素的值。在暂降累计表中的值是图 6.8 和图 6.9 中等高线的潜在函数。简言之,脱扣次数等于电压耐受曲线拐点处的函数值,在图 6.9 中表示为圆点,对设备 A,该点正好在每年 5 次暂降等高线上,因此,设备 A 每年会经受 5 次脱扣。对于设备 B,拐点在每年 15 次和 20 次两条等高线之间。现在用基本函数连续且单调的知识得到,设备 B 脱扣次数每年在 15~20 次,用插补法得估计值为 16 次/年。

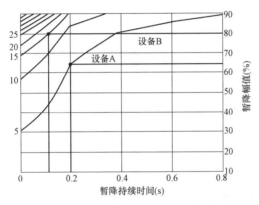

图 6.9　电压暂降配合图,由图 6.8 得来,两种设备耐受能力曲线

对于非矩形设备的电压耐受曲线,如图 6.10 所示,过程在一定程度上更复杂,考虑该设备由两元件构成,每部分有一条矩形电压耐受曲线。

(1)元件 A 在电压低于 50%、持续时间长于 100ms 时脱扣,根据等高线图,这部分元件每年脱扣 6 次。

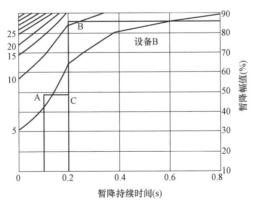

图 6.10　电压暂降配合图,由图 6.8 得来,非矩形设备电压耐受能力曲线

（2）元件 B 当电压低于 85%、持续 200ms 以上时脱扣，每年发生 12 次。

这两部分相加（6＋12＝18）可计算使两元件同时脱扣的两倍暂降，当电压低于 50%、持续时间长于 200ms 时，两元件都脱扣，约每年 4 次，这对应于图中 C 点，因此，设备脱扣次数等于：

$$F_A+F_B-F_C=6+12-4=14 \qquad (6\text{-}3)$$

注意：假设一条设备矩形电压耐受曲线（100ms，85%）会得到 20 次/年的错误值。

通过使用该方法，电压暂降配合图提供了一种简单而直接预测设备脱扣次数的方法。

6.2.5 电压暂降配合图使用举例

大量调查数据[68]被用以绘制暂降密度柱状图，如图 6.11 所示，该调查是在美国和加拿大的多个监测点，通过测量低压设备（接于电源插座）的端电压质量得到的。图 6.11 可以认为是低压设备经受的平均电压质量。

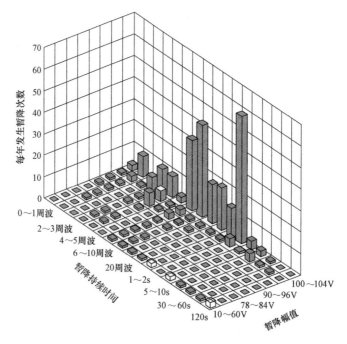

图 6.11　美国和加拿大平均低压供电的暂降密度（数据由文献［68］得到）

由图 6.11 得到电压暂降配合图，如图 6.12 所示，4 种设备耐受能力分别表示为 A、B、C、D 点，下面给出其含义。

假设某计算机生产厂考虑个人计算机的 4 种不同供电方案，在两种最小运行电压分别为 100V 和 78V 的 DC/DC 换流器和两种分别导致 5% 和 1% 直流电压纹波的电容器之间进行选择。用式（5-6）可计算 4 种方案的电压耐受能力，对最小运行电压 100V 和直流电压纹波 5%，可计算得到电压耐受能力为 84%（100V）和 1.5 周波，等等，结果见表 6.5 第 4 列，4 种（A、B、C、D）方案的电压耐受能力在图 6.12 中用 4 个圆点表示，根据该暂降配合图，脱扣次数可容易地估计，结果见表 6.5 最后一列。

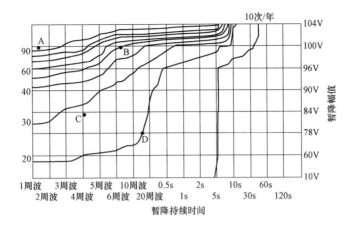

图 6.12　美国和加拿大平均低压供电的电压暂降配合图（数据由暂降密度图 6.11 得到）

表 6.5　　　　　　　　　　　　对于个人计算机电源的 **4** 种设计方案比较

方案	最小运行电压	直流纹波	电压耐受能力	故障频次评估结果
A	100V	5%	84%，1.5 周波	100 次/年
B	100V	1%	84%，8 周波	50 次/年
C	78V	5%	65%，3 周波	25 次/年
D	78V	1%	65%，15 周波	20 次/年

6.2.6　非矩形暂降

用幅值和持续时间刻画电压暂降特征，假设了负荷、系统为静态的，故障无变化。在实际中，系统和负荷都是动态的，故障也可能变化，例如，单相转化为三相故障，仿真和测试证明，异步电动机负荷会引起持续时间较长的故障后暂降，许多非矩形暂降在第 4 章已给出，如图 4.47、图 4.48 和图 4.130 所示。

在二维图中有两种表示非矩形暂降的方法，如图 6.8 和图 6.12 所示。

（1）幅值定义为扰动过程中的最小有效值电压，持续时间定义为电压低于某阈值的时间，典型值为低于 90% 标称电压的时间，该方法在许多电能质量监测仪中采用，其结果是，非矩形暂降被刻画得比实际更严重。另外的方法是用平均或一周波有效值的均方根值（后者是暂降过程中剩余能量的一种度量）。

（2）用电压低于某给定值、时间长于某给定值的电压下降次数来刻画电压质量，其结果类似于图 6.8，但这时不需个别地刻画暂降，该方法首先由文献 [17] 提出，文献 [18] 使用，并成为 IEEE Std.493[21] 的一部分，类似方法在文献 [156] 中被用于电力企业与用户之间签订合同，提出对后者，电力企业因非矩形暂降不应受到过度惩罚。

为了说明第二种方法，将以不同形式引入累计表。将元素定义为计数器，计数比该元素的幅值和持续时间更加严重的暂降的次数，暂降的每次发生都将使部分元素的值增加 1，这些值被增加的元素，是那些暂降要比元素更加严重的，换言之，那些元素没有该暂降严重，图 6.13 用一个矩形暂降来说明了该方法。

图 6.14 给出了对应于累计暂降函数的点格，但这里给出的是非矩形暂降。该过程与前面完全相同，"所有在暂降之上的点，其函数值都该增加 1"。

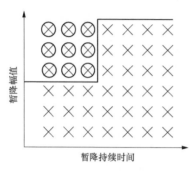

图 6.13　矩形暂降累计表的校正

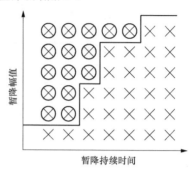

图 6.14　非矩形暂降累计表的校正

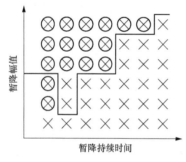

图 6.15　特有的非矩形暂降
累计表校正出现的问题

用该方法可量化包括非矩形暂降在内的供电质量，但该方法不能用以刻画单个暂降，注意，当人们仅关心量化供电特性时，这通常不是所关注的问题。

有些暂降仍不能定量刻画，如图 6.15 所示，这时，一种可能的选择是，在表中每个幅值范围内度量暂降次数，然后在该幅值范围内，表的左边增加点，这样可引出一个等值暂降，如图 6.15 所示。文献 [156] 提出用类似的方法来处理这些"特定非矩形暂降"。为分析图 6.13、图 6.14 和图 6.15 中方法的局限性，引入"矩形电压耐受曲线"术语。一台设备如果用一个幅值和持续时间确定其脱扣就有一条矩形电压耐受曲线，因此，当电压低于确定幅值、持续时间长于给定时间时，设备脱扣。电压有效值-时间曲线的实际形状对设备性能无影响，这种设备的例子是欠电压保护（用于保护异步电动机）和多数不可控整流器。计算机和其他消费电子设备也属于这类，由于欠电压保护（在直流母线或交流侧），许多可调速驱动器脱扣，其他一些设备可被看作矩形电压耐受曲线。

对于矩形电压耐受曲线的设备，该方法可直接给出虚拟脱扣的期望次数。对非矩形电压耐受曲线，该方法不再适用。直到人们认识到非矩形电压耐受曲线通常可相对矩形曲线得到，这会产生更严重的缺点。无论采用哪种暂降幅值和暂降持续时间的定义，若直接将其应用到非矩形暂降中都将产生不确定性。当评估非矩形暂降对一台设备的影响时，除非能得到更多详细的非矩形暂降下的信息，否则推荐采用近似矩形电压耐受曲线。

6.2.7　其他暂降特征

在本节的前面部分，仅考虑了暂降幅值和持续时间。前面已发现，设备性能也会受其他特征影响，如三相不平衡、相位跳变、暂降波形起始点等。当这些附加特征需补加入时，下面给出一些表示结果的建议。注意，不像幅值和持续时间，三相不平衡、相位跳变和暂降波形起始点等没有监测数据可得，这使得某些建议仍相当理论，没有机会用于实际数据。

6.7.2.1 三相不平衡

在 4.4 节中已看到，三相不平衡暂降很多类型，基本类型为 A、C、D 型。如图 6.16 所示，通过对每类暂降作一张图的方式可将电压暂降配合图的概念扩展到三相不平衡暂降。对于每类暂降，其等高线图根据比给定的幅值和持续时间更严重的暂降次数绘制，同时得到设备对每类暂降的电压耐受曲线。用与前面完全相同的方法，可得到设备对各类暂降的脱扣次数；在本例中为 N_A、N_C 和 N_D，设备总脱扣次数是这 3 个值之和：

$$N = N_A + N_C + N_D \tag{6-4}$$

该方法可扩展到其他类型的暂降，问题是如何由监测数据判定暂降类型，为此，文献 [203] 提出了一种方法，该方法需对波形进行采样[204]。

6.2.7.2 相位跳变

包括相位跳变在内的单相设备兼容性评估成了一个三维问题，这三维分别是：幅值、持续时间和相位跳变，这带来了两个附加的复杂性：

（1）相位跳变可为正，也可为负，其值大多在零相位跳变附近。采用累计函数需把三维空间分解成两个半空间：一个对应于正相位跳变，另一个对应于负相位跳变。注意，对正负相位跳变，设备性能可能完全不同。

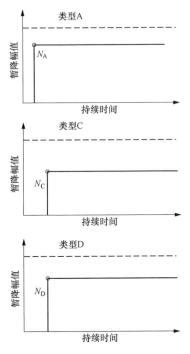

图 6.16　考虑三相不平衡时电压暂降配合表的使用

（2）相位跳变（绝对值）增大不一定使设备受影响更严重，同时用幅值和持续时间，可指明响应更严重的一个方向（减小幅值和增长持续时间），对相位跳变这是不可能的。

尤其是后一种复杂性使三维暂降图不可行。一种可能的方法是把相位跳变轴分解到几个范围，如 [−60°，−30°]，[−30°，−60°]，[−10°，+10°]，[+10°，+30°]，[+30°，+60°]。对每个范围，用前面的方法确定脱扣的次数，总脱扣次数是各跳变范围内脱扣次数之和。单相设备幅值-相位跳变图如图 4.108 所示。相似跳变轴分解为几个范围证明不是所有图都能包括整个幅值范围，零相位跳变附近的范围内能包含我们所期望的 0～100%的幅值，[+30°，+60°] 范围仅能包含 50%标称值附近的幅值。另外一种方法是把持续时间轴分解为几个范围。在随机预测研究中，这可对应于系统不同部分的典型故障清除时间，如在不同电压等级。对每个持续时间范围，幅值-相位跳变图类似于图 4.108，在该图中可画一条设备电压耐受曲线。一个假设例子如图 6.17 所示。注意，

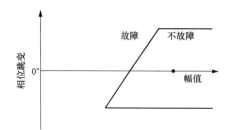

图 6.17 考虑幅值和相位跳变的
电压耐受曲线的假想例子

该图与幅值持续时间平面上的图相比，形状不同，且不再可能采用暂降电压配合图那样的累计函数确定设备脱扣次数，取而代之的是用密度函数确定，电压耐受曲线以外的脱扣次数的和。

对三相设备，问题没那么复杂。用特征幅值和相位跳变，仅得负相位跳变，但一个大的（负）相位跳变对设备而言，问题仍不算严重。表示设备和供电特性仍需分解相位跳变轴或持续时间轴。

6.2.7.3　波形起始点

在兼容性评估中，波形点较相位跳变更容易包括进来，因为波形起始点很可能独立于其他特征。这里，我们假设如此。需通过分析监测数据来检验假设。

由于波形起始点独立于暂降幅值和持续时间，故没有必要做三维处理。在幅值和持续时间作出标准等高线图之后，对于波形点需要作出一维图。图 6.18 给出了一个假想的例子。注意，仅给出了 0°～90°的值，其他值可转换成此范围的值。

对于多个值，需得到一个电压耐受曲线，并在标准电压暂降配合图中画出，如图 6.19 所示。对每条电压耐受曲线对应的设备脱扣次数 N_i，用波形点值等于 i 的暂降系数 ξ_i 对 i 进行加权，相加得总脱扣次数 N 为

$$N=\sum_i N_i \xi_i \tag{6-5}$$

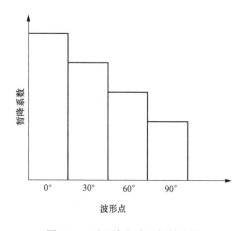

图 6.18　对于给定波形起始点的
暂降系数的假想例子

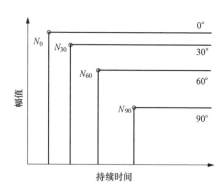

图 6.19　对于不同波形起始点的
电压耐受能力曲线的假想例子

这个例子中，如图 6.18 和图 6.19 所示，设备总的脱扣次数为

$$N=\xi_0 N_0 + \xi_{30} N_{30} + \xi_{60} N_{60} + \xi_{90} N_{90} \tag{6-6}$$

6.3 电能质量监测

获得估计供电特性的一般方法是记录扰动事件。如第 2 章所示，供电中断可人工完成记录，对电压暂降和其他短时扰动需采用自动记录法。虽然现代继电保护有相同的功能，但是所谓的电能质量检测仪却是更有效的工具。电能质量检测仪有不同的类型和价格范围，关于它的进一步分析超出了本书的范围。

对每个事件，检测仪记录一个幅值和一个持续时间脉冲，许多其他特征和一定数量原始数据样本：时域和有效值。这可能得到庞大的数据，但对于量化供电性能，最后仅用每个事件幅值和持续时间。

需区分两种电能质量监测：

（1）同时在多个位置监测供电，目的是估计"平均电能质量"，因此称之为电能质量调查。

（2）在一个点监测供电，目的是估计给定点的电能质量。

下面对这两种监测进行详细讨论。

6.3.1 电能质量调查

在多个国家已进行了大量电能质量调查，一般 10～100 只监测仪安装在覆盖整个国家或供电区域的 1～2 个电压等级。由于不是所有供电站和馈线都可以被监测，所以不得不进行监测点选择。选择依据是，未被监测的点的平均电能质量也能体现出来。即使是可能的，这样一个全面反应状况的选择也是非常困难的。节点由不同类型组成，但是如果没有做前期调查，从暂降的角度看，确定哪些点不同是很难的。对现有调查的数据进行进一步分析会告诉我们更多节点的差异，该知识可用于未来调查时选择监测点。

电能质量调查的几个性质和数据处理方法将通过 4 个调查数据在下面进行讨论：

（1）CEA 调查。加拿大电气协会进行了 3 年调查，分别对 550 个节点监测了 25 天，在 120V 或 347V 居民、商业和工厂的线口进行监测，近 10%的节点在配电变压器一次侧，以获得公用配电系统电能质量特征指标[54],[65],[66]。

（2）NPL 调查。国家电力试验室（NPL）进行了 5 年调查，对美国和加拿大的 130 个节点，单相线对中心点的数据接在标准墙壁插座上，调查得到 1200 个月的数据[54,68,69]。

（3）EPRI 调查。电力科学研究所（EPRI）从 1993 年 4 月到 1995 年 9 月进行了一次调查，对 4.16～34.5kV 电压等级的配电变压站和配电馈线进行监测，监测了 277 个节点，得到 5691 个监测仪的数据。对随机选择的馈线，很多情况下装有 3 个监测仪，一台安装在变电站，两台沿馈线随机选择安装位置[54,70]。

（4）EFI 调查。挪威电力研究院（EFI，近年重命名为"SINETF 能量研究院"）对挪威超过 400 节点的电压暂降和其他电压扰动进行了测量，大多数节点（379）在低压侧（230V 和 400V），39 个节点在配电电压端，其余节点在不同电压等级[67]。

下面给出了这些调查结果并进行了讨论，更多关于调查的详细信息参数引用文献。这些最多仅是调查，但它们是可获得的详细的结果。除了 EFI 的调查外，下面给出的结果均来自于国际学术论文，尤其是学者 Dorr[54]的论文包含了非常有用的信息。已有出版物的数量甚至研究报告等仍然很有限，仍有海量有趣的监测数据存在于全世界的电力企业内，等待被处理。对于不同的调查结果可以得到大量的监测报告，下面将会给出一些。为解释或验证全部数据，还需进一步分析。

6.3.1.1 幅值-持续时间：CEA 调查

从 CEA 调查中得到的每年暂降累计次数见表 6.6 和表 6.7，数据取自于配电变压器一次侧和二次侧，暂降密度函数条形图如图 6.20 和图 6.22 所示，二次侧数据的电压暂降配合图如图 6.21 所示。

表 6.6　　　　　　　　　　　累计电压暂降表的 CEA 二次侧数据　　　　　　　（单位：次/年）

幅值	持续时间						
	1 周波	6 周波	10 周波	20 周波	0.5s	1s	2s
90%	98.0	84.0	84.0	67.3	63.8	35.8	6.6
80%	19.2	9.2	9.2	5.5	5.0	3.2	2.3
70%	14.4	5.7	5.7	4.4	4.2	3.1	2.3
50%	10.5	3.5	3.5	3.2	3.2	2.8	2.2
10%	6.5	2.8	2.8	2.8	2.8	2.6	2.1

注　数据来源于参考文献 [54]。

表 6.7　　　　　　　　　　　累计电压暂降表的 CEA 一次侧数据　　　　　　　（单位：次/年）

幅值	持续时间						
	1 周波	6 周波	10 周波	20 周波	0.5s	1s	2s
90%	2.9	0.0	3.1	0.2	1.1	0.4	0.6
80%	0.4	0.1	0.9	0.0	1.0	0.2	0.0
70%	2.2	0.3	1.2	0.1	0.8	0.0	0.0
50%	1.7	0.0	0.0	0.0	0.0	0.0	0.0
10%	1.9	0.0	0.1	0.0	0.4	0.0	0.7

注　数据来源于参考文献 [54]。

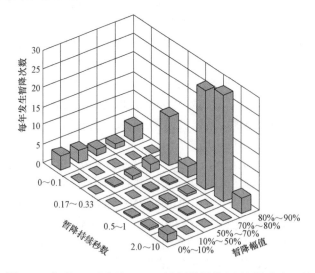

图 6.20　与表 6.6 对应的 CEA 二次侧数据的电压暂降密度函数

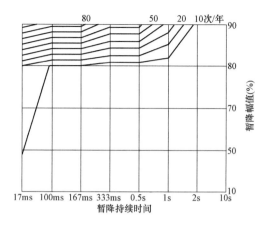

图 6.21　对表 6.6 对应的 CEA 二次侧数据电压暂降配合表

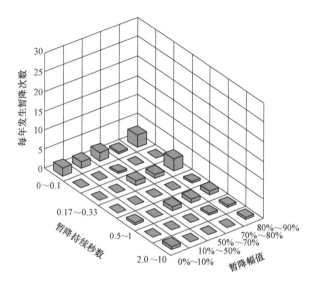

图 6.22　与表 6.7 对应的 CEA 一次侧数据电压暂降密度函数

可见，二次电压暂降次数明显比一次侧高。部分二次侧暂降就来自于二次侧，如用户内部，大量长浅暂降可解释为二次侧电动机启动，如 4.9 节所见，这些暂降在变压器一次侧将不被注意（如幅值高于 90%）。

另一有趣的现象是，在一次侧的大量幅值深、持续时间短的暂降（0～100ms，0～50%），其次数在二次侧较少，但仍比较明显，与其他调查的对比证明，这是 CEA 调查的典型特点。对此进行解释需做进一步分析。

对 CEA 一次侧数据的任何解释，都应该考虑到结果的不确定性。如上面提到的，550 个节点中大约 10%是在配电变压器的一次侧。由于每个节点监测仅 25 天，仅得到 3.7 监测年的数据。对于暂降密度表中的每个元组，暂降频次的不确定性至少是它们的 2 倍。在 CEA 二次侧数据中，由于数量等于 38 监测年，不确定性较小。

6.3.1.2 幅值-持续时间：NPL 调查

从 NPL 调查中所得每年暂降次数的累计形式见表 6.8 和表 6.9。表 6.8 给出了原始数据，每一个独立的事件都已经记录在内，即使是那些由相同的重合闸周波引起的。表 6.9 中采用了 5min 滤波器，所有 5min 内事件记为一个事件，幅值最低的事件是被计事件，有、无滤波器的暂降密度分别如图 6.23 和图 6.24 所示，滤波后的数据的电压暂降配合图如图 6.25 所示。

表 6.8				没有滤波器的 NPL 累计电压暂降表数据				（单位：次/年）
幅值	持续时间							
	1 周波	6 周波	10 周波	20 周波	0.5s	1s	2s	10s
87%	351.0	259.8	211.9	157.9	134.0	108.2	90.3	13.7
80%	59.5	32.3	23.7	19.0	16.2	13.1	10.4	5.8
70%	31.4	23.2	19.4	17.1	15.2	12.7	10.3	5.8
50%	20.9	18.3	16.8	15.4	14.1	12.2	10.2	5.8
10%	15.5	15.2	14.9	13.2	13.2	11.8	9.9	5.7

注 数据来源参考文献 [54]。

表 6.9				5min 滤波器的 NPL 累计电压暂降表数据				（单位：次/年）
幅值	持续时间							
	1 周波	6 周波	10 周波	20 周波	0.5s	1s	2s	10s
87%	126.4	56.8	36.4	27.0	23.0	18.1	14.5	5.2
80%	44.8	23.7	17.0	13.9	12.2	10.0	8.0	4.3
70%	23.1	17.3	14.5	12.8	11.5	9.7	7.9	4.3
50%	15.9	14.1	12.9	11.8	10.6	9.4	7.8	4.2
10%	12.2	12.0	11.7	11.0	10.2	9.0	7.5	4.2

注 数据来源参考文献 [54]。

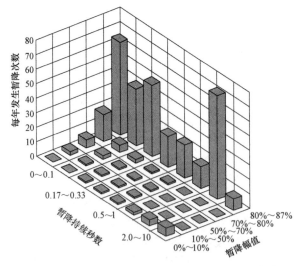

图 6.23　与表 6.8 对应的 NPL 暂降密度数据，无滤波器

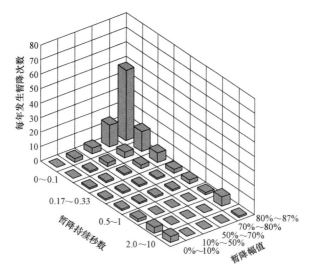

图 6.24 与表 6.9 对应的，NPL 暂降密度函数数据，5min 滤波器

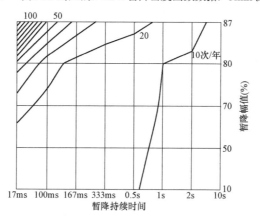

图 6.25 与表 6.9 对应的 NPL 数据：电压暂降配合表，5min 滤波器

比较图 6.23 和图 6.24，可以发现，犹如第 3 章中已讨论，短时中断（电压低于 10%）次数有些减少。减少最多的是长浅暂降的数量，这是由负荷投切引起的，显然负荷投切暂降成串出现，平均大约每 5min 15 次事件。这显然扰乱了供电质量，如调查所得图片。需对数据进一步研究，以确定是否大多数启动事件是成串的或者是否全都归因于小部分节点。对 NPL 和 CEA 的数据进行比较证明，大量事件属于前者，最可能的解释是与美国相比加拿大的闪电活动更少。

6.3.1.3 幅值-持续时间：EPRI 调查

由 EPRI 调查得到的每年累计暂降次数见表 6.10 和表 6.11。表 6.11 给出的变电站的结果，而表 6.10 是对馈线进行测量的结果，两个表均用了 5min 滤波器。暂降密度函数如图 6.26 和图 6.28 所示，图 6.27 和图 6.29 是相应的暂降配合图。

变电站和馈线数据间的差异较小，总体上每年只有 7 次，大约占 10%（相对于表的左上角的值），这 7 次差在幅值—持续时间平面内主要体现在两个区域内。

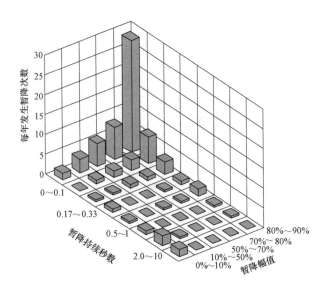

图 6.26　与表 6.10 对应的 EPRI 馈线数据：电压暂降密度函数

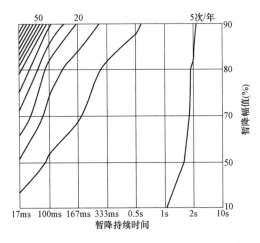

图 6.27　与表 6.10 对应的 EPRI 馈线数据：电压暂降配合图

（1）持续时间达 10 周波、幅值低于 70%的暂降：馈线上有 13.6 次，而变电站仅有 8.3 次。

（2）1s 和更长时间的中断：变电站 3.4 次，馈线 5.1 次。

表 6.10		5min 滤波器的 EPRI 馈线累计电压暂降表数据					（单位：次/年）	
幅值	持续时间							
	1 周波	6 周波	10 周波	20 周波	0.5s	1s	2s	10s
90%	77.7	31.2	19.7	13.5	10.7	7.4	5.4	1.8
80%	36.3	17.4	12.4	9.3	7.9	6.4	4.9	1.7

幅值	持续时间							
	1 周波	6 周波	10 周波	20 周波	0.5s	1s	2s	10s
70%	23.9	13.1	10.3	8.3	7.2	6.2	4.8	1.7
50%	14.6	9.5	8.4	7.5	6.6	5.9	4.6	1.7
10%	8.1	6.5	6.4	6.2	5.6	5.1	4.0	1.7

注 数据来源于参考文献［54］。

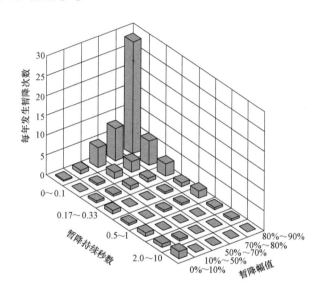

图 6.28 与表 6.11 对应的 EPRI 变电站数据：电压暂降密度函数

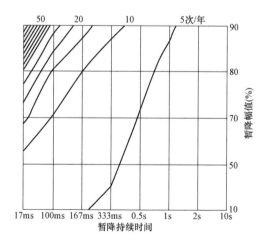

图 6.29 与表 6.11 对应的 EPRI 变电站数据：电压暂降配合表

表 6.11

幅值	持续时间							
	1 周波	6 周波	10 周波	20 周波	0.5s	1s	2s	10s
90%	70.8	28.1	17.4	11.4	8.6	5.4	3.7	1.5
80%	29.1	14.7	10.1	7.1	5.6	4.3	3.2	1.4
70%	16.1	9.8	7.8	6.0	4.9	4.0	3.0	1.4
50%	7.9	6.36	6.1	5.3	4.4	3.8	2.9	1.4
10%	5.4	5.2	5.1	4.7	3.9	3.4	2.5	1.4

表 6.11   **5min 滤波器的 EPRI 变电站累计电压暂降数据**   （单位：次/年）

注　数据来源于参考文献［54］。

其中，事件总次数非常相似，严重事件次数的相对差明显，表 6.12 比较了低于给定电压水平的事件次数，包括在低压（NPL 调查）侧记录的事件，在比较时仅包括了持续时间小于 20 周波（约 300ms）的事件，即主要由短路引起的事件。观察表 6.12 可见，相对于变电站，馈线上的中断和深暂降更多，中断次数增加可以理解为：有些中断仅影响部分馈线，越靠近设备，由于中断的线路更长，中断次数也越多。对于深短暂降次数的增加，还没有完备的解释。3 种可能的解释，均可能在一定程度上有价值，但要给出明确解释尚需要进一步研究。

表 6.12   **持续时间少于 20 周波的事件次数：NPL 调查和 EPRI 调查（馈线和变电站）**

电压范围	每年发生事件次数		
	LV	配电网	
		馈线	变电站
80%～90%	68.5	37.2	37.4
70%～80%	20.6	11.4	12.0
50%～70%	6.2	8.5	7.5
10%～50%	2.9	5.8	1.9
0～50%	1.1	1.9	0.7

（3）馈线上的重合闸动作超出了监测仪的连接点。馈线上的监测仪会记录一个比变电站监测到的更深的暂降。这将对深短暂降做出解释。由于配电变压器通常△/Y 连接，因此由单相故障造成的深暂降不会传播到低压侧。这就解释了为什么在低压侧监测到的深短暂降数量要少些（NPL 调查）。

（4）馈线正常运行电压较低。由于暂降幅值用标称电压的百分数给出，馈线上的暂降将比变电站深。将暂降幅值表示成故障前电压的百分数，会消除这个影响。这可解释沿馈线浅暂降次数增加的原因。

（5）异步电动机影响。对深暂降，异步电动机减速更多，因此要减小正序电压。正序电压的减小将引起最低相电压也减小，因此暂降幅值也减小。

对比中低电压数据可见，浅暂降次数在低压侧比中压侧高得多，而低压侧深暂降次数更小。

6.3.1.4 幅值-持续时间：EFI 调查

由 EFI 调查得到的累计暂降表见表 6.13～表 6.16，暂降密度函数如图 6.30～图 6.33 所示。表 6.13 和图 6.30 给出了低压节点的平均结果，表 6.14 和图 6.31 是配电节点结果。

我们发现，配电节点平均经历较少的长暂降，但明显多的是短暂降。低压侧中断次数的增加与美国的调查发现一致。为理解所有影响，需分析暂降向低压侧的传播，为此需对更多单个事件进行研究。

表 6.13　　所有低压侧网络 EFI 累计电压暂降表（每年电压暂降次数）

幅值	持续时间（s）					
	0.01	0.1	0.5	1.0	3.0	20.0
90%	74.7	36.5	18.5	12.1	8.6	6.8
70%	26.3	11.9	8.2	7.5	6.8	5.9
40%	16.6	9.8	7.5	7.5	6.8	5.9
1%	9.3	8.2	7.5	7.5	6.8	5.9

注　数据来源参考文献 [67]。

表 6.14　　所有配电网络 EFI 累计电压暂降表（每年电压暂降次数）

幅值	持续时间（s）					
	0.01	0.1	0.5	1.0	3.0	20.0
90%	112.2	39.2	15.5	7.9	6.0	5.2
70%	40.5	16.9	11.4	6.6	6.0	5.2
40%	15.2	7.6	6.8	6.0	5.7	5.2
1%	7.2	5.7	5.7	5.7	5.7	5.2

注　数据来源于参考文献 [67]。

表 6.15　　95%低压网络 EFI 统计累计电压暂降表（每年电压暂降次数）

幅值	持续时间（s）					
	0.01	0.1	0.5	1.0	3.0	20.0
90%	315	128	47	20	11	11
70%	120	39	11	11	11	11
40%	66	25	11	11	11	11
1%	25	11	11	11	11	11

注　数据来源于参考文献 [67]。

表 6.16　　95%配电网络 EFI 统计累计电压暂降表（每年电压暂降次数）

幅值	持续时间（s）					
	0.01	0.1	0.5	1.0	3.0	20.0
90%	388	159	57	20	12	12
70%	130	53	22	12	12	12
40%	45	21	12	12	12	12
1%	18	12	12	12	12	12

注　数据来源于参考文献 [67]。

表 6.15 和表 6.16 是不同节点的 95%暂降分布。由在电压单元节点测得的暂降数建立一个随机分布函数，该分布的 95%百分数被选为参考节点。因此仅有 5%的节点的暂降次数比该点多，在第 1 章中 95%值用以作为刻画电磁环境特征的一种方法（IEC 将该术语用于供电质量），因此，可以说表 6.15 刻画了挪威低压用户的电磁环境特征。

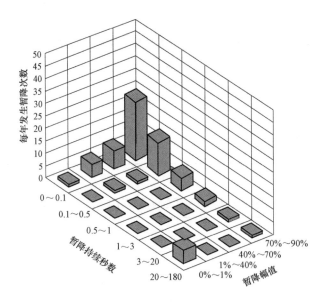

图 6.30 与表 6.13 对应的 EFI 低压侧网络的暂降密度

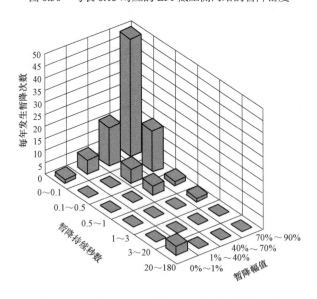

图 6.31 与表 6.14 对应的 EFI 配电网的暂降密度

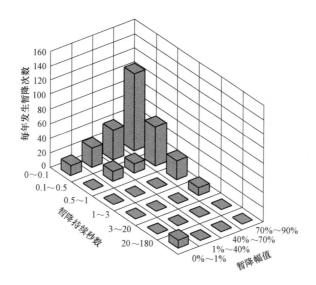

图 6.32　与表 6.15 对应的 95% EFI 低压网络电压暂降密度

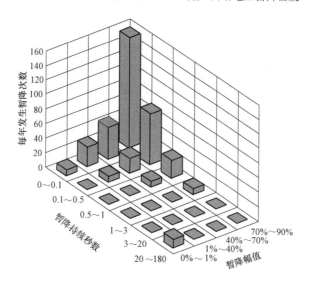

图 6.33　与表 6.16 对应的 95% EFI 配电网的电压暂降密度函数

6.3.1.5　时变雷击

系统内发生的大多数电压暂降是由架空线上经受雷击后引起的,这里有两种现象能表明一般规律,即由雷击引起的短路和由雷击引起的感应过电压引起火花隙或放电管(spark gaps)启动。一次雷击造成的影响是在导线上感应一个大的过电压,如果该电压超过导线的绝缘耐受水平就会引起短路,否则峰值电压将在系统内传播,如果峰值电压没有达到引起线路闪络的水平,该电压仍可能使放电管或(氧化锌,ZnO)避雷器启动。放电管中会有一个临时短路限制过电压通过,该过程会引起 1 周波或 2 周波的暂降,避雷器只能抑制过电压。从第一个电能质量调查[72]中可得到的结论是,区域内经受的雷击多，电压暂态次数并不会增加，但电压暂降次数会增加。

在 EPRI 调查的许多节点中，对暂降频次与雷电密度进行了比较[70]，该比较证明，暂降与雷击的相关性比预期更强。对 5 个节点画出暂降频次与雷电密度（每年平均每千米雷电掠过次数）之间的关系几乎为一条直线，这证明，在美国的配电系统中，雷击是引起电压暂降的主要原因。

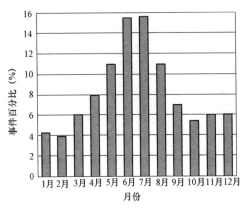

图 6.34　一年中电压暂降频率的变化

由于暂降与雷电有关，而雷电活动随时间变化，因此可推测暂降次数随时间变化的规律。根据 NPL 的调查结果[68]，如图 6.34 所示，在夏天暂降次数最大，该时期也是雷电活动最高峰，该影响在其他国家也有类似的证明，每天的暂降也随雷电活动分布，其峰值通常出现在夜间。

6.3.1.6　对短监测周期进行校正

一年中电压暂降频次均在变化的事实说明，暂降监测周波应至少有一年才能得到给定节点正确的电能质量监测结果。由于气象活动通常以年为周期变化，因此，甚至需要进行多年的监测才能得到变化规律。即使监测周波是有限的，仍有可能得到更长时间内暂降次数平均值的粗略估计[49]。为了进行这样的估计，就需要监测周波内和更长时间内的故障数据等信息。

隐藏在校正法后面的基本假设是，电压暂降是由短路引起的，因此，暂降次数正比于短路故障次数，其等式形式为

$$\frac{\overline{N}_{\text{sags}}}{N_{\text{sags}}}=\frac{\overline{N}_{\text{faults}}}{N_{\text{faults}}} \tag{6-7}$$

式中，N_{sags} 和 N_{faults} 分别为暂降和故障的次数，在监测周期内记录这些次数；$\overline{N}_{\text{sags}}$ 和 $\overline{N}_{\text{faults}}$ 为更长时间内的（平均）次数，因此，更长时间内的暂降次数为

$$\overline{N}_{\text{sags}}=N_{\text{sags}}\times\frac{\overline{N}_{\text{faults}}}{N_{\text{faults}}} \tag{6-8}$$

在理想情况下，人们总希望能知道在系统中暂降区域内发生的故障次数，通常，该信息是得不到的，人们只能得到电力公司供电区域内的故障数据，这种方法同时忽略了前面提到的由过电压保护动作引起的暂降和没有记录的由暂态故障引起的暂降等。

如果暂降能被反向跟踪到引起暂降的具体电压等级，那么校正法就可得到改进：

$$\overline{N}_{\text{sags}}=\sum_{i}\left[N_{\text{sags}}^{(i)}\times\frac{\overline{N}_{\text{faults}}^{(i)}}{N_{\text{faults}}^{(i)}}\right] \tag{6-9}$$

式中，N_{sags} 为监测周期内第 i 电压等级内引发的暂降次数。在许多情况下，不可能反向跟踪所有暂降，该方法仅适用于少数节点，文献 [49] 已将该方法用于量化日本的平均供电特性。

6.3.1.7 空间变化

大型电能质量调查的基本假设是，平均电能质量水平可以给出每个单个节点的电能质量信息，因此，如果调查的结论是，在给定幅值和持续时间内的平均暂降次数为 25，那么，该数字至少预示着每年每个单个节点的暂降次数，但要得到不同节点之间的差异，难度很大，部分原因在于只公布了平均结果，另一部分原因则是因为在小段检测时间内，所得到的不同节点之间的差异性通常很不明显。

不同节点之间存在的差异可以从 EFI 的调查中发现。对比表 6.13 和表 6.15 可发现，95%的节点和所有节点的平均值的差异很大。至少有 5%的节点的暂降次数是所有节点平均数的 4 倍以上，对于这些节点，平均值几乎没有能给出有用信息。关键问题在于没有先研究，此时很难确定平均数是否适合于特定的节点。进一步划分监测获得的数据，将其分解成不同类型的节点，例如，主要是架空线的系统和主要为地下电缆的系统，在一个集合内可缩小节点之间的分散性，但缩小数据集也会增大估计值的统计误差。

文献［72］同时还给出了不同节点之间电能质量的分散性信息。从 1977 年 5 月到1979 年 9 月对 24 个节点的电压暂降和其他电压扰动进行测试，得到 270 个监测月的数据，该调查的总数据量不是很大，但每个节点的监测周波足以满足比较对不同节点之间差异性的需要。部分结果见表 6.17，该表给出了一定比例的节点处不同最小持续时间的电压暂降和电压中断的最多次数。例如，有 25%的节点每年持续时间长于 200ms 的事件次数略少于 5 次；80%的节点持续时间长于一周波的事件每年发生 11~51 次，其余 20%的节点在此范围之外，对大约一半的节点，中间值是对可期望暂降次数的合理估计，如前所述，没有监测供电侧，很难知道节点是否属于 50%平均节点内。

表 6.17 暂降和中断次数分布表

检测点数	长于指定时间的暂降最大次数				
	1 周波	100ms	200ms	0.5s	1s
10%	11	6	3	2	0
25%	17	9	5	3	2
50%	25	13	8	5	3
75%	36	19	12	8	5
90%	51	26	17	12	8

注 数据来源参考文献［72］。

6.3.2 单个节点

监测不仅用于大规模的电能质量调查，也可用于单个节点电能质量的评估。对于谐波和电压暂态，用相对较短的时间便可获得可靠结果。学者 Koval[58]对加拿大乡村工业用户节点进行了一些有意义的调查，研究得到的一个结论是，为期两周的监测周波可给出一个节点的电能质量指标[59]。应该注意到，这仅适用于电压暂态和电动机启动引起暂降等繁发性事件以及谐波和电压波动等现象，对于兼容性评估中感兴趣的电压暂降和中断等事件，由于事件一个月发生一次或更少，对于这些事件的监测则需更长的监测周波。

6.3.2.1 所需监测周波

为了估计监测周波的长短，假设两次事件之间的间隔时间服从指数分布，这种假设意味着，观测到的暂降的概率独立于上次事件消失的时间，因此，事件的发生完全彼此独立。在这种情况下，特定周波内获得的事件是服从泊松分布的随机变量。

假设 μ 为每年事件发生的期望次数，被观测事件次数为 K，在一个监测周波 n 年内是一离散随机变量，服从以下分布：

$$\Pr\{K=k\}=\mathrm{e}^{-n\mu}\frac{(n\mu)^k}{k!} \tag{6-10}$$

设泊松分布的期望为 $n\mu$，标准差为 $\sqrt{n\mu}$。监测结果是每年事件期望次数的一个估计，为

$$\mu_{\mathrm{est}}=\frac{K}{n} \tag{6-11}$$

该估计有一个期望值 μ（为一真估计）和一个标准差 $\sqrt{\dfrac{\mu}{n}}$，对一个足够大的值 $n\mu$（如对一个被观测事件是足够多次数），泊松分布可近似为期望值为 μ，标准差为 $\sqrt{\dfrac{\mu}{n}}$ 的正态分布。对一个期望值为 μ 和标准差为 σ 的正态分布，95%置信区间在 $\mu-1.96\sigma \sim \mu+1.96\sigma$，其中，$\sigma$ 为标准差，因此，n 次采样后 μ 的估计的相对误差为

$$\frac{1.96\sigma}{\mu}=\frac{1.96}{\sqrt{n\mu}}\approx\frac{2}{\sqrt{N}} \tag{6-12}$$

式中，$N=n\mu$ 是 n 年内事件的期望次数，即整个观测周波内的次数。为把相对误差限制在 ε 内，监测周波应满足：

$$\frac{2}{\sqrt{n\mu}}<\varepsilon \tag{6-13}$$

或

$$n>\frac{4}{\mu\varepsilon^2} \tag{6-14}$$

因此，对一个每年发生频次为 μ 次的事件，要达到精度 ε，监测周波至少应为 $\dfrac{4}{\mu\varepsilon^2}$ 年。

表 6.18 给出了不同事件的频次与精度对应的最小监测周波，注意，最后用暂降频次预测设备脱扣频次，已证明，节点监测仅能得到非常敏感的设备的精确结果（脱扣频次高）。当设备与供电网更兼容时（脱扣频次减少），节点监测结果不能用于预测设备脱扣频次。

表 6.18	对于指定精度需要的最小检测周期		
事件频率	50%精度	10%精度	2%精度
每天 1 次	2 周	1 年	25 年
每周 1 次	4 月	7 年	200 年
每月 1 次	1 年	30 年	800 年
每年 1 次	16 年	400 年	10000 年

正如前面提到的，对于大量样本，可以用一个正态分布的近似泊松分布刻画，但没有任何信息说明大量样本到底大量到什么程度。通过采用名为"学生 t-分布"（Student's t-distribution，编译者注：在概率论和统计学中，学生 t-分布应用于对呈正态分布的母群体的均值进行估计时，是对两个样本均值差异进行显著性测试的学生 t 测定的基础，t 测定改进了 Z 测定，不论样本数量的大小都可应用，在样本数量大（超过 120 等）时，可用 Z 测定，但 Z 测定用在小样本时会产生很大的误差，因此，样本很小的情况下得用学生 t 测定。在数据有 3 组以上时，因为误差无法降低，此时可用变异数分析代替学生 t 测定），可以得到不确定性的一个更加精确的表达。采用该分布，用另一系数取代式（6-12）中的 1.96，发现对 10 个事件，系数取 2.228 的偏差增加 14%，5 个事件的系数是 2.571，偏差小，对于 16 个事件（近似精度 50%），学生 t-分布的精度为 53%，表 6.18 中该影响较小。

6.3.2.2 更多的不确定性

以上推理是假设事件之间时间服从指数分布的一个稳定系统，因此，事件的发生完全是随机的。对于一个稳定系统，用足够长的监测周波可得到所需任意精度的事件频次，在实际中，至少有两方面的影响可能使监测结果有受限的预测值：

（1）大部分电压暂降是由于恶劣天气，如雷电、大风、大雪等引起的，因此，暂降频次并不总为常数，而有随年份气候模式变化的特点，但天气活动次数也在不同年份间存在明显的变化。由于暂降与恶劣气候有关，因此，暂降很可能成簇分类出现。在评估中，若要达到给定精度，需要监测不小于最少簇数的样本采样次数，显然，这就需要增加监测周波，为得到更长周波的平均值，监测期也更长，通过用式（6-8）进行校正，可提高精度。

（2）电力系统本身并非静止不变的，而是每年都在连续变化的，配电系统更是如此。连接到变电站的馈线数会变，也可能会采用不同的保护方式等；元件的故障率也会变，如电子设备的老化、元件负荷增加、不同的维修方案、供电区域内笼型电动机数突然减小等。

尽管有以上缺点，但由于有些事情很难简单地进行预测，所以节点监测对于发现和解决电能质量问题是很有帮助的。另外，随机估计需要在一定程度上了解电压扰动及其产生原因，只有通过监测才能获得这样的信息。

6.4　故障点法

6.4.1　随机预测法

随机预测法与监测法相比，最大的优点是，能立刻获得所需精度。用随机预测法，甚至可以估计尚未发生的电能质量事件，而这一点电能质量检测法无法达到。

随机预测法是采用建模技术确定随机变量的期望值和标准差的方法。用随机预测法，人们不应考虑像预测在 7 月 21 日晚上 7：30 会发生 35% 的暂降等具体情况，相反，这种预测更像在 7 月会经历 10 次 70% 的暂降，其中，预期有一半将会在 7 月 5 日～9 日的晚上发生。

如在第 2 章中已进行过详细讨论的那样，随机预测法已在长时中断频次和持续时间预测中应用了多年。对于较短持续时间的事件，采用随机预测技术的案例还不多。对于发生频次更高的事件，监测法更可行，同时，所需电气模型比长时中断的模型复杂性更高，一种解释是，电能质量仍是由工业发展需要推动的研究领域，而可靠性评估则仅是学术研究推动的领域。

随机预测法有与所用模型和数据相同的精度。模型精度可能会受到影响，数据精度也可能在人的控制之外。电力系统中任何随机预测研究都需两类数据，包括电力系统的基础数据和元件可靠性数据等，重点关注的数据是后者，元件可靠性数据只能通过观察元件性能获得。从随机的观点看，这等同于单个节点的电能质量监测。因此，元件可靠性的数据与电能质量监测结果一样具有不确定性。人们试图得出结论，用随机预测是得不到任何结果的，该结论肯定是不正确的。许多电力企业花了几十年得到了元件故障记录，元件不必单独考虑，可综合成随机的同类元件，如所有配电变压器等，这样可极大地减小元件故障率误差。

当然还存在一些问题，如维修方法的变化、新元件故障率难以估计、元件负荷模式变化，甚至气候模式易变等，与电能质量监测一样，出现了同样的不确定性，但是，随机评估可以或多或少地估计出这些不确定性的影响。

6.4.2　故障点法基础

故障点法是一种确定暂降次数的直接方法，已被许多学者分别独立地提出，但是，首先使用该方法的学者可能是 Conrad[48]，他的著作已被作为标准 IEEE 493[8],[21]的一部分内容。该方法也被法国电力公司（Electricite de France，EdF）用以估计配电系统故障引起的暂降频次[60]。在文献［61］和［63］中，综合使用了故障点法与蒙特卡罗模拟法，文献［18］和［62］将其扩展到电动机再加速引起的非矩形暂降，文献［64］又扩展到了发电机停电。目前至少可以得到一种基于故障点法的商业化软件。该方法虽然需花费较长时间，但计算非常简单，必然会有越来越多商业化软件随之而生。随着故障点数的增加，估计结果的精度会提高。非矩形暂降可用动态发电机和负荷模型进行分析，相位跳变可用复阻抗和复电压来分析，还可用包括单相和相间故障的模型分析三相不平衡。

6.4.2.1　方法概述

故障点法的基本过程如下：

（1）确定所考虑的短路故障在系统中的区域。

（2）将该区域划分为若干小块，使每一小块内短路引起的暂降特征相似，在系统电路模型中，每个小块用一个故障点表示。

（3）确定每个故障点的短路频次，短路频次就是用一个故障点表示的系统小块内每年发生的短路故障次数。

（4）通过系统模型计算每个故障点的暂降特征，为此，可用任意系统模型和任何计算方法，具体取决于工具的实用性和需计算的暂降特征。

（5）综合前两步所得结果（暂降特征与发生频次），得确定暂降特征范围内的暂降次数的随机信息。

6.4.2.2 算例分析

分析如图 6.35 所示一条 100km 的线路，该系统的短路用 8 个故障点刻画。故障点的选取取决于所感兴趣的暂降特征。在本例中，主要关注暂降幅值和暂降持续时间。故障点 1（本地变电站母线故障）和故障点 2（故障靠近本地变电站）有相同的暂降幅值，但故障清除时间不同，因此，确定为两个不同的故障点。沿线路分布的故障点（2、3、4 和 5）有相似故障清除时间，但对应的暂降幅值不同，故障点 6、7 和 8 的暂降幅值相同但持续时间不同。

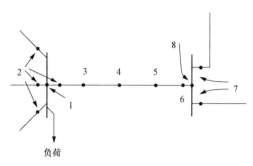

图 6.35　带故障点的部分电力系统

确定每个故障点的频次、幅值和持续时间，见表 6.19。线路和变电站的故障率分别采用 8 次/（100km/年）和 10 次/（100 个站/年），这里需注意的是，不是沿线路等分所有故障点，例如，故障点 5 在 25km 处（在 5/8～7/8 线路），而故障点 6 处仅有 12.5km（在线路的 7/8～1 间）。

表 6.19　　　　　　　　　故障点以及造成的暂降幅值和时间

故　障　点	频率（次/年）	幅值（%）	时间（ms）
1．本地变电站母线故障	0.1	0	180
2．距离本地变电站较近线路故障	4	0	80
3．在线路的 25%故障	2	32	90
4．在线路的 50%故障	2	49	105
5．在线路的 75%故障	2	57	110
6．本地线路的 100%故障	1	64	250
7．远端线路的 0%故障	2	64	90
8．远端变电站的母线故障	0.1	64	180

所得暂降（表 6.19 中 1～8）按不同特征将其组合成直接累计的形式，表 6.20 给出了不同暂降如何对应于表中的不同分类，填入频次（故障率）得表 6.21，其累计等值见表 6.22，在每个故障点后，作为一种选择，可以更新累计表，正如 6.2 节所见，当分析非矩形暂降时，总是需要这样做。请注意，本例完全是虚构的，完全没有通过严格的计算就得到表 6.19 中的幅值和持续时间。

表 6.20   按照幅值和持续时间分类的故障点

幅　值	0~100ms	100~200ms	200~300ms
60%~80%	7	8	6
40%~60%		4 和 5	
20%~40%	3		
0~20%	2	1	

表 6.21   故障点法例子的事件频率表

幅　值	0~100ms	100~200ms	200~300ms
60%~80%	2.0	0.1	1.0
40%~60%		4.0	
20%~40%	2.0		
0~20%	4.0	0.1	

表 6.22   故障点法例子的累加表

幅　值	0ms	100ms	200ms
80%	13.2	5.2	1.0
60%	10.1	4.1	0.0
40%	6.1	0.1	0.0
20%	4.1	0.1	0.0

6.4.3 故障点选择

应用故障点法的第一步是实际故障点的选择。虽然要使估计结果更精确，就需更多故障点，但新故障的随机选择并不一定能提高估计结果的精度，反而还会增加计算量。

在选择故障点时，必须做以下 3 个决策：

（1）在系统的哪个部分选择故障点？如果仅仅在一条馈线上选择故障点显然是不够的，而如果在整个系统内选定又明显太多，这是就需做出一些折中，对于每个电压等级，这个问题都需要面对。

（2）故障点间的间隔距离需多长？仅需要在变电站内部或者沿着线路的每一千米处的故障点吗？这个问题对于每个电压等级都同样重要。

（3）需要分析哪些事件？对每个故障点，不同事件均可分析。人们可以仅研究三相故障，或仅研究单相故障，或所有故障类型。可以考虑采用不同故障阻抗，考虑不同的故障清除时间或不同的发电计划，各自都有其发生频次和暂降特征。

以下是对故障点选择的一些建议，这些建议中，许多借鉴于 6.5 节介绍的临界距离法，本节仅使用其结果，对于更多理论背景，建议首先看本书 6.5 节。

选择故障点的主要判据是：一个故障点应能反应导致相似特征的暂降的短路故障。该判据已用于图 6.35 和表 6.19 中故障点的选取。

6.4.3.1　故障点间距离

为分析故障点间的距离对评估结果的影响，可认为暂降幅值是故障点与负荷所连变电站间距离的函数，如图 6.36 所示。根据 6.5 节的方程可得相应的曲线，通过用一个故障点表示可能故障的确定范围，令整个范围内的暂降幅值等于该点所对应的暂降幅值，近似的幅值与距离之间的关系如图 6.37 所示，可以发现，在曲线最陡处的误差最大，该处靠近负荷，在该处需选择较密集的故障点。对于更远处的故障，曲线变得更平坦，误差减小，远离负荷处，选择较低密度的故障点数是可以被接受的。

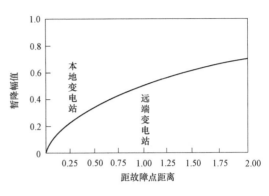

图 6.36　电压作为与故障点距离的函数

为进行定量分析，考虑图 6.38 的辐射形系统。负荷按标称电压 V_{nom}（相间电压）从变电站馈电，指定馈线上故障端的故障电流为 I_{fault}，因此，系统阻抗为

$$Z_S = \frac{V_{nom}}{\sqrt{3} \times I_{fault}} \tag{6-15}$$

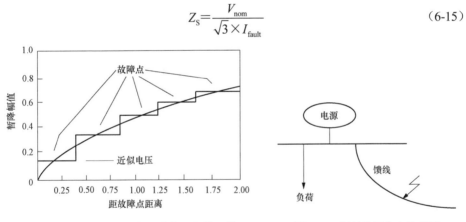

图 6.37　近似电压作为与故障点距离的函数　　　　图 6.38　辐射状网络中的故障

馈线阻抗为 z/单位长度，变电站与故障点间距离为 x，得馈线阻抗为 $Z_F = zx$，故障时，变电站电压（故障前电压的分数）为

$$V_{sag} = \frac{Z_F}{Z_S + Z_F} = \frac{xz}{\dfrac{V_{nom}}{\sqrt{3}I_{fault}} + xz} \tag{6-16}$$

对于给定的一个暂降幅值 V_{sag}，可计算出到故障点的距离：

$$x = \frac{V_{nom}}{\sqrt{3}zI_{fault}} \times \frac{V_{sag}}{1 - V_{sag}} \tag{6-17}$$

注意，这里作了一些近似，详见 6.5 节。

分析一个 34.5kV 系统，故障电流为 10kA，馈线阻抗为 0.3Ω/km，给出以下故障距离：

（1）V_{sag}＝10%：x＝750m；

（2）V_{sag}＝20%：x＝1650m；

（3）V_{sag}＝50%：x＝6.5km；

（4）V_{sag}＝70%：x＝15km；

（5）V_{sag}＝80%：x＝27km；

（6）V_{sag}＝90%：x＝60km。

如果希望区分 10% 暂降和 20% 暂降，至少需每千米选一故障点，但是，如果暂降密度表中的步进边界为 50%、70%、80% 和 90%，每 5km 选择一个故障点就足够了。也应注意，当远离负荷点时，故障点间距离增加很快，因此，随着故障距离的增加，所需的故障点的密集程度快速下降。

式（6-17）给出了从负荷所接变电站起，线路上故障点间距离的指标。对于其他线路，通常每条线路上选 1 个或 2 个故障点就够了，前提是不太靠近变电站。一个可能的策略是：当两个相邻变电站所导致的暂降幅值相差太大时，就插入一个故障点，首先对变电站的故障进行分析，计算其所导致的暂降幅值。

如果故障点选择在线路的始端和末端，每条线路上选用两个故障点而非一个点，实际上，可能会加速计算过程，采用该方法，所有起始于同一变电站的线路仅需计算一次电压。

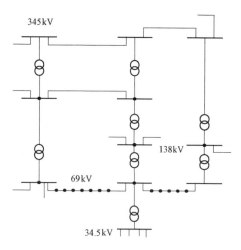

图 6.39　含建议故障点的多电压等级网状电网

当系统为网孔状含多个电压等级时，如美国和其他几个国家的输电网的电压等级，情况会变得更为复杂。分析如图 6.39 所示系统，一种安全策略是，在指定线路上选取多个故障点，其他线路上仅选用 1 个或 2 个故障点，包括 138、230、345kV。由于故障电流可能存在多通路和相对较大的变压器阻抗，在 138kV 和更高电压等级的电网内发生的故障不会引起深暂降，精确的故障点对暂降幅值没有大的影响。对于 230kV 和 345kV 电网，每个变电站选择一个故障点可能仍出现太多故障点，主要问题是对于所需故障点数的确定还没有明确规律，如果不管计算时间，故障点选择可以是自动的，每条线路可选 10 个点或更多个故障点。

上面仅根据暂降幅值来确定故障点数，除暂降幅值外，其实持续时间等也应该考虑。暂降持续时间取决于不同馈线和变电站元件所用的保护。对于故障清除时间更长，暂降持续时间也更长的系统，考虑其保护十分重要。可能的例子是，母线故障由馈线的后备保护清除，输电线路远端的故障由距离保护 2 段清除等。

6.4.3.2 故障点范围

上一节讨论了故障点间的距离问题，得到的建议是，对所有除直接给负荷供电的馈线以外的线路上选取 1 个或 2 个故障点，随之而来的问题是，究竟需考虑多远的距离，例如，需考虑一个在 1000km 以外的 345kV 变电站吗？可能不用，但在 200km 处的变电站呢？更进一步可能有下面两种方法，但这两种方法可能都不完全令人满意。

（1）用式（6-17）估计在哪个距离的故障会导致 90% 的暂降，或可能导致其他感兴趣的任何特征值。对于输电线电压，这样会得到很大的值（对 345kV，故障电流 10kA，距离为 600km），这样的值可能比实际需要的值更大。

（2）从一个给定区域内的故障点出发，观察该区域边界上的故障点对应的暂降幅值。如果这些幅值低于 90%，该区域应被包含。如果系统能按适用于某电力系统分析方法的正确格式得到，这也许是最快的方法。

6.4.3.3 保护的故障

保护的故障是计算电压暂降时需要关心的问题。因为，保护的故障可能导致更长的故障清除时间，由此导致更长的电压暂降持续时间，通常暂降持续时间会明显地变长，这对兼容性分析很重要。设备也许能够承受由主保护清除故障时的暂降，但是可能就承受不了由后备保护动作导致的暂降。

为了顾及保护的故障，对每个故障点，有两个事件必须考虑：一方面故障由主保护清除，另一方面是故障由后备保护清除。这两种情况通常会得到不同的故障频率，作为选择，可以用保护的固定故障率和主保护、后备保护的固定故障清除时间来确定，这时，得到的幅值分布仅需在相应的持续时间附近波动。

6.4.3.4 多重事件

在正常系统中，故障点法的基本形式中仅考虑了短路故障。对于多重事件，如相邻电厂故障过程中的故障等通常没有被考虑。为考虑这些情况，对于系统中不同电厂退出运行时的情况，需进行故障计算，这时，故障点的选择相当复杂，只有电厂运行对暂降有影响的故障需考虑。当采用自动分析法时，可能仅需简单地分析全部情况。最佳策略是从靠近负荷的电厂开始，然后从负荷点开始向远方进行逐个分析，直到分析到对暂降幅值不再有明显的影响的情况为止。明显的影响，这里定义为对设备运行情况的影响。

6.4.4 故障点法的算例

在本节中，讨论分析故障点法时使用了一个算例。为此采用一个小系统，原因是这样的系统数据容易得到，并且所需数据处理量有限，因此可以在相对较短的时间内对不同选择方法进行研究。对美国输电系统的一个研究是文献 [8]，而文献 [71] 和 [74] 是对更大的欧洲系统进行的研究。

6.4.4.1 可靠性测试系统

可靠性测试系统（RTS）是由 IEEE 推荐，将概率法用于发输电系统随机估计所采用的系统[73]。在文献 [64]、[71] 中，学者 Qader 将 RTS 系统用于证明故障点法，该可靠性测试系统有 24 条母线、38 条线路和电缆，如图 6.40 所示，在 138kV 和 230kV 侧有 10 台发电机和 1 台同步调相机。

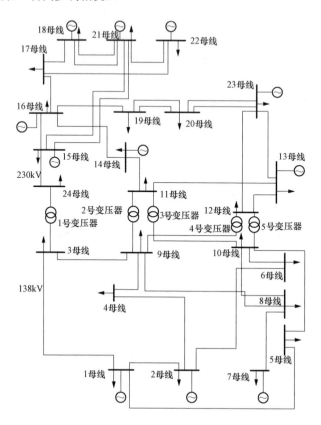

图 6.40　可靠性测试系统（由文献 [71] 得到）

6.4.4.2　一个故障引入的电能变化

图 6.41 中给出了母线 2 和 4 之间发生一个故障时对整个系统电压的影响，只有母线 4 的电压下降到低于 50%，138kV 系统的大部分母线电压才降到低于 90%，注意，母线 4 的电压降到 28%，而母线 2 的电压仅降到 58%，此时的短路故障正好发生在母线 2 和 4 间的线路上。这个差别是由母线 1 和母线 2 维持发电机运行的电压不同造成的。由于母线 4 远离电厂，因此，电压降到更低值。在多数 230kV 系统中，发电厂密集，能维持母线电压，因此防止了严重电压降的发生，同时，由于相对较大的变压器阻抗，使 230kV 等级的电压降减小，图 6.41 给出了一些众所周知的事实，这里仍值得强调如下：

（1）距离故障点近时，电压降低最多；远离故障点时，电压降低减少。

（2）当故障靠近发电厂时，电压降迅速减小。

（3）当故障经变压器朝更高电压等级时，电压降减小，这里假设多数发电机接在较高的电压等级，变压器的高压侧更靠近电源，因此，电压幅值下降小。

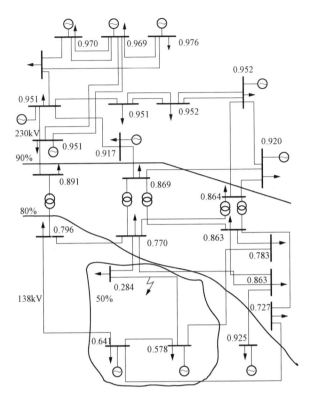

图 6.41　由于图 6.40 中母线 2 和母线 4 之间发生故障导致的不同母线电压暂降

6.4.4.3　暂降域（exposed area）

在图 6.41 中，故障点固定，计算所有母线的电压暂降，而图 6.42 给出了相反的情况，对许多故障点计算一条母线的电压幅值。这时，假设计算母线 4 的暂降幅值，导致母线 4 有相等电压幅值的故障点，在图 6.42 中用等高线连接起来，得 30%、50%、60%、70% 和 80% 暂降幅值的等高线。故障所引起的暂降低于某确定电压的区域称为该母线在确定电压幅值水平下对应的系统暂降域。暂降域术语起初与设备特性有关，假设电压低于 60% 时设备脱扣，这是设备暴露于图中 60% 等高线内的所有故障。因此，采用术语暴露区域（exposed area），从物理意义上讲又可称之为暂降域（是指设备不能接受的暂降域）。由于故障仅发生在一次设备上（如线路、电缆、变压器、母线等），暂降域严格意义上不是一个区域，而是由点（变电站）和线（线路和电缆）构成的集合，但是画成一个封闭的包络线更有利于概念的形象化，可以明确知道哪些元件在暂降域内，这样的表示方法比已知实际暂降次数更有价值。假设暂降域内某条线路跨越一座气候倾于恶劣的山，此时，考虑该线路采取附加保护措施，或改变系统结构使该线路不在暂降域内也许很有价值。

根据图 6.42 和其他暂降域包络线可得如下结论：

（1）暂降域相对于不含发电机的部分系统，倾向于远离大量发电机集中的区域。

（2）包络线靠近变电站的暂降域的形状取决于变压器另一侧发电机的数量，暂降域

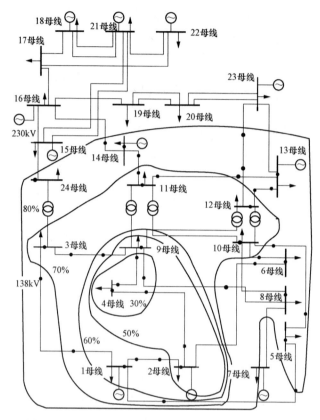

图 6.42　母线 4 的暂降域等高线（由文献［71］得到）

趋于远离高电压等级而靠近低压网络。如果故障发生在低压网络中，经变压器阻抗的电压降很大。这里假设了主要发电机连接在比故障所在电压等级高的网络中。通过分析在第 4 章中介绍的简单网络就可以解释该特性。

6.4.4.4　暂降频次

对所有母线进行计算，得每条母线对应的暂降域包络线的一个集合。将该包络线集合绘制在同一张图中，难以得到易于解释的结果。取而代之，图 6.43 给出各母线电压低于 80% 的暂降期望次数，各母线暂降次数均值为 6.85 次/年，表 6.23 给出了不同电压百分比的暂降次数均值。可见，80% 的母线的暂降频次在所有母线暂降次数均值的 30% 以内。注意，这里假设了所有线路的故障率相同（故障次数/（千米/年）），在实际中有的线路故障高些，这对暂降频次会有较大影响。

表 6.23　　　　　暂降频率百分数在可靠性测试系统中母线上的分布

百分比（%）	暂降频率（次/年）	平均百分比（%）
90	4.7	70
75	5.2	75
50	6.8	100

百分比（%）	暂降频率（次/年）	平均百分比（%）
25	8.2	120
10	9.0	130

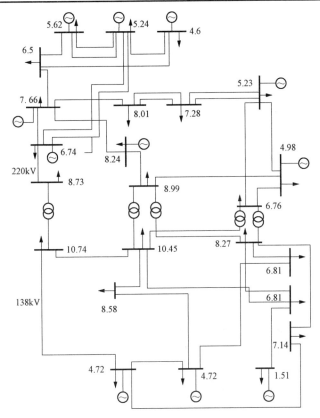

图 6.43　RTS 中所有母线的电压暂降频率：暂降次数少于 80%

　　要得出暂降频次的一般结论是困难的，因为不同的系统存在明显的差异，但是，在本书和其他文献中，可以得出一个结论，即发电机较集中区域内可能发生的暂降频次较低，而远离机组区域内暂降发生频次较高。

6.4.4.5　发电计划

　　在前面的分析中，假设所有发电机都投入运行，但在现实中并非这样，我们已发现，在故障时，发电机对电压和暂降频次有明显影响，为了量化该影响，在可靠性测试系统中，对 138kV 所有变电站退出运行时的情况再次进行计算，所得暂降频次如图 6.44 所示，将该图与图 6.43 进行比较可见，所有母线的暂降频次均增加，尤其 138kV 母线增加最为明显，所有 138kV 侧母线的暂降频次很相似，其原因是，故障发生在 138kV 系统内，且靠近 230kV 系统，使得所有 138kV 母线电压降到 80% 以下，若暂降频次定义为暂降低于 65% 的次数，138kV 母线间的差异变大，见表 6.24。

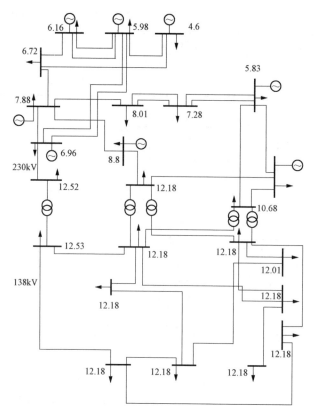

图 6.44 当 138kV 发电机退出时 RTS 中所有母线的电压暂降频率（次/年）

表 6.24 在可靠性测试系统中发电计划对于电压暂降频率的影响，
每年暂降次数低于 **65%**

发电计划	138kV 母线									
	1	2	3	4	5	6	7	8	9	10
发电机 1 停运	2.80	2.77	3.24	3.65	3.42	3.16	0.80	1.47	2.65	3.38
发电机 2 停运	2.43	2.79	3.06	3.77	3.44	3.18	0.80	1.49	2.64	3.40
发电机 7 停运	1.54	1.40	3.06	2.81	3.20	3.18	4.42	4.42	3.11	3.44
平均	2.26	2.32	3.12	3.41	3.35	3.17	2.01	2.46	2.80	3.41
所有发电机投运	1.34	1.40	2.85	2.19	2.16	2.60	0.80	1.34	2.59	2.81
所有发电机停运	7.37	7.37	6.73	7.43	7.06	5.19	6.66	6.66	5.88	5.96

作为第二步，假设 3 台 138kV 发电机在一年内各自退出运行 4 个月，这些时段内没有重叠，因此，138kV 侧总有 2 台发电机在运行。对每个时间段（即每一个一机退出，两机运行的组合），用与前面相同的方法进行暂降频次计算，138kV 母线的计算结果见表 6.24，该表说明，对于许多发电计划方式，所有 138kV 变电站的暂降次数低于 65%，对于上面提及的 3 个 4 个月时间段简称为"发电机 1 退出""发电机 2 退出""发电

机 7 退出"，这 3 个频次的均值作为每年暂降次数，表中称为"均值"。为了参考，当所有机组全部运行（"全运行"）和全部退出（"全退出"）时的暂降频次也给出。

6.5 临界距离法

临界距离法不是计算给定故障点的电压，而是根据给定的电压值计算故障点位置，通过采用简化的表达式可以发现系统内哪些地方的故障所导致的电压暂降的幅值会低于给定的电压幅值。每个靠近负荷的故障一般都会引起较深的暂降，比该幅值更加严重的暂降的次数就是比该故障点更加靠近负荷的位置发生的短路故障的次数。

首先分析临界距离法的基本理论并给出相应方法的整体轮廓，可举一个简单的例子来说明怎么使用该方法。在基本表达式引出过程中，首先提出必要的假设，然后得出更精确的表达式和针对非辐射状系统的表达式，最后，将该方法所得结果与故障点法的结果进行比较。

6.5.1 基本理论

临界距离法是基于图 4.14 引入的电压分配器模型提出的一种方法，忽略了负荷电流，并假设暂降前电压为 1（标幺值），得故障时 PCC 点处的电压：

$$V_{sag} = \frac{Z_F}{Z_S + Z_F} \tag{6-18}$$

式中，Z_F 为 PCC 点与故障点之间的阻抗；Z_S 为 PCC 点系统阻抗。

设 $Z_F = zL$，z 为馈线单位长度的阻抗，L 为 PCC 点与故障点间的距离，暂降幅值的表达式为

$$V_{sag} = \frac{zL}{zL + Z_S} \tag{6-19}$$

"临界距离"概念引出如下：

在从 PCC 点起到临界距离的范围内的任何故障均会引起 PCC 点处的电压幅值均低于某个临界电压 V，根据式（6-19）易得临界距离 L_{crit} 的表达式为

$$L_{crit} = \frac{Z_S}{z} \cdot \frac{V}{1-V} \tag{6-20}$$

这里假设电源和馈线均为纯阻抗（电力系统分析中很适用的假设），或更一般地认为这两个阻抗间在复平面上的角度差为 0。

严格意义上讲，式（6-20）仅适合于单相系统。对于三相系统中的三相故障，如果 Z_S 和 z 采用正序阻抗，该表达式还可用，但是，对于单相故障用正、负、零序阻抗之和，相间故障用正序和负序之和，上面表达式中的电压，如果发生单相故障，故障相电压为相对中性点电压，如果发生相间故障，电压为故障相间的电压，后面还会回过来分析单相和相间故障的情况。

式（6-20）可用于估计任意电压等级供电侧至敏感负荷间的暂降域，在暂降域内包含所有引起假想设备脱扣的电压暂降的所有故障点。通过暂降域内所有系统元件故障率的简单相加，就可求出被分析敏感设备期望的脱扣次数。

在系统的任意位置，变压器阻抗占系统阻抗的大部分，因此，低压侧故障不会导致在高压侧发生较深的暂降。为了估计低于给定暂降幅值的暂降次数，只需把从 PCC 点起在临界距离范围内的所有线路和电缆长度加起来即可。线路和电缆的长度之和被称作"裸露长度"，得到的裸露长度乘以单位长度故障率即得每年暂降次数。

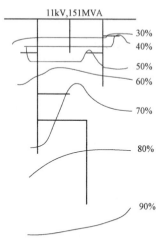

图 6.45 使用临界距离法的一个 11kV 网络例子

6.5.2 算例：三相故障

分析图 6.45 中的 11kV 系统，11kV 母线的故障水平为 151kVA（以 100mVA 为基准，系统阻抗 0.663p.u.），馈线阻抗为 0.336Ω/km（以 100mVA 为基准，0.278p.u./km）。

用式（6-20）计算不同临界电压对应的临界距离，结果见表 6.25，表中倒数第 2 列（称为"裸露长度"）给出了暂降域内总馈线长度。图 6.45 给出了不同临界电压的暂降域包络线，11kV 母线（PCC 点）与 50%包络线间的每个故障都会引起 PCC 点幅值低于 50%的暂降，50%包络线上的所有点到 11kV 母线的距离为 2.4km（见表 6.25），表 6.25 的最后一列是每年设备期望脱扣次数，采用的故障率为 0.645 次/（km/年）。

表 6.25   临界距离法的结果，三相故障

临界电压（%）	临界距离（km）	裸露长度（km）	每年故障数
90	21.4	24.0	15.5
80	9.6	21.6	13.9
70	5.6	16.8	10.8
60	3.6	12.2	7.9
50	2.4	8.6	5.5
40	1.6	5.4	3.5
30	1.0	3.0	1.9
20	0.6	1.8	1.1
10	0.3	0.9	0.6

6.5.3 基本理论：更精确的表达式

为得到更精确的表达式，不得不认为馈线和电源阻抗为复数。根据图 4.14 的电压分配器模型再次得基本表达式，但用复数电压和复阻抗：

$$\overline{V} = \frac{\overline{Z}_F}{\overline{Z}_S + \overline{Z}_F} \tag{6-21}$$

式中，$\overline{Z}_S = R_S + jX_S$ 为 PCC 点电源阻抗；$\overline{Z}_F = (r + jx)L$ 为故障点与 PCC 点间的阻抗；L 为故障点与 PCC 点间的距离；$\overline{z} = r + jx$ 为单位长度馈线阻抗。忽略负荷电流，故障前 PCC 点电压等于电源电压，为 100%。

在 4.5 节中已得到作为 PCC 点与故障点间距离的函数的电压幅值 V 和相位跳变的表

达式，对于电压幅值，式（4-87）可写为

$$V=\frac{\lambda}{1+\lambda}\frac{1}{\sqrt{1-\frac{2\lambda(1-\cos\alpha)}{(1+\lambda)^2}}} \tag{6-22}$$

式中，

$$\lambda=\frac{Z_F}{Z_S}=\frac{zL}{Z_S} \tag{6-23}$$

复平面上电源和馈线阻抗间的角度 α 称为阻抗角，为

$$\alpha=\arctan\left(\frac{X_S}{R_S}\right)=\arctan\left(\frac{x}{r}\right) \tag{6-24}$$

且 $Z_S=|R_S+jX_S|$，$z=|r+jx|$，$V=|\bar{v}|$。

为得到临界距离的表达式，已知 V，需由式（6-22）求解 λ，因此，该方程可写为二阶多项式方程：

$$\lambda^2(V^2-1)+2\lambda V^2\cos\alpha+V^2=0 \tag{6-25}$$

该方程的正值解为

$$\lambda=\frac{V}{1-V}\left[\frac{V\cos\alpha+\sqrt{1-V^2\sin^2\alpha}}{V+1}\right] \tag{6-26}$$

结合式（6-23），临界距离的理想表达式为

$$L_{crit}=\frac{Z_S}{z}\cdot\frac{V}{1-V}\left[\frac{V\cos\alpha+\sqrt{1-V^2\sin^2\alpha}}{V+1}\right] \tag{6-27}$$

式（6-27）第一部分为

$$L_{crit}=\frac{Z_S}{z}\cdot\frac{V}{1-V} \tag{6-28}$$

式（6-28）是由式（6-20）得到的临界距离表达式，对于多数情况，式（6-20）已足够，尤其是当计算阻抗角的数据难获得时。为了评估用近似表达式引起的误差，对不同的 α 值计算临界距离。

图 6.46 给出了由临界电压函数确定的 11kV 架空线的临界长度，所用电源阻抗为 0.663p.u.，馈线阻抗为 0.278p.u./km，这与上例所用的值相同（见图 6.45），可见，仅阻抗角较大（大于30°）时误差较明显，这时需要使用更精确的表达式，在下一节将得出一个临界距离的简单而精确的近似表达式。

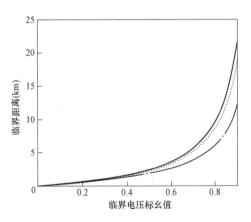

图 6.46 阻抗角为 0°（实线）、−30°（点线）、
−60°（点画线）的情况下，临界距离
作为临界电压的函数

6.5.4 中间表达式

前两节分别得到了式（6-27）和式（6-20），分别是一个精确的和一个近似的临界距离表达式，两者之间的差异是式（6-27）右边方括号内的系数：

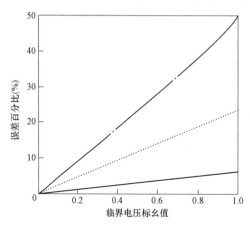

图 6.47 阻抗角为 −20°（实线）、−40°（点线）、−60°（点画线）的情况下临界距离简化表达式产生的误差

$$k = \frac{V \cos\alpha + \sqrt{1 - V^2 \sin^2\alpha}}{V + 1} \tag{6-29}$$

该系数偏离 1 越多，用简化式（6-20）造成的误差就越大，该误差计算式为 $(1-k) \times 100\%$。对于 3 个阻抗角值的误差如图 6.47 所示。简化表达式（6-20）临界距离估计值偏大（暂降频次也如此），如图 6.46 所示。但是，在很多情况下，除系统有较大阻抗角以外，如配电系统中的地下电缆等，这种误差均较小。通常用式（6-29）在 $V=0$ 时对简化表达式（6-20）进行一阶修正：

$$k \approx \left[V\cos\alpha + \left(1 - \frac{1}{2}V^2\sin^2\alpha\right)\right](1-V) \tag{6-30}$$

$$k \approx 1 - V(1 - \cos\alpha) \tag{6-31}$$

对于不同的阻抗角，用近似表达式（6-31）得到的误差如图 6.48 所示，其误差均不会超过几个百分点。

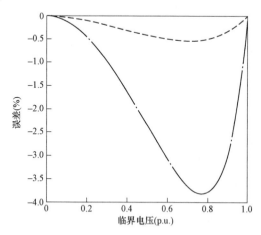

图 6.48 阻抗角为 −20°（实线）、−40°（虚线）、−60°（点画线）的情况下使用一阶近似的临界距离产生的误差

由图 6.48 可得一个重要结论，即阻抗角大的系统的临界距离表达式如下：

$$L_{\text{crit}} = \frac{Z_S}{z} \cdot \frac{V}{1-V}\left[1 - V(1-\cos\alpha)\right] \tag{6-32}$$

6.5.5　三相不平衡

以上推理仅适用于三相故障，对于不平衡故障（单相、相间），该方法需适当调整。在以下讨论中，多数直接取自于4.4节对三相不平衡暂降的处理方法。

6.5.5.1　相间故障

相间故障引起C类或D类暂降，特征幅值等于PCC点的起始（相间）电压。用临界距离法计算 PCC 点电压，因此，对于相间故障无需修正就可采用。所用阻抗值是正序和负序的均值。由于一般正、负序阻抗相等，就像三相故障一样可仅用正序阻抗。就幅值特征而言，相间故障的临界距离等于三相故障的临界距离。

如果关注设备端的电压（如对单相设备），策略是将该电压反变换成特征幅值，并将临界距离公式用于求特征幅值，这时，重要的是确定在给定电压水平下故障是否会引起C类或D类暂降。

假设故障引起一个C类暂降，这时 1/3 的单相设备不会经受暂降，而 2/3 的设备经受 50%～100%的暂降。设 V_{eq} 为设备端暂降幅值，V_{char} 为三相不平衡暂降的特征幅值，这两幅值间的关系为

$$V_{eq} = \frac{1}{2}\sqrt{1+3V_{char}^2} \tag{6-33}$$

当忽略特征相位跳变时（$\phi=0$），该表达式来自于图 4.90，可以含相位跳变，但表达式复杂。根据设备端电压可求出特征幅值：

$$V_{char} = \sqrt{\frac{4}{3}V_{eq}^2 - \frac{1}{3}} \tag{6-34}$$

当 $V_{eq}<1/2$ 时，无暂降发生；当 $1/2<V_{eq}<1$ 时，$V=V_{char}$。可用式（6-20）计算临界距离，得到的暂降频次应乘以 2/3，考虑到实际中 1/3 的故障不会引起设备端电压暂降。对幅值为 V_{char} 的 D 类暂降，有一相的幅值也为 V_{char}，可直接用临界距离表达式，但所得暂降频次需乘以 1/3，其余两相电压降到：

$$V_{eq} = \frac{1}{2}\sqrt{V_{char}^2 + 3} \tag{6-35}$$

当 $V_{eq}<\frac{\sqrt{3}}{2}$ 时，该式无意义；当 $\frac{\sqrt{3}}{2}<V_{eq}<1$ 时，可用下式计算临界距离：

$$V_{char} = \sqrt{4V_{eq}^2 - 3} \tag{6-36}$$

且得到的暂降频次应乘以 2/3，注意，对于 D 类暂降，两个暂降频次应相加。

6.5.5.2　算例：相间故障

分析与三相故障例子中相同的系统，这里感兴趣的是相对相间（△）连接于 660V 侧的单相负荷虚构的脱扣次数。用△/Y连接的一台 11kV/660V 变压器，设备端暂降类型确定如下：

（1）对于 11kV 侧星形连接的负荷，相间故障引起 C 类三相不平衡故障。

（2）对于 11kV 侧△形连接的负荷，暂降为 D 类。

（3）660v 侧△形连接的负荷，暂降为 C 类。

作为设备电压耐受能力的函数的脱扣频次的计算结果归纳到表 6.26，其过程如下：

（1）对设备端给定的一个临界电压 V_{eq}，临界特征幅值 V_{char} 计算式为

$$V_{char} = \sqrt{\frac{4}{3}V_{eq}^2 - \frac{1}{3}}$$

（6-37）

结果见表 6.26 的第二列。当 $V_{eq} < 0.5$ 时，方根值为负，意味着即使是端点故障（距离为 0），设备端电压也比临界电压高，因此，裸露长度为 0，表中第 2 列的前几个单元的值为 0。

表 6.26 临界距离法的结果，相间故障，C 类型暂降

设备终端暂降幅值	特征幅值	临界距离（km）	裸露长度（km）	故障频率（每年）
0	0	0	0	0
0.1	0	0	0	0
0.2	0	0	0	0
0.3	0	0	0	0
0.4	0	0	0	0
0.5	0	0	0	0
0.6	0.38	1.5	5.0	2.1
0.7	0.57	3.2	11.4	4.9
0.8	0.72	6.1	18.2	7.8
0.9	0.86	14.7	24	10.3

（2）根据临界特征幅值，用标准方法计算临界距离为

$$L_{crit} = \frac{Z_S}{z} \cdot \frac{V_{char}}{1 - V_{char}}$$

（6-38）

当 $Z_S = 0.661 p.u.$，$z = 0.278 p.u./km$ 时，得到的临界距离见表 6.26 的第 3 列。

（3）根据临界距离，计算图 6.45 中系统 11kV 侧的裸露长度，为此，所用方法与图 6.45 所示三相故障的方法相同。

（4）已知裸露长度就可计算脱扣频次，这里假设相间故障次数等于三相故障次数，0.645 次/（km/年），这并不是符合实际的假设，但易于比较不同类型故障的影响，由于 C 类暂降仅有两相电压下降，该故障频次需乘以 2/3 得脱扣频次，后者见表中最后一列。

作为第二个例子，分析星形连接的低压负荷（为相对中性点的单相负荷）。三相不平衡暂降为 D 类，设备端一相暂降深，两相暂降浅。用临界距离法计算的脱扣频次归纳于表 6.27，表中仅给出了临界电压在 80%～96% 的结果。对其他临界电压值的计算过程与此相似。

表 6.27　　　　　　　　临界距离法的结果，相间故障，D 类型暂降

设备终端暂降幅值	最低电压				最高电压			
	临界距离（km）	裸露长度（km）	故障频率（每年）	特征幅值（p.u.）	临界距离（km）	裸露长度（km）	故障频率（每年）	总故障频率（每年）
0.80	9.5	21.5	4.6	0	0	0	0	4.6
0.82	10.9	22.9	4.9	0	0	0	0	4.9
0.84	12.5	24	5.2	0	0	0	0	5.2
0.86	14.7	24	5.2	0	0	0	0	5.2
0.88	17.5	24	5.2	0.31	1.1	3.4	1.5	6.7
0.90	21.5	24	5.2	0.49	2.3	8.2	3.5	8.7
0.92	27.4	24	5.2	0.62	3.9	12.8	5.5	10.7
0.94	37.4	24	5.2	0.73	6.4	18.4	7.9	13.1
0.96	57.2	24	5.2	0.83	11.6	23.6	10.1	15.3

（5）就像△形连接的负荷，计算开始先选择设备端临界电压。然后分别对深暂降和浅暂降进行计算。

（6）对深暂降的计算几乎与三相故障的计算相同（在表 6.27 中称为"最低电压"）。设备端深暂降幅值等于特征幅值，因此，可用临界距离的标准公式。唯一的区别是，故障频次需除以 3 得到实际所需的一个值，因为在 3 个电压中只有一个表现有深暂降。因此，从单相设备的角度看，3 个故障中只有一个导致深暂降。对于深暂降的临界距离，裸露长度和脱扣频次分别列于表 6.27 第 2、3、4 列。注意，临界电压高于 84% 后，裸露长度和脱扣频次不再增大，这是因为暴露区域已包含了 11kV 馈线的全部长度。

（7）浅暂降的计算与△形连接的负荷的计算相似。作为第一步，设备端临界电压被转换成临界特征幅值，用的表达式如下：

$$V_{char} = \sqrt{4V_{eq}^2 - 3} \tag{6-39}$$

结果见表第 5 列。当 $V_{eq} < 0.866$ 时，特征幅值设为 0，设备端的浅暂降不会低于该值，临界距离、裸露长度和脱扣频次的计算与前面类似，对于脱扣频次，故障频次需乘以 2/3，因为三相中只有两相表现为浅暂降，浅暂降结果见表第 5～8 列。

（8）最后，总脱扣频次为深暂降和浅暂降引起的脱扣频次之和，列于表的最后一列。

6.5.5.3　单相故障：直接接地系统

单相故障引起设备侧 B、C 或 D 类暂降。应用临界距离表达式将设备端电压转换成可用电压确定的暂降类型。

只有设备星形连接，且单相故障发生在与设备同一电压等级时，才发生 B 类暂降（或只有故障与设备间为 Yn/Yn 连接的变压器的高压侧）。对于 B 类暂降，在临界距离表达式中可直接采用端电压，只有一相电压下降，对于单相设备，得到的暂降频次应乘以 1/3。阻抗应用正、负、零序值之和。

在其他情况下，发生 C 类或 D 类暂降。对于这些情况而言，特征幅值偏离初始电

压（PCC 点故障相电压）。对于直接接地配电系统（正序和零序阻抗相等），由式（4-109）得特征幅值 V_{char} 与初始电压幅值 V_{init} 之间的以下关系：

$$V_{char} = \frac{1}{3} + \frac{2}{3} V_{init} \qquad (6\text{-}40)$$

已知三相不平衡暂降的特征幅值和 $1/3 < V_{char} < 1$，初始电压可由下列得到：

$$V_{init} = \frac{2}{3} V_{char} - \frac{1}{2} \qquad (6\text{-}41)$$

特征幅值需用式（6-41）转换成初始幅值。如果设备端幅值是关注重点，还需进行二次转换。将设备端幅值转换成特征幅值，该转换过程与相间故障完全相同。

6.5.5.4 算例：直接接地系统内单相故障

分析单相故障时，需考虑电源和馈线的零序阻抗。对一个直接接地配电系统，可假设电源的正序和零序阻抗相等，但对馈线不能这样假设。由表 4.4 可得零序阻抗为 1.134p.u./km，正序阻抗为 0.278p.u./km，计算时用正、负、零序阻抗和，得电源阻抗 $Z_S = 1.989$p.u.，馈线 $z = 1.691$p.u./km。

根据给出的临界特征幅值计算单相故障的临界距离，结果见表 6.28。

表 6.28　　　　　临界距离法，单相故障，小阻抗接地系统

设备终端暂降幅值	特征幅值	临界距离（km）	裸露长度（km）	故障频率（每年）
0	0	0	0	0
0.1	0	0	0	0
0.2	0	0	0	0
0.3	0	0	0	0
0.4	0	0	0	0
0.5	0	0	0	0
0.6	0.38	1.5	5.0	2.1
0.7	0.57	3.2	11.4	4.9
0.8	0.72	6.1	18.2	7.8
0.9	0.86	14.7	24	10.3

（1）第一步，用式（6-41）将特征幅值转换成初始电压，特征幅值不能小于 0.33p.u.，因此，表中比该值小的值取为 0。

（2）根据临界初始电压，用标准表达式计算临界距离：

$$L_{crit} = \frac{Z_S}{z} \cdot \frac{V_{init}}{1 - V_{init}} \qquad (6\text{-}42)$$

式中，$Z_S = 1.989$p.u.，$z = 1.691$p.u./km。

（3）根据临界距离，用前面的方法计算裸露长度和脱扣频次，对单相故障，仍用 0.645 次/（km·年）的故障频次。

6.5.5.5 单相故障：一般解决方法

在经电阻接地的配电系统中，正序和零序阻抗相等的假设不再符合。当线路阻抗占系统阻抗大部分时，该假设也无效。图 4.21 中 400kV 供电侧的情况如图 4.105 所示。为了得到临界距离更一般的表达式，根据式（4-40），在故障相用相对中性点电压：

$$V_{an} = 1 - \frac{3Z_{S1}}{(2Z_{F1} + Z_{F0})(2Z_{S1} + Z_{S0})} \tag{6-43}$$

非故障相的相对中性点电压不受单相故障影响。在直接接地系统中，可以认为相对中性点电压与相对地电压相同。特征幅值与（初始）相对中性点电压的关系如下：

$$V_{char} = \frac{1}{3} + \frac{2}{3}V_{an} \tag{6-44}$$

基于以上认识，可将设备端暂降幅值转换成特征幅值和相对中性点电压。相对中性点电压可转换成相对地电压，但是，作为一种选择，可得一个对相对中性点电压的临界距离表达式，为此，分别引入单位长度馈线正、零序阻抗 z_1 和 z_0，以及故障距离 L，式（6-43）变为

$$V_{an} = 1 - \frac{3Z_{S1}}{(2z_1 + z_0)L + (2Z_{S1} + Z_{S0})} \tag{6-45}$$

对给定（临界）相对中性点电压 V_{an}，临界故障距离表达式：

$$L_{crit} = \frac{(Z_{S1} - Z_{S0}) + V_{an}(2Z_{S1} + Z_{S0})}{(2z_1 + z_0)(1 - V_{an})} \tag{6-46}$$

当 $Z_{S1} = Z_{S0}$ 时，得到的表达式可用于直接接地配电系统的表达式。注意，通常 $Z_{S1} < Z_{S0}$，因此，对较小 V_{an} 值，临界距离可能变为负。即使是端点故障，相对中性点电压也不是 0。任意小于该最小值的临界电压会得出负临界距离，这是没有物理意义的，为计算裸露长度（和暂降频次），应采用 0 临界距离。作为一种方法，可直接根据特征幅值计算临界距离，为此用 $V_{char} = V_1 + V_2$ 和式（4-29）、式（4-30）计算单相故障引起的 PCC 点正、负序电压。采用与前相同的方法，得故障距离函数的特征幅值的以下表达式：

$$V_{char} = \frac{zL + Z_{S0}}{zL + Z_S} \tag{6-47}$$

若 $Z_S = 2Z_{S1} + Z_{S0}$，$z = 2z_1 + z_0$，求解临界距离如下：

$$L_{crit} = \frac{Z_S}{z} \times \frac{V_{char}}{1 - V_{char}} - \frac{Z_{S0}}{z(1 - V_{char})} \tag{6-48}$$

6.5.5.6 算例：经电阻接地系统中的单相故障

在电阻性接地系统中，不能假设正序和零序电源阻抗相等。由表 4.3 得零序电源阻抗为 $Z_{S0} = 8.172$p.u.，计算结果见表 6.29，仅给出了临界电压在 86%～98% 的结果。对更小的临界电压值，脱扣频次为 0。典型地，电阻性接地系统中的单相故障引起很浅的暂降。根据临界特征幅值，将 $Z_S = 9.494$p.u.，$Z_{S0} = 8.172$p.u.，$z = 1.691$p.u./km 代入式（6-48），直接计算临界距离，暴露区域和脱扣频次的计算与前同。

表 6.29　　　　　　　　　　　临界距离法，单相故障，阻抗接地系统

特征幅值	临界距离（km）	裸露长度（km）	故障频率（每年）
0.86	0	0	0
0.88	0.9	2.7	1.7
0.90	2.2	7.8	5.0
0.92	4.2	13.3	8.9
0.94	7.4	19.4	12.5
0.96	13.9	24	15.5
0.98	33.5	24	15.5

6.5.6　发电厂

在 4.2.4 节中，得到的表达式（4-16）描述了发电机对暂降幅值的影响，得到该式的等值电路如图 4.24 所示，表达式有以下形式：

$$(1-V_{sag})=\frac{Z_4}{Z_3+Z_4}(1-V_{pcc}) \tag{6-49}$$

为得到 PCC 点的电压，这里不得不忽略所有负荷电流。没有故障前的功率流，图 4.24 中的两台发电机有完全相同的输出电压。因此，在等值方案中，可用一台发电机代替，根据该方案，得以下表达式：

$$V_{pcc}=\frac{Z_2}{Z_3+Z_1 /\!/(Z_3+Z_4)} \tag{6-50}$$

式中，$Z_A /\!/ Z_B=\dfrac{Z_A * Z_B}{Z_A+Z_B}$，为 Z_A 和 Z_B 的并联阻抗，综合式（6-49）和式（6-50）得负荷经受暂降过程中的电压表达式：

$$V_{sag}=1-\frac{Z_1 Z_4}{Z_2(Z_1+Z_3+Z_4)+Z_1(Z_3+Z_4)} \tag{6-51}$$

为得到临界距离的表达式，代入 $Z_2=zL$，通过用 $V_{sag}=V_{crit}$ 求 L，得临界距离，所得表达式为

$$L_{crit}=\frac{Z_1}{z}\left\{\frac{Z_4}{Z_1+Z_3+Z_4}\cdot\frac{V_{crit}}{1-V_{crit}}-\frac{Z_3}{Z_1+Z_3+Z_4}\right\} \tag{6-52}$$

式（6-52）中的临界距离不是故障点与负荷间的距离，而是故障点与主供电点间的距离。

6.5.7　相位跳变

如第 5 章所见，有些设备对暂降前电压和暂降过程中电压之间的相位跳变很敏感，这种情况下，找到一个作为临界相位跳变的函数的临界距离的表达式是有必要的，换句话说，在哪个距离的故障所引起的暂降的相位跳变等于某个给定值，为获得这样一个表达式，从 4.5 节中作为故障距离的函数的相位跳变表达式（4-84）可得

$$\cos\phi=\frac{\lambda+\cos\alpha}{\sqrt{1+\lambda^2+2\lambda\cos\alpha}} \tag{6-53}$$

式中，α 为复平面上馈线和电源阻抗间的角度，λ 是它们的绝对值之比，即

$$\lambda = \frac{zL}{Z_s} \tag{6-54}$$

为得到临界距离的表达式，需对给定的相位跳变ϕ，从式（6-53）中求解λ，对式（6-53）两边取平方，并用$\sin^2 = 1 - \cos^2$代入，得以下关于λ的二阶代数方程：

$$\lambda^2 + 2\lambda\cos\alpha + 1 = \frac{\sin^2\alpha}{\sin^2\phi} \tag{6-55}$$

用二阶多项式根的标准表达式可进行求解，或重写表达式。用任何方法都会得以下（正）根：

$$\lambda = \frac{\sin\alpha}{\tan\phi} - \cos\alpha \tag{6-56}$$

式（6-54）代入式（6-56）得临界相位跳变ϕ对应的临界距离的以下表达式：

$$L_{crit} = \frac{Z_1}{z}\left\{\frac{\sin\alpha}{\tan\phi} - \cos\alpha\right\} \tag{6-57}$$

6.5.8　并行馈线

在 4.2.4 节中已讨论了并行馈线和其他回路的电压暂降。可以发现，许多馈线上的故障，对负荷而言，会引起深暂降。对所有并联馈线上的故障，使暂降幅值为 0 是可接受的近似。对于长馈线（馈线的阻抗比电源电阻的大 2～3 倍），需进行附加计算。根据式（4-18）得到并联馈线的临界距离表达式是可能的，但该表达式会过于复杂而不能有任何应用价值。作为替代，提出了一种简化的计算方法。

沿馈线的电压断面可近似为二阶抛物线：

$$V_{sag} \approx 4V_{max}p(1-p) \tag{6-58}$$

式中，p 为沿馈线的故障位置，$0 \le p \le 1$；V_{max} 为馈线上任何位置故障引起的最大暂降电压，V_{max} 没有简化表达式，需根据图 4.34 或图 4.35 得到。当最大值已知时，"临界分数"就已得到：

$$p_{crit} \approx 1 - \sqrt{1 - \frac{V_{crit}}{V_{max}}}, \quad V_{crit} \le V_{max} \tag{6-59}$$

馈线的裸露长度等于临界分数倍馈线长度。如果 $V_{crit} > V_{max}$，整个馈线都属于裸露长度。

6.5.9　与故障点法的比较

学者 Qader 在文献［71］和文献［74］中对输电系统进行了研究，得到了英国 400kV 输电系统所有变电站作为幅值函数的暂降次数。该研究中用了故障点法，对于许多变电站，那些结果已与临界距离法得到的结果进行了比较。用近似表达式计算的作为暂降幅值 V 函数的临界距离为

$$L_{crit} = \frac{Z_S}{z} \cdot \frac{V}{1-V} \tag{6-60}$$

式中，Z_S 为电源阻抗；z 为单位长度的馈线阻抗，假设起源于变电站的所有馈线无限长，裸露长度简单地是临界距离乘以线路数。

对于一个母线故障，假设所有线路对短路电流的贡献相等，计算电源阻抗为 Z_S，在这些线路中一条线路故障的过程中，N 条线路中仅有（$N-1$）条对短路电流有贡献，因此，用标幺值表示的电源阻抗等于：

$$Z_S = \frac{N}{N-1} \cdot \frac{S_{base}}{S_{fault}} \tag{6-61}$$

若从变电站出发的线路数为 N，基准功率为 S_{base}，变电站故障的短路功率为 S_{fault}，裸露长度由下式求得：

$$L_{exp} = N \cdot L_{crit} = \frac{N^2}{N-1} \cdot \frac{\dfrac{S_{base}}{S_{fault}}}{z} \cdot \frac{V}{1-V} \tag{6-62}$$

9 个变电站的裸露长度如图 6.49 所示，图中"×"表示故障点法的结果，故障点法作为最精确的方法，与临界距离法相比，两种方法的结果存在明显差异，但对于故障点法，大部分国家电网需建模，根据式（6-62），临界距离法所需的所有数据如下：

（1）起源于变电站的线路数。

（2）变电站的故障水平。

（3）单位长度的馈线阻抗。

得到这些数据并不困难。

根据式（6-62），可得到不同变电站间的暂降频次的变化，根据这些主要变化可反推故障水平、起始于变电站的线路数和故障频次等。

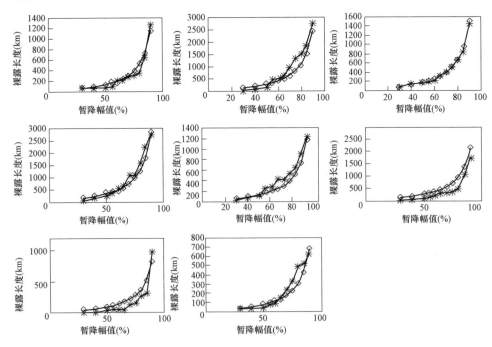

图 6.49　对于 9 个 400kV 变电站的裸露长度：故障点法和临界距离法的比较

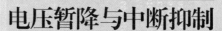

第7章

电压暂降与中断抑制

这章对电压中断和电压暂降的抑制方法作一个概述。在对各种形式的抑制方法进行一般性讨论之后，把注意力集中在电力系统规划和在电力系统与敏感设备之间安装的抑制装置上，尤其是后者，最近几年得到了快速发展。本章希望能对各种可选择控制方式进行客观综述，但需注意，这方面的最新发展是很难预测的。尽管电力电子的新发展对电力系统规划有影响，但电力系统规划仍是传统研究领域。

7.1 抑制方法概述

7.1.1 故障引起的跳闸

在前面几章中已经讨论了电压幅值事件（电压暂降、短时中断、长时中断等）相当多的细节，包括起因、刻画方法、监测和预测以及对设备的影响等。这章将分析一些现存的和将来可能出现的电压幅值事件的抑制方法。为了理解不同的抑制方法，必须要了解导致设备不正常的物理过程。图7.1给出了一个短路故障导致的设备跳闸的情况。设备跳闸使电压幅值事件成为一个重要问题。如果不会导致设备跳闸，电能质量问题也就不会存在。设备跳闸包含的潜在因素是短路故障，包括两相或多相之间的短路，或者单相或多相对地的低阻抗短路等。在故障点，电压降低到一个很低的值。短路对电力系统其他部分的影响是在用户设备和系统的连接处产生确定幅值和持续时间的电压幅值事件。短路故障经常会导致一些用户经历电压暂降事件。如果故障发生在辐射形网络，则保护介入故障清除可能会导致电压中断事件。如果系统有足够的冗余，短路故障只会引起一个电压暂降。如果因此而发生的事件超过某个确定的严重程度，将会引起设备跳闸。

不仅是短路故障会导致设备跳闸，其他事件，如电容器投切或电动机启动造成的电压暂降事件也可能导致设备失常，但是，大部分设备跳闸可归因于电力系统内部的短路故障。下面的推理过程同样可以应用于其他可能导致设备跳闸事件中去。

图7.1使我们可以辨别各种不同的抑制方法：

（1）减少短路故障的次数。

（2）减少故障清除时间。

（3）改变系统结构，使短路故障在设备终端或者用户接入处引起的电压事件的严重性尽可能减小。

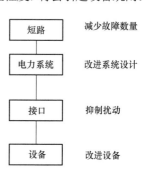

图7.1 电能质量问题及其抑制方法

（4）在敏感设备和供电电源之间安装抑制装置。

（5）提高设备的免疫能力。

下面简单介绍这四类抑制方法，在本章的其余部分将详细论述电力系统规划、系统与用户设备之间安装的抑制装置。电力工程师已经把这些抑制方法结合起来应用，确保设备可靠运行。不失一般性，本章同样把重点放在减少中断次数上，但是此时的重点已经转移到了电压暂降抑制上来。

7.1.2　减少故障次数

减少电力系统内短路故障的次数，不仅可以减少暂降频次，也可以减小永久性供电中断频次，因此，这是一种改善电力系统供电质量的有效方法，许多用户也建议将该方法作为出现电压暂降或短时中断问题时的解决途径。不幸的是，此办法不那么简单。短路故障不仅导致用户接入处发生电压暂降或电压中断，而且也可能会对电力系统设备和发电厂造成损害，因此，大部分电力公司在经济条件允许的前提下，已经尽可能地减小了系统的故障频率。在个别的实例中，可能仍然会有改善的空间，例如，当绝大多数的设备跳闸是由一两条配电线路的故障引起时，就可能采取一些技术措施来解决。抑制故障的一些可采用的措施如下：

（1）用地下电缆替代架空线。很大一部分短路故障是由于恶劣天气或其他外部因素引起的。地下电缆受外部因素的影响要小得多（除了因挖掘等原因引起的显然事故以外）。地下电缆的故障率比架空线路的故障率大大减少，也就是电压暂降和电压中断次数大幅度降低，但地下电缆的一个缺点是故障后的修复时间较长。

（2）采用带外皮的架空线。近来的一种发展趋势是，建设架空线路时采用带绝缘的输电导线。一般的架空线路输电线是裸露的导体，而有外皮的输电导线，导体被由绝缘材料构成的一薄层所覆盖，即便这一外层不是完全绝缘的，经验证，这样的导线仍然能够降低架空线路的故障率[208],[212]，其他类型的导体或许也可以减小故障率[213]。

（3）执行严格的树木修剪方针。树枝和输电线之间的接触是造成线路短路故障的一个重要原因，特别是当线路过负荷时。因为当线路过负荷时线路会发热，发热时线路的弧垂会增大，弧垂增大后，导线与树枝接触的概率就变大，注意，这时发生短路的后果最严重。

（4）配置附加屏蔽线。配置一条或者两条屏蔽线可以减小雷击引起故障的概率。由于屏蔽线的存在，严重雷击最有可能击中屏蔽线。屏蔽线上经受的雷击通常经线路的铁塔引导到大地，这样就可以减少线路的故障。

（5）提高绝缘水平，这样可以普遍减小发生短路故障的概率。注意，系统内的许多短路故障是由过电压或者绝缘劣化引起的，因此，提高系统的绝缘水平能降低故障率。

（6）提高系统元件的维护和检查频率，这样同样可以普遍减小故障概率。如果大多数故障是由恶劣天气造成的，这种情况下，增加维护和检查频率的效果就可能受到限制。

但是，有一点要牢记，以上措施需要花费的成本可能很高，因此，这些成本是否值得，需要与设备跳闸造成的后果之间进行权衡。

7.1.3　缩短故障清除时间

缩短故障清除时间虽然不能减小事件发生的次数，但可以减小电压事件的严重程度，减少故障清除时间对于减少电压中断次数或中断持续时间是没有任何作用的。电压中断持续时间取决于供电恢复的速度，加速故障清除也不会影响电压暂降的频次，但是会明显地限制电压暂降的持续时间。

利用限流熔断器[6],[7]可极大地缩短故障清除时间，限流熔断器可在半周波内切除故障，所以此时的电压暂降持续时间很少超过一个周波。如果进一步注意到熔断器发生故障的概率极小，那么表面看也许就找到了一条很好的解决方法。近来新引入的静态断路器（static circuit breaker）[171],[175]具有同样在半周波内快速清除故障的能力，但是其成本明显远高于限流熔断器，但是关于熔断器的故障率情况目前尚不明确，另有几种新型故障电流限制器又被提出，这些电流器并不能彻底地清除故障，但是可以在 1～2 个周波内明显地减小故障电流幅值。

这些装置的一个重要局限性就是只能用于中低压系统，最大运行电压仅为几十千伏，静态断路器在未来也许有可能可以运行在更高的电压等级电网中。

但是故障清除时间不仅包括断路器动作时间，还包括保护装置进行决策所需的时间，因此，需考虑两种明显不同的配电网的情况，如图 7.2 所示。

图 7.2 的上面的图给出的系统的所有馈线由一台断路器保护，带断路器的保护继电器有一个确定的电流整定值，该电流整定值大于所保护馈线上任意故障产生的故障电流，但又不超过系统其他部分任何位置和负荷处故障引起的故障电流。当测得的电流超过该整定值的瞬间（即馈线上发生任意故障），继电器立即给断路器发出开断信号，断路器接受到这个信号后在几个周波时间内就开断，这样的系统的典型故障清除时间为100ms 左右。为了限制用户经历的长时电压中断次数，一般重合闸装置可以与跌落保险配合使用，或与馈线上的分断器配合使用，这种保护方式通常用于架空线系统。减小故障清除时间主要依靠使用快速断路器，对于这样的系统，静态断路器

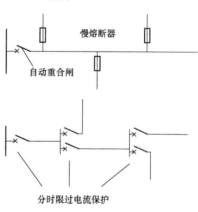

图 7.2　带有保护所有馈线的一台断路器（顶部）和许多变电站的配电系统（底部）

或其他几种限流器是好的选择。用限流熔断器保护所有馈线会使重合闸变得复杂，因此这样的配合不太适合。限流熔断器同样不能用于保护分支馈线，这是因为在主断路器开断之前会产生电弧，采用带主断路器的快速清除故障的方式，也能快速地清除分支馈线上的故障。

图 7.2 下面的图给出的网络由层叠的配电变电站组成，为了实现选择性，应采用带时限特性的过电流保护，离电源最远的保护在过电流时立即跳闸，随着过电流越来越靠近电源，保护动作时限逐渐增加，典型步长为 500ms。在图 7.2 的例子中，保护时限依次为 1000ms、500ms 和 0ms（从左到右），在靠近电源端，故障清除时间可能高达几秒，

这样的系统典型地应用于地下网络和工业配电系统。

通过采用反时限过电流继电器可以减小故障清除时间。反时限过电流继电器的原理是，随着故障电流的增大，继电器的动作时限反而减小。但是，即使采用这样的保护方案，故障清除时间仍可能超过 1s。在不失保护的选择性的前提下，如何减少故障清除时间的不同技术在诸多关于电力系统保护领域的出版物中都进行了详细讨论，如文献［176］和［10］。

为了实现故障清除时间的明显减小，必须要缩小保护范围的边界值，因此，必然会牺牲一定的选择性。大多数出版物里面描述的保护整定规则均建立在防止误动的基础上，将来的保护整定需要基于最大故障清除时间。文献［167］阐述了一种将电压耐受曲线（voltage-tolerance curve）转换为电流-时间曲线（time-current curve）的方法，后一种曲线可以与保护曲线配合，从而得到各种保护整定值。对于保护范围来说，在表示时，下游断路器的开断时间是非常重要的一个参数。通过使用快速断路器或甚至采用静态断路器，保护范围可以明显减小，这样可以明显缩短故障清除时间。在这样的系统中，静态断路器的影响比只有一个断路器保护所有馈线时的影响更大。

在输电系统中，故障清除时间通常由暂态稳定约束条件确定，这些约束条件比配电系统里的热约束要严格得多，需要更加短的故障清除时间，很少超过 200ms，这也使得故障清除时间的进一步减小变得非常困难。在输电系统中，为了缩短故障清除时间，可采用以下一些方法：

（1）在有些情况下，采用快速断路器可能会有所帮助。这种方式同样不仅直接限制故障清除时间，同时也限制了距离保护的保护范围，同时还应注意到，快速断路器的成本可能很高。

（2）适当减小保护范围也许是可以的。在正常情况下，这样不会太多地减小故障清除时间，但是在主保护故障由后备保护干预的情况下，可以减小故障清除时间。当保护范围减小时，应该注意到，在大多数输电系统中，失去保护的选择性是不能接受的，因为，这样会导致两个或者更多元件同时退出运行。

（3）在输电系统中，快速后备保护是少有的几种能有效减小故障清除时间的方法之一。可能的选择是，在距离保护中应用连锁跳闸（intertripping）和断路器故障保护方式。

7.1.4 系统改造

通过进行供电系统改造，电压扰动事件的严重程度可以得到降低，采用这种方式，成本同样很高，尤其对于输电系统和次输电系统电压等级的电网。抑制电压中断的主要方法是安装冗余元件。

一些抑制的例子，尤其是直接针对电压暂降的方法有：

（1）在敏感负荷附近安装发电机。远方故障引起电压暂降时，发电机可以保持住电压，电压降低量等于发电厂提供的短路电流的比例，如果规划有一个热电联产电厂，那么其供电电气连接点的位置是值得考虑的。

（2）在供电通路上分裂母线或者变电站，可以限制暂降域内馈线的数量。

（3）在系统的重要位置装入限流线圈，增加到故障点的"电气距离"。同时应该注意到，这样也可能会使其他用户遭受到更严重的暂降。

（4）由两个或更多变电站向带敏感设备负荷的母线供电。通过从其他变电站馈电，一个变电站的电压暂降将会得到抑制，变电站越独立，抑制效果越好。最好的抑制效果是从两个不同的输电变电站馈电。引入第二个馈电变电站会增加电压暂降的数量，但暂降严重程度会减小。

通过减少连接到一个重合闸装置上的用户数量（这样就需要安装更多的重合闸装置），或完全去掉重合闸方案，可以减少短时中断次数。通过在系统中装设额外的冗余设备可以明显减少短时中断和长时中断发生频次，这样做的费用对于大的工业和商业用户来说是值得的。减小（长时）中断持续时间的折中方案是，在特定时间内有一定数量的可利用冗余设备。关于电力系统规划，中断和电压暂降的关系将在 7.2 节和 7.3 节详细论述。前一节（7.2 节）主要考虑缩短中断持续时间的方法，后一节（7.3 节）主要讨论暂降频次和系统规划之间的关系。

7.1.5 装设抑制设备

最常用的抑制中断的方法是在系统与设备的连接处安装额外设备，最新发展表明，对这种抑制方法人们越来越感兴趣。抑制设备较受欢迎，是因为这样的设备是唯一的、可以在任何情况下被用户控制的，系统改造和设备改进等通常均超出了终端用户的控制范围。

一些抑制设备如下：

（1）不间断供电电源（UPS）在计算机中应用非常普遍：个人计算机、中央服务器、工控机等均采用，对于后者来说，UPS 电源的费用相对于其总成本来说可以忽略。

（2）电动机-发电机组由于其噪声和需要大量的维护，经常被分析和研究，但是，在工业环境中，有噪声设备和需要维护的旋转设备非常常见，如果采用大型电池组也需要维护，而且还很缺乏专门技术。

（3）电压源型换流器（VSC），通过在三相中按特定方式切换直流电压，可以产生需要幅值和相位角的正弦电压，这种电压源可以用以抑制电压暂降和中断。

关于抑制设备将在 7.4 节具体讨论。

7.1.6 提高设备免疫力

提高设备免疫力或许是解决由电压暂降导致设备非正常运行问题最为有效的方案，但是，该方法通常不适合作为短时间的解决方案。用户通常只能在安装完成设备之后才能知道设备的免疫力，对于日用电器，由于用户不与生产厂家直接联系，用户很难知道设备的免疫力，即使是多数调速驱动装置也已成了成熟设备，用户对设备的具体技术细节已没有什么影响，只有为了特定用途的大型工业设备才是专门为用户定制的，这时才能把电压耐受能力等考虑到需求条件中去。

在第 5 章已讨论了几种改进方法，改进设备性能的一些特殊方案如下：

（1）家用电子器件、计算机和控制设备（如单相低压设备）等，通过增大内部直流母线上电容能够极大地改善设备免疫力，但这样也会增大设备可能承受的最大电压暂降持续时间。

（2）通过采用复杂的 DC/DC 转换器也可以改善单相小功率设备的耐受能力，这样使设备能运行于更宽的输入电压范围，降低设备正常运行所需的最低电压。

（3）关注的主要原因是变速驱动器。已经知道，通过在直流母线上增加电容，可以使交流驱动设备承受由单相和相间故障引起的电压暂降，为了能承受三相故障引起的电压暂降，逆变器和整流器需要进行非常大的改进。

（4）提高直流调速设备的免疫力是非常困难的，因为，电枢电流以及转矩降低都非常快，抑制方法主要取决于驱动设备的用途所要求的限制。

（5）除了改善（电力）电子器件，如驱动设备、工控机等之外，对所有的接触器、继电器、传感器等进行彻底免疫力检查也可以明显改进该过程的穿越能力（ridethrough）。

（6）当新安装设备时，应该事先从生产厂家处获得该设备的免疫力的基本信息资料，如果有可能，对免疫力的要求也应该包括在设备的技术指标内。

对于短时中断，设备免疫力是很难达到的，对于长时中断，则几乎不可能达到。设备应该在一定程度上对中断有一定免疫力，即至少不会造成设备损坏和不会出现危险情况，这在考虑一套完整装置的时候显得尤为重要。

7.1.7 不同事件和抑制方法

图 7.3 示出了由不同系统事件引起的电压暂降和电压中断的持续时间和幅值，对于不同的事件，需采用不同的抑制策略，主要策略如下：

（1）输电系统和次输电系统中，短路故障引起的电压暂降可以一个短的持续时间来刻画其特征，典型值达 100ms。这样的电压暂降在电源端很难进行抑制，同时，要在系统内得以改善也不太可行，抑制这样的暂降的唯一方法是改进设备，或在不可能改进设备的地方安装抑制装置。对于小功率设备来说，使用 UPS 电源是很直接的抑制方法，对于大功率设备和成套的完整设备，目前正在出现一些很有竞争力的抑制方法或抑制技术。

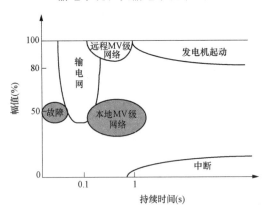

图 7.3 电压暂降与中断总结

（2）如 7.1.3 节所述，由配电系统故障引起的电压暂降持续时间取决于采用的保护类型，其范围从限流熔断器的不到 1 周波，到地下电缆系统或工业配电系统中过电流保护的几秒。长的暂降持续时间使得另外的高压/中压变电站馈电的配电馈线，在故障时也可能导致设备跳闸。对于较深的长持续时间暂降，改进设备非常困难，而改进系统相对容易。虽然需要对各种不同方案进行严格评估，但后者仍是很好的选择方案，缩短故障清除时间和选择规划结构等也应该给予考虑。

（3）远方配电系统故障引起的暂降和电动机启动引起的电压暂降，当电压降到 85% 时不应导致设备跳闸，如果此时设备有问题，该设备就需要改进。如果在发生暂降深度在 70%～80% 的长持续时间的电压暂降时设备跳闸，改善系统就成了不得不考虑的方案。

（4）对于电压中断，尤其是长时中断，采用提高设备免疫力的方式就不再可行，这时采用系统改造或 UPS 电源与应急发电机组合的方式是可能的解决方案，在 7.2 节和 7.3

节中提出了一些可选择的方式。

7.2 电力系统规划——通过切换实现冗余

本节和下一节讨论电力系统结构、运行与电压暂降、中断的次数之间的关系。减少中断频次是配电网规划的重要内容之一，因此，在许多专著和文献中都进行了详细的论述。经常引用的配电网规划专著有 Lakervi 和 Holmes 编写的《*Electricity Distribution Network Design*》[114]以及 Gönen 编写的《*Electric Power Distribution System Engineering*》[164]，其他围绕这一主题的文献还有文献 [23]、[115]、[116]、[165]、[209]、[214] 等。许多案例研究近年来也出现在 IEEE 工业应用学会（IEEE Industry Application Society）组织的会议和学报上，IEEE 电力工程学会（Power Engineering Society）和英国电气工程师学会（Institute of Electrical Engineers）的相关出版物中也有案例出现。

7.2.1 冗余的类型

配电网结构对用户经历到的电压中断次数和持续时间有很大影响。由于在输电网中采用了高冗余度，所以输电网对用户的影响要小得多。配电网引起的电压中断每次影响的用户较少，但任一确定用户经受到的起源于配电网的中断概率远远高于起源于输电网的供电中断概率。由于起源于输电网的供电中断的影响范围很大，电力企业几乎在不惜代价地避免这类情况的发生，因此，输电网的可靠性非常高。

电压中断次数和持续时间是由现有冗余元件数量以及冗余元件投入速度决定的。表7.1 给出了一些类型的冗余以及与此相关的中断持续时间。为特定负荷的供电是否具有冗余主要取决于观察的时间尺度，换句话说，取决于负荷所能承受的最大供电中断持续时间。

表 7.1　　　　　　　　　电力系统规划中的不同类型冗余

	中断持续时间	典型应用
无冗余	几小时	农村地域低压
投切冗余		
本地人工投切	1 个小时或更长时间	低压和配网
远程人工投切	5～20min	工业系统、未来公共配网
自动投切	1～60s	工业系统
固体开关	1 个周波或者更短时间	未来工业系统
并列运行冗余	仅仅电压暂降	输电系统、工业系统

当电力系统元件如变压器发生故障时，需要被修复或在供电恢复前由另一个元件取代其工作。如果没有冗余变压器可用，故障变压器就需被修复或投入备用变压器。修复或更换过程可能需花费好几个小时的时间，尤其是电力变压器，可能需要几天到几周的时间，曾有报道说，某故障变压器的修复时间长达一个月。

在大多数情况下，通过维修或更换供电并不能得到恢复，通常供电恢复是通过将故障供电线路投入备用供电电源来实现的,这样的切换消耗的时间取决于投切类型,本节的下面将对不同类型的投切进行讨论。

当两元件并联运行时,可以实现没有任何中断的平稳转移,但是,这样的切换不能抑制故障引起的电压暂降,电压暂降通常超前于电压中断,不同类型的投切和对电压暂降的影响将在 7.3 节中分析。

7.2.2 自动重合闸

自动重合闸已在第 3 章中进行了详细讨论。短路故障后的自动重合闸通过将长时中断转变为短时中断,从而减少了长时中断次数,但是,永久性故障仍然会导致长时中断,在架空线配电系统中,这种长时中断占总中断的比例小于 25%。在第 3 章中已经看到,普遍采用自动重合闸方式的弊端是,一次故障可能会影响更多用户。一条馈线上发生的长时中断被转换为所有馈线上的短时中断,对于自动重合闸方式来说,该特性不是其本身造成的,而是由于熔断器保护的使用方式导致的。如果所有熔断器被自动重合闸装置取代,短时中断次数将大大减少,这样,对于那些没有重合闸而可能发生长时中断的用户来说,用户仅会经历一次短时中断,这样当然会使供电成本增高,对于偏远农村地区供电,这种方式并非总能被接受。

7.2.3 常开节点

最简单的辐射状系统如图 7.4 所示,从变电站出发,有许多馈电线路,当其中一条馈电线路故障时,熔断器断开,隔离故障,导致该馈线上所有用户经历一次中断,只有当故障元件被修复或被更换时,供电才能恢复,这样的系统一般出现在农村架空线低压和配电网中。在低压变电站中,保护是通过熔断器实现的。修复故障馈线(或更换熔断的熔断器)可能要几小时,修复或更换一台变压器需要好几天。由于馈线为架空线,很容易遭受气候条件的影响,暴风雨的影响尤其大,由此引起的故障甚至需要几天时间,馈电线路才能得到修复。

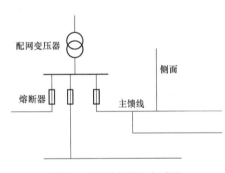

图 7.4　无冗余的电力系统

为了减少中断持续时间,通常采用的方法是安装常开开关,这种开关经常又被称为"联络开关(tie switch)",如图 7.5 所示。

系统仍然呈辐射状地运行,这样不至于使故障水平变得太高,而且能够采用(更便宜的)过电流保护。如果发生一次故障,该故障将被变电所的线路断路器清除,故障部分将被移除,常开开关闭合,供电就可以恢复,图 7.6 给出了供电恢复的步骤。

正常运行方式下(见图 7.6(a)),馈线是辐射状运行的。常开开关安装在该馈线与另一馈线之间,最好另一馈线的电源来自于另外一个变电站;当发生故障发生时(图 7.6(b)),保护馈线的断路器断开,使该馈线上所有用户经历一次供电中断(图 7.6(c));当故障被识别和定位后,故障部分与该馈线的完好部分被隔离(图 7.6(d));闭合断路器和常开开关,馈线上正常部分的供电得以恢复(图 7.6(e));只有在供电恢复后才开始修复故障馈线。

如果开关操作是在本地进行的（如需有人去闭合或断开开关），那么该过程能典型地将电压中断限制在一到两小时之内；如果故障定位和开关操作是远方进行的（如在地区电网控制中心），供电中断可能几分钟就能得到恢复，其中，故障定位所需时间可能比实

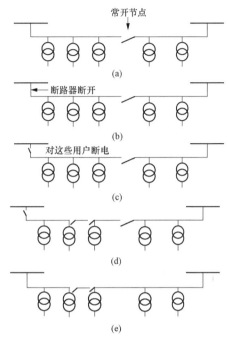

图 7.6 带常开节点的配电系统故障恢复过程
（a）正常运行；（b）故障清除；（c）中断；
（d）隔离故障；（e）恢复供电

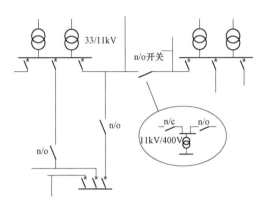

图 7.5 手动操作实现冗余的配电系统

际开关操作所需时间更长，尤其是发生保护或信号收发故障时，故障定位所需时间会更长。馈线故障定位有多种技术，故障修复必须在准确的故障定位后才能进行。

图 7.5 和图 7.6 给出的方式通常应用于地下电缆低压和中压配电系统中。地下电缆的修复可能要花费好几天时间，所以，图 7.4 给出的方式并不完全能被接受。类似的恢复技术被应用于中压架空线配电系统中，尤其是被用于较多的城市电网中。信号采集和通信的高成本使远程开关操作只适合于更高电压等级和工业配电系统。随着用户对于更短中断持续时间要求的增长，远程信号采集和开关操作必然会找到其进入公共配电系统的方式。

图 7.5 所示系统额外的成本不仅是开关成本，还包括信号采集和通信设备的成本。必须计算馈线的尺寸，使之能承担额外负荷，同时，持续时间达到两倍的沿馈线的电压降不超过电压边界，粗略地讲，馈线只能带一半负荷，这样必然要求增加变电站数量，从而增加供电成本。

7.2.4 负荷转移

通常采用并非常有效的抑制中断的方式是，将负荷从中断供电线路上转移到正常供电线路，负荷转移不会影响中断次数，但可以明显地减小中断持续时间。负荷转移可通过自动或人工操作方式实现，自动转移更加快速，因此，可以更有效地减小中断持续时间，人工转移负荷的例子在前面已讨论过了，这里将注意力放在负荷的自动转移，当然

提出的方案同样适合于人工转移负荷。

7.2.4.1 最大转移时间

在任意负荷转移方案的规划中，一个最重要的准则是设备可耐受的最大中断持续时间。负荷转移必须在这一时间内进行，否则负荷无论如何会运行失常。在工业环境中，最大转移时间的确定相对来说简单，短时电压中断不应导致工厂运行中断，以一个纸厂为例，电压中断不应引起造纸机运行失常，中断持续时间低于某一确定值时，机器不会运行失常，中断持续时间超过时会失常。转移时间的选择通常不那么简单，如，公共建筑物内的照明负荷，通用准则是，在任何情况下，选择的负荷转移时间要确保转移不会导致不能接受的后果，怎样的持续时间才被认为是不能接受的，这仅是确定过程中的一部分，在实际中，系统负荷不是恒定的，已确定的负荷转移时间可能在接下来几年内需要重新修订，因为，越来越多的敏感设备接入系统，如文献［163］所描述。

7.2.4.2 负荷机械转移

大多数的转移方案采用机械开关或断路器将负荷从一个供电点转移到另一个供电

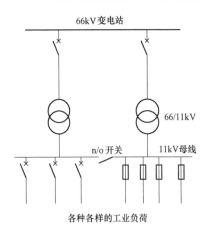

图 7.7　通过自动开关实现冗余性的
工业用电系统

点。在工业配电系统中，采用的典型的配置如图 7.7 所示，两台变压器各带一部分负荷，如果其中一台变压器故障，常开开关闭合，由另一台变压器带全部负荷，每台变压器应能够承担全部负荷，或应该有一套适当的切负荷方案，当转移开关附近发生短路故障时，必须确保在故障清除前负荷不转移，即所谓的"转移前断开"，如果采用"断开前转移"方案可能会使故障扩大到正常供电线路，从而导致所有馈线保护的干预。如果一台变压器退出运行进行维护，这是可以采用手动"断开前转移"方案，这样可减少因为转移开关故障而引起的长时中断风险，在并联运行过程中，一次短路就可能导致开关设备严重损坏。

该方案与并联运行相比，优点在于其保护较简单，故障电流小，只要负荷在转移时可以承受短时供电中断，那么其供电可靠性就与并联运行的情况相当，正如在 2.8 节中所见，一种转移方案中，负荷中断主要是由于转移开关故障和两条供电线路中任意通用模式的影响，在一个工业配电系统中，维修和挖掘活动等会严重影响供电可靠性。

7.2.4.3 电动机负荷转移

自动转移的一个问题是，大多数工业系统内都有大量异步电动机，当供电中断时，电动机的剩余气隙磁通会在机端产生一个电压，该电压的幅值和频率是衰减的，开关转换要么很快（在电动机电压相对于系统电压，相位改变较大前），要么很慢（电动机电压变为零后）地完成，第一种方案成本很高，因此一般采用第二种方案。

异步电动机的气隙磁场以恒定时间常数衰减，不同电动机的时间常数不同，小型电动机的时间常数可以小于 1 周波，大型电动机时间常数可以大至 100ms，电动机减速时间常数则大很多，典型值在 1～5s。

当电动机被重新连接时，电源电压通常与电动机电压不同相位，如果两者之间的相位相反，则会产生一个很大的电流，该电流可能大于电动机启动电流两倍，可能会很容易地损坏电动机或引起过电流保护动作，造成电动机运行失常。

感应电压的形式如下：

$$E = \hat{E} \sin \omega t \tag{7-1}$$

式中，ω 为电动机角速度，以指数形式衰减，表达式为

$$\omega \approx \omega_0 (1 - e^{-\frac{t}{\tau_m}}) \tag{7-2}$$

式（7-1）中，$\hat{E}$ 取决于频率和指数衰减的电动机电流。为简单起见，假设感应电压幅值保持恒定，电动机转速考虑为线性衰减的：

$$\omega \approx \omega_0 \left(1 - \frac{t}{\tau_m} \right) \tag{7-3}$$

这样就得出电动机机端电压：

$$E(t) = \sin \left(\omega_0 \left(1 - \frac{t}{\tau_m} \right) t \right) = \sin \left(\omega_0 t - \frac{\omega_0 t^2}{\tau_m} \right) \tag{7-4}$$

式中，正弦函数的第二项表示电源电压和感应电压之间的相位差。由于该相位差小于 60°，电源电压和感应电压之间相差小于 1p.u.，相位差达到 60°（$\pi/3$）的时间为

$$t = \sqrt{\frac{\tau_m}{6 f_0}} \tag{7-5}$$

对于机械时间常数 $\tau_m = 1s$，频率 $f_0 = 50Hz$，58ms 后角度差达到 60°。在计算中，假设电动机故障过程没有减速，如果考虑减速，则达到 60° 的时间会更短。只有采用非常快速的负荷转移方案才能在这么短的时间内完成负荷转移，负荷转移开关第二次闭合时是角度差为 360° 的时刻（如电源与电动机电压再次同相位），出现的时间为

$$t = \sqrt{\frac{\tau_m}{f_0}} \tag{7-6}$$

上述例子中，该时间为 140ms。如果采用所谓的同步转移方案，其成本很高且仍有可能导致转移时间大于 100ms。在大多数实际情况下，同步转移主要应用于转移开关在感应电压充分衰减后合闸，这样会导致转移时间达到 1s 或更长时间。

对于同步电动机，气隙磁场衰减时间常数与电动机转速衰减时间常数相同，因此机端电压可能会维持几秒。在同步电动机负荷比较多的系统中，同步转移变得更加具吸引力，应该注意，同步转移通常会导致同步电动机负荷丢失。

7.2.4.4 一次侧与二次侧选择供电

图 7.8 和图 7.9 给出了两种向中压用户供电，提高可靠性的方案。在一次侧选择供电系统中（见图 7.8），负荷转移发生在变压器一次侧。二次侧选择供电系统（见图 7.9），其成本较高但可以很大程度上减小因为变压器故障导致的长时中断的概率，这种负荷转移方式的数字分析方法将在 2.8 节中分析。

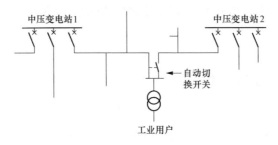

图 7.8 一次侧选择性供电

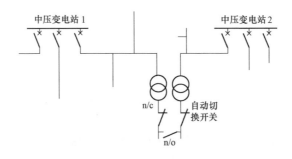

图 7.9 二次侧选择性供电

实际转移与图 7.7 的工业供电系统中的转移相同，故障清除后，尽可能快地将负荷从故障馈线转移到非故障馈线。在可选择一次侧供电系统中，开断前转移方案可以直接连接两条供电馈线，而公用电网中不太可能允许这样做。有二次侧选择性供电时，负荷转移发生在变压器二次侧，对于公用电网来说，开断前转移负荷的方案造成的后果严重程度要小一些。

一次侧和二次侧供电方案设计时，确定负荷对短时中断的耐受能力同样非常重要，特定负荷转移方案的选择应该取决于该耐受能力。

7.2.4.5 静态转移开关

静态转移开关已经在低电压系统中应用几年了，如在 7.4 节中讨论的不间断电源。目前，静态转移开关也已可应用于中压电网[166],[171],[173]。静态转移开关由两组反并联的晶闸管构成，如图 7.10 所示，在正常运行情况下，晶闸管 I 组持续导通，传导负荷电流，晶闸管 II 组不导通，从开关角度看，晶闸管 I 组的工作像是一个常闭开关，晶闸管 II 组则像是一个常开开关。

当正常供电情况下，当检测到一个扰动时，晶闸管 I 组将不导通而晶闸管 II 组导通，这样的结果是，在检测到扰动的半个周波内，负荷电流被转移到了后备供电线路，实际的负荷转移时间小于 4ms[166]。图 7.10 中的三幅小图以格式化的方式给出了相应的电压，在实际中，电压是正弦形的，但变化规律相同，A 点在时刻 1 经历一次由暂降或中断引起的电压降低，点 C 的负荷同样经历了该电压降低，如果假设备用供电线路不受影响，在时刻 2，扰动被检测到，晶闸管 I 组截止，而晶闸管 II 组开始导通，此时，电流开始从正常供电线路向备用线路转移，在电流转移过程中，由于两组晶闸管同时导通，所以 A、B、C 三点的电压相同，电压大小是两个供电电压之间的某个值，在时刻 3 转移完成（晶闸管组 I 中的电流在截止后第一个过零点熄灭），B

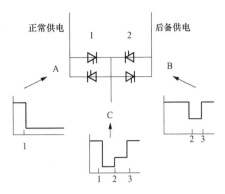

图 7.10　静止转换开关安装与运行原则

点和 C 点的电压回到正常值，注意，通过晶闸管的电流永远不会超过负荷电流，也不会有静态转移开关的错误闭合。

静态转移开关可以用于前面讨论过的任何转移方案中，包括工业配电系统、一次侧选择性供电、二次侧选择性供电等，转移时间到底同步还是非同步，两者之间的区别不再有意义，通过静态转移开关进行的负荷转移通常是同步的。

为了确保快速进行转移，正常供电线路上的任何电压暂降或中断都应很快被检测到，从一组晶闸管到另一组晶闸管的电流换相时间小于半个周波，因此需要同样快速的扰动检测。静态转移方案可用损失电压或半个周波的均方根值来检测电压暂降或中断。对于损失电压的检测方案，将实际电压与一个锁相环（phase-locked-loop，PLL）的输出电压进行逐点采样比较，当偏离较大或偏离时间较长时，就开始进行转移。对于均方根值方案，均方根电压值低于某个阈值时开始进行转移。后一方案会导致一个额外的半周波延迟，所以较慢，但是，出现非正确转移的概率较小。

采用静态转移开关的转移方案，在正常供电线路发生暂降时，通过将其切换到备用供电线路可使电压暂降持续时间限制在半个周波内。对于敏感负荷，静态转移开关可能比并联运行方式更加适用，当电压暂降起源于输电系统时，由于所有供电线路都可能出现电压暂降，所以，这样负荷转移方案不会抑制电压暂降，但是，对于起源于配电系统的暂降，静态转移方案是非常有效的，主要缺陷是，转移开关的可靠性以及两个电源的独立程度未知。

负荷转移导致的电压缺口（notch）值得注意，特别是对于完好馈线上的负荷。比较静态转移和并联运行两方式，一个持续时间为毫秒级的缺口代替了持续时间为几个周波的电压暂降，与机械转移方案比较，备用供电线路上的电压缺口导致电压质量恶化，尽管不是很严重的恶化。某些公用电网不允许馈线并联运行，需要所谓的"转移前断开"转移方案，这里描述的静态转移方案，从本质上是"断开前转移"方案。预测电力公司会多么严格地在半周波内应用该规则是不可能的。作为一种可供选择的方案，可以使晶闸管组 II 只在晶闸管组 I 中的电流熄灭之后才导通，这样"转移前断开"方案将明显使负荷转移变慢，实际上，可能使完好的供电线路上的电压暂态变得严重。

带静态转移的负荷最后可能存在的问题是，正常供电线路和完好的供电线路可能不同相位，相位角之差可能导致在负荷终端上产生一个小的相位跳变，曾有文献报道过相位角差异达到 6° 的情况，由于没有关于设备对相位跳变的承受能力的标准，所以很难评估这种影响，中压静态转移开关在许多地方的成功应用表明，设备能够承受这样的暂态过程。

7.3 电力系统设计——通过并联运行形成冗余

7.3.1 并联和环网系统

图 7.11 是一个公用配电网，比图 7.5 给出电网的电压等级更高，该网络能给更多用户供电，在提高系统可靠性方面需要更多投资。该系统中有一部分仍以辐射型方式连接，并且有常开节点，这种网络适合向人口密度较小、工厂较少的区域供电。图 7.11 中，33kV 系统的主要部分通过并联馈线相连接，每条馈线承担一部分负荷，如果一条线路退出运行，另一条并联线路立即承担全部负荷，同样，变比为 33/11kV 的变压器和变电站 33kV 母线均为并联连接，如果一个元件退出运行，另一个并联元件能承担全部负荷。

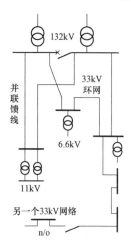

图 7.11 通过并联连接形成冗余的配电系统

在图 7.11 中，可以看到有两种类型的并联连接，即两条馈线并联连接和环网连接。在这两种情况下，系统均具有单一的冗余。环网系统造价明显更便宜，在有变压器的网络中尤为突出，但是，环网系统的电压控制更困难，而且不同种类的负荷间更易形成扰动，因此在工业用电系统中环网并不常见，但有时为了减少变压器的数量，可以采用一些小型环网系统，如只有 3 或 4 条母线的小型环网系统。

7.3.1.1 并联与环网系统设计准则

并联与环网系统的设计基于 (n−1) 准则，即一个由 n 元件组成的系统，当任一元件退出运行，系统中其余 (n−1) 个元件仍然能正常工作。这应在任一元件退出运行时都适用。在电力系统设计中，(n−1) 准则的应用非常普遍。根据 (n−1) 准则设计的电力系统，能保证具有较高的可靠性，不需进行随机评估，当然，在某些情况下，也采用 (n−2) 或 (n−3) 准则，例如，在大型输电系统和发电规划中，就像在 2.8 节中介绍的一样，在深信不疑地使用这样一个高冗余性设计准则之前，需对所有"常见故障方式"做彻底评估。

这里将重点关注 (n−1) 准则和上文提到的"单一冗余性"。(n−1) 准则在工业中压配电系统和公用次输电系统设计中很常用，主要设计准则是确保单一事件不会导致对任何用户的供电中断。在工业领域中，其具体表述有所不同，主要表述为，任何单一事件的发生不会导致任何工厂的生产线中断。这些基本的准则如何进一步发展，主要取决于系统类型。下面给出一些必须考虑的问题：

（1）显然的第一个准则是，有元件退出运行时不会导致供电中断，这意味着通过任意元件的功率流均有可替代通路。

（2）不仅功率流应该有可选择的通路，而且这样的可选择通路不会导致过负荷。在公用供电系统中，每天的负荷需求变化明显，几小时内一定程度的过负荷是可以耐受的。在工业配电系统中，负荷通常更恒定，因此过负荷也是固定的，但是，在工业系统中，可以在小时时间范围内减少负荷，或启动本地发电机。

（3）对于任何用户来说，电力系统保护应该能清除任何故障，而不会造成对任何供电中断，这就要求比辐射型运行的系统有更加复杂的保护，这些保护系统需要附加的电压互感器和（或）通信通道，同时也需要大量增加断路器的数量，在并联或环网系统中，两个变电站之间每个连接需要有两台断路器。

（4）由于快速负荷波动引起的电压波动和电动机启动引起的电压暂降，对于任意退出运行的元件来说均应被限制在一定范围内，这样，对于任何负荷母线来说就是把故障降低到最低水平。对于所有元件在运行的系统而言，开关设备的额定值指明了最大故障水平，在最大和最小故障水平之间，该范围的最优选择在工业中压配电系统设计中是主要挑战。

（5）在所有元件均运行的电力系统中，由于短路故障引起的机电暂态应该不会导致任何负荷损失。在异步电动机负荷为主的工业系统中，必须确保这些电动机在故障后能重新加速。

（6）由系统内任意故障引起的电压暂降不应该导致任意用户的重要负荷跳闸。

从上面列举的 6 条可以清楚看到，并联系统或环网系统的设计极具挑战性，但是，辐射型系统远不能满足大型工业生产企业对系统可靠性的要求，为了满足高可靠性，系统安装和运行高成本是值得的。

7.3.1.2 并联和环网系统中的电压暂降

分析图 7.12 所示系统，为某工厂可选择的 3 个供电方案。在左边的辐射型系统中，工厂经 25km 架空线供电，两条架空供电线路从同一变电站受电，每条架空线长 100km。在中间所示图中，工厂通过与最近的馈线连接进行馈电。右边的图中，通过两条并联连接的 25km 架空线给工厂供电。系统中由于故障引起的电压暂降幅值如图 7.13 所示。在 4.2.4 节中已讨论了图 7.13 的计算方法，这里将用图 7.13 来评估 3 种供电方案发生电压暂降的次数。

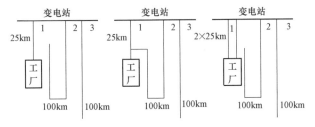

图 7.12　为工厂供电的三种可替代的方案：辐射型（左），
环网型（中），并联型（右）

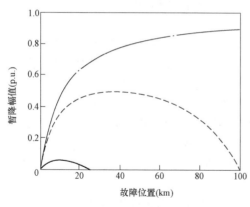

图 7.13 图 7.12 系统故障位置对应的暂降幅值
实线：125km 环网的 25km 分支线上发生故障；
虚线：125km 环网的 100km 分支线上发生故障；
点通线：辐射型系统馈线上发生故障

对于辐射型系统，在长度为 25km 的架空线上发生的故障将导致工厂发生供电中断，在长度为 200km 的架空线上发生的故障将导致工厂发生电压暂降，暂降幅值与故障位置的关系如图 7.13 的点线所示。提高设备的电压容忍度将使暂降域内的架空线路的长度明显减少，表 7.2 给出了对于不同设备的电压耐受能力所对应的辐射型系统暂降域内的架空线路的长度。为了直接增加暂降域内架空线路长度，假设电压中断和暂降的影响相同，但实际情况并非总是这样。即使电压暂降导致生产过程中断，从保证工厂安全停运的角度看，仍然需要从电网中得到供电。

表 7.2　图 7.12 辐射型系统对不同设备电压耐受能力的暂降域内架空线路长度

电压耐受能力	暂降域内架空线路长度（km）			
	馈线 1	馈线 2	馈线 3	总长
供电中断跳闸	25	—	—	25
暂降低于 20% 跳闸	25	3	3	31
暂降低于 50% 跳闸	25	12	12	45
暂降低于 90% 跳闸	25	100	100	225

对于图 7.12 中间的环网系统，计算过程相同，计算结果见表 7.3。只有当设备不受电压暂降影响时，设备跳闸次数才比辐射型系统少。

表 7.3　对于不同的设备电压容忍度，图 7.12 所示环网型系统暴露的架空线的长度

电压耐受能力	暂降域内架空线路长度（km）			
	馈线 1	馈线 2	馈线 3	总长
供电中断导致的跳闸	—	—	—	—
暂降低于 20% 的跳闸	25	14	3	42
暂降低于 50% 的跳闸	25	100	12	137
暂降低于 90% 的跳闸	25	100	100	225

表 7.4 给出了并联系统中各种设备的电压耐受能力对应的暂降域内线路长度。对于 50% 的电压耐受能力，该方案比环网系统更可取，为了决定这样减少跳闸次数所需的投资是否值得，需要对相关成本进行决策分析。

电压耐受能力	暂降域内架空线路长度（km）			
	馈线 1	馈线 2	馈线 3	总长
供电中断导致的跳闸	—	—	—	—
暂降低于 20% 的跳闸	50	3	3	56
暂降低于 50% 的跳闸	50	12	12	74
暂降低于 90% 的跳闸	50	100	100	250

7.3.2　本地网络

本地网络的基本特征是，来自更高电压等级的两条或两条以上的母线给另一条母线供电。从前面的章节中已经知道，并联系统和环网系统的电源取自同一条母线或两条通过常闭断路器连接的母线，当两条不同的母线给另一条母线供电时，需要解决与并联系统和环网系统相同的设计问题，遵从相同的 $(n-1)$ 准则。本地网络比并联网络的电压暂降幅值更低，中断次数更少，但是两种网络中电压中断次数已经很少，所以，两种网络电压的中断次数的差别不是很大。

7.3.2.1　电压暂降幅值

分析图 7.14 所示系统，给敏感负荷供电的母线由另两条更高电压等级的母线供电，Z_{S1} 和 Z_{S2} 是更高电压等级的电源阻抗，Z_{t1} 和 Z_{t2} 是变压器阻抗，z 是单位长度的馈线阻抗，τ 是母线 1 与故障之间的距离。两条母线可以从同一变电站或两个不同的变电站引出，其中，后者的可靠性更高，尽管很难量化两者的区别。

假设母线 1 的馈线距离该母线 τ 处发生故障，母线 1 的电压由下式求得（根据分压器方程）：

$$V_1 = \frac{z\tau}{z\tau + Z_{S1}} \tag{7-7}$$

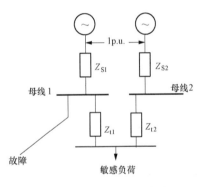

图 7.14　从两条不同的更高电压
等级母线馈电的单母线供电

这里忽略母线 1 上第二个电源电压的影响，该假设是合理的，因为，两串联变压器的阻抗远远超过母线 1 的电源阻抗。如果假设两个电源完全独立，以便使故障发生后母线 2 的电源电压不下降，那么负荷母线的电压由下式求得：

$$V_{\text{sag}} = V_1 + \frac{Z_{t1}}{Z_{t1} + Z_{t2} + Z_{S1}} (1 - V_2) \tag{7-8}$$

简化这个表达式，以便更好地评估双电源的影响。假设 $z = Z_{S1}$，通过选取合适的距离单位就可以实现。假设 $Z_{t1} = Z_{t2}$，$Z_{S1} \ll Z_{t1}$，$Z_{S2} \ll Z_{t2}$，在这些假设条件下，负荷母线的电压表示为

$$V_{\text{sag}} = \frac{\tau + \frac{1}{2}}{\tau + 1} \tag{7-9}$$

母线 1 的电压表示为

$$V_1 = \frac{\tau}{\tau + 1} \tag{7-10}$$

对于辐射型系统，如果不连接到母线 2，根据式（7-10）知负荷母线上的电压等于母线 1 的电压，图 7.15 比较了两种设计方案下负荷母线的电压幅值，从图中可以看出，第二种方案下电压降明显减小，最深暂降幅值为标称电压的 50%，这里假设第二台变压器与第一台变压器的阻抗相等，在实际中可解释为两台变压器的额定功率相等，如果第二台变压器额定功率较小，其阻抗一般就会较大，电压暂降也就会更深。

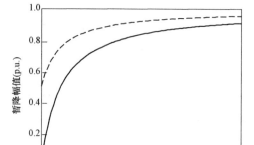

图 7.15　暂降幅值与故障距离的关系：在高压侧有（实线）和没有（虚线）第二个变电站的情况

根据电压与距离关系的表达式，可以推导出与 6.5 节相似的临界距离的表达式，对于辐射型系统，可得如下相同的表达式：

$$\tau_{\text{crit}} = \frac{V}{1 - V} \tag{7-11}$$

对于双电源供电系统，可得

$$\begin{cases} \tau_{\text{crit}} = \dfrac{V - \frac{1}{2}}{1 - V}, & V \geqslant 0.5 \\ \tau_{\text{crit}} = 0, & V < 0.5 \end{cases} \tag{7-12}$$

根据临界距离的表达式可以计算出暂降域内架空线路长度，结果如图 7.16 所示，图示曲线的主要特征是，当设备能够耐受幅值低于 0.5p.u.的暂降时，暂降域内架空线路的长度为 0，该特征是决定电压与负荷耐受能力关系的重要信息。对于更高的临界电压（更敏感的设备），暂降域内架空线路的长度取决于由两条母线之间供电馈线的数量。设 N_1 是由母线 1 供电的馈线数，N_2 是由母线 2 供电的馈线数，对于本地网络，由两条馈线供电的负荷，在暂降域内的架空线路的总长度可以表示为

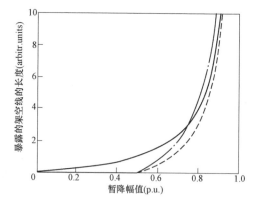

图 7.16　辐射型供电网的暴露长度（实线）和高压侧连接到第二个变电站的暴露长度：两个变电站的馈线数相同（虚线），第二个变电站的馈线数为 2 倍（点画线）

$$\tau_{exp} = (N_1 + N_2)\frac{V - \frac{1}{2}}{1 - V} \qquad (7\text{-}13)$$

对于辐射型网络，可以表示为

$$\tau_{exp} = N_1\frac{V}{1 - V} \qquad (7\text{-}14)$$

当 $N_1 = N_2$，双电源供电系统内，暂降域内架空线路的长度总是小于单电源供电系统。当 $N_2 > N_1$ 且设备变很敏感时，选择双电源供电系统的就比较少了，如图 7.16 中的虚线所示，$N_2 = 2N_1$，交叉点是 75% 的额定电压。

需注意的另一个很重要的问题是，第二条母线的电源不一定来自于另一个不同的变电站。从同一变电站供电的两条母线，采用常开断路器相连，两条母线可以达到同样效果，这样的供电结构在公用供电系统中可能不可行，因为降低了由辐射型馈线供电的可靠性，但是，对于工业配电系统来说，这样的结构是降低暂降幅值的简单方法。

7.3.2.2 公共低压系统

图 7.17 给出了一个低压本地网络的例子，图中，一条低压母线由来自不同变电站的两条或两条以上的馈线或非并联连接的母线供电，馈线保护包括中压变电站的过电流保护和低压母线反向功率保护（"网络保护器"）。在公用配电系统中，电源并非总来自于不同变电站，在这种情况下，电压中断次数会减少，但是，电压暂降次数不会减少，甚至当并联馈线发生故障时，暂降次数还可能增加。

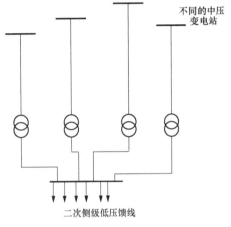

图 7.17　低压本地网络

图 7.18 所示的系统也是一个本地网络，也称为配电网或低压网络，这样的网络结构在一些大城市（如纽约、芝加哥、伦敦、柏林）的城区很常见。运行电压为 120V 的低压配电网对低压故障无保护措施，此时故障电流很大，每次短路故障都会在很短时间内损坏线路。对于 200V 或更高电压等级，使用冲出式熔断器或限流熔断器做保护，网络保护器安装在每台变压器的二次侧，以阻止低压网络故障反馈到中压网络，这些低压配电网可靠性很高。任一馈线中断用户都不会察觉。为了减少暂降次数，馈线应引自不同变电站，否则暂降数量可能会增加。低压网络的任何故障会导致网络中的所有用户经历电压暂降，使用限流熔断器将明显减少暂降持续时间，使暂降不造成太大影响。

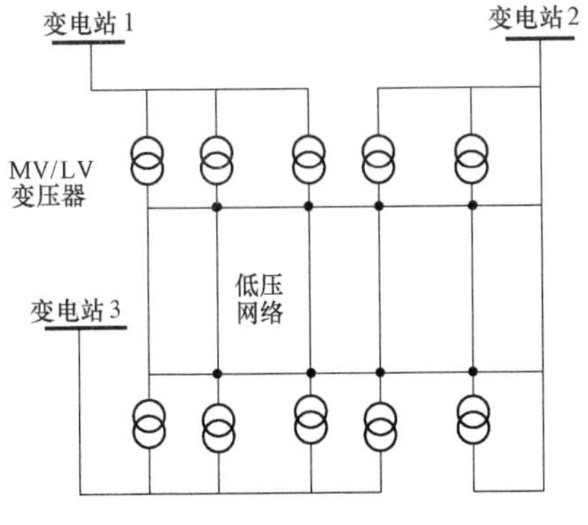

图 7.18　低压配网

在文献［165］中，给出了公用供电系统不同设计方案的比较结果，在比较中采用随机预测法和现场测量法，结果显示，本地网络比任何其他网络架构的电压中断的次数都少，就暂降频次来看，地下网络比架空网络性能更好，前者的暂降次数是后者的1/3，而供电网结构对暂降频次的影响较小。

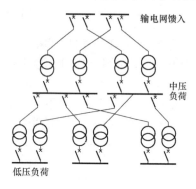

图 7.19 工业现场网络

7.3.2.4 输电系统

7.3.2.3 工业中压系统

在工业系统中，本地网络几乎用于任何电压水平，且用不同的保护措施对馈线进行保护。图 7.19 是一个有 3 个电压等级的网络。

在每个电压等级，母线从高压侧两条不同的母线馈电，只要它们不并联运行，这两条母线可以来自于同一变电站，4.2.4 节的图 4.37、图 4.38 和图 4.39 中已讨论了这种网络结构的影响。断开中间电压等级变电站的断路器，可把并联系统转变为本地网络，这样可使深度较大的暂降幅值明显减小（见图 4.39），深度较小的暂降造成的影响更受限。

本地网络的另一个例子是英国 275kV 系统，这些系统构成了围绕大城市的中压次级输电系统，每个 275kV 系统由大约 10 条母线组成，类似于环网结构，这些母线由 400kV 高压输电网的 3～5 个地方馈电。图 7.20 是曼彻斯特电网结构，图中粗线表示 400kV 变电站，细线代表 275kV 变电站。

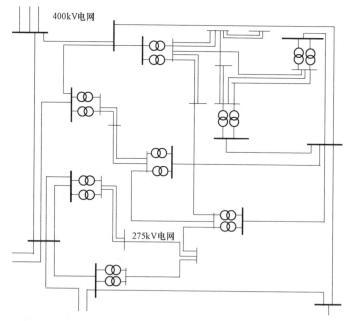

图 7.20 次输电等级的本地网络：英格兰北部 400kV（粗线）和
200kV（细线）系统（文献［177］提供的数据）

相似的结构在欧洲其他国家也采用，如意大利和比利时的由 400kV 与 150kV 变电站组成的输电系统，荷兰部分地区由 380kV 与 150kV 变电站组成的输电系统，瑞典由 400kV 与 130kV 变电站组成的输电系统等[23]，这些次级输电系统的电源点数量为 2～10 个，在美国，各个电压等级，一直到 69kV 电压等级，也都采用这样的电网结构，如图 6.39 所示。

在图 7.20 所示的电网结构中，400kV 电网发生故障只会使 275kV 变电站发生深度较小的暂降。与变压器阻抗相比，如果忽略 275kV 线路的阻抗，则 275kV 系统侧电压就是 400kV 变压器侧的平均电压。在一个变电站附近发生故障会使该变电站电压下降很多，但是其他变电站受到的影响较小。在有 9 个变压器的情况下，暂降深度较小的暂降占绝大部分，"平均"下来的影响就是用户会经历更少的深度较大的暂降，但是，会经历更多深度较小的暂降。为了说明该影响，再次分析图 4.27 输电系统，变电站之间的距离增加到 100km，所有其他的参数保持不变，图 7.21 给出了故障位置与暂降幅值的对应关系，故障位置 0 表示变电站 1 发生故障，故障位置 100（km）表示变电站 2 发生故障，分析一个中压输电系统由变电站 1 和变电站 2 供电的情况，该中压输电系统的电压接近于两个输电变电站 1 和 2 的平均电压，图 7.21 中的点线表示了该中压输电系统的电压。由于不同电压等级环网连接，使深度最大的暂降深度变得更小，一些深度最小的暂降深度变得更大。

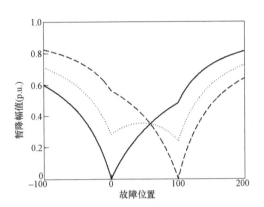

图 7.21　输电与次输电系统的暂降幅值
实线：输电变电站 1；虚线：输电变电站 2；
点线：次输电系统

类似于图 7.20 所示的电网结构的主要缺点是，275kV 侧发生故障会导致暂降深度较大，这种电网结构使暂降域内线路长度比辐射型系统长，如果，环网穿越多个电压等级，如美国电网，将会使暂降频次减少。

7.3.3　电力系统设计——本地发电机

7.3.3.1　安装本地机组的理由

安装本地发电机组主要有下面两个原因：

（1）有时利用本地发电组发电比从电网买电更便宜，尤其是对于热电联产（CHP），发电厂的余热可用于工业生产，CHP 的总效率明显高于传统发电厂。

（2）安装本地发电机组提高了供电可靠性，因为，当外部电网供电中断时，本地发电机组可以作为备用电源继续供电。一些大型工厂可以完全在孤岛模式下运行，医院、学校、政府办公地等也经常配置有备用发电机，在电网中断供电时，这些发电机承担继续供电的任务。

这里仅分析第二个原因，这可能是配置本地发电机组后除了能带来的经济利益和环境利益以外的额外优点。首先，在可用性方面评估配置本地发电机组的影响。假设电网供电的可用性为98%，这可能听起来很高，但2%的不可用意味着电网每年有175h不能供电，或者说是每天平均有29min不能供电，再或者说是每年发生40次4h的供电中断现象。换句话说，98%的供电可用性，对于大多数工业用户来说已经很低了。假设配置的本地发电机组能承担全部基本负荷，且本地发电机组的可用性为90%，只要在电网和本地发电机组中有一个能正常运行就能保证供电，本书第2章介绍的方法可用以计算全系统的可靠性，结果是供电可用性达99.8%，或者说每年的不可用性为18h，或每年发生4~5次4h供电中断。如果还要进一步增加供电可靠性，还可以考虑安装两台甚至3台发电机组，并假设每台机组能给所有基本负荷供电，忽略所有普通模式的影响，当配置两台发电机组时，不可用性为每年2h，当配置3台发电机组时，不可用性仅为每年10min。根据第2章的介绍，第二种假设不再适用于提高系统的可靠性，即增加更多的发电机组，系统的可靠性也不可能得到更大提高。当电网出现供电中断时，常启动应急发电机组或备用发电机组，以确保能继续供电，在这种情况下，不再计算系统的可用性，计算系统中断频次更适合。假设电网每年出现40次供电中断，一般地，应急发电机组启动失败的可能性为1%~5%，5%意味着如果电网出现供电中断，应急发电机能正常启动，中断次数将由每年40次变为每年2次，这里假设备用发电机组总是可用的。实际上，由于系统维护和维修等必然会增加系统的不可用性，导致中断频次大约为每年5次，同样，工业用户会选择两台发电机组，这样会使中断频次下降至每年不到1次。

7.3.3.2 抑制电压暂降的影响

在4.2.4节和6.4节中，已介绍了用发电机降低终端暂降幅值的方法。为了减小电压暂降，发电机必须是在线运行，离线的发电机不会减小任何暂降。图4.26和式（4-16）定量分析了发电机对暂降幅值的影响。后一个方程式如下：

$$(1-V_{sag})=\frac{Z_4}{Z_3+Z_4}(1-V_{pcc}) \tag{7-15}$$

式中，Z_3为发电机/负荷母线和PCC点之间的阻抗（典型的是配电线路变压器的阻抗）；Z_4为发电机暂态阻抗。

如果进一步假设$V_{pcc}=\frac{\tau}{\tau+1}$，式（7-15）中的$L$是PCC点与故障点之间的距离，引入$\zeta=\frac{Z_3}{Z_4}$，可得用故障距离表示的负荷母线的暂降幅值如下：

$$V_{sag}=1-\frac{1}{(1+\zeta)(1+\tau)} \tag{7-16}$$

用式（7-16）可得图7.22所示的曲线，即对不同阻抗比值ζ，用故障距离表示的暂降幅值。$\zeta=0$表示无发电机，增加ζ表示增加发电机容量或发电机阻抗，考虑变压器的典型阻抗为其额定功率的5%，发电机的典型暂态阻抗为其额定功率的18%。当发电机和变压器的额定功率相等时，$\zeta=0.28$；当发电机的额定功率是变压器的3倍，也是负荷功率的3倍时，$\zeta=0.8$。当发电机的容量是负荷功率的3倍以上时，不能提高系统的可靠性。因此，发电机容量不可能设定为负荷功率的 3 倍以上，但有一个例外是，一些热电联产企业将大量电能卖给电网。

由图 7.22 可看出发电机是如何降低电压暂降的。发电机容量越大，电压暂降深度越小。根据故障距离与幅降幅值的表达式，可得临界距离的表达式如下：

$$\tau_{crit} = \frac{1}{(1+\zeta)(1+V)} - 1 \qquad (7-17)$$

可该表达式用来计算不同发电机容量所对应的临界距离，结果如图 7.23 所示，该曲线仅与图 7.22 的曲线相反，可以看出，对应于暂降的每一个幅值，临界距

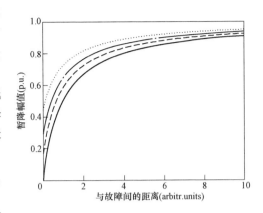

图 7.22 不同发电机容量的暂降幅值和距离关系：变压器和发电机阻抗比为 0（实线），0.2（虚线），0.4（点画线），0.8（点线）

离都会减小。需要注意的是，安装本地发电机不会引起任何额外的暂降（由于发电机本身和发电机附近位置发生故障导致的电压暂降除外，但是这种情况很少见），通过比较临界距离，就能比较不同方案下的暂降频次。

图 7.24 是一张更好地表示暂降频次减少的图。不同的曲线表示本地安装和不安装发电机组的两种情况下暂降频次减少的百分比，同样，比较了 3 种容量的发电机，幅值较小的暂降频次减少了 100%，即这些幅值的暂降不再发生，幅值较大的暂降频次相对减少，对于对暂降有一定免疫力的设备来说，这种减少暂降影响的方法比较适用。

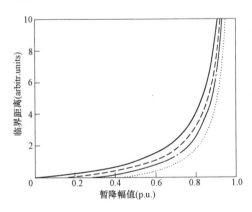

图 7.23 不同容量发电机的临界距离与暂降幅值关系：实线表示变压器和发电机的阻抗比为 0；虚线表示阻抗比为 0.2；点画线表示阻抗比为 0.4；点线表示阻抗比为 0.8

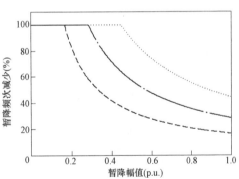

图 7.24 安装本地发电机减少暂降频次：虚线表示变压器和发电机阻抗比为 0.2；点画线为 0.4；点线为 0.8

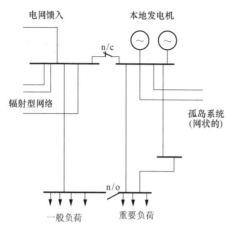

本地发电机

电网馈入

n/c

辐射型网络

孤岛系统
（网状的）

n/o

一般负荷   重要负荷

图 7.25 有孤岛运行方式的工业系统

7.3.3.3 孤岛运行

本地发电机仅在大型工业系统和商业系统比较普遍。本地发电机与电网并联运行，当电网供电中断时，发电机转为孤岛运行，这种孤岛运行方式可以承担全部或部分本地负荷。图 7.25 给出了工业电力系统的孤岛运行方式。孤岛系统需比其他工业配电系统更加可靠（如可通过网孔状结构和不同的保护措施来确保可靠性）。孤岛系统也可以看作工业配电系统的后备。大型工业系统存在的很大问题是不能测试到孤岛，只能在电网中断供电的情况下才能检测到孤岛系统是否处于工作状态。

7.3.3.4 应急与后备发电机

当检测到电网出现供电中断时，通常会启动应急发电机或后备发电机，供电中断发生后，机组从离线运行转变为在线通常需要 1s 到 1min 的时间。需要注意的是，应急发电机和后备发电机在技术上没有差异，在法律意义上，必须有一台可用的发电机时，称之为"应急发电机"，其他情况下称之为"后备发电机"[26]。在采用后备发电机来提高电压质量时，重要的是确保主要设备能耐受由电网供电转为后备发电机供电引起的短时中断。在电压中断的最初几秒，后备发电机经常与小型储能装置联合使用，共同为主要负荷供电。

7.4 系统与设备间的接口

系统和设备之间的接口是抑制电压暂降和中断最常见的地方。大多数抑制技术均基于向系统注入有功功率，以此来补偿系统有功损失。随着电压源型逆变器成为主要器件，所有现代技术均基于电力电子设备。下面介绍多种已经存在和正在发展的技术，重点介绍电压源型换流器技术。该领域的一些术语目前还十分混淆，正在使用的术语，如"补偿器""调节器""控制器"和"有源滤波器"等都可以用来表示几种相似的装置。本节将会用到术语"控制器"，该术语也涉及经常应用的其他几个术语。

7.4.1 电压源型换流器

在系统与设备接口处的大多数现代电压暂降抑制方法均包含一个所谓的电压源型换流器。电压源型换流器是一种电力电子设备，可以产生任意频率、幅值和相角的正弦电压，已发现，电压源型换流器已被当作是交流调速驱动装置重要的组成部分，在电压暂降抑制措施中，可临时取代供电电压或产生供电电压中缺失部分的电压。

电压源型换流器原理如图 7.26 所示。三相电压源换流器由 3 个单相换流器和一个常见直流电压源组成，通过以一定的模式变换电力电子器件的开关可以获得交流电压输出，可以采用简单的方波模式或脉宽调制模式，后一种模式产生较少的谐波，但损耗大一些。大多数电力电子方面的书籍都有关于电压源换流器运行与和控制的介绍，如文献［53］、［55］。

在电路原理模型中，电压源型换流器可简单视为理想电压源模型。为了评估对电压和电流的影响，不需要考虑电力电子器件和控制算法。在下面章节中将把电压源换流器视为理想电压源，以分析不同的抑制电压暂降措施的效果。

同样的电压源型换流器技术也被用于所谓"柔性交流输电系统"或 FACTS

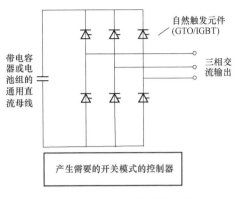

图 7.26　三相电压源型换流器

技术中[180],[181]，以及用以抑制谐波畸变[179],[180],[183]和减小电压波动[170],[178]。本章只讨论电压源型换流器如何减小电压暂降和电压中断的问题。解决电能质量问题的电力电子器件还包括静态转换开关、有源滤波器和电压控制装置等，通常称为"定制电力技术"（custom power）[184],[191]。

7.4.2　串联电压控制器——DVR

7.4.2.1　基本原理

串联电压控制器由与供电电压源串联的电压源型换流器组成，如图 7.27 所示。负荷末端的电压等于电压源电压和控制器输出电压之和，即

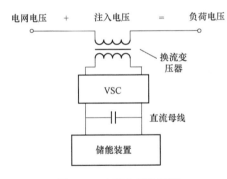

图 7.27　串联电压控制器

$$\overline{V}_{load}=\overline{V}_{cont}+\overline{V}_{sag} \qquad (7\text{-}18)$$

用换流变压器将电压源换流器的输出与系统连接起来。在换流器的直流侧有一个较小的电容器，通过与储能器件之间的能量交换，使电容器的电压维持恒定，通过脉冲调制方法得到需要的输出电压。由于控制器在提供无功功率的同时还必须提供有功，因此，需要某种类型储能。术语动态电压恢复器（DVR）通常被用以代替串联型电压控制器[184],[185]。在目前已商业化的动态电压恢复器中，大电容器被用作能量源，其他可能的电源还有电池组、超导线圈、飞轮等。假设这几种储能装置可以实现，不同储能技术的选择将在后面讨论。

储能的数量取决于换流器传输的功率和最大暂降持续时间。典型的控制器设计针对给定的最大暂降持续时间和最小暂降电压。在文献［174］中讨论了串联型电压控制器的一些实际特性。

7.4.2.2　有功注入

为了评估储能需求，计算控制器输出的有功功率，采用图 7.28 中的符号，假设负荷端电压为正实轴方向上的额定电压（1p.u.），如下式：

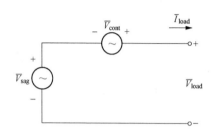

图 7.28 含系统、串联控制器和
负荷的电路图

$$\overline{V}_{\text{load}}=1+0j \qquad (7\text{-}19)$$

负荷电流的幅值为额定值（1p.u.），功率因数为滞后的 $\cos\phi$，如下式：

$$\overline{I}_{\text{load}}=\cos\phi-j\sin\phi \qquad (7\text{-}20)$$

在控制器的系统侧，电压暂降幅值为 V，相位跳变角为 ψ，有

$$\overline{V}_{\text{sag}}=V\cos\psi+jV\sin\psi \qquad (7\text{-}21)$$

负荷的复功率为

$$P_{\text{load}}+jQ_{\text{load}}=\overline{V}_{\text{load}}\overline{I}_{\text{load}}=\cos\phi+j\sin\phi \qquad (7\text{-}22)$$

系统的复功率为

$$P_{\text{sys}}+jQ_{\text{sys}}=\overline{V}_{\text{sag}}\overline{I}_{\text{load}}=V\cos(\phi+\psi)+jV\sin(\phi+\psi) \qquad (7\text{-}23)$$

控制器需产生的有功功率是负荷有功功率和系统有功功率之差：

$$P_{\text{cont}}=P_{\text{load}}-P_{\text{sys}} \qquad (7\text{-}24)$$

该式可以写为

$$P_{\text{cont}}=\left[1-\frac{V\cos(\phi+\psi)}{\cos\phi}\right]\times P_{\text{load}} \qquad (7\text{-}25)$$

对于 0 相位跳变，可得控制器所需输出有功功率的简化表达式如下：

$$P_{\text{cont}}=[1-V]P_{\text{load}} \qquad (7\text{-}26)$$

有功功率需线性地与电压降成比例，当考虑相位跳变角时，这个关系就不再是线性的，就变成也取决于功率因数了。为了评估相位跳变角和功率因数的影响，可采用第 4 章推导出来的暂降幅值和相位跳变角之间的关系式。图 7.29 给出了对于不同功率因数和不同相位跳变角下的控制器有功功率需求。用式（4-84）和式（4-87）计算用故障距离

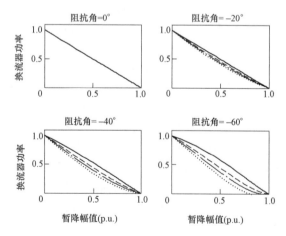

图 7.29 串联电压控制器的有功需求，对应于不同阻抗角
（$\alpha=0°$，$-20°$，$-40°$，$-60°$）和不同滞后功率因数：
1.0（实线），0.9（虚线），0.8（点画线），0.7（点线）

表示的暂降幅值和相位跳变角。对不同阻抗角计算暂降幅值和相位跳变角，进而用式（7-25）计算控制器的有功需求。图7.29给出了控制器有功需求与暂降幅值V的关系。

如式（7-26），对于没有相位跳变的暂降，负荷的功率因数不会影响控制器有功需求（见图7.29中的左上图）。对于电网功率因数，相位跳变角对控制器有功需求会产生一定影响，这主要是由于电压穿过控制器时不再等于（1−V）。当功率因数减小，相位跳变增大时，控制器有功需求减小，但是，功率因数不是越低越好，因为当有功不变时，功率因数越低，负荷电流就越大，因而换流器的额定功率也要求越大。

图7.30解释了随着（负的）相位跳变角增大，减小控制器有功需求的情况。由于存在相位跳变，控制器的系统侧相电压随负荷电流增大，因此，从电网吸收的有功增加，控制器的有功需求减小，对于负相位跳变和滞后功率因数来说，就是这种情况。对于超前功率因数，负相位跳变增大了控制器有功需求，如图7.31所示。

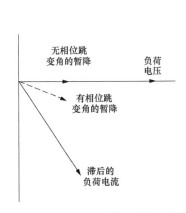

图7.30　串联电压控制器相位图
虚线：负的相位跳变角；
实线：无相位跳变角

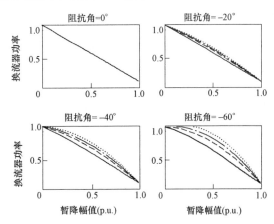

图7.31　对于不同阻抗角（α=0°，−20°，−40°，−60°）和超前功率因数这［1.0（实线）、0.9（虚线）、0.8（点画线）、0.7（点线）］的串联电压控制器有功需求

7.4.2.3　三相串联电压控制器

当前已商业化使用的串联控制器由3个带通用直流电容器和储能元件的单相换流器组成，从储能装置里吸出的功能是三相功率的总和，对于每一相，式（7-25）可用以计算各相的有功功率。对于三相平衡暂降（如三相故障引起的暂降），每相注入同样数量的功率，总功率需求是每相的需求乘以3，但是，负荷吸收的有功功率也是3倍，这样式（7-25）仍成立，只不过P_{load}是三相总负荷。

为了分析三相不平衡暂降时的有功需求，把式（7-25）写成另外不同的形式。设（复）剩余电压（暂降幅值）用$\overline{V}$表示，则由控制器注入的电压为1−$\overline{V}$，负荷电流为$e^{-j\phi}$，这样给出被控制器传输的复功率为

$$\overline{S}=(1-\overline{V})e^{j\phi} \tag{7-27}$$

分析一个C类型三相不平衡暂降，其中有两相的电压下降，另一相未受影响，用同样的思路计算b相的注入功率，b相的负荷电压为

$$\overline{V}_{\text{load}} = -\frac{1}{2} - \frac{1}{2} j\sqrt{3} \tag{7-28}$$

暂降过程中的复电压为

$$\overline{V}_{\text{sag}} = -\frac{1}{2} - \frac{1}{2} j\overline{V}_{\text{char}}\sqrt{3} \tag{7-29}$$

式中，$\overline{V}_{\text{char}}$ 为暂降复特征电压。

由控制器的注入电压为负荷电压与暂降电压之差：

$$\overline{V}_{\text{cont}} = \overline{V}_{\text{load}} - \overline{V}_{\text{sag}} = -\frac{1}{2} j(1 - \overline{V}_{\text{char}})\sqrt{3} \tag{7-30}$$

b 相负荷电流由 a 相负荷电流旋转 120°得到，b 相负荷电流为

$$\overline{I}_{\text{load}} = e^{-j\phi}\left(-\frac{1}{2} - \frac{1}{2} j\sqrt{3}\right) \tag{7-31}$$

b 相注入的复功率为

$$\overline{S}_{\text{b}} = -\frac{1}{2} j(1 - \overline{V}_{\text{char}})\sqrt{3} e^{j\phi}\left(-\frac{1}{2} + \frac{1}{2} j\sqrt{3}\right) \tag{7-32}$$

对于 c 相，可得下面的公式：

$$\overline{V}_{\text{load}} = -\frac{1}{2} + \frac{1}{2} j\sqrt{3} \tag{7-33}$$

$$\overline{V}_{\text{sag}} = -\frac{1}{2} - \frac{1}{2} j\overline{V}_{\text{char}}\sqrt{3} \tag{7-34}$$

$$\overline{V}_{\text{cont}} = +\frac{1}{2} j(1 - \overline{V}_{\text{char}})\sqrt{3} \tag{7-35}$$

$$\overline{I}_{\text{load}} = e^{-j\phi}\left(-\frac{1}{2} + \frac{1}{2} j\sqrt{3}\right) \tag{7-36}$$

$$\overline{S}_{\text{c}} = \frac{1}{2} j(1 - \overline{V}_{\text{char}})\sqrt{3} e^{j\phi}\left(-\frac{1}{2} - \frac{1}{2} j\sqrt{3}\right) \tag{7-37}$$

b 相和 c 相的复功率相加得总注入功率（a 相电压未受暂降影响），如下式：

$$\overline{S}_{\text{cont}} = \frac{3}{2}(1 - \overline{V}_{\text{char}})e^{j\phi} \tag{7-38}$$

除了系数 $\frac{3}{2}$ 以外，上式与式（7-27）相同。对 D 类型不平衡暂降，重复上述计算步骤，可得与 C 类型不平衡暂降相同的注入功率。对这些三相不平衡暂降的分析，忽略了零序元件的影响，在用户设备终端，这种近似是可以接受的，但是，在已安装了 DVR 的中压配电系统中，这种近似并非总能成立。给上述所有推导的三相电压增加一个零序电压，将会使三相复功率的表达式增加一个附加项，该附加项之和等于 0，因而零序电压不会影响串联控制器的有功需求。

在三相暂降过程中，注入功率是一相注入功率的 3 倍，比较式（7-38）和式（7-27），可得出一个结论，即 C 类或 D 类暂降过程中，注入功率是有相同特征幅值、相位跳变和持续时间的平衡暂降注入功率的一半。

7.4.2.4 单相串联电压控制器

对于单相控制器，每相的实际电压（根据第 4 章的术语，即设备终端的电压）决定需要注入的有功功率，这不仅取决于特征幅值，还取决于暂降类型以及控制器连接的哪一相。

单相控制器关注的是每相注入功率，即式（7-32）中 $\overline{S}_b$ 和式（7-37）中 $\overline{S}_c$ 的实部，对 C 类和 D 类三相不平衡暂降进行这样的计算，结果分别如图 7.32 和图 7.33 所示，对于每类暂降图中只画出了两相，对于 C 类给出了暂降深度较大的两相，对于 D 类给出了暂降深度较小的暂降。对于 C 类暂降，其第三相不需要任何注入功率，对于 D 类暂降，其第三相需要的注入功率由式（7-25）给出。图 7.32 和图 7.33 表示了当阻抗角为分别为 0° 和 30°，负荷功率因数分别为 1.0、0.9、0.8 和 0.7 时对应的注入功率。从图中可以看出，功率因数对注入功率的影响非常大，相位跳变使两相注入功率变得略有不同，但不会改变整个图形。

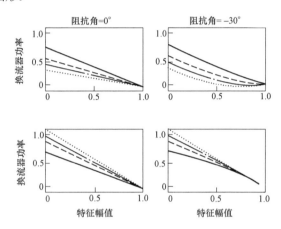

图 7.32 对于 C 类不平衡暂降和阻抗角分别为 0°（左）和 −30°（右）时单相串联电压控制器的有功需求，功率因数为 1.0（实线），0.9（虚线），0.8（点画线），0.7（点线）

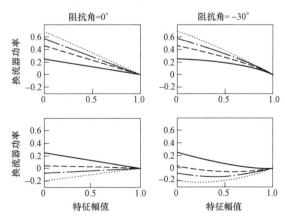

图 7.33 D 类不平衡暂降的两相、阻抗角为 0°（左）、阻抗角为 −30°（右）的单相电压控制器有功需求。功率因数为 1.0（实线），0.9（虚线），0.8（点画线），0.7（点线）

对于单相控制器，特征电压没有多大实际意义，因此，在图 7.34 和图 7.35 中用不同方式给出了有功需求，横轴表示暂降过程中复电压的绝对值，换句话说，就是设备端的暂降幅值。每个小图中不同的曲线给出了 C 类或 D 类不平衡暂降每相注入功率与暂降幅值之间的关系，这样得到 5 条曲线中最大的一条、C 类暂降的 2 条、D 类暂降的 3 条，可见，在注入功率与暂降幅值之间不再有一般关系，尤其在功率因数较小时。注意，当功率因数较小时，对于幅值为 0 的暂降，有功功率需求不是最大的。

用不同的横轴将图 7.34 和图 7.35 重新绘制成图 7.36 和图 7.37，图 7.36 和图 7.37 表示的复缺损电压绝对值和需要的有功功率之间的关系（见 4.7.1 节）。可知，注入功率不仅仅取决于损失电压。负荷功率因素和特征相位跳变影响注入功率，通常被认为决定了控制器的储能容量。

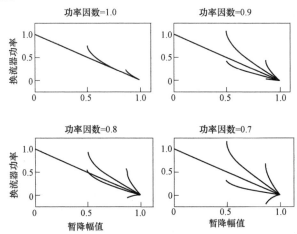

图 7.34　对于 0 阻抗角、负荷电流功率因数去 4 个值时，
作为暂降幅值的函数的单相串联控制器有功需求

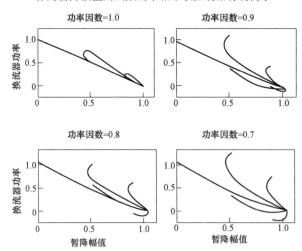

图 7.35　对于 −30° 阻抗角、负荷电流功率因数去 4 个值时，
作为暂降幅值的函数的单相串联控制器有功需求

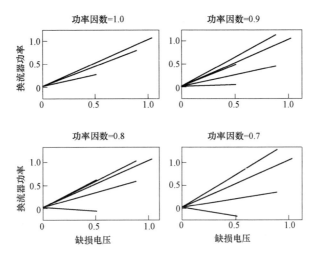

图 7.36　对于 0 阻抗角、负荷电流功率因数去 4 个值时，
作为损失电压的函数的单相串联控制器有功需求

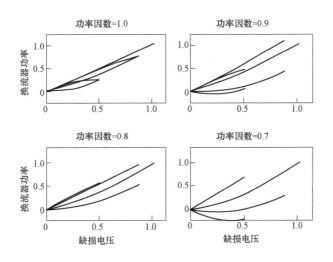

图 7.37　对于−30° 阻抗角、负荷电流功率因数去 4 个值时，
作为损失电压的函数的单相串联控制器有功需求

7.4.2.5　电压额定值的影响

电压源型换流器的额定电压直接决定可以注入的最大电压（幅值），这反过来再次决定了对于负荷来说哪个暂降需要进行保护。在上述计算中，假设负荷电压保持在故障前的电压值，但该假设不需要严格得到满足，因为负荷可以耐受小的电压降和某些相位跳变。图 7.38 给出了对于给定的额定电压怎样才能获得复（电压）平面的保护区域。电压源型换流器的电压额定值被转换成与负荷电压相同的基准值，实际额定值取决于换流变压器的匝数比。

如图 7.38 所示，电压耐受能力给出了负荷能正常运行的最低电压幅值和最大相位跳

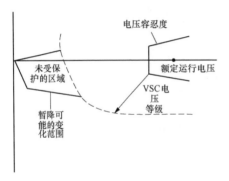

图 7.38　给定额定电压的串联电压控制器
保护的复（电压）平面的一部分

变。暂降电压不应大于最大可注入电压（即换流器的额定电压），由此得到虚线表示的曲线，该曲线给出了可以被控制器抑制的最坏暂降的幅值和相位跳变，即负荷与控制器综合的电压耐受能力。粗实线指明了可能的暂降变化范围，暂降范围既可以是对大量供电系统的范围，如图 4.96 所示，也可以是某供电系统的范围，如图 4.108 所示。通过选择足够大的额定电压，很有可能覆盖整个可能的暂降范围，但是，对于较小幅值，暂降次数变少，控制器成本随电压额定值增加，因此，

目前在用的串联控制器的典型最小电压为 50%，这样幅值低于标称电压 50% 的暂降不被保护。随着电力电子器件成本的降低，未来的控制器非常有可能覆盖整个可能出现的暂降范围。

7.4.2.6　存储容量的影响

控制器的额定电压大小决定了幅值和相位跳变角在哪个范围内的暂降可以被抑制。对于给定的幅值和相位跳变，有功需求可以用式（7-25）确定，有功需求和存储容量决定了可以被抑制的暂降的最长持续时间。

在串联控制器设计过程中，需选择暂降幅值和持续时间。暂降幅值给出控制器的额定电压，暂降持续时间决定需要的存储容量，两者共同确定图 7.39 中的"设计点"。图中的虚线表示没有控制器时负荷的电压耐受能力（在这个例子中，负荷的电压耐受能力为 200ms，90%），这里忽略相位跳变的影响（对于有控制器和无控制器的情况，考虑相位跳变角的影响时，将得到电压耐受曲线的范围）。任意幅值高于设计的幅值、持续时间低于设计的持续时间的暂降将会受到控制器抑制，也就是说导致的负荷电压会高于负荷的

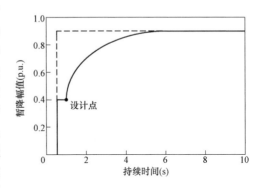

图 7.39　无（虚线）和有（实线）串联电压
控制器的电压耐受曲线，负荷控制器组合能
耐受的最低幅值和最长持续时间的设计点

耐受曲线。如果存储容量未被耗尽，持续时间长于设计的持续时间的暂降可以被唯一耐受。忽略相位跳变角，可用式（7-26）表示注入功率：

$$P_{\text{cont}}=(1-V)P_{\text{load}} \tag{7-39}$$

为了穿越幅值为 V，持续时间为 T 的暂降，所需能量为

$$\varepsilon=(1-V)TP_{\text{load}} \tag{7-40}$$

设（T_0，V_0）为设计点，可利用存储容量为

$$\varepsilon_{\text{avail}}=(1-V_0)T_0P_{\text{load}} \tag{7-41}$$

对于持续时间为 T，最小幅值为 $V_{\min}$ 的暂降，可以得到如下公式：

$$\varepsilon_{\text{avail}}=(1-V_{\min})TP_{\text{load}} \tag{7-42}$$

对于电压耐受曲线，可以得到如下公式：

$$V_{\min}=1-(1-V_0)\frac{T_0}{T} \tag{7-43}$$

图 7.39 中设计点右上的曲线表示了式（7-43），认识到无控制器时的任意能被耐受的暂降在有控制器时也能被耐受的事实，就能得到有控制器时负荷电压耐受曲线的最终形状，曲线之间的区域是由于控制器的存在得到的电压耐受能力。为了评估跳闸次数的减少，需要有一个暂降密度图。

7.4.2.7　中断

电压中断时串联电压控制器不工作，此时，负荷电流需要有一条闭合通路，但在出现电压中断的过程中并没有这样的通路。如果负荷位于控制器的上游和引起中断的断路器的下游，负荷将会形成一个通路以使换流电流通过，如图 7.40 所示。

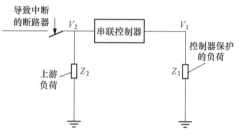

图 7.40　电压中断过程中有上游
负荷的串联电压控制器

串联控制器的目的是提供电压 V_1，使电流 I_{load} 恒定，电流 I_{load} 的作用是迫使上游负荷阻抗 Z_2 在控制器的系统侧得到电压 $V_2=Z_2I_{\text{load}}$，但该电压与 V_1 反相位，由于 $V_1=Z_1I_{\text{load}}$，可得：

$$V_2=\frac{Z_2}{Z_1}V_1 \tag{7-44}$$

式中，Z_1 为被控制器保护的负荷阻抗。如果上游负荷比被保护负荷小，$Z_2>Z_1$，会导致危险的过电压。在现存装置中，这种影响通过以下两种方法得到限制：

（1）通过控制器时电压差值为 V_1+V_2，如果 $Z_2>Z_1$，该电压明显大于 1p.u.。对于一个最大输出电压为 0.5p.u（典型值）的控制器，上游负荷电压从来不会超过 0.5p.u.。

（2）储能装置是有限的，因此，过电压在几秒内消失。注意，上游负荷与被保护的负荷会同时消耗储存的能量。

但是，当控制器电压额定值增大时，注入电压和储存能量都将成为未来的新问题。同时，上游负荷电压突然反向的影响也应得到研究。

7.4.3　并联电压控制器——StatCom（静止同步补偿器）

并联电压控制器通常不用于抑制电压暂降，而用于限制无功功率波动或由负荷引起的谐波电流，这种控制器通常被称为"静态补偿器"或"StatCom"，在使用的其他术语还有：高级静态无功补偿器（advanced static var compensator，ASVC）和静止调相器（static condensor，StatCon）等。其中，StatCom 没有任何有功功率存储，只注入或吸收无功功率，因而仅靠无功功率注入对于电压暂降的抑制作用是有限的[57],[157],[210]，如要保证暂降过程中电压幅值与相位和暂降前保持一致，则需要一定的有功功率注入。

并联电压控制器的原理如图 7.41 所示。实际控制器与串联控制器有相同的结构，但不同之处在于，不是注入负荷与系统之间的电压差，而是通过在负荷端注入电流来提高电压，与本书 7.2 节中讨论的通过发电机以类似的方法来进行电压暂降补偿。

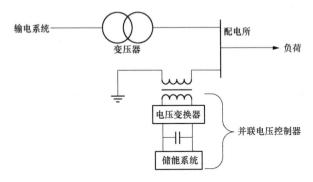

图 7.41　并联电压控制器

用以分析控制器运行特性的电路图如图 7.42 所示。暂降过程中的负荷电压可以看作

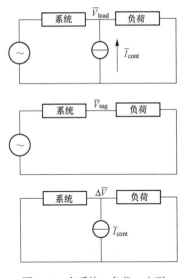

图 7.42　含系统、负荷、串联
控制器的电路图

上：完整等效电路图；中：未配置控制器的等效
电路图；下：控制器单独作用时的等效电路图

是系统电压与由于控制器引起的电压变化的叠加，前者即未配置控制器时的暂降电压值，后者即为由于注入电流而产生的电压变化值。

未配置控制器时，暂降期间的暂降电压为

$$\overline{V}_{sag} = V\cos\psi + jV\sin\psi \qquad (7\text{-}45)$$

负荷电压再次等于 1p.u.：

$$\overline{V}_{load} = 1 + 0j \qquad (7\text{-}46)$$

由于注入电流引起的需要改变的电压为负荷电压与暂降电压之差：

$$\Delta\overline{V} = 1 - V\cos\psi - jV\sin\psi \qquad (7\text{-}47)$$

该电压变化量需由注入电流产生，该注入电流值为

$$\overline{I}_{cont} = P - jQ \qquad (7\text{-}48)$$

式中，P、Q 分别为控制器注入的有功无功功率，其中，有功功率决定需要能量储存量。设从并联控制器看进去的阻抗值（系统阻抗与负荷阻抗的并联）等效为

$$\overline{Z} = R + jX \qquad (7\text{-}49)$$

根据下式可得由注入电流引起的电压变化量：

$$\Delta\overline{V}=\overline{I}_{\text{cont}}\,\overline{Z}=(R+jX)(P-jQ) \tag{7-50}$$

所需电压增加量（式（7-47））达到的电压增加量（式（7-50））相等，因此，注入复功率的表达式为

$$P-jQ=\frac{1-V\cos\psi-jV\sin\psi}{R+jX} \tag{7-51}$$

将复功率分解成实部和虚部，得有功功率和无功功率的表达式：

$$P=\frac{R(1-V\cos\psi)-VX\sin\psi}{R^2+X^2} \tag{7-52}$$

$$Q=\frac{RV\sin\psi+X(1-V\cos\psi)}{R^2+X^2} \tag{7-53}$$

并联控制器的主要限制是，对于在靠近负荷的相同电压等级内的故障，系统阻抗变得非常小。要通过并联控制器来补偿这样的暂降是不现实的，因为这样需要非常大的电流，因此仅考虑供电变压器上游的故障，系统阻抗的最小值为变压器阻抗，可将这种结构类比成为敏感负荷（如汽车制造厂）供电的系统，而控制器的功能为补偿供电变压器上游故障造成的电压暂降。

对于该结构，一些计算结果如图 7.43 和图 7.44 所示，这 4 个不同结果分别采用了 4 个不同的系统阻抗（变压器阻抗）：0.1，0.05，0.033，0.025p.u.。负荷阻抗值采用 1p.u. 的电阻。对于 0.05p.u.的系统阻抗，故障水平是负荷功率的 20 倍。在配电网中，短路水平的典型值是负荷功率的 10～40 倍。

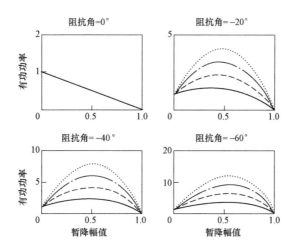

图 7.43 不同阻抗角（0，−20°，−40°，−60°）、不同系统阻抗（实线对应 0.1p.u.，虚线对应 0.05p.u.，点画线对应 0.033p.u.，点线对应 0.025p.u.）情况下，并联电压控制器注入的有功功率

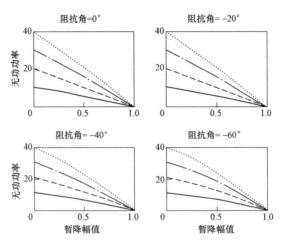

图7.44 不同阻抗角（0，−20°，−40°，−60°）、不同系统阻抗（实线对应0.1p.u.，
虚线对应0.05p.u.，点画线对应0.033p.u.，点线对应0.025p.u.）
情况下并联电压控制器注入的无功功率

图7.43给出了为了把电压维持在故障前水平，控制器需要注入的有功量，可见，对于0阻抗角，有功需求独立于系统阻抗，从一般意义上看该规律不成立，仅对于纯电阻与纯电抗并联的特殊情况才成立。对于阻抗角逐步增大的情况，可见所需的有功功率也增大，尤其对于系统阻抗较小情况。无功功率（见图7.44），与阻抗角大小无关，但随着系统阻抗的增大，所需的无功功率明显减少。由于（感性）系统阻抗的增大，为了达到同样的电压变化值，需要更小的注入电流。注意，在图7.43和图7.44的纵轴尺度差可见，在所有的情况下，所需的无功功率均比有功功率大。

控制器的额定电流由有功和无功功率共同决定。根据式（7-52）和式（7-53）可得注入电流的绝对值：

$$I_{\text{cont}} = \sqrt{\frac{1-2V\cos\psi+V^2}{R^2+X^2}} \tag{7-54}$$

可见，相位跳变增大（ψ增大，$\cos\psi$减小）使得所需的电流值增大。所需电流大小以与图7.43所示有功功率、图7.44所示无功功率按相同格式绘制于图7.45。

对比图7.45与图7.44可得，所需电流大小主要由无功功率决定，同无功功率一样，其值几乎不受相位跳变影响。

如图7.46所示，随着相位跳变增大注入的有功功率增加。由于在负荷端注入到阻抗的电流引起的注入电压是需要的电压升，该注入电压是正常运行电压与无控制器时的暂降电压之差，也即为正常运行电压和未装设控制器的暂降电压的差值，注入电流是注入电压除以系统阻抗，相位为：注入电流相位等于注入电压相位减去系统阻抗相位。系统阻抗通常呈感性，如果是没有相位跳变的暂降，注入电流也呈感性。如图7.46所示，相位跳变导致注入电压相量发生一定的偏转，这样使得注入电流相量偏移虚轴一定角度，从图中可以明显看出，这将迅速导致注入电流的有功部分（即注入电流在负载电压方向上的投影）显著增加，电流无功部分的变化小，因此，是电流幅值的改变。

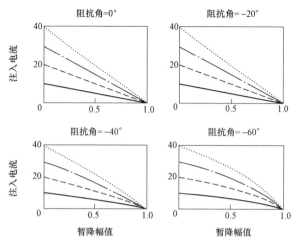

图 7.45　不同阻抗角（0，−20°，−40°，−60°）、不同系统阻抗（实线对应 0.1p.u.，
虚线对应 0.05p.u.，点画线对应 0.033p.u.，点线对应 0.025p.u.）
情况下，并联电压控制器注入电流幅值

由上可见，并联控制器的明显缺点是有较高的有功功率要求。对于由输电网中专供电源供电的大负荷而言，在输电网中发生的电压暂降的相位跳变较小、变压器损耗均较小（在计算中常忽略不计），采用并联控制器是可行的。但是，如果负荷由地下电缆供电，这些损耗将占控制器所需有功功率的很大比例。并联控制器的另一个不足在于，不仅提高了控制器安装位置的电压，同时也一并提高了系统中其他区域的电压，这对于输电网中专供电源供电的大负荷来说影响甚微，但对连有较多用户的配电网馈线供电的负荷而言，影响却很大。在配电网中，由于

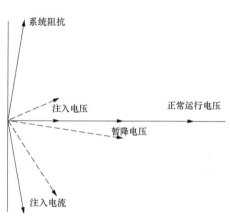

图 7.46　并联控制器相量图
实线：未考虑相位跳变；虚线：考虑相位跳变

系统阻抗小而很难进行暂降电压补偿，并联控制器的电压暂降补偿作用在配电电压等级下并不理想。

发生电压中断时，并联控制器的运行属性取决于经受中断的负荷大小。当供电中断时，注入电流立刻流向负荷，有功和无功的需求由经受中断的总负荷大小决定。如果仅是控制器保护的负荷经受电压中断，控制器能很好地满足该负荷的功率需求，但是如果要补偿更多的中断负荷，控制器将达到其电流极限，储能装置的能量将很快消耗殆尽。

如果控制器能够保证负荷平稳过渡电压中断过程，当恢复正常供电时，会出现电压同步问题。如果供电电压与控制器产生的电压之间有很大的相角差，将会产生很大的冲击电流，进而可能导致保护装置跳闸和设备损坏。60°的相位差会使得加在重合装置两

端的电压有效值达 1p.u.，而 180°的相位差导致的电压为 60°时的 2 倍。系统的额定频率为 60Hz，且中断发生 3s 后电压恢复，这时，若要将相角差控制在 30°以内，频率的相对误差不能超过：

$$\frac{30°}{3s\times60(\text{周波/s})\times360°/\text{周波}}=5\times10^{-4} \tag{7-55}$$

由上可得，频率必须保持在 59.97～60.03Hz 以内，现代时钟的精度可达上述几个数量级，因此，电压源换流器能在上述频率范围内正常运行，但需注意，系统频率很容易在偏离额定频率±0.03Hz 以外波动。

并联控制器的主要优点在于，可用于提高负荷电流质量。通过注入无功功率，能使功率因数前后保持一致，并且由电流波动（闪变问题）引起的电压波动影响也能被限制到最小。并联控制器还能用于吸收由负荷产生的谐波电流。在配置控制器的同时加装储能装置，是一种有效的电压暂降补偿措施。从前述章节可知，需对待选方案进行随机评估，才能确定最优方案。

7.4.4 并串联组合控制器

正如前面章节的讨论，串联控制器采用储能元件在暂降过程中为负荷供电，可以发现，串联控制器不能补偿任何电压中断，也不是专为补偿暂降深度较深（剩余电压远低于基准电压即供电母线额定电压的 50%）的电压暂降而设计。因此，通常电力系统中有一些电压残余，该电压可以被用来从系统中吸取能量。串联换流器注入缺损电压，而并联换流器从系统取用电流。并联控制器产生的功率必须等于串联换流器从电网中吸取的功率，基本原理如图 7.47 所示。串联和并联换流器都有一条共用直流母线，在电容器中存储的能量的变化由串联换流器注入的功率与并联换流器从系统吸收的功率之差确定，因此，尽量保证两者相等，可使电容器的容量最小。

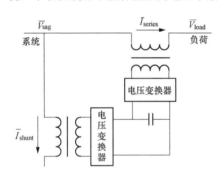

图 7.47 串并联混合电压控制器：并联控制器安装在串联换流器的系统侧

7.4.4.1 额定电流

并联换流器从系统侧吸取的功率为

$$P_{\text{shunt}}=R\{\overline{V}_{\text{sag}}\overline{I}_{\text{shunt}}^*\} \tag{7-56}$$

假设并联换流器从系统侧吸取的电流，幅值为 I_{shunt}，且相位与系统电压一致，则

$$\overline{I}_{\text{shunt}}=I_{\text{shunt}}\cos\psi+jI_{\text{shunt}}\sin\psi \tag{7-57}$$

式中，ψ 为电压暂降的相位跳变。若吸取的电流与系统电压相位一致，对于同样数量的有功功率，电流幅值最小。从系统侧吸取的有功功率为

$$P_{\text{shunt}}=VI_{\text{shunt}} \tag{7-58}$$

式中，V 为暂降幅值。串联控制器注入的有功功率在前面的式（7-25）中已计算：

$$P_{series}=\left[1-\frac{V\cos(\phi+\psi)}{\cos\phi}\right]P_{load}\qquad(7\text{-}59)$$

根据并联换流器从系统侧吸取的功率 P_{shunt} 应等于串联换流器注入的功率 P_{series}，可得并联电流幅值的如下式：

$$I_{shunt}=\left[\frac{1}{V}-\frac{\cos(\phi+\psi)}{\cos\phi}\right]P_{load}\qquad(7\text{-}60)$$

该式的结果如图 7.48 所示，与前面（即图 7.29）比有相同的格式和相同的参数。并联电流幅值在图中画出已达 4p.u.，即为负荷电流有功部分的 4 倍。相位角跳变和功率因数的影响与其对有功功率的影响类似，如图 7.29 所示。但是，对并联电流的影响最大的是暂降幅值。系统内的剩余电压越小，同样功率所需的电流就更大，由于功率需求随系统电压降低而增加，电压降低后电流快速增长是可以理解的。

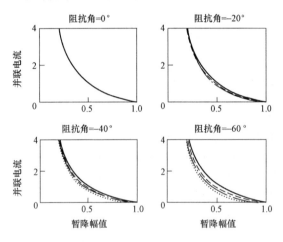

图 7.48　不同阻抗角（0，−20°，−40°，−60°）和不同功率因数（实线对应 1，虚线对应 0.9，点画线对应 0.8，点线对应 0.7）下，串并联混合电压控制器的并联电流

7.4.4.2　负荷侧并联换流器

图 7.49 再次给出串并联混合控制器原理图，与图 7.47 的差异在于并联电流取自于负荷电压。

为便于评估这类串并联混合控制器的效果，对于串联和并联电流的需求，再次进行计算，采用与前面相同的符号：

$$\overline{V}_{load}=1+0j\qquad(7\text{-}61)$$

$$\overline{I}_{load}=\cos\phi-j\sin\phi\qquad(7\text{-}62)$$

$$\overline{V}_{sag}=V\cos\psi+jV\sin\psi\qquad(7\text{-}63)$$

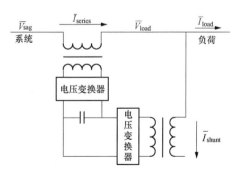

图 7.49　串并联混合电压控制器（并联换流器配置在串联换流器的负荷侧）

假设并联电流按滞后功率因数为 $\cos\xi$ 吸取：

$$\bar{I}_{\text{shunt}}=I\cos\xi-jI\sin\xi \qquad (7\text{-}64)$$

通过串联换流器从系统侧吸取的总电流为

$$\bar{I}_{\text{series}}=\bar{I}_{\text{shunt}}+\bar{I}_{\text{load}}=\cos\phi+I\cos\xi-j\sin\phi-jI\sin\xi \qquad (7\text{-}65)$$

从系统侧吸取的有功功率应等于负荷吸取的功率。串联换流器注入的功率被并联换流器取用。由于没有有功功率储存，总有功功率仍然来自于系统侧，可得下式表达式：

$$R\{\bar{V}_{\text{sag}}\bar{I}_{\text{series}}^{*}\}=\cos\phi \qquad (7\text{-}66)$$

由上式可得并联电流：

$$I=\frac{\cos\phi-V\cos(\phi+\psi)}{V\cos(\psi+\xi)} \qquad (7\text{-}67)$$

为了使得并联电流最小，角度 ξ 应满足 $\psi+\xi=0$ 的条件，因此，并联电流与系统电压相位一致，如果进一步规定并联电流是负荷电流有功部分，可得

$$I=\frac{1}{V}-\frac{\cos(\psi+\phi)}{\cos\phi} \qquad (7\text{-}68)$$

可见，上述结果与并联换流器在系统侧并联的情况完全相同。

7.4.4.3 单相控制器

对于单相控制器，再次采用与图 7.34、图 7.35 中类似的方法计算作为暂降幅值的函数的逆变器电流，对于负荷电流不同的功率因数计算的结果如图 7.50 和图 7.51 所示。图 7.50 对应于没有相位跳变（零阻抗角）的暂降，图 7.51 对应于有严重相位跳变（阻抗角达 $-30°$）的暂降。对于深暂降，整体特性中，电流快速增加的电流占主导地位。但尤其对于小的功率因数，相位跳变也扮演着重要角色。

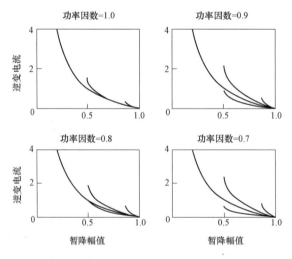

图 7.50 在 0 阻抗角和 4 种功率因数下，作为暂降幅值函数的
单相串并联混合电压控制器并联电流

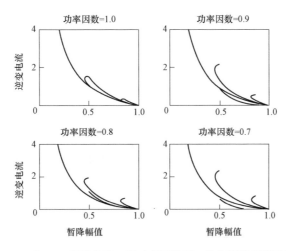

图 7.51　在−30°阻抗角和 4 种功率因数下，作为暂降幅值函数的
单相串并联混合电压控制器并联电流

7.4.4.4　优点与缺点

并串联型控制器最大的优点在于，无需任何储能元件，可以设计来补偿任意高于某给定幅值的暂降，不受暂降持续时间的影响，这样能得到相对便宜的装置。对于小功率、低电压设备来说，能与 UPS 电源（见下面）竞争。串并联混合控制器中的并联换流器也可以用以抑制电流质量问题，如前面讨论的并联控制器。

串并联控制器的主要缺点是，为了抑制深暂降，需要大的电流额定值。对于小功率、低电压设备而言，这不是大问题，但是，极大地限制了在大功率和中压设备中的应用。

7.4.5　备用电源——超导储能系统（SMES）与电池储能系统（BESS）

串联控制器一个主要缺点是，在电压中断过程中不能工作，此时并联控制器能工作，但是，并联控制器的储能要求太高。已发现，当只有控制器和被保护设备中断时，并联控制器运行相当好，在这种情况下，控制器仅给被保护负荷供电。该原理可用以产生正确的中断。这样得到并联备用电源，如图 7.52 所示。该结构与并联控制器非常相似，不同之处在于，在系统与负荷母线之间出现了静态开关。在系统电压降低到低于事先设置的有效值的瞬间，静态开关断开，负荷通过电压源型逆变器由储能元件供电，已提出了多种形式的能量储存形式。其中，所谓超导磁能存储（Superconducting Magnetic Energy Storage，SMES）装置在超导线圈中储存电能[57],[158],[159],[160],[161],[162]；BESS 或电池储能系统采用大型电池组储存电能[186],[187],[188]。对小型设备而言，能量储存不是问题，但当在中压系统采用 SMES、BESS 或其他方式储能时，会有一系列约束。如果能穿越相当部分的短时中断，这样的备用电源才具有可行性。分析某些短时中断的统计结果，如图 3.5、图 3.6、图 3.7 所示，可见，储能的数量应该能在 10～60s 时间内满足负荷供电需求。相比与串联控制器，较少的储能，在设备的电压耐受能力方面并没有重要改进。

现有文献中建议的备用电源采都采用并联连接，但是，采用图 7.53 所示的串联型装置也是可行的。对于暂降来说，该装置能像串联控制器一样运行，而对于中断来说，又可以作备用电源运行，在检测到深暂降的瞬间，静态开关 1 断开，静态开关 2 闭合。

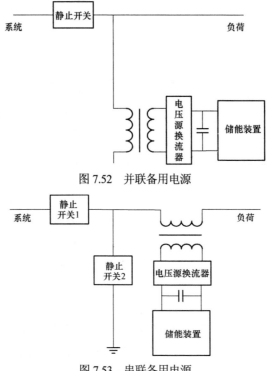

图 7.52　并联备用电源

图 7.53　串联备用电源

7.4.6　级联电压控制器——不间断电源（UPS）

在设备与电网的连接处抑制电压暂降和中断的主要设备是"不间断电源（UPS）"。UPS 电源的普及是基于其成本低和使用方便。对于办公人员来说，UPS 仅仅是墙上插座与计算机之间的另外一台设备，仅需每隔几年更换一次电池，只要人不使用外力破坏和 UPS 电源不靠近微波，完全可以无任何问题地保证供电。

7.4.6.1　UPS 的运行

UPS 电源既不是并联也不是串联设备，而是一种级联控制器（cascade connected controller），典型 UPS 电源的基本结构如图 7.54 所示，其运行在某种程度上与交流变速驱动装置的换流器部分很相似（与图 5.12 比较），在逆变器后用二极管整流，主要差异是，UPS 电源直流母线连接的能量储存，在现有所有商业化应用的 UPS 电源中，能量储存均采用电池储能形式，在未来，也许其他形式的储能也会变得适合。

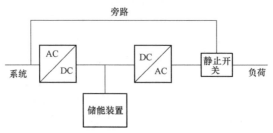

图 7.54　UPS 电源的典型结构

在正常运行过程中，UPS 从供电系统中吸取功率，将交流电整流为直流电，再直流逆变成具有相同频率和有效值的交流电。UPS 电源的设计是，在正常运行期间，直流电压略高于电池电压，这时电池阻塞保持在备用模式，所有功率均来自于系统电源，在正常运行情况下，电池阻塞的目的仅是维持直流母线电压恒定，负荷由典型地通过 PWM 开关模式产生正弦电压的逆变器供电，为了防止因逆变器故障引起的负荷供电中断，采用静态转换开关，当逆变器输出降低到低于给定阈值时，负荷被切换到由系统供电。当发生电压暂降或中断时，直流母线上电池阻塞仍要维持几分钟甚至几个小时，时间长短由电池大小决定。因此负荷可以忍受任何电压暂降或短时中断。对于长时中断，UPS 将控制开关打开，或启用备用发电机。

7.4.6.2　优点与缺点

UPS 的优点是运行和控制简单。随着低压 UPS 所用到的电力电子器件价格趋低，一个 UPS 的价格已不超过一台个人计算机。为办公室的每台计算机配备一套 UPS 显然不切实际（进行正常备份即可），但如果当一台计算机（或其他小功率设备）是生产过程中极其重要的部分时，则应为其配备 UPS 电源。由于 UPS 能有效补偿所有的电压暂降和短时中断，因此不需要进行随机估计。

UPS 电源的主要缺点是，正常运行时产生的损耗，因为，有两个附加的换流器和使用的电池。与人们通常的观念相反，电池也需要维护，需定期进行检修，才能确保在电压中断时能正常工作，同时，也不能经受过高或过低的温度，需安装足够的制冷装置，以防止设备过热，对于在办公环境下使用的小型 UPS 电源来说，所有这些都不是很关心的问题，但是，对于大型 UPS 电源来说，UPS 设备的维护成本是相当高的。

7.4.6.3　其他选择

作为长期抑制电压暂降和电压中断的解决方案，UPS 电源并不是最适合的。两个附加换流器并非实际一定需要，如图 7.55 所示，上面的图给出了正常结构。通过 UPS 将交流电转换成直流再转换为交流，在计算机内部，交流电压又要再次被转换成直流，然后再转换成数字设备使用的电压，这样的方式几乎出现在所有现代日用电子设备中。

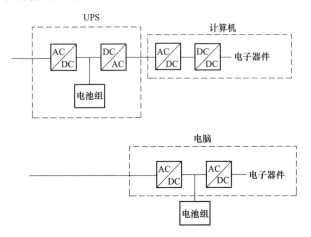

图 7.55　UPS 电源为计算机供电的功率转换和一种可选择的方案

作为一种选择，人们可以直接将电池连接到计算机内部的直流母线上，事实上，笔记本式计算机获取功率就是采用这种方式，某些针对交流变速驱动装置的抑制措施也采用直接馈电到直流母线的方式。从工程应用的角度看，这种方式比使用 UPS 电源更好，但是，用户并非都具有所需的专业知识，像这样的解决方案只能由设备制造商推动使用。

可以将该思想进一步发展，扩展到为整个办公楼的所有敏感设备提供备用电源的直流配电网，如果将太阳能电池组连接到该直流配电网，对于内部直流配电网来说，公用电网的供电就可能成为了备用。

7.4.6.4　UPS 和备用发电机

图 7.56 给出了用 UPS 电源和备用发电机补偿电压暂降和中断的电力系统图。UPS 电源用于保护重要敏感负荷可能经受的电压暂降和中断，但是，尤其对于大型负荷，要求电池储存超过几分钟供电的能量，这样就会变得不可行。当发生电压中断时，出现所谓的孤岛开关开断，敏感负荷从电网中脱离。在电压中断过程中，敏感负荷完全由备用发电机供电，该发电机既能与电网并联运行，又能在检测到中断的瞬间启动，所有重要负荷均由备用机组供电，对电压暂降和短时中断敏感的重要负荷才由 UPS 电源供电。缩短投切到孤岛运行的时间可减少 UPS 电源的储能需求，储能需求与投切时间成正比。UPS 电压仅需为不能耐受由投切到孤岛运行状态引起的电压中断的负荷供电，只要能快速投切，就能减少负荷对 UPS 供电的需求。

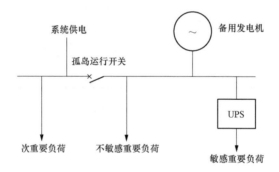

图 7.56　UPS 与备用机组组合使用，抑制电压暂降、短时和长时中断

在文献 [172] 中分析了一种很有意思的例子，将 UPS 电源与本地发电机组合使用，以达到更高的供电可靠性。

7.4.7　其他解决方案

有些补偿设备不是基于电压源型换流器，下面讨论一些例子。电动机-发电机组和铁磁谐振变压器作为电压暂降补偿设备已投入使用多年，电力电子分接头开关技术也是当前研究的新技术。

7.4.7.1　电动机-发电机组

电动机-发电机组是抑制电压暂降的较老的解决方案，它使用的是储存在调速轮（飞轮）中的能量。基本原理如图 7.57 所示，（同步或异步）电动机与同步发电机连接在同一个大型飞轮上，当给电动机的供电中断时，飞轮使系统继续旋转，继续给负荷供电，目前在工业设备中，这种类型的系统还在使用（新的系统也还在不断被安装），几秒的穿越时间使机械开关能实现转换。在多数工业环境下，电动机-发电机组的噪声和旋转电动机的维护需求不是问题，但是，这些属性使之不适合用于办公环境。

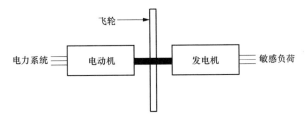

图 7.57　电动机-发电机组的原理

在图 7.57 所示的结构中，正常运行损耗很大，这使得该方案成为了高成本解决方案，为了限制损耗，已提出了很多方案，其中一种选择是，在正常运行范围内，电动机-发电机组空负荷运行，检测到暂降或中断的瞬间，（静态）开关断开，由发电机供电，可能的结构如图 7.58。

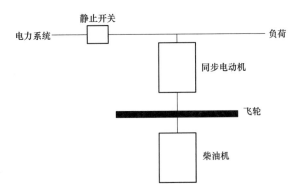

图 7.58　带柴油机备用的离线式 UPS 电源结构图

在正常运行条件下，同步电动机作为同步调相机运行，用作无功补偿或电压控制。当供电中断时，静态开关断开，同步电动机开始当作同步发电机运行，同时注入有功和无功功率，在一秒或两秒内就能提供功率。通过在负荷与系统侧之间安装大型电抗器，在低压时，通过闭合静态开关，可在一定程度上抑制电压暂降，甚至可以将同步电动机当作暂降期间的备用电源来使用，当飞轮提供备用功率时，柴油机启动。

最近的改进是使用写极电动机（written-pole motor，写极电动机，实际上是一种永磁同步电动机，但是结构与普通永磁同步电动机不同。写极电动机的定子绕组与普通交流电动机相同，只多了一套集中的励磁绕组，转子与永磁同步电动机不同，转子上有笼型绕组）和使用带电力电子装置的电动机-发电机组。写极电动机是一种交流电动机，其磁极对数不是根据绕组获得，而是转子上被写磁化[193]，这样就使得发电机能够恒频率输出，不依赖于旋转速度。采用电动机-发电机组的主要优点是，发电机能运行在更大的转速范围，这样就能从飞轮中获得更多能量。

带电力电子换流器的电动机-发电机组的组合如图 7.59 所示，电动机不再直接连接到电力系统，而是通过变速驱动装置连接，这样使得飞轮启动不会导致系统内发生电压暂降，飞轮超速提高了穿越时间，机组备用时损耗减小。发电机的输出被整流成直流电压，这样能被串联或并联电压源型换流器使用，或直接馈入变速驱动装置的直流母线。AC/DC 换流器使从飞轮中吸出的功率大大超过转速范围。

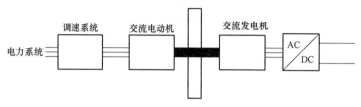

图 7.59　电动机-发电机组组合中的电力电子换流器

假设频率下降到 45Hz（在 50Hz 系统中）时，正常的电动机-发电机组能给出可接受的输出电压，当转速下降到 90%时，达到 45Hz 的频率，飞轮中的能量储存仍然有最大转速时能量的 81%，这就意味着，仅使用了储存能量的 19%。假设转速下降到 50%时，通过使用 AC/DC 换流器，能产生恒定的直流电压，能吸出的能量为总能量的 75%，增加了 4 倍，因此，穿越时间也按 4 倍增加。如 5～20s。通过使交流电动机运转在额定转速之上，可进一步增加穿越时间。飞轮慢慢加速，电动机的机械负荷可以保持较小，由于动能正比于速度的平方，很小的速度增长就可能使穿越时间增长很多。假设超速 20%，飞轮中的能量增长到原最大值的 144%，当剩余原来最大值的 25%时，从飞轮中吸取能量结束，这样，从飞轮中吸取的能量数为 119%，比原来的能量的 6 倍还多，这样穿越时间为 30s。

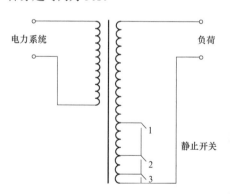

图 7.60　电力电子分接开关原理

7.4.7.2　电力电子分接开关

电力电子分接开关使用快速静止开关来改变变压器的变换率，既可用于配电变压器，也可用在敏感负荷的专供变压器，其运行原理如图 7.60 所示。有 3 个静止开关，二次绕组的匝数（从上到下）分别为额定匝数：100%，40%，20%和 10%。通过 3 个开关的开合，能得到 100%～170%的匝比，级差 10%。例如，3 个开关全合上对应匝比 100%；开关 1 合，2 和 3 断开则对应匝比 130%等。当一次电压降低到 56%时，二次侧输出电压保持在额定电压的 95%～105%。目前，带有电力电子转换开关的变压器作为系统和负荷之间的附加串联装置，在不久的将来，在配电变压器上加装电力电子分接开关以节省其他附加装置可能成为现实。

7.4.7.3　铁磁谐振变压器

铁磁谐振变压器，也被称为恒压变压器（Constant-Voltage Transformer，CVT），主

要用于在一定输入电压范围内维持输出电压恒定。铁磁谐振变压器的基本结构如图 7.61 所示，在三绕组变压器的第三绕组上连接了一个大电容器，如果没有这个电容器，就是普通变压器，通过图 7.62 可以解释该电容器的作用，实线、虚线分别对应为非线性电感和电容的电压、电流之间的关系，两条线的相交点即为运行点，注意，两条曲线给出的电压和电流幅值是对应于一个频率的，这时电力系统频率是激励系统的频率，运行点与系统电压无关，因此铁芯中的磁通与系统电压无关（认为谐振绕组漏磁通小余输入绕组），输出电压与该磁通有关，因此，与输入电压也无关。

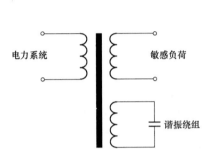

图 7.61　铁磁谐振变压器结构基本原理图　　图 7.62　饱和电感（实线）与电容器（虚线）的伏安特性

铁磁谐振绕组中存储的能量，在电压暂降过程中能提供一些穿越能力。铁磁谐振变压器的缺点在于，受负荷变化的影响，负荷涌流可能导致磁通崩溃和长时欠电压。新的铁磁谐振变压器采用电力电子换流器，以维持负荷电流在系统功率因数，因此优化了变压器的运行。

7.4.8　能量储存

以上讨论的几种控制器，为了抑制暂降，都需要储能，所有控制器都需要能量储存来抑制电压中断。下面比较两种现在使用的储能技术，基于 3 种不同的时间尺度，与 3 种不同的控制器有关的比较：

（1）串联电压控制器仅能补偿电压暂降，典型设计值为 50%、1s，即该控制器能提供额定电压的 50% 的补偿电压达 1s，与之相对应的储能需求为满负荷运行 500ms。

（2）（并联）备用电源也能用于补偿电压中断，为了明显改进电压耐受能力，需要 10～60s 的穿越能力，分析的需求为：满负荷运行 30s。

（3）为了得到较高的供电可靠性，敏感负荷典型地由 UPS 供电，UPS 能为负荷供电 10～60min，在此期间，备用发电机投入运行，为负荷供电。储能需求为：满负荷运行 30min。

7.4.8.1　直流储能电容器

在交流系统中，电容器主要用于产生无功功率，但是在直流系统中，也用于产生有功功率。在电压 V 下，电容值 C 储存的能量为

$$\varepsilon=\frac{1}{2}CV^2 \tag{7-69}$$

当从电容器吸出能量时，电压降低，因此，电容器不能用于对恒电压直流母线提供电功率，而需采用电压源型换流器，在电容器与恒压母线之间需要第二个（DC/DC）换流器，如图7.63所示，作为选择，电压源型换流器的控制算法可以适用于不同的直流电压。

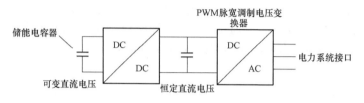

图 7.63　直流储能电容器的能量吸出

在其他情况下，将存在一个最小电压，低于该电压换流器不能运行，因此，不可能从电容器中吸出所有能量，如果在电压低到最大电压的50%时运行换流器，只有75%的能量能被吸出，换流器运行于最大电压的25%时，能吸出的能量为94%。

以4200V带1500μF电容器的中压控制器为例，一只电容器储存的能量数为

$$\varepsilon=\frac{1}{2}CV^2=\frac{1}{2}1500\mu F\times(4200V)^2=13kJ \tag{7-70}$$

假设换流器能运行于 50%的电压，则每只电容器组提供的能量为：0.75×13＝9.75（kJ）。

对于500ms的穿越能力，每只电容器能给负荷提供的功率为19.5kW。一个500kW的小型中压负荷需要26组电容器；而10MW的大型中压负荷需要1000组电容器。对于30s的穿越能力，每只电容器仅能为负荷提供325W功率，仅小型中压负荷就已需要1500组电容器了，因此，对于穿越能力达大约1s的串联控制器，采用直流电容器是可行的，但是，不能作为穿越能力需达到和超过30s的备用电压源。

在文献［42］中，比较了调速驱动器中各种储能方式，一只4700μF/325V的电容器的价格为35美元，这样的电容器每只储能为250J，其中有188J（75%）可用，足以为375W负荷持续500ms供电，或为6.25W负荷持续30s供电。

为一个1000W低压小功率负荷持续500ms供电需要3只这样的电容器，电容器成本为105美元；如果要持续0.5min供电，需要160只电容器件，成本为5600美元；对于全部功率为200kW低压负荷，穿越时间达到500ms时需要534只电容器（18700美元），而穿越时间为30s时，需32000只电容器（1120000美元）。结论与前面一致，即：电容器适合穿越时间为1s的情况，而不适用于穿越时间达1min的情况。

7.4.8.2　蓄电池

蓄电池是很常用的储存电能的方法，被广泛应用于大量UPS产品中，不仅是小型UPS用于为单台个人计算机供电，而且也用大型UPS电源为复杂设备供电。蓄电池能提供恒定电压，因此可直接连接到电压源型换流器。文献［188］报道了某大型化工厂，为其重要设备安装了一套5MVA、2.5MWh蓄电池储能系统（battery energy storage system，BESS），该系统的储能为9GJ，远大于前面的例子。为了达到平衡负荷的目的，

1988 年，加利福尼亚州安装了一套更大的蓄电池储能系统 [186]，该 BESS 系统储存了 144GJ 电能，能为 10MW 负荷持续供电 4h，但仅蓄电池组的占地面积就达 4200m²。

分析小型电池，如汽车蓄电池的储存能量为 1MJ（12V，23Ah），成本大约 50 美元，这样简单的蓄电池足以为 2MW 的负荷持续 500ms 供电，也可以为 33kW 的负荷持续 30s 供电，或为 550W 的负荷持续 30min 供电。一只汽车蓄电池内大约包含了 77 只容量相同的中压存储电容器。

蓄电池的缺点是储存的能量不那么多，获得能量的速度也是问题。在 30s 内电池放完电，需要 2760A 的电流，蓄电池从来不能满足这一要求。如果最大电流为 200A，用电池供电的最大负荷为 2400W，电池可为该负荷供电 7min，该时间可认为是该蓄电池的最优穿越时间，而这能很好满足投入本地发电机组所需时间，以抑制电压中断。

前面给出不同负荷规模和穿越时间所需的蓄电池数量和成本见表 7.5，仅对于较短的穿越时间，电容器对于蓄电池才有竞争力。

表 7.5　不同穿越时间、大小负载所需蓄电池数量（括号内）与成本

	1kW	200kW	500kW	10MW
500ms	（1）$50	（84）$4200	（209）$10000	（4167）$210000
30s	（1）$50	（84）$4200	（209）$10000	（4167）$210000
30min	（2）$100	（364）$18000	（910）$46000	（18182）$910000

相对于电容器，蓄电池有很多缺点，这些缺点能弥补电容器高成本的不足，通常采用的铅电池（计算的基准）含有对环境不友好的材料，寿命有限（指充电次数的限制），为确保高可靠性需定期维护等。开发出来用于电动汽车的新型蓄电池没有这些缺点，但成本明显更高。

7.4.8.3　超级电容

超级电容（或双层电容）已成为提高设备电压穿越能力的未来能量储存的解决方案，这种电容的能量密度比得上蓄电池，但寿命更长，所需维护更少。其缺点是，仅适用于只有几伏的电压。文献 [189] 中提及了 3.3F/5.5V 超级电容的价值，当储存能量为 50J 时，成本仅为 4700μF/325V 电容器的 1/5，就像蓄电池，从超级电容中吸出能量也受速度限制。对于现在已投入运行的超级电容，其放电时间不少于 1min，这看起来比蓄电池快些，但仍比电容器慢很多，超级电容器的发展主要受电动汽车发展的驱动，在电动汽车中，储能数量远重要于吸出能量的速度。

7.4.8.4　飞轮

当前正在研究的另一种储能方式是快速旋转飞轮储能。前面讨论的典型电动机-发电机组已采用该原理，但新型飞轮的转速高很多，通过旋转部分采用磁轴承和真空密闭，能达到很高转速[192]，文献 [190] 报道的飞轮转速达 90000r/min，图 7.64 给出了一种可能的结构，飞轮由一个交流调速驱动器带动，该驱动器同时保证飞轮在待机状态时仍有一定转速，在电压暂降或中断过程中，无刷直流发电机从飞轮吸收能量，再通过 DC/DC 变换器和电压源型（DC/AC）换流器给系统送电。

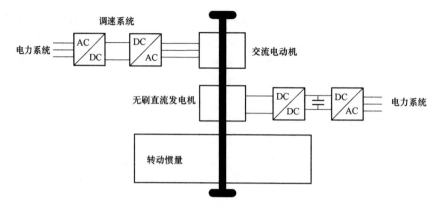

图 7.64　飞轮储能装置结构及其与系统的接口

分析一个长 50cm、半径 25cm 的实心圆柱体材料，该材料绕其圆柱轴线旋转的转动惯量为

$$J = \frac{1}{2}mR^2 \tag{7-71}$$

式中，m 为质量；R 为圆柱的半径。对于给定的密度 2500kg/m³，质量为

$$m = \pi \times 0.25^2 \times 0.50 \times 2500 \approx 245(\text{kg})$$

转动惯量为

$$J = \frac{1}{2} \times 245 \times 0.25^2 \approx 7.7(\text{kgm}^2)$$

设旋转角速度为 ω，转动惯量为 J 的动能为

$$\varepsilon = \frac{1}{2}J\omega^2 \tag{7-72}$$

如果以中等速度 3000r/min（$\omega = 2\pi \times \dfrac{3000}{60} \approx 314(\text{r/s})$）旋转该圆柱体，旋转圆柱体中储存的动能为

$$\varepsilon = \frac{1}{2} \times 7.7 \times 314^2 \approx 380(\text{kJ})$$

由于速度低于某给定值时，能量转换变得无效，因此该能量不能被完全吸出。如果是最大速度的 50%，有效能量为总能量的 75%，在本例中，为 0.75×380＝285（kJ），因此，该飞轮可以为 570kW 负荷供电 500ms，为 9.5kW 负荷供电 30s，或为 160W 负荷供电 30min。

如果通过新技术将飞轮转速提高到 25000r/min，存储能量增加到

$$\varepsilon = \frac{1}{2} \times 7.7 \times 2618^2 \approx 26(\text{MJ})$$

可用能量为 0.75×26MJ，足以为 40MW 负荷供电 500ms，为 650kW 负荷供电 30s，或为 11kW 负荷供电 30min。

7.4.8.5　超导线圈

众所周知，电感 L 流过电流 i 时，在其磁场中存储的能量等于

$$\varepsilon = \frac{1}{2} Li^2 \qquad (7\text{-}73)$$

这使得电感成为继电容器之后的另一种储能形式，电感储能没有得到普遍采用的原因是，在导线中形成电感的电流会造成较大的损耗，电流 i 导致的损耗为

$$P_{\text{loss}} = \frac{1}{2} Ri^2 \qquad (7\text{-}74)$$

式中，R 为总串联电阻。

假设电感的 X/R 比值为 100，此时的损耗为

$$\frac{P_{\text{loss}}}{\varepsilon} = \frac{\frac{1}{2}Li^2}{\frac{1}{2}Ri^2} = \frac{R}{L} = \frac{\omega}{X/R} \approx 3(\text{s}^{-1}) \qquad (7\text{-}75)$$

上式说明，为了弥补这样的电阻损耗，1s 内线圈中的能量必须被补偿 3 次。

几年前提出的解决方案是，在超导线圈中储存能量。超导的电阻（近乎）为零，因此，通过电流不会有任何幅值降低，这种超导磁储能系统（SMES）的一种可能结构如图 7.65 所示，通过超导线圈的不同电流被转换为恒定电压，通过电压源型换流器，恒定电压直流母线被连接到（交流）电力系统，利用损耗很小的 DC/DC 换流器截断线圈电流，在 [57]、[158]、[160]、[162]、[169] 等文献中详细讨论了 SMES 的结构。

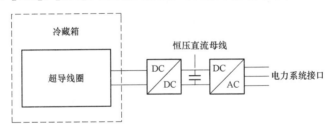

图 7.65　超导线圈储能及其与电力系统的接口

文献 [158] 提出了通过 1.8H 电感通过 1000A 电流的应用实例，其磁场中存储的能量为

$$\varepsilon = \frac{1}{2} \times 1.8 \times 1000^2 = 900(\text{kJ}) \qquad (7\text{-}76)$$

假设在电流降低到最大电流的 50% 时 DC/DC 换流器运行，这时的可用能量为 $0.75 \times 900 = 675$（kJ），该可用能量足以为一个 1.35MW 的负荷供电 500ms，为 22.5kW 的负荷供电 30s，或为 375W 的负荷供电 30min。在文献 [158] 中描述的设备作为并联备用电源运行，用以抑制持续时间达几秒的电压暂降和短时中断。

据报道，已商业化应用的 SMES 装置的储能达 2.4MJ，额定功率达到 4MVA。现有运行中的装置使用以液氮为冷却介质的低温超导技术。采用高温超导的 SMES 工程范例已经实现，能储能 8kJ，其储能仍比采用低温超导的装置低两个数量级，但制造商希望未来能开发 100kJ 的装置。现在和未来 10 年内，在研究 SMES 装置的成本问题的基础

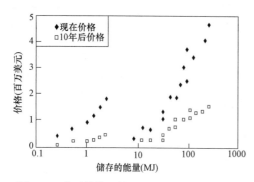

图 7.66　含系统接口的 SMES 的成本，为储能数量的函数（数据来源于文献 [168]）

上，学者 Schoenung 等在文献 [168] 中给出了描述。例如，一个 3MW/3MJ 装置目前的价格为 220 万美元，但 10 年内将降到 46.5 万美元，导致成本降低主要根据未来 10 年内生产约 300 套装置所得到的学习曲线（表示单位产品生产时间与所生产的产品总数量之间的关系的一条曲线），使用文献 [168] 的数据，得作为储存能量的函数的成本曲线图，如图 7.66 所示。

在表 7.6 中，SMES 的能量储存成本与蓄电池、电容器进行了比较，其中没有包含电力电子换流器的成本，因为这些成本对所有能量储存方式来说是相似的，蓄电池储能系统（BESS）的成本基于与前面采用的相同的电池，即 50 美元，储能 1MJ，功率 2400W，其他成本，如配线、保护、冷却等，对电容器储能或蓄电池储能，均没有考虑。

表 7.6　　　　　　　　　　　SMES、BESS 和电容器储能的成本

功率	穿越时间	储能装置价格		
		超导储能 SMES	蓄电池储能系统 BESS	储能电容器
300kW	1s	$183000	$6300	$56000
	60s	$389000	$6300	$3350000
3MW	1s	$411000	$63000	$558000
	60s	$1064000	$63000	$33500000

可见，按照当前价格，即使考虑 2～3 倍附加成本，采用蓄电池储能方式仍然是最便宜的，但是，蓄电池的寿命受其放电次数的限制，而且电池含有不利于环境的材料。在未来，当 SMES 装置的成本降低而蓄电池成本升高时，对于大功率短时穿越而言，前者将更具吸引力。对于短时穿越，电容器储能仍更有吸引力，尤其是如果人们意识到在使用中压电容器很可能变得更加便宜的地方使用低压电容器。

注意，SMES 中储存的能量数与蓄电池储存的能量数相似，主要差异是，超导线圈中的能量可以更快获得，现有运行的装置中，1s 内能从线圈中吸出 1MJ 能量，能量吸出的限制是当电流变化时电感上的电压：

$$v_{\text{ind}} = L \frac{di_{\text{dc}}}{dt} \tag{7-77}$$

吸出能量 P_{load} 与电流的变化的关系由下式确定：

$$\frac{d}{dt}\left\{\frac{1}{2}Li_{\text{dc}}^2\right\} = P_{\text{load}} \tag{7-78}$$

可进一步得电抗器上的电压：

$$v_{ind} = \frac{P_{load}}{i_{dc}} \tag{7-79}$$

当恒能量吸出时（恒定的 P_{load}），感应电压随电流减小而增大。对于最小电流 500A 的 500kW 负荷，线圈上电压为

$$v_{ind} = \frac{500}{500} = 1000(V) \tag{7-80}$$

对于 3MW 装置，得 $v_{ind} = 6kV$，当该电压加到装置输入端时，DC/DC 换换器应该能运行。

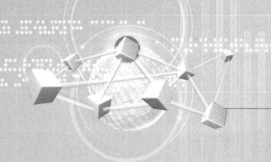

第 8 章

归纳与总结

本章根据前面几章归纳出结论，然后给出电力工程该领域未来关注的一些问题。仅希望在本书的最后，再次强调电压暂降和短时中断的重要性。

8.1 电能质量

在第一章定义了"电能质量"和几个相关术语。电能质量由两部分构成，即"电压质量"和"电流质量"，其中，电压质量描述的是供电系统影响用户设备的方式，因为它是供电质量的一部分，电流质量描述的是设备影响电力系统的问题，是所谓"消费质量"的一部分。电磁兼容（electromagnetic compatibility，EMC）与"电能质量"有很大交叉，该术语经常作同义使用。

总结不同类型的电能质量扰动。"变化"与"事件"之间有很大的区别，不同之处是变化是连续现象，如电力系统频率的变化。测量电压和电流的变化需要连续记录其值，而事件仅偶然发生，电压暂降和中断是典型例子。测量电压和电流事件需要触发过程，例如，电压有效值低于事先设置的阈值。这两类电能质量扰动也需采用不同的分析方法，如对于变化需要平均值和标准差，对于事件需要发生的频次。

本书的主题由电压暂降和中断构成，电压事件领域两个最重要的例子被称为"电压幅值事件"。电压幅值事件是有很好定义的开始和结束时间的电压偏离标称（有效值）的情况。大多数这样的事件可以用幅值和持续时间来刻画特征，不同的起因和不同的恢复过程得到不同的幅值与持续时间，基于这些范围，提出了电压幅值事件分类。

8.1.1 电能质量的前景

当考虑电能质量的未来时总有一个问题，即：在未来的 10 年内还会有电能质量问题吗？以后很可能设备能得到改进，这样设备就不再对多数电压扰动敏感，设备也就不再会产生严重的电流扰动。换句话说，设备将变得与电力系统完全兼容，但是，现在还没有任何迹象表明这种情况会很快出现，甚至表现出来的是，设备对扰动更加敏感和产生的扰动也更严重。浏览下电能质量方向期刊的广告，就会发现更多的关注在抑制设备（浪涌抑制器、不间断电源、定制电力技术）和电能质量监测设备。而具有较高电压耐受能力的设备的广告却非常少。

促进改善电能质量的主要推动力和可能是相关标准，尤其是国际电工委员会（IEC）的电磁兼容标准，例如，当终端用户设备产生的谐波电流标准（IEC 61000-3-2 和 IEC 61000-3-4）被广泛接受时，谐波畸变问题就可能成为电能质量领域的第一问题。

像电压暂降这类电压质量事件要成为设备标准的一部分将会需要更长的时间。至少对于电压暂降人们已经有了很好的了解（读 4，5，6 章）。但是对于像开关暂态这类高频现象了解并不多，它们更难以建模，不同用户的统计数据也会不同。同样地，它们仍然会造成设备问题。高频扰动很可能会成为下个首要电能质量问题。

8.1.2　电能质量领域的教育问题

电能质量的一个重要方面是教育问题，对接触电能质量问题的人和新一代电气工程师都需要教育。电能质量可以使电力工程师的教育更接近于电力工程的实际目标，产生电能并将其传输到电气终端用户设备。培养新的工程师显然是大学的任务，这些工程师不仅是电力工程师，在电气、电子和机械工程领域的每位学生都应该知道设备接入电力系统可能存在的潜在的问题。注意，他们当中，有些人是电气设备的使用者，有些人是设计者，当他们明白潜在的兼容性问题时，就会更愿意提出与供电系统更加兼容的设备。

研究生教育是大学非常重要，但又不是必须的任务，已有好几家公司提供了很好的电能质量课程。这些课程使人们能解决他们在行业中遇到的电能质量问题，但是，大学最适合于给出解决问题所需的理论背景，然后对存在的问题提供正确的理解。

8.1.3　测量数据

从一开始，电能质量问题就是非常依赖于测量和观察的领域。仿真和理论分析是大学里应用的标准工具，但却很少应用在电能质量领域中。事实上，很多大学对电能质量的研究仍然很有限。在未来，这种情况也必然会有所改变。电能质量将不仅在大学教育中出现，也会进入大学的研究领域。这里存在很大的一个风险，即大量基于测量的电能质量实际与非常理论和基于仿真的大学研究工作之间会形成中间间隔。如果电力公司能使自己的更多数据能让大学教育和研究能获得，就会防止这种情况。一个非常好的例子已被 IEEE 1159.2 工作组提出，在他们的网页上（连接网址：www.standards.ieee.org）可以下载大量数据。非常希望有更多的电力企业能以这样的方式公开其数据，不仅是实际电压和电流记录，而且还包括关于事件类型的基本数据和电力系统相关类型的数据。

8.2　标准

在第 1 章 1.2 节讨论了电能质量标准，IEC 制订的电磁兼容的标准系列为解决几种严重电能质量问题提供了机会。这些标准描述了不同电能质量扰动，规定了测试技术，给出了对设备的要求和对系统性能的要求，还有很多标准还处于制订阶段，对于关注的电能质量和电磁兼容，甚至还有更多完全标准化的设备要求。在第 1 章中，给出了根据不同事件对"兼容水平"概念的扩展的一些建议。

详细描述了欧洲电压特征标准 EN 50160，该标准对电压变化对应的电压质量问题给出了很好的描述。但是，对电压事件的认识还非常不足。

8.2.1　未来的发展

非常遗憾的是，电能质量领域的发展需要较长时间。因此，电能质量问题将成为未来几年关注的热点。这对于电能质量标准制订过程来说是必然的，在作者（M. H. J. Bollen）从事的电能质量标准制订工作的过程中，明显发现，每次标准的制订仅能进步一点，第一步是，使人们意识到电能质量问题，这一步在 IEC 和 IEEE 的标准中已经实现，最近出版的电子过程设备与电力系统之间的兼容性的标准（IEEE Std. 1346:1998）是在该领域 IEEE 的长期系列标准化工作中完成的第一项工作，在 1997 年版的 IEEE 黄皮书（IEEE Gold Book，IEEE Std. 493:1997）第 9 章提出了对电能质量问题的认识，值得注意的是，这两份标准化文件在被正式作为标准文件以前的几年就已被实际采用和参考，在一些 IEC 标准中存在同样的情况，例如，人们已认识到需要用小功率设备限制谐波电流扰动（IEC 61000-3-2）。IEEE 和 IEC 都应该让更多读者能得到他们发布的草案性文件，这样做不仅可以引起更多的讨论，而且可以加快标准被接受的进程。

欧洲电压特征标准 EN 50160 是量化用户经历的电压质量的第一份文件，虽然它有不足，但该标准的发布比以前已经引发了更多相互协调的测试活动，未来将出现本地化的与 EN 50160 具有同等作用的标准。

8.2.2 双边合同

与电能质量标准化相关，但似乎发展更快的领域是，电力公司与电力用户之间的双边合同的形成。已经在几个地方有了案例，在这些地方，当供电质量低于给定水平时，电力公司向其用户支付补偿费。典型的合同中定义每年每类扰动事件的最大可接受次数，例如，2 次长时中断、5 次短时中断等。当在给定年份内该数字被超过时，电力公司就对每次超出的事件支付预先规定好的补偿费。最初的合同中仅包含电压中断，但是，目前在很多合同中已规定了电压暂降事件。在签订这样的合同时，准确定义不同事件是关键。然后，在双边合同中，电力公司提供的电压质量较差时向用户提供的一般补偿方案，当电力公司拒绝赔偿时，电力公司将受到电力公司自己不能控制的政策和法律条文的强制约束。

双边合同的概念也可以推广到输电系统和配电系统之间，在输配电系统的接口处，电压质量问题比电网与用户之间的接口处更具有双向性，电压扰动可能发生在输电网和配电网中任意一侧。

8.3 中断

长时供电中断是由人工恢复的供电中断，当供电自动恢复时，这样的电压中断则是短时中断。长时中断在第 2 章中讨论了，第 3 章讨论了短时中断。长时中断是到目前为止最严重的电压质量扰动，大多数电力公司都坚持记录长时中断的频次和持续时间。遗憾的是，这些非常有用的数据一般公众难以得到，比较积极的例外是英国，英国电力公司有义务公布其供电特性的数据，目前公布的数据还仅包括中断数据，但可能会延伸到其他类型事件的数据。

短时电压中断已被证明，是由自动重合闸和以减少重合闸装置为目标的系统设计两者的组合导致的。自动重合闸使长时中断变成短时中断，自动重合闸是一种抑制中断的技术方法，但是限制重合闸装置的数量使用户经历短时中断，否则用户将经历电压暂降。如果去掉所有重合闸装置，有些用户的供电质量会变坏，但其他用户的供电质量会得到改善。

详细分析了单相跳闸引起的电压和电流。已证明，单相跳闸在设备终端并不会导致特别严重的电压事件，但是却会使二次跳闸率增加。实施了大量试验计划，即对于第一次动作时采用单相跳闸，第二次动作时用三相跳闸方式。

在未来，更多电力公司会公布其供电中断频次和供电的可获得性。对于用户来说，要能估计设备与供电之间的兼容性，关键在于电力公司公布供电特性。由于中断数据已经可得到，因此这些数据将成为首先公布的数据。很有可能的发展是，电力公司公布全国范围内比供电中断频次和供电可获得性更多的数据，具体如最差供电用户、地区差异、中断持续时间分布等。公布这些能更进一步了解单个用户经历的供电质量的数据。更多统计数据的公布将不可避免地导致不同电力公司和不同地区之间的比较，为了进行公平的比较，需要进行很多年的观察，作为选择，标准化的可靠性评估工具可以用于预测供电特性。由于大多数中断都起源于配电系统，相应的简单技术就足够了。

观测数据的增加可能没有包括短时中断数据，至少一开始没有。对于所有用户来说，要得到短时中断数据需要做广泛的监测努力。对于短时中断，对于所有用户来说，获得数据的最适合方法可能是预测法，这些预测法可以通过在有限位置进行的监测来校准。

8.4　可靠性

第 2 章的第二部分归纳了目前在用的电力系统可靠性和随机分析技术的各方面内容，包括网络建模、马尔可夫模型和蒙特卡洛仿真技术等。对这些技术中的不同方法给出了不同的算例，给出了发电、输电和配电系统可靠性分析（3 个所谓分级水平）的不同方面。对于工业供电系统，给出了系统方法，该方法可得到供电可靠性。该方法由 6 个层面组成，部分对应于分级水平，但也包含电能质量和设备故障。

8.4.1　举证

电力系统可靠性有明显不同的两面，即观测到的可靠性和预测到的可靠性。观测到的可靠性，如中断次数与持续时间的持续记录，是电力公司的领域；预测到的可靠性，如可靠性评估，是大学的领域，这两方面之间没有更多重合。比较观测到的和预测到的可靠性可以推动可靠性评估的向前发展。为此，电力公司应该提供数据，而大学提供分析和评估技术。只有通过这样的比较才可以对不同的随机预测技术的精度问题给出清楚的回答。这种比较也会使随机预测技术更广为接受，也会使它们在电力公司内部得到更广泛的应用。

8.4.2　理论发展

理论方法潜在的发展包括非指数的维修时间分布和统一模式影响。这两者都需要大量数据。这就再次需要供电公司和大学之间的密切配合。电力系统可靠性的多数理论研究都针对输电系统，在较短的未来，配电网将成为该领域更被关注的研究领域。主要的理论瓶颈还是中断持续时间的分布，使用指数分布会得到有误差的结果，尤其对于持续时间非常长的供电中断。

8.5　电压暂降的特征

在第 4 章中，讨论了不同电压暂降特征，在分析了最典型的特征，幅值与持续时间后，较详细地讨论了两个新特征，相位跳变和三相不平衡。对于给定的故障和负荷位置、故障类型，给出了计算暂降特征的方法，这些方法被应用于由多个电压等级构成的供电系统例子中。

在第 4 章详细讨论了相位跳变和三相不平衡。尤其是三相不平衡，是一个非常重要的特征。现行的电压暂降幅值的定义并不适用于三相设备。概括了三相不平衡电压暂降的暂降幅值的定义，这将三相不平衡暂降分成了 7 种类型，其中两种类型（C 和 D）占据了暂降的大多数。用特征复电压来量化三相不平衡暂降，该电压与电压等级或负荷连接情况无关，暂降幅值和相位跳变分别是特征复电压的绝对值和幅角。对于单相和三相设备，分别对算例用供电系统和一般电力系统，计算了暂降幅值和相位跳变的可能范围。

第 4 章给出了对两个附加暂降特征的认识，波形点（point-on-wave）和损失电压，讨论了负荷对电压暂降的影响，并简单介绍了异步电动机启动引起的电压暂降。

8.5.1 暂降特征的定义和提取

这里讨论的不同暂降特征和最近介绍的其他特征，都需要应用于实测电压暂降。这将给出暂降的统计信息和可能期望的取值范围等信息。下一步是，在可获得的商业化电能质量监测仪中分析这些附加暂降特征。在进行这一步之前，唯一地定义所有暂降特征非常重要，这样能够防止不同仪器制造商采用不同定义使测量结果混淆。损失电压概念的采用可能就是对大西洋两岸所采用的不同幅值定义（电压降和剩余电压）之间的折中，采用损失电压的缺点是，多数单相设备受剩余电压的影响，而不是受损失电压影响。对于少部分设备而言，波形点特征的应用可能受到限制。但是，在任何情况下，所有这些特征描述的仅是供电质量的一部分，这些特征的统计信息应该是电压暂降调查结果的一部分。

8.5.2 负荷影响

在大量电压暂降研究中或多或少被遗忘了的领域是负荷对暂降特征的影响。第 4 章讨论了异步电动机对暂降特征的影响的定性分析方法。要对所有类型负荷定量研究需要对已测电压暂降进行详细分析，这种研究应该包括大小电机，电力电子负荷及嵌入式发电机。负荷的影响决定暂降从高压等级向低压等级传递时特征如何改变。观测表明，在 132kV 侧幅值 40%（剩余电压）的暂降在 400V 侧观测的幅值为 60%。

8.6 暂降引起的设备性能

第 5 章讨论了暂降对设备的影响，重点分析了单相整流器（计算机、日用电子电器、过程控制）、交流调速驱动器和直流调速驱动器。单相整流器受暂降幅值和持续时间影响，当暂降幅值低于给定幅值，持续时间长于给定持续时间时（得到所谓的矩形电压耐受曲线），整流器跳闸。在内部直流母线上增加附加电容，可以很容易提高设备的电压耐受能力。采用可以运行于更低电压水平的电压调节器更好，但也是更困难的解决方案。

对于三相整流器，如在交流调速驱动器中所用的，主要是特征幅值和暂降类型影响直流母线的电压，进而影响其驱动特性。目前交流驱动器中使用的电容数量太少，因而对于暂降持续时间不会有任何影响。要使得驱动器能耐受平衡暂降，就需要在 PWM 逆变器设计时作重要改进。对于平衡暂降，1 周波或 2 周波时间内直流母线电压就可以降到更低值（等于暂降幅值，采用标么值）。对于三相不平衡暂降，直流母线电容器容量大小非常重要，如果电容足够大（目前使用的电容数量的上限范围），对于任意三相不平衡暂降，直流母线电压都不会降到低于 80%的水平。如果驱动器能保持在线，暂降对负荷的影响就会非常小。

已证明直流调速驱动器对电压暂降非常敏感，即使是很浅的暂降，电枢电流和转矩几乎立即降到零。由于直流驱动器通常用于速度敏感过程中，由为零的转矩导致的速度下降很容易导致过程中断。

8.6.1　设备测试

将来一个非常重要的举措就是建立设备测试协议。这样使用户能够比较不同设备的电压耐受能力。对于单相设备，可能可以对不同幅值和持续时间进行充分测试，可能例外的设备是交流接触器（受波形点影响）和带可控整流器的设备（受相位跳变影响）。

三相设备测试相当复杂，即使对于非可控整流器，特征相位跳变也会影响直流母线电压。对于直流驱动器，三相不再等值，因此测试次数需 3 倍地增加。三相设备测试时，需测试的条件包括几种不同类型的三相不平衡暂降及其一定变化范围内的幅值、持续时间、相位跳变。要想得到测试中特征范围内的实际值，需要对监测结果做进一步的分析。

需要解决的另一问题是测试标准的定义。给定的响应是否可接受很大程度上取决于被驱动器驱动的过程的具体情况。一种可能的解决方案就是将速度和转矩变量作为电压暂降特征的函数。当用一个特定的驱动器时，将会使评估暂降对过程的影响成为可能。

8.6.2　设备的改进

改进设备是唯一的解决电能质量问题的长期方案。如第 5 章所述，很多设备可以通过安装附加电容的方式抑制电压暂降的影响。这也有一些缺点，第一个缺点就是需要增加成本，增加电容的风险是，在电压恢复时的涌流变得更严重，这可能导致熔断器吹断或损坏电力电子元件。

安装附加电容有自身的局限性。要使驱动器耐受平衡暂降是不可行的，在多数情况下，对所有直流驱动器这种方式根本行不通。若要达到耐受电压暂降的目的，需要更多的先进的整流器、逆变器和控制算法。现在并没有动力促使改进设备，但是不远的将来将会出现。可能的动力是标准化测试协议，设备的免疫力需求成为 IEC 标准的一部分，当然，对改进设备的需要主要来自于用户侧。

8.7　电压暂降随机估计

第 6 章讨论了设备与供电系统之间兼容性的随机和统计分析方法。供电系统的特性数据通过电能质量监测或随机预测法得到。监测能得到不同类型电能质量扰动的更准确的信息，但随机预测法能在更短时间内得到结果。

为了给出随机估计结果，讨论了不同的方法（电能质量监测或随机预测）。所谓"电压暂降配合图"已被证明是有效的兼容性评估工具。给出并比较了大量电能质量调查结果，结论之一是，还需要进一步认识电压暂降从故障点向低压侧传播的规律，前面提到的负荷对暂降特征的影响在该研究中将要扮演着重要角色。

为了随机预测电压暂降，提出了两种方法，即故障点法和临界距离法。故障点法适用于大型网孔状系统的（输电系统）的计算机计算，临界距离法适合于简单手算和辐射（配电）系统的计算。

8.7.1　其他暂降特性

第6章讨论的所有的技术的焦点都是暂降的幅值和持续时间。为了涵盖更多的设备，对于其他的暂降特征不得不提出新的方法，这些特征有：相位跳变，三相不平衡，波形点。文中给出了一些建议。对于这些附加的暂降特征，问题是设备对于这些特征的响应都不清楚，甚至连定性分析的方法都还没有。

8.7.2　随机预测技术

随机预测技术还将得到不断发展，包括采用故障点法的详细计算机计算技术和像临界距离法这样简单的方法等。这些发展将使电能质量的可靠性评估更加容易。事实上，电压暂降的随机预测技术可以被看作是供电系统可靠性评估的一部分。基于故障点的电压暂降随机评估很可能成为继潮流计算，短路电流计算，和暂态稳定性之后，电力系统分析软件的标准组成部分。计算暂降频次将像计算短路电流或正常运行电压一样普遍。

首先商业化的可获得的计算软件程序很可能会仅给出幅值和持续时间的计算结果，但很快其他暂降特征就会成为计算结果的一部分：三相不平衡将成为最基本的问题。

临界距离法将继续发挥重要作用。可能会成为随机预测软件的组成部分，例如，用以估计故障程度及故障点之间的距离。在快速反向计算方面，临界距离法仍然比故障点法要有用得多。在第6章最后一节推导出了后面例子的简单表达式。该表达式可以估计网孔状输电系统内故障引起的暂降次数。该表达式的缺点是还没有任何理论基础，进一步研究和比较将会告诉我们该表达式的精确水平。

8.7.3　电能质量调查

电能质量调查工作也仍然需要继续进行，事实上，现在有相当多的电能质量调查工作正在进行，即使实际上并不能统计到全部情况。但是，调查结果的发布数量将变少，因为得到的结果很可能很相似。这是令人遗憾的但却是可以理解的。然后，还是存在小的希望，即这些数据可以用于进一步的研究，如得到的三相不平衡、相位跳变、波形点以及其他可能的电压暂降特征等的统计信息。这些数据对于估计设备的电压耐受水平要求，将提供非常有用的结果。

已发布的调查结果的数量，包括内部报告，仍然非常有限。全世界电力公司储存的非常有意义的电能质量监测数据至少有十亿字节以上等待处理。仅是在 10 年前，以研究为目的进行电力系统测量是困难的。很快情况就变成了数据大量增加，而这些数据还没有得到直接应用。这当然并没有停止电力公司安装监测仪的步伐，获得给定位置的供电质量（不仅是电压暂降和中断，还包括电能质量扰动的所有特征）精确结果的唯一方式仍然还是监测。

8.7.4　监测或预测

监测和随机预测都是获得供电特性信息的方式。监测仍然是最常用的方法，不仅能给出电压暂降的信息，还能得到其他电压事件和变化的信息。这些信息中的多数结果用随机预测法仍很难得到。但是，对于电压暂降，有效的预测技术已经存在，随机预测的结果如果用监测的方法获得可能需要几年时间。对于单个节点，随机预测最适合。为了得到一个区域（全国）的平均电能质量，采用监测的方法可能更好。通过比较监测与预测的结果，预测法的可信性不断增强，这样的比较可以用来进一步发展预测技术。

8.8　抑制方法

第 7 章讨论了电压暂降和中断的各种抑制方法，任何电能质量调查的根本目的均是解决问题。该章从对抑制方法的综述开始，然后简单讨论了各种抑制方法，内容包括：减少故障次数、缩短故障清除时间、电力系统改造、安装补偿设备、改进设备免疫力等。对于不同类型的事件，适合采用不同的抑制方法，短持续时间事件适合采用改进设备的方法，对于长持续时间事件则适合采用改进系统的方式。

详细讨论了电力系统设计和抑制设备这两种方法。电力系统设计的两种改进方法是，元件并联运行和备用供电系统投切。直到几年前，后一种方法还仅适用于抑制长时中断。而对于暂降抑制，仅有给定类型的并联运行方式适合。中压静态开关的引入使通过快速投切到一个正常的供电系统来抑制电压暂降成为了可能。这使得采用辐射形网络比采用并联运行方式供电更可靠。

第 7 章讨论了几种类型的抑制设备，重点是基于电力电子电压源型换流器的串联型和并联型控制器。通过这些换流器，可以补偿系统的电压降，或者甚至完全接管供电。对于不是很深的暂降，可以通过仅注入无功功率来补偿电压幅值的降低，但是对于完全补偿，则无功功率和有功功率均是需要的。后者就需要一定数量的能量储存。在第 7 章的最后一节详细讨论了各种不同的储能方式，包括经典储能方式（电池、电容器等）和新发展起来的方式（超导线圈、高速飞轮、超级电容等）。不同储能方式的比较证明，蓄电池和电容器方式是最适合的储能方式，电容器的穿越时间为 1s 左右，蓄电池的穿越时间为 10min 或更长。

通常最常用的方法是在系统与用户的接口处或在设备端安装补偿设备。UPS 电源已成为很多设备中的标准配置，这样简单地避免了对很多电能质量扰动的担心。在很多情况下也是唯一的解决办法：很多用户不可能选择更先进的设备或更好的供电系统。近期的发展是在电力系统与用户的接口处安装大型抑制设备，抵抗供电扰动以保护整个工厂。这可能是最便宜的短期解决方案，但这不应该是停止安装和发展低敏感设备的理由。

8.9　最后评论

电能质量在电力工程领域发展不超过 10 年。多年来，电能质量和可靠性一直是电力系统设计和运行时的一部分，但是它们很少被认为是一个分开的领域。作为一个新的领域，电能质量的发展速度很快也很难预测。很可能明天就发明出来一个新的装置，解决了所有的电压暂降问题。

最可能的发展形势是敏感设备将在很长时间内存在。可以肯定的是，短时和长时中断仍会作为问题长期存在，电能质量领域会向前发展并很可能分化出两个新领域，即非技术领域，包括"用户-电网互动"和与电磁兼容融合的技术领域（设备-系统互动）。电能质量领域的发展能带来的附加结果是，电力系统的教育和研究将比过去更多基于测量。

不管未来会带来什么，各种不同的电能质量将为电力公司、设备制造商、用户和大学提供一个非常有意思的研究领域，需要并可能有大量的合作。

参 考 文 献

[1] T. S. Key, Diagnosing power-quality related computer problems, IEEE Transactions on Industry Applications, vol. 15, no. 4, July 1979, pp. 381-393.

[2] M. F. McGranaghan, D. R. Mueller, and M. J. Samotej, Voltage sags in industrial power systems, IEEE Transactions on Industry Applications, vol. 29, no. 2, March 1993, pp. 397403.

[3] IEEE recommended practice for monitoring electric power quality, IEEE Std. 1159-1995, New York: IEEE, 1995.

[4] Electromagnetic compatibility (EMC), Part 2: Environment, Section 2: Compatibility levels for low-frequency conducted disturbances and signalling in public low-voltage power supply systems, IEC Std. 61000-2-2.

[5] Measurement guide for voltage characteristics, UNIPEDE report 23002 Ren 9531. UNIPEDE documents can be obtained from UNIPEDE 28, rue Jacques Ibert, 75858 Paris Cedex 17, France.

[6] R. Wilkins and M. H. J. Bollen, The role of current limiting fuses in power quality improvement, 3rd Int. Conf. on Power Quality: End-use applications and perspectives, October 1994, Amsterdam.

[7] Lj. Kojovic and S. Hassler, Application of current limiting fuses in distribution systems for improved power quality and protection, IEEE Transactions on Power Delivery, vol. 12, no. 2, April 1997, pp. 791-800.

[8] L. E. Conrad (chair), Proposed Chapter 9 for predicting voltage sags (dips) in revision to IEEE Std 493, the Gold Book, IEEE Transactions on Industry Applications, vol. 30, no. 3, May 1994, pp. 805-821.

[9] J. A. Demcko and S. Sullivan, Power quality problems and solutions at Arizona public service company, 7th IEEE Int. Coni on Harmonics and Quality of Power (ICHPQ), Las Vegas, NV, October 1996, pp. 348-353.

[10] Protective Relays Application Guide. GEC Alsthom Measurements Ltd, Stafford, U.K., 1987.

[11] R. C. Dugan, L. A. Ray, D. D. Sabin, G. Baker, C. Gilker, and A. Sundaram, Impact of fast tripping of utility breakers on industrial load interruptions, IEEE Industry Applications Society Annual Meeting, Denver, CO, October 1994, pp. 2326-2333. A revised version of this paper 'appeared as "Fast tripping of utility breakers and industrial load interruptions," in IEEE Industry Applications Magazine, vol. 2, no. 3, May-June 1996, pp. 55-64.

[12] E. W. Gunther and H. Mehta, A survey of distribution system power quality-Preliminary

results, IEEE Transactions on Power Delivery, vol. 10, no. 1, January 1995, pp. 322-329.

[13] L. Evans, A. Levy, D. Start, B. H. Turner, and M. J. Williams, System utilization consultancy group: Project team sul I-voltage sags, CEGB Draft Interim report, December 1987, not published.

[14] H. Seljeseth, A. Pleym, K. Sand, and H. Seljeseth, The Norwegian power quality programme, 3rd Int. Con on Power Quality: End-use applications and perspectives, October 1994, Amsterdam. KEMA, Arnhem, The Netherlands, 1994.

[15] M. H. J. Bollen, T. Tayjasajant, and G. Yalcinkaya, Assessment of the number of voltage sags experienced by a large industrial customer, IEEE Transactions on Industry Applications, vol. 33, no. 6, November 1997, pp. 1465-1471.

[16] The Excel file containing these measurements was obtained from a web-site with test data set up by R. L. Morgan for IEEE project group Pl159.2, with the aim of testing methods of sag characterization. http://grouper.ieee.org/groups/1159/2/index.html.

[17] M. H. J. Bollen, The influence of motor reacceleration on voltage sags, IEEE Transactions on Industry Applications, vol. 31, no. 4, July 1995, pp. 667-674.

[18] G. Yalcinkaya and M. H. J. Bollen, Stochastic assessment of frequency, magnitude and duration of non-rectangular sags in a large industrial distribution system, Power Systems Computation Conference, August 1996, Dresden, Germany, pp. 1028-1034.

[19] This figure was obtained from the Power Quality monitoring demonstration at the Electrotek Concepts Website. http://www.electrotek.com.

[20] L. E. Conrad and M. H. J. Bollen, Voltage sag coordination for reliable plant operation, IEEE Transactions on Industry Applications, vol. 33, no. 6, November 1997, pp. 1459-1464.

[21] IEEE recommended practice for the design of reliable industrial and commercial power systems (The Gold Book), IEEE Std. 493-1997.

[22] IEEE recommended practice for evaluating electric power system compatibility with electronic process equipment, IEEE Std. 1346-1998.

[23] M. N. Eggleton, E. van Geert, W. L. Kling, M. Mazzoni, and M. A. M. M. van der Meijden, Network structure in sub-transmission systems-features and practices in different countries, 12th Int. Conf, on Electricity Distribution (CIRED), June 1993, paper 6.9, pp. 1-8.

[24] P. M. Anderson, Analysis of Faulted Power Systems, New York: IEEE Press, 1995.

[25] Voltage dips, short interruptions and voltage variations immunity tests, IEC Std. 61000-411.

[26] IEEE recommended practice for emergency and standby power systems for industrial and commercial applications (IEEE Orange Book), New York, IEEE Std. 446-1995.

[27] A. Mansoor, E. R. Collins, M. H. J. Bollen, and S. Lahaie, Behaviour of adjustable-speed drives during phase-angle jumps and unbalanced sags, PQA-97 Europe, June 1997,

Stockholm, Sweden.

[28] Brief 11: Low-voltage ride-through performance of a personal computer power supply, EPRI Power Quality Database, Elforsk, Stockholm, Sweden, 1995.

[29] J Brief 7: Undervoltage ride-through performance of off-the-shelf personal computers, EPRI Power Quality Database, Elforsk, Stockholm, Sweden, 1995.

[30] A. Mansoor, E. R. Collins, and R. L. Morgan, Effects of unsymmetrical voltage sags on adjustable-speed drives, 7th IEEE Int. Con! on Harmonics and Quality of Power (ICHPQ) , Las Vegas, NV, October 1996, pp. 467-472.

[31] M. Couvreur, Improving the immunity of industrial power electronics against voltage dips, 11th Int. Conf. on Electricity Distribution (CIRED), 22-26 April 1991, Liege, Belgium.

[32] A. Mansoor and R. J. Ferraro, Characterizing ASD power quality application issues, PQA-97 North America, March 3-6, 1997, Columbus, OH.

[33] J. Holtz, W. Lotzhat, and S. Stadfeld, Controlled AC drives with ride-through capacity at power interruption, IEEE Transactions on Industry Applications, vol, 30, no. 5, September 1994, pp. 1275-1283.

[34] Brief 10: Low-voltage ride-through performance of AC contactor motor starters, EPRI Power Quality Database, Elforsk, Stockholm, Sweden, 1995.

[35] C. Pumar, J. Amantegui, J. R.Torrealday, and C. Ugarte, A comparison between DC and AC drives as regards their behaviour in the presence of voltage dips: New techniques for reducing the susceptibility of AC drives, Int. Con! on Electricity Distribution fCIRED), June 2-5, 1997, Birmingham, U.K., pp. 9/1-5.

[36] D. S. Dorr, A. Mansoor, A. G. Morinec, and J. C. Worley, Effects of power line voltage variations on different types of 400-W high...pressure sodium ballasts, IEEE Transactions on Industry Applications, vol. 33, no. 2, March 1997, pp. 472-476.

[37] J. Lamoree, D. Mueller, P. Vinett, W. Jones, and M. Samotyj, Voltage sag analysis case studies, IEEE Transactions on Industry Applications, vol. 30, no. 4, July 1994, pp. 1083-1089.

[38] A. E. Turner and E. R. Collins, The performance of AC contactors during voltage sags, 7th Int. Conf. on Harmonics and Quality ofPower (ICHPQ), Las Vegas, NV, October 1996, pp. 589-595.

[39] PQTN Brief 39: Ride-through performance of programmable logic controllers, EPRI Power Electronics Applications Center, Knoxville, TN, November 1996.

[40] H.G . Sarmiento and E. Estrada, A voltage sag study in an industry with adjustable...speed drives, IEEE Industry Applications Magazine, vol. 2, no. 1, January 1996, pp. 16-19.

[41] J.e. Smith, J. Lamoree, P. Vinett, T. Duffy, and M. Klein, The impact of voltage sags on industrial plant loads, Int. Con! Power Quality: End-use applications and perspectives (PQA...91), pp. 171-178.

[42] R. A. Epperly, F. L. Hoadley, and R. W. Piefer, Considerations when applying ASD's in

continuous processes, IEEE Transactions on Industry Applications, vol. 33, no. 2, March 1997, pp. 389-396.

［43］ W. Sheperd, L. N. Hulley, and D. T. W. Liang, Power Electronics and Motor Control, 2nd ed., Chapter 12, Cambridge University Press, Cambridge, U.K., 1995.

［44］ L. Moran, P. D. Ziogas, and G. Joos, Design aspects of synchronous PWM rectifierinverter systems under unbalanced input voltage conditions, IEEE Transactions on Industry Applications, vol. 28, no. 6, November 1992, pp. 1286-1293.

［45］ E. P. Wiechmann, J. R. Espinoza, and J. L. Rodriguez, Compensated carrier PWM synchronization: A novel method to achieve self...regulation and AC unbalance compensation in AC fed converters, IEEE Transactions on Power Electronics, vol. 7, no. 2, April 1992, pp. 342-348.

［46］ P. Rioual, H. Pouliquen, and J ... P. Louis, Regulation of a PWM rectifier in the unbalanced network state using a generalized model, IEEE Transactions on Power Electronics, vol. no. 3, May 1996, pp. 495-502.

［47］ E. G. Strangas, V. E. Wagner, and T. D. Unruh, Variable speed drives evaluation test, IEEE Industry Applications Society Annual Meeting, October 1996, San Diego, CA, pp. 2239-2243. A revised version of this paper appeared in IEEE Industry Applications Magazine, vol. 4, no. 1, January 1998, pp. 53-57.

［48］ L. Conrad, K. Little, and C. Grigg, Predicting and preventing problems associated with remote fault ...clearing voltage dips, IEEE Transactions on Industry Applications, vol. 27, no. I, January 1991, pp. 167-172.

［49］ Y. Sekine, T. Yamamoto, S. Mori, N. Saito, and H. Kurokawa, Present state of momentary voltage dip interferences and the countermeasures in Japan, Int. Con! on Large Electric Networks (CIGRE), 34th Session, September 1992, Paris, France.

［50］ D. Dorr, T. Key, and G. Sitzlar, User expectations and manufacturer tendencies for system-compatible design of end-use appliances, 3rd Int. Con! on Power Quality: Enduse applications and perspectives, October 1994, Amsterdam, The Netherlands.

［51］ A. David, J. Maire, and M. Dessoude, Influence of voltage dips and sag characteristics on electrical machines and drives: evaluation and perspective, lrd Int. Con! on Power Quality: End-use applications and perspectives, October 1994, Amsterdam, The Netherlands.

［52］ IEC Standard 1800-3, Adjustable speed electric drive systems, Part 3: EMC product standard including specific test methods.

［53］ N. Mohan, T. M. Undeland, and W. P Robbins, Power Electronics-Converters, Applications and Design, John Wiley and Sons, New York, 1995.

［54］ J D. S. Dorr, M. B. Hughes, T. M. Gruzs, R. E. Jurewicz, and J. L. McClaine, Interpreting recent power quality surveys to define the electrical environment, IEEE Transactions on Industry Applications, vol. 33, no. 6, November 1997, pp. 1480-1487.

［55］ Kj. Torborg, Power Electronics-in Theory and Practice, Lund, Sweden: Studentliteratur,

1993. Published in the United States by Chartwell Bratt, Ltd.

［56］ E. R. Collins and R. L. Morgan, A three-phase sag generator for testing industrial equipment, IEEE Transactions on Power Delivery, vol. II, no. 1, January 1996, pp. 526-532.

［57］ P. Wang, The use of FACTS devices to mitigate voltage sags, PhD thesis, Department of Electrical Engineering and Electronics, University of Manchester Institute of Science and Technology, Manchester, U.K., July 1997.

［58］ D. O. Koval and J. J. Leonard, Rural power profiles, IEEE Transactions on Industry Applications, vol. 30, no. 2, March-April 1994, pp. 469-475.

［59］ D.O. Koval, How long should power system disturbance site monitoring be significant? IEEE Transactions on Industry Applications, vol. 26, no. 4, July-August 1990, pp. 705-710.

［60］ J. Marquet, CREUTENSI: Software for determination of depth, duration and number of voltage dips (sags) on medium voltage networks, EDF (Electricite de France), Clamart, France, September 1992.

［61］ M. H. J. Bollen, Method for reliability analysis of industrial distribution systems, IEE Proceedings-C, vol. 140, no. 6, November 1993, pp. 497-502.

［62］ M. H. J. Bollen and P. E. Dirix, Simple motor models for reliability/power quality assessment of industrial power systems, IEE Proceedings-Generation, Transmission, Distribution, vol. 143, no.1, January 1996, pp. 56-60.

［63］ M. H. J. Bollen, Reliability analysis of industrial power systems taking into account voltage sags, IEEE Industry Applications Society Annual Meeting, Toronto, Canada, October 1993, pp. 1461-1468.

［64］ M. R. Qader, M. H. J. Bollen, and R. N. Allan, Stochastic prediction of voltage sags in the reliability test system, PQA-97 Europe, June 1997, Elforsk, Stockholm, Sweden.

［65］ M. B. Hughes and J. S. Chan, Early experiences with the Canadian national power quality survey, Transmission and Distribution International, vol. 4, no. 3, September 1993, pp. 1827.

［66］ D. O. Koval, R. A. Bocancea, and M. B. Hughes, Canadian national power quality survey: Frequency of industrial and commercial voltage sags, IEEE Transactions on Industry Applications, vol. 35, no. 5, September 1998, pp. 904-910.

［67］ H. Seljeseth and A. Pleym, Spenningskvalitetsmalinger 1992 until 1996 (voltage quality measurements, 1992 to 1996, in Norwegian), Report EFI TR A4460 published by EFI, 7034 Trondheim, Norway.

［68］ D. S. Dorr, Point of utilization power quality study results, IEEE Transactions on Industry Applications, vol. 31, no. 4, July 1995, pp. 658-666.

［69］ R. E. Jurewicz, Power quality study-1990 to 1995, Int. Telecommunications Energy Con! (INTELEC), October 1990, Orlando, FL, pp. 443-450.

［70］ E. W. Gunther and H. Mehta, A survey of distribution system power quality-preliminary results, IEEE Transactions on Power Delivery, vol. 10, no. 1, January 1995, pp. 322-329.

［71］ M. R. Qader, Stochastic assessment of voltage sags due to short circuits in electrical networks, PhD thesis, UMIST, Manchester, U.K., 1997.

［72］ M. Goldstein and P. D. Speranza, The quality of U.S. commercial AC power, Int. Telecommunications Energy Conf. (INTELEC) , October 1982; Washington, DC, pp. 28-33.

［73］ IEEE reliability test system, IEEE Transactions on Power Apparatus and Systems, vol. 98, no. 6, November 1979, pp. 2047-2054.

［74］ M. R. Qader, M. H. J. Bollen, and R. N. Allan, Stochastic prediction of voltage sags in a large transmission system, IEEE Transactions on Industry Applications, vol. 35, no. 1, January 1999, pp. 152-162.

［75］ R. C. Dugan, M. F. McGranaghan, and H. W. Beaty, Electric Power Systems Quality, McGraw Hill, New York, 1996.

［76］ W. E. Kazibwe and M. H. Sendaula, Electric Power Quality Control Techniques, Van Nostrad Reinhold, New York.

［77］ G. T. Heydt, Electric power quality, West LaFayette, In: Stars in a Circle, 1991. Only obtainable from Stars in a circle publications, 2932 SR 26W, West LaFayette, IN, 47906.

［78］ IEEE recommended practice for powering and grounding sensitive electronic equipment, IEEE Std. 1100-1992.

［79］ Electromagnetic compatibility (EMC), Part 1: General, Section 1: Application and interpretation of fundamental definitions and terms, IEC 61000-1-1.

［80］ European standard EN-50160, Voltage characteristics of electricity supplied by public distribution systems, CENELEC, Brussels, Belgium, 1994.

［81］ IEC Std. 61000-4-15, Flickerrneter-functional and design characteristics, IEC, Geneva, Switzerland, 1997.

［82］ IEEE Standard 519, Recommended practices and requirements for harmonic control in electrical power systems, ANSI/IEEE Std. 519-/992, IEEE, New York, 1993.

［83］ CIGRE Working Group 26-05, Harmonics, characteristic parameters, method of study, estimates of existing values in the network, Electra, no. 77, July 1981, pp. 35-54.

［84］ R. Billinton and R. N. Allan, Reliability Evaluation of Power Systems, 2nd ed., New York: Plenum, 1996.

［85］ R. Billinton and R. N. Allan, Reliability Assessment of Large Electric Power Systems, Boston: Kluwer, 1988.

［86］ R. Billinton and W. Li, Reliability Assessment of Electric Power Systems Using Monte Carlo Simulation, New York: Plenum, 1994.

［87］ J. Endreyni, Reliability Modeling in Electric Power Systems, New York: John Wiley and Sons, Ltd., 1978.

［88］ F. W. Kloeppel, Zuverldssigkeit von Elektroenergiesystemen, Leipzig, Germany: Verlag fur Grondstoffenindustrie, 1990.

[89] H. D. Kochs, Zuverldssigkeit Elektrotechnische Anlagen, Berlin: Springer, 1984.

[90] R. N. Allan, R. Billinton, and S. H. Lee, Bibliography on the application of probability methods in power system reliability evaluation 1977-1982, IEEE Transactions on Power Apparatus and Systems, vol. 103, no. 2, February 1984, pp. 275-282.

[91] R. N. Allan, R. Billinton, S. M. Shahidehpour, and C. Singh, Bibliography on the application of probability methods in power system reliability evaluation 1982-1987, IEEE Transactions on Power Systems, vol. 3, no. 4, February 1994, pp. 1555-1564.

[92] R. N. Allan, R. Billinton, A. M. Briepohl, and C. H. Grigg, Bibliography on the application of probability methods in power system reliability evaluation 1987-1991, IEEE Transactions on Power Systems, vol. 9, no. 1, February 1994, pp. 41-49.

[93] Composite power system reliability: Phase I-scoping study. Final report, EPRI EL-5290, Palo Alto, CA: Electric Power Research Institute, December 1987.

[94] CIGRE Working Group 38.03, Power System Reliability Analysis-Application Guide. Paris: CIGRE publications, 1988.

[95] H. H. Kajihara, Quality power for electronics, Electro- Technology, vol. 82, no. 5, November 1968, p. 46.

[96] D. J. Hucker, Aircraft a.c. electric system power quality, Proceedings ofthe IEEE National Aerospace Electronics Conference, May 1970, Dayton, OH, pp. 426-430.

[97] R. K. Walter and H. Heinzmann, A customer discusses airborne static power conversion, Conference Record ofthe 4th Annual Meeting ofthe IEEE Industry and General Applications Group, October 1969, Detroit, MI, pp. 611-616.

[98] D. L. Piette, The effects of improved power quality on utilization equipment, Proceedings of the IEEE National Aerospace Electronics Conference, May 1969, Dayton, OR, pp. 243-250.

[99] R. H. McFadden, Power system analysis-what it can do to industrial plants, Conference Record of the 5th Annual Meeting of the IEEE Industry and General Applications Group, October 1970, Chicago, IL, pp. 189-199. This paper also appeared in IEEE Transactions on Industry and General Applications, vol. 7, no. 2, March 1971, pp. 181-188.

[100] P. M. Knoller and L. Lonnstam, Voltage quality and voltage tendency recorders, SiemensReview, vol. 36, no. 8, August 1969, pp. 302-303.

[101] A. Lidholm, Mattekniska hjalpmedel for bestamning av spanningsgodheten i lagspanningsnat (Measuring techniques applicable to the determination of voltage quality in low-voltage networks, in Swedish), ERA, vol. 42, no. 5, 1969, pp. 99-101.

[102] B. A. Konstantinov and G. L. Bagiev, Financial losses due to deterioration of voltage quality, Electric-Technology-USSR, vol. 1, 1970, pp. 119-123.

[103] R. D. Hof, The "dirty power" clogging industry's pipeline, Business Week, April 8, 1991.

[104] J. Douglas, Quality of power in the electronics age, EPRI Journal, vol. 10, no. 9, November 1985, pp. 6-13.

[105] W. E. Kazibwe, R. J. Ringlee, G. W. Woodzell, and H. M. Sendaula, Power quality: A review, IEEE Computer Applications in Power, vol. 3, no. 1, January 1990, pp. 39-42.

[106] F. Martzloff, Power quality work at the International Electrotechnical Commission, PQA97 Europe, June 1997, Stockholm, Sweden, Elforsk: Stockholm, Sweden.

[107] M. H. J. Bollen, Literature search for reliability data of components in electric distribution networks, Eindhoven University of Technology Research Report 93-E-276, August 1993.

[108] Basnivo for elkvalitet (Basic level for quality of electricity, in Swedish), Goteborg Energi nat AB, Gothenburg, Sweden, January 1997.

[109] The Office of Electricity Regulation (OFFER), Birmingham, U.K., annually publishes two reports on the quality of the supply: Report on distribution and transmission system performance; and Report on customer services.

[110] P. C. M. van Kruining, J. H. P. Lommert, H. H. Overbeek, and R. J. R. Waumans, eds., Elektriciteitsdistributienetten (Electricity distribution networks, in Dutch), Deventer, The Netherlands: Kluwer Techniek, 1996.

[111] R. J. R. Waumans, Openbare Netten voor Electriciteitsdistributie, Deventer, The Netherlands: Kluwer, 1986.

[112] M. H. A. J. Hendriks Boers and R. M. L. Frenken, Help! De klant kan kiezen (Help, the customer is allowed to choose, in Dutch), Energietechniek, vol. 75, no. 12, December 1997, pp. 682-685.

[113] M. H. J. Bollen and A. Boyd, Instability problems in small power systems with more than one centre of generation, Universities Power Engineering Conf.; September 1995, Greenwich, U.K., pp. 191-194.

[114] E. Lakervi and E. J.. Holmes, Electricity Distribution Network Design, 2nd ed., Institution of Electrical Engineers, London, U.K., 1995, Chapters 4 and 12.

[115] J. A. Burke, Power Distribution Engineering, Fundamentals and Applications, New York: Marcel Dekker, 1994, Chapters 6 and 7.

[116] F. S. Prabhakara, R. L. Smith, and R. P. Stratford, Industrial and Commercial Power Systems Handbook, New York: McGraw-Hill, 1996, Chapter 11.

[117] The INSPEC database has been accessed via the WebSPIRS server.

[118] The IEEE standard dictionary of electrical and electronics terms, 6th ed., IEEE Std. 1001996, IEEE, New York, 1997.

[119] Engineering Recommendation P2/5: Power system design.

[120] Electricity Plan 1997-2006, and Notes to the Electricity Plan 1997-2006, N.V. September/ Dutch Electricity Generating Board, Arnhem, The Netherlands, 1996.

[121] R. L. Capra, M. W. Sangel, and S. V. Lyon, Underground distribution system design for reliability, IEEE Transactions on Power Apparatus and Systems, vol. 88, no. 6, June 1969, pp. 834-842.

[122] N.E. Chang, Evaluate distribution system design by cost reliability indices, IEEE Transactions on Power Apparatus and Systems, vol. 96, no. 5, September 1977, pp. 1480-1490.

[123] B. H. T. Smeets and M. H. J. Bollen, Stochastic modelling of protection systems-eomparison of four mathematical techniques, Eindhoven University of Technology Research Report 95-E-291, June 1995.

[124] J. W. H. Bar, H. L. Doppen, H. Juckers, H. M. A. Konings, P. Wiersma, H. Zuijderduin, and M. J. Voeten, Onderhoudsanalyse (Maintenance analysis, in Dutch), VEEN, Commissie Onderhoudsvraagstukken, Arnhem, The Netherlands, 1990.

[125] E. T. Parascos and J. A. Arceri, Reliability engineering and underground equipment failure, costs and manufacturer's analysis, 3rd Annual Reliability Engineering Conf., September 1976, Montreal, Canada, pp. 25-30.

[126] D. A. Ducket and C. M. McDonough, A guide for transformer replacement based on reliability and economics, Rural Electric Power Conference, April 1990, Orlando, FL.

[127] N. E. Wiseman, Reliability testing, 3rd Annual Reliability Engineering Conf., September 1976, Montreal, Canada, pp. 21-24.

[128] T. Kawamura, M. Horikoshi, S. Kabayashi, and K..Hamamoto, Progress of substation maintenance based on records of operation and maintenance, Int. Con! on Large High Voltage Electric Systems (CIGRE), August 1990, paper 23-102.

[129] G. Wacker and R. Billinton, Customer costs of electric service interruptions, Proceedings of the IEEE, vol. 77, no. 6, June 1989, pp. 919-930.

[130] A. Makinen, J. Partanen, and E. Lakervi, A practical approach to estimating future outage costs in power distribution networks, IEEE Transactions on Power Delivery, vol. 5, no. 1, January 1990, pp. 313-316.

[131] A. M. Shaalan, Electric service interruptions: Impacts and costs estimation, Electra (CIGRE), no. 127,1989, pp. 89-109.

[132] G. Wacker, E. Wojczynski, and R. Billinton, Interruption cost methodology and results A Canadian residential survey, IEEE Transactions on Power Apparatus and Systems, vol. 102, no. 10, October 1983, pp. 3385-3392.

[133] S. Burns and G. Gross, Value of service reliability, IEEE Transactions on Power Systems, vol. 5, no. 3, August 1990, pp. 825-834.

[134] IEEE Project Group 1159.2, Recommended practices for the characterization of a power quality event, draft 1, March 1998.

[135] P. C. Krause, O. Wasynczuk, and S. D. Sudhoff, Analysis of electric machinery, New York: IEEE Press, 1995.

[136] G. Yalcinkaya, The influence of induction motors on voltage sags due to short circuits, PhD thesis, University of Manchester Institute of Science and Technology, Manchester, U.K., October 1997.

[137] G. Yalcinkaya, M. H. J. Bollen, and P. A. Crossley, Characterisation of voltage sags in industrial distribution systems, IEEE Transactions on Industry Applications, vol. 34, no. 4, July 1998, pp. 682-688.

[138] E. Camm, Preventing nuisance tripping during overvoltages caused by capacitor switching, in: P. Pilay, Ed., "Motor drive/power systems interactions", IEEE Industry Applications Society Tutorial Course, October 1997.

[139] C. M. Warren, The effect of reducing momentary outages on distribution reliability indices, IEEE Transactions on Power Delivery, vol. 7, no. 3, July 1992, pp. 1610-1617.

[140] Standards coordinating committee SCC-22: Charter, www.standards.ieee.org.

[141] T. Larsson, Voltage source converters for mitigation of flicker caused by arc furnaces, PhD thesis, Royal Institute of Technology, Department of Electric Power Engineering, Stockholm, Sweden, 1998.

[142] P. M. Anderson and R. G. Farmer, Series compensation of power systems, Section 7.3, Lamp Flicker, PBLSHI, Encinitas, CA, 1996.

[143] J. G. Kappenman and V. D. Albertson, Bracing for the geomagnetic storms, IEEE Spectrum, vol. 27, no. 3, March 1990, pp. 27-33.

[144] A. Lui, Ferroresonant overvoltages in electrical distribution systems, MSc thesis, University of Manchester Institute of Science and Technology, Manchester, U.K., March 1997.

[145] H. J. Koglin, E. Roos, H. J. Richter, U. Scherer, and W. Wellssow, Experience in the reliability evaluation of high voltage networks, Int. Con! on Large High Voltage Electric Networks (CIGRE), September 1986, Paris, France.

[146] M. Mitra and S. K. Basu, On some properties of the bathtub failure rate family of lifetime distributions, Microelectronics and Reliability, vol. 36, no. 5, May 1996, pp. 679-684.

[147] L. V. Skof, Customer interruption costs vary widely, Electrical World, vol. 188, no. 2, July 15, 1977, pp. 64-65.

[148] E. C. Ifeachor and B. W. Jervis, Digital Signal Processing: A Practical Approach, Wokingham, England: Addison-Wesley, 1993.

[149] Cigre Working Group 34.01, Reliable fault clearance and back-up protection, Final report, August 1997.

[150] K. Benson and J. R. Chapman, Boost converters provide power dip ride-through for ac drives, Power Quality Assurance Magazine, July 1997.

[151] PQTN Brief No. 34, Performance of an ASD ride-through device during voltage sags, EPRI PEAC, Knoxville, TN, May 1996.

[152] J. Svensson, Synchronisation methods for grid-connected voltage source converters, IEE Proceedings-Electric Power Applications, in print.

[153] J. Svensson, Grid-connected voltage source converter-control principles and wind energy

applications, PhD thesis, Chalmers University of Technology, School of Electrical and Computer Engineering, Gothenburg, Sweden, 1998. Technical Report No. 331.

[154] R. de Graaff, Simulating the behavior of AC and DC adjustable-speed drives during voltage sags, project report, Chalmers University of Technology, Dept. of Electric Power Engineering, Gothenburg, Sweden, September 1997.

[155] L. E. Conrad, personal communication.

[156] D. L. Brooks, R. C. Dugan, M. Waclawiak, and A. Sundaram, Indices for assessing utility distribution system RMS variation performance, IEEE Transactions on Power Delivery, vol. 13, no. I, January 1998, pp. 254-259.

[157] P. Wang, N. Jenkins, and M. H. J. Bollen, Experimental investigation of voltage sag mitigation by an advanced Static VAr Compensator, IEEE Transactions on Power Delivery, vol. 13, no. 4, October 1998, pp. 1461-1467.

[158] J. Lamoree, L. Tang, C. DeWinkel, and P. Vinett, Description ofmicro-SMES system for protection of critical customer facilities, IEEE Transactions on Power Delivery, vol. 9, no. 2, April 1994, pp. 984-991.

[159] C. S. Hsu and W. J. Lee, Superconducting magnetic energy storage for power system applications, IEEE Transactions on Industry Applications, vol. 29, no. 5, September 1993, pp. 990-996.

[160] R. H. Lasseter and S. G. Jalali, Power conditioning systems for superconductive magnetic energy storage, IEEE Transactions on Energy Conversion, vol. 6, no. 3, September 1991, pp. 381-387.

[161] R. H. Lasseter and S. G. Jalali, Dynamic response of power conditioning system for superconductive magnetic energy storage, IEEE Transactions on Energy Conversion, vol. 6, no.3, September 1991, pp. 388-391.

[162] I. D. Hassan, R. M. Bucci, and K. T. Swe, 400 MW SMES power conditioning system development and simulation, IEEE Transactions on Power Electronics, vol. 8, no. 3, July 1993, pp. 237-249.

[163] T. W. Diliberti, V. E. Wagner, J. P. Staniak, S. L. Sheppard, and T. L. Orftoff, Power quality requirements of a large industrial user: a case study, IEEE Industrial and Commercial Power Systems Technical Conference, Detroit, MI, May 1990, pp. 1-4.

[164] T. Gonen, Electric PowerDistribution System Engineering, New York: McGraw-Hill, 1986.

[165] R. C. Settembrini, J. R. Fisher, and N. E. Hudak, Reliability and quality comparisons of electric power distribution systems, IEEE Transmission and Distribution Conf., September 1991, Dallas, TX, pp. 704-712.

[166] R. W. DeDoncker, W. T. Eudy, J. A. Maranto, H. Mehta, and J. W. Schwartzenberg, Medium voltage subcycle transfer switch, Power Quality Assurance, July 1995, pp. 46-51.

[167] T. H. Ortmeyer and T. Hiyama, Coordination of time overcurrent devices with voltage sag capability curves, IEEE Int. Conf. on Harmonics and Quality of Power (ICHPQ), Las Vegas, NV, October 1996, pp.280-285.

[168] S. M. Schoenung, W. R. Meier, and R. L. Bieri, Small SMES technology and cost reduction estimates, IEEE Transactions on Energy Conversion, vol. 9, no. 2, June 1994, pp. 231-237.

[169] J. J. Skiles, R. L. Kustom, K.-P. Ko, V. Wong, K.-S. Ko, F. Vong, and K. Klontz, Performance of a power conversion system for superconducting magnetic energy storage (SMES), IEEE Transactions on Power Systems, vol. 11, no. 4, November 1996, pp. 1718-1723.

[170] A. van Zyl, J. H. R. Enslin, and R. Spee, Converter-based solution to power quality problems on radial distribution lines, IEEE Transactions on Industry Applications, vol. 32, no. 6, November 1996, pp. 1323-1330.

[171] N. Woodley, M. Sarkozi, F. Lopez, V. Tahiliani, and P. Malkin, Solid-state 13-kV distribution class circuit breaker: planning, development and demonstration, lEE Con! On Trends in Distribution Switchgear, November 1994, London, U.K., pp. 163-167.

[172] R. J. Lawrie, Power system design for ultra-reliability, Electric Construction and Maintenance, vol. 89, no. 5, May 1990, pp. 55-64.

[173] J. W. Schwartzenberg and R. W. DeDoncker, 15 kV medium voltage transfer switch, IEEE Industry Applications Society Annual Meeting, October 1995, Orlando, FL, pp. 2515-2520.

[174] S. W. Middlekauff and E. R. Collins, System and customer impact: considerations for series custom power devices, IEEE Transactions on Power Delivery, vol. 13, no.1, January 1998, pp. 278-282.

[175] R. K. Smith, P. G. Slade, M. Sarkozi, E. J. Stacey, J. J. Bonk, and H. Mehta, Solid state distribution current limiter and circuit breaker: Application requirements a.e control strategies, IEEE Transactions on Power Delivery, vol. 8, no. 3, July 1993, pp. 1155-1164.

[176] J. A. Aspinall et al., eds., Power System Protection, Institution of Electrical Engineers, London, U.K., 1995.

[177] The National Grid Company Seven-Year Statement for the Years 1994/5 to 2000/2001, Coventry, U.K.: National Grid Company, July 1994.

[178] H. Akagi, Y. Kanazawa, and A. Nabae, Instantaneous reactive power compensators comprising switching devices without energy storage components, IEEE Transactions on Industry Applications, vol. 20, no. 3, May 1984, pp. 625-630.

[179] W. M. Grady, M. J. Samotyj, and A. H. Noyola, Survey of active power line conditioning methodologies, IEEE Transactions on Power Delivery, vol. 5, no. 3, July 1990, pp. 1536-1542.

[180] C. Schauder, M. Gerhardt, E. Stacey, T. W. Cease, A. Edris, T. Lemak, and L. Guygyi, Development of a 100 Mvar static condenser for voltage control of transmission systems, IEEE Transactions on Power Delivery, vol. 10, no. 3, July 1995, pp. 1486-1496.

[181] L. Guygyi, C. D. Schauder, S. L. Williams, T. R. Rietman, D. R. Torgerson, and A. Edris, The unified power flow controller: A new approach to power transmission control, IEEE Transactions on Power Delivery, vol. 10, no. 2, April 1995, pp. 1085-1097.

[182] H. Akagi, Trends in active power line conditioners, IEEE Transactions on Power Electronics, vol. 9, no. 3, May 1994, pp. 263-268.

[183] H. Akagi, New trends in active filters for power conditioning, IEEE Transactions on Industry Applications, vol. 32, no. 6, November/December 1996, pp. 1312-1322.

[184] N. H. Woodley, M. Sarkozi, A. Sandaram, and G. A. Taylor, Custom power: The utility solution, Int. Con on Electricity Distribution (CIRED), May 1995, Brussels, Belgium, vol. 5, pp. 9/1-6.

[185] IEE Colloquium of Dynamic Voltage Restorers-Replacing those missing cycles, Institution of Electrical Engineers, London, U.K., IEE Digest No. 1998/189.

[186] B. Bhargava and G. Dishaw, Application of an energy source power system stabilizer on the 10 MW battery energy storage system at Chino substation, IEEE Transactions on Power Systems, vol. 13, no. 1, February 1998, pp. 145-151.

[187] S. J. Chiang, C. M. Liaw, W. C. Chang, and W. Y. Chang, Multi-module parallel small battery energy storage system, IEEE Transactions on Energy Conversion, vol. 11, no. 1, March 1996, pp. 146-154.

[188] N. W. Miller, R. S. Zrebiec, R. W. Delmerico, and G. Hunt, Design and commissioning of a 2.5 MWh battery energy storage system, Int. Con! on Electricity Distribution fCIRED), June 2-5, 1997, Birmingham, U.K., vol. 2, pp. 10/1-5.

[189] P. Pillay, A switched reluctance drive with improved ride-through capability, in: "Motor drive/power system interactions", IEEE Tutorial Course 97 TP 123, October 1997.

[190] B. G. Johnson, K. P. Adler, G. V. Anastas, J. R. Dowver, D. B. Eisenhaure, J. H. Goldie, and R. L. Hockney, Design of a torpedo inertial power storage unit (TIPSU), Intersociety Energy Conversion Engineering Conference, August 1990, Reno, NV, vol. 4, pp. 199-204.

[191] N. G. Hingorani, Introducing custom power, IEEE Spectrum, vol. 32, no. 6, June 1995, pp. 41-47.

[192] J. R. Hull, Flywheels on a roll, IEEE Spectrum, vol. 34, no. 7, July 1997, pp. 20-25.

[193] R. T. Morash, J. F. Roesel, and R. J. Barber, Improved power quality with written-pole motor-generators and written-pole motors, 3rd Int. Conf. on Power Quality: End-use applications and perspectives (PQA 94), October 1994, Amsterdam, The Netherlands. Paper 0-2.10.

[194] J. Arrillaga, D. Bradley, and P. S. Bodger, Power System Harmonics, London: John Wiley and Sons, Ltd., 1985.

[195] J. Arrillaga, B. C. Smith, N. R. Watson, and A. R. Wood, Power System Harmonic Analysis, Chichester: John Wiley and Sons, Ltd., 1997.

[196] A. Larsson, M. Lundmark, and J. Hagelberg, Increased pollution in the protective earth, European Conf. on Power Electronics and Applications, Trondheim, Norway, September 8-10, 1997.

[197] C. R. Heising, Worldwide reliability survey of high-voltage circuit breakers, IEEE Industry Applications Magazine, vol. 2, no. 3, May 1996, pp. 65-66.

[198] IEEE standard terms for reporting and analyzing outage occurences and outage states of electrical transmission facilities, IEEE Std. 859-1993.

[199] G. A. Taylor, J. E. Hill, A. B. Burden, and K. Mattern, Responding to the changing demands of lower voltage networks-the utilisation of custom power systems, Int. Conf. on Large Electric Networks (CIGRE), Session 1998, Paris, France, August 1998, paper 14-303.

[200] Avbrottskostnader for elkunder (Interruption costs for electricity customers, in Swedish), Svenska Elverksforeningen, Stockholm, Sweden, 1994.

[201] N. S. Tunaboyla and E. R. Collins, The wavelet transform approach to detect and quantify voltage sags, 7th Int. Con! on Harmonics and Quality of Power, October 1996, Las Vegas, NV, pp. 619-624.

[202] O. Poisson, P. Rioual, and M. Meunier, Detection and measurement of power quality disturbances using wavelet transform, 8th. Int. Conf. on Harmonics and Quality of Power, Athens, Greece, October 1998, pp. 1125-1130.

[203] L. D. Zhang and M. H. J. Bollen, A method for characterizing unbalanced voltage dips (sags) with symmetrical components, IEEE Power Engineering Review, vol. 18, no. 7, July 1998, pp. 50-52.

[204] L. D. Zhang and M. H. J. Bollen, Characteristics of voltage dips (sags) in power systems, 8th. Int. Con on Harmonics and Quality of Power, Athens, Greece, October 1998,pp. 555-560.

[205] J G. Desuilbet, C. Foucher, and P. Fauquembergue, Statistical analysis of voltage dips, lrd. Int. Conf. on Power Quality: End-use applications and perspectives, October 1994, Amsterdam, The Netherlands.

[206] B. K. Bose, Ed., Power Electronics and Variable Frequency Drives-Technology and Applications, New York: IEEE Press, 1997.

[207] E. W. Kimbark, Power System Stability, New York: IEEE Press, 1995.

[208] N. Carter, Improvements in network performance on urban and rural 11 kV networks, In: Improving Power Quality in Transmission and Distribution, January 1998,Amsterdam, IBC Technical Services, London, U.K., 1998.

[209] H. L. Willis, Power Distribution Planning Reference Book, New York: Marcel Dekker, 1997.

[210] G. T. Heydt, W. Tan, T. LaRose, and M. Negley, Simulation and analysis of series voltage boost technology for power quality enhancement, IEEE Transactions on Power Delivery, vol. 13, no. 4, October 1998, pp. 1335-1341.

[211] J. Lundquist, Ornriktare och olinjara laster i elektriska nat (Converters and nonlinear load in electric power systems, in Swedish), MSc Report, Hogskolan i Skovde, Skovde, Sweden, December 1996.

[212] R. Hart, HV overhead line-the Scandinavian experience, Power Engineering Journal, June 1994, pp. 119-123.

[213] M. W. Vogt, T2 ACSR conductors: lessons learned, IEEE Industry Applications Magazine, vol. 4, no. 3, May 1998, pp. 37-39.

[214] Recommended practice for electric power distribution for industrial plants (IEEE Red Book), IEEE Std. 141-993.

[215] H. C. Tijms, Stochastic Models: An Algorithmic Approach. Chichester, U.K.: Wiley, 1994.

[216] K. K. Kariuki and R. N. Allan, Factors affect.ng customer outage costs due to electric service interruptions, lEE Proceeding-Generatil n, Transmission, Distribution, vol. 143, no. 6, November 1996, pp. 521-528.

附录A　电磁兼容性（EMC）标准总论

IEC 61000：电磁兼容性（EMC）包括了6个部分，每个部分又由若干小节组成。以下的列表给出了与电能质量相关的一些小节，也包括一些目前（1999年2月）正在发展中的技术的文档。

- **第一部分：概述**
  - 第一节：基本定义和术语的解释与应用。
  - 第二节：电子电气设备（预备中的）的功能安全性实现方法。
- **第二部分：环境**
  - 第一节：环境的描述——供电系统中低频传导扰动和发信号时的电磁环境。
  - 第二节：公共供电系统中低频传导扰动和发信号时的兼容性等级。
  - 第三节：环境的描述——辐射和非网络频率相关的传导扰动。
  - 第四节：工厂中低频传导扰动的兼容性等级。
  - 第五节：电磁环境的分类。
  - 第六节：工厂供电中关于低频传导扰动的发射水平的评估。
  - 第七节：不同环境下的低频磁场。
  - 第八节：电压跌落，短时中断和统计测量结果（预备中的）。
  - 第十二节：公共中压配电系统中低频传导扰动和发信号的兼容性等级（预备中的）。
- **第三部分：限值**
  - 第一节：发射标准和指南总论（预备中的）。
  - 第二节：谐波电流发射的限值（设备单相输入电流不超过16A）。
  - 第三节：低压配电系统中额定电流不超过16A的设备的电压波动和闪变限值。
  - 第四节：低压配电系统中额定电流超过16A的设备谐波电流发射的限值。
  - 第五节：低压配电系统中额定电流超过16A的设备电压波动和闪变的限值。
  - 第六节：中压和高压电力系统中旋转负荷的发射限值的评估。
  - 第七节：中压和高压电力系统中波动负荷的发射限值的评估。
  - 第八节：低压电气装置的发信——发射水平、频率等级和电磁扰动等级。
  - 第九节：间谐波电流发射的限值（输入电流每相不超过16A且根据设计倾向于产生间谐波的设备）（预备中的）。
  - 第十节：频率等级从2k～9kHz的发射限值（预备中的）。
  - 第十一节：低压配电系统中额定电流不超过75A且受特定条件连接的支配的设备的电压变化、波动、闪变限值（预备中的）。
- **第四部分：试验和测量方法**
  - 第一节：抗扰度试验总论。
  - 第二节：静电放电抗扰度试验。

—第三节：辐射、射频、电磁场抗扰度试验。

—第四节：电气快速瞬时抗扰度试验。

—第五节：脉冲（电压突升）抗扰度试验。

—第六节：射频场感应的传导扰动的抗扰度。

—第七节：配电系统和与其连接的设备的谐波畸变率及间谐波测量和测量装置的总指南。

—第八节：电力频率磁场抗扰度试验。

—第九节：脉冲磁场抗扰度试验。

—第十节：阻尼的振荡磁场抗扰度试验。

—第十一节：电压跌落、短时中断和电压变化抗扰度试验。

—第十二节：振荡波抗扰度试验。

—第十三节：谐波和间谐波包括交流端口电源信号（预备中的）的抗扰度试验。

—第十四节：电压波动——抗扰度试验。

—第十五节：闪变计——功能和设计详述。

—第十六节：频率从 0～150Hz 的普通模式传导扰动的抗扰度试验。

—第十七节：直流输入端口纹波的抗扰度测试（预备中的）。

—第二十节：横向电磁场单元（预备中的）。

—第二十一节：混响室（预备中的）。

—第二十二节：电磁现象测量方法指南（预备中的）。

—第二十六节：测量电磁场的探针和相关设备的校验（预备中的）。

—第二十七节：不平衡、抗扰度试验（预备中的）。

—第二十八节：电力频率的变化、抗扰度试验（预备中的）。

—第二十九节：直流输入端口上的电压跌落、短时中断及电压变化的抗扰度测试（预备中的）。

—第三十节：电能质量参数的测量（预备中的）。

—第三十一节：频率从 2k～9kHz 的测量（预备中的）。

- **第五部分：安装和缓解准则**

—第一节：总则。

—第二节：接地和布线。

—第六节：外部电磁影响的缓解（预备中的）。

—第七节：附件带来的电磁扰动的保护等级。

- **第六部分：一般标准**

—第一节：住宅、商业、轻工业环境下的抗扰度。

—第二节：工业环境的抗扰度。

—第四节：工业环境的发射等级。

—第五节：发电厂和高压变电站设备的抗扰度（预备中的）。

附录 B IEEE 关于电能质量的标准

美国标准的设定组织，ANSI 和 IEEE，并没有像 IEC 一样有一个综合的有组织的电能质量标准体系。另一方面，IEEE 的标准给出了更加实用和一些现象的理论背景。这使得 IEEE 的许多标准文档成为十分有用的参考文献，即使是在美国以外的其他地方。以下是现有和一些正在发展的 IEEE 电能质量标准的一个列表。

- Std 4:1995 高压试验的标准方法。
- Std 120:1989 电力电路中电气测量的 Master 试验指南。
- Std 141:1993 工厂配电的操作规程建议。
- Std 142:1991 工业和商用电力系统的接地操作规程建议，也在绿皮书中有所述。
- Std 213:1993 测量频率范围在 300kHz~25MHz，从电视机和调频广播收音机到电力线路的传导发射标准步骤。
- Std 241:1990 商用楼中电力系统的操作规程建议，也在灰皮书中有所述。
- Std 281:1994 电力系统通信设备的标准服务状态。
- Std 299:1991 测量电磁屏蔽罩有效度的标准方法。
- Std 352:1993 核电站安全系统的可靠性分析总则指南。
- Std 367:1996 确定电力故障导致的变电站接地点位升高和感应电压的操作规程建议。
- Std 376:1993 脉冲强度和脉冲带宽的测量标准。
- Std 430:1991 测量架空输电线和变电站无线电噪声的标准步骤。
- Std 446:1987 应对紧急情况和备用商业、工业电力系统应用的操作规程建议，也在橘皮书中有所述。
- Std 449:1990 铁磁谐振电压调节器的标准。
- Std 473:1991 电磁场地勘察的建议措施（10kHz~10GHz）。
- Std 493:1997 设计可靠的工业和商用电力系统的推荐做法，也在金皮书中有所述。
- Std 519:1992 电力系统中谐波控制要求的建议措施。
- Std 539:1990 架空输电线的电晕和场效应的相关术语的标准定义。
- Std 762:1987 发电机单元可靠性、有效性、生产力的相关术语的标准定义。
- Std 859:1987 描述和分析电力传输设备的故障发生率和故障状态的标准术语。
- Std 944:1986 发电厂不间断供电的应用和测试。
- Std 998:1996 变电站直接雷击屏蔽的指南。
- Std 1048:1990 输电线保护性接地指南。
- Std 1057:1994 数字化录波器标准。
- Std 1100:1992 敏感电子设备的供电与接地的操作规程建议。
- Std 1159:1995 电能质量监测的操作规程建议。
- Std 1184:1995 不间断电力系统电池的选择和型号指南。

- Std 1250:1995 对瞬时电压扰动敏感的设备服务指南。
- Std 1325:1996 电力断路器的电场故障数据报告的建议措施。
- Std 1313.1:1996 绝缘配合标准——定义、原则、规则。
- Std 1346:1998 评价电力系统和电子处理设备兼容性的操作规程建议。
- Project 1409 定制电力任务。
- Project 1433 电能质量标准术语。
- Project 1453 电压闪变。
- Std C37.10:1995 电力断路器的故障检测和诊断指南。
- Std C37.95:1994 继电保护设备指南——用户的互联。
- Std C37.100:1992 电力开关装置的标准定义。
- Std C.57.110:1986 供应非正弦负荷电流时建立变压器兼容性的操作规程建议。
- Std C57-117:1986 电力系统设备中电力变压器和并联电抗器故障数据报告指南。
- Std C62.41:1991 有关低压交流电力电路中冲击电压的操作规程建议。
- Std C62.45:1992 连接至低压交流电力电路中的设备的冲击试验指南。
- Std C62.48:1995 有关电力系统扰动和冲击-保护设备之间的相互影响的指南。

附录 C 电能质量的定义和术语

本附录给出了本书中所用和标准文档中定义的电能质量术语。后者主要来源是 IEEE（电气与电子工程师协会）电气与电子术语词典（IEEE Std 100—1996）。其余的来源是 IEC（国际电工技术委员会）标准 61000-1-1《电磁兼容性：基本定义和属于的解释和应用》，CENELEC 标准 EN 50160《公共配电系统中的电压特征》，UIE（国际电热协会）的《工业装置的电能供应质量指南》，以及本书中的《电力系统的可靠性评估》（R. Billinton，R. N. Allan，Plenum Press，1996）。这些参考文献和诸多定义都是和 IEEE 标准契合的，除非特别指出的。

下面的列表肯定不是完全一致和完整的。但是，它却给出了目前所用的术语概览，同时也给出了定义和使用电能质量术语时可能遇到的陷阱。目前，许多 IEEE 的标准正在发展中，也致力于提供一个完整、综合的定义电能质量术语（在其余的 IEEE 标准 1159 和 1433）的体系。由于这些标准正在起草中，所以在下表中没有列出。

C.1 综合电能质量术语

- 兼容性水平 可接受的规定的高概率的电磁兼容性扰动水平（IEC 61000-1-1）。
- 兼容性余量 抗扰度限值占发射水平限值的比例（IEC 61000-1-1）。
- 传导扰动
  —沿着配电系统导线或者是变压器绕组传播的电磁扰动（EN 50160）。
  —通过导电介质到达设备的电磁扰动。
- 传导干扰
  —导致传导的无线电噪声或者是不想要的无线电信号通过直接耦合进入设备的干扰（IEEE Std. 539）。
  —由于电磁扰动通过导电介质进入受影响的设备的干扰。
- 电流扰动 系统或设备终端的电流偏离了理想正弦波的变化或事件（本书）。
- 电流事件 两类电流扰动的统称，电流波形远偏离理想正弦电流波，只是偶尔发生（本书）。
- 电流幅值变化 负荷电流的幅值不是恒定的一类电流变化（本书）。
- 电流相位变化 负荷电流的相位和系统电流不一致的一类电流变化（本书）。
- 电流质量 负荷或设备电流偏离了理想正弦波的情况描述或研究。理想的电流正弦波具有恒定的幅值，频率与电压频率一样恒定，相位跟随着电压变化。术语"电流质量"很少被使用，但介绍其作为"电压质量"的补充（本书）。
- 电流变化 两类电流扰动的统称，一个总是存在的小的缓慢的偏离理想正弦电流的变化，通常视作 0（本书）。
- 电磁兼容性 设备或系统在环境中无需引入其余电磁扰动从而满足电磁环境要求的能力（IEC 61000-1-1）。
- 电磁兼容性等级＝兼容性等级（IEC）。

- 电磁干扰　一种可能降低装置、设备或系统性能或者发过来影响其内部的电磁现象。

- 电磁发射＝发射。

- 电磁环境

  —电磁场及其存在于传输介质中的信号（IEEE Electromagnetic Compatibility Society）。

  —存在于给定区域的电磁现象的总和（IEC 61000-1-1）。

- 电磁噪声＝电磁扰动（IEEE Std. 539）。

- 发射　电磁能量从一个信号源放射出去的现象（IEC 61000-1-1）。

- 发射水平　用专门途径测量的给定的电磁扰动从一个特定的设备、装置或是系统中发射出去的水平（IEC 61000-1-1）。

- 发射限值　最大允许的发射水平（IEC 61000-1-1）。

- 发射余量　兼容性水平占发射限值的比值（IEC 61000-1-1）。

- 抗扰度等级　给定电磁扰动的最大等级，该扰动是用专门方法在特定设备、装置或系统中产生，在此期间没有运行上的降级发生（IEC 61000-1-1）。

- 抗扰度限值　需要的抗扰度等级的最小值（IEC 61000-1-1）。

- 抗扰度余量　抗扰度限值占兼容性水平的比例（IEC 61000-1-1）。

- 干扰＝电磁干扰。

- 干扰电压　电磁干扰产生的电压（IEEE Electromagnetic Compatibility Society；CISPR-International Special Committee on Radio Interference）。

- 电力干扰　输入的交流电特征偏离标称值（或者是基于负荷耐受能力的选定的门槛值）的现象。

- 电能质量

  —电压和电流扰动的研究或描述。电能质量可以被视作电压质量和电流质量的结合（本书）。

  —敏感设备用以满足设备运行的供电和接地的概念（IEEE Std. 1100），（IEEE Std. 1159）。

- 消费质量　"服务质量"的补充概念，指的是用户在用户和设备互动中的责任（本书）。

- 服务质量　"供电质量"的非技术性部分（本书），本概念也被用作"供电质量"的同义词。

- 供电质量　指的是设备在设备和用户互动中的责任。概念"供电质量"包含一个和"电压质量"差不多一致的技术部分，和一个有时被称作"服务质量"的非技术部分（本书）。

- 辐射干扰

  —辐射的噪声或有害信号导致的无线电干扰（IEEE Electromagnetic Compatibility Society）。

  —由于电磁扰动以辐射的形式到达设备的电磁干扰。

- 有害信号　一个可能会对测量有害或影响的信号。
- 电压特征　用户或设备在特定区域内的电压质量的描述（EN 50160）。
- 电压扰动　系统或设备终端偏离理想正弦波的事件变化（本书）。
- 电压事件　两种类型电压扰动的统称。电压波形远偏离理想正弦电流波，只是偶尔发生（本书）。
- 电压幅值事件　在一段限定的时间内，电压均方根值在其正常运行范围之外的电压事件（本书）。
- 电压幅值变化　电压幅值偏离其理想或标称值的电压变化（本书）。
- 电压质量　电压偏离理想正弦波的研究或描述（本书）。
- 电压变化
  —两种类型电压扰动的统称。一个总是存在的小的缓慢的偏离理想正弦电压的变化，通常视作 0（本书）。
  —由于配电系统或其中一部分的总负荷的变化引起的电压升高或降低（EN 50160）。
- 理想信号　一个组成特定测量或者是接收的目标（IEEE Std. 539）。

C.2　电压幅值事件

- 部分灯火管制（电压过低）过去用来描述一个按计划的长时或者非常长时间的欠电压。这个意义现在应该被避免使用。
- 预期中断持续时间　一个独立负荷预期或者是平均的持续时间（IEEE Std. 493）。
- 瞬时中断　一个持续时间介于 0.5 周波和 0.5s 之间的中断（IEEE Std. 1159），（IEEE Std. 1250）。
- 中断
  —一个在一定时间内电压为 0 的电压事件。电压为 0 的持续时间和中断中"持续时间"的定义相类似（IEEE Std. 493），（IEEE Std. 1100），（IEEE Std. 1250）。
  —一个电压幅值小于标称值 10% 的电压事件（IEEE Std. 1159）。
  —一个或多个负荷、消费者或是其他设备失去电力供应（IEEE Std. 493），（ANSI 51.1）。
- 长时（中断、欠电压、过电压）一个持续时间从几分钟到几小时的电压幅值事件，和电力系统中事先手动复位的事件的情形相一致（本书）。
- 长时电压变化　一个持续时间长于 1min 的电压幅值事件（IEEE Std. 1159）。
- 长时中断　一个持续时间长于 3min 的中断（EN 50160），（UIE）。
- 瞬时扰动　一个稳态供电下的由冲击、暂降、电路和设备的开关或者是由电路的不正常运行状态导致的电力断路器或自动重合闸的动作引起的电压水平变化。
- 瞬时中断
  —一个持续时间在 0.5～2s 内的中断（IEEE Std. 1250）。
  —一个持续时间在 0.5～3s 内的中断（IEEE Std. 1159）。
  —一个持续时间必须被限制在一定时间内的中断，这个时间是通过在开关可以立刻动作的地方进行自动、手动开关操作来重新启动运行所需的时间。上述的开关动作必须在 5s 内完成（IEEE Std. 346）。

- 过电压
  - 一个比正常运行电压高的异常电压，一般可能由开关或雷击造成（IEEE Std. 432）。
  - 一个比正常额定电压或者设备、电路的最大运行电压高的电压（IEEE Std. 95）。
  - 系统两点之间的一个异常电压，这个电压比正常运行状态下系统中两点之间可能出现的最高值高（C62.22），（IEEE Std. 1313.1）。
  - 一个持续时间长于几秒的均方根电压的上升（IEEE Std. 1250）。
  - 一个电压幅值高于正常电压且持续时间长于 1min 的电压幅值事件（IEEE Std. 1159）。
  - 一个均方根电压高于正常运行范围的电压幅值事件（本书）。

- 永久强制停电　一个强制性的元件或单元被毁坏且在修复或替换之前服务不能重启的停电（IEEE Std. 859）。

- 永久停电　一个通过修理或替换才能恢复正常的电力系统元件的停电（IEEE Std. 859）。

- 恢复时间　一个电压或电流事件后，电压或电流回复到正常运行值所需的时间区间（IEEE Std. 1100）。

- 均方根变化＝电压幅值事件。术语"均方根变化"存在混淆，因为它是一个电压事件而非电压变化。

- 短时（中断、欠电压、过电压）一个持续时间从几周波到几分钟的电压幅值事件，和电力系统中事前自动恢复的事件相一致（本书）。

- 短时电压变化
  - 一个持续时间至多为 3min 的中断（IEEE Std. 1250）。
  - 一至两相供电电压消失的情况，持续时间一般不超过 3min（UIE）。

- 供电中断　供电终端电压低于标称电压 1%的情形（EN 50160）。

- 持续中断
  - 一个持续时间长于 2min 的中断（IEEE Std. 1250）。
  - 一个持续时间长于 1min 的中断（IEEE Std. 1159）。
  - 不能归为瞬时中断的任何中断（IEEE Std. 346）。

- 暂升
  - 输电线输送的工频电压的瞬时升高，该电压在正常耐受范围以外，持续时间长于一个周波小于几秒（C62.41），（C62.48）。
  - 工频交流电压均方根值的升高，持续时间从半个周波到几秒（IEEE Std. 1100），（IEEE Std. 1250）。
  - 一个电压超过正常电压 10%的电压幅值事件，持续时间从半个周波到 1min（IEEE Std. 1159）。

- 临时故障　一个靠快速自动重合闸装置快速清除的短路故障（IEEE Std. 1250）。

- 临时强制停电 在元件和单元未被损坏且在不需要修理的情况下（通常带有在线检查）（IEEE Std. 859）通过手动开关操作恢复运行的强制停电。注意它与"临时中断"的矛盾。这些术语的用法应该被废除。
- 临时中断
  - 一个持续时间从 3s～1min 的中断（IEEE Std. 1159）。
  - 一个持续时间从 2s～2min 的中断（IEEE Std. 1250）。
- 临时工频过电压＝暂升（EN 50160）。
- 瞬时故障 一个自动消失的故障（IEC），（IEEE Power Engineering Society）。这个术语也被用作是在重合闸之后消失的故障，这个术语的用法应该被废除。
- 瞬时强制停电 电力系统中单元或元件未被损坏且自动恢复的停电（IEEE Std. 859）。
- 瞬时停电 电力系统元件自动恢复的停电（IEEE Std. 859）。
- 欠电压
  - 均方根电压在一定时间内在正常运行边界之外的电压事件（本书）。
  - 一个幅值小于正常均方根电压的电压幅值事件，持续时间超过 1min（IEEE Std. 1159）。
  - 一个持续时间小于正常均方根电压的电压幅值时间，持续时间长于几秒（IEEE Std. 1100），（IEEE Std. 1250）。
- 十分长时（中断、欠电压、过电压）一个持续时间长于几个小时的电压幅值事件，和电力系统中在保护恢复之前，元件或系统有待修理的情形相一致（本书）。
- 十分短时（中断、欠电压、过电压）一个持续时间小于几个周波的电压幅值事件，和电力系统中瞬时或自动恢复的时间相一致（本书）。
- 电压中断＝中断（IEEE Std. 1159）。
- 电压暂升＝暂升。

C.3 电力系统可靠性

- 主动故障 和短路故障相关的基本元件的停电（Billinton-Allan）。
- 充足性 电力系统中满足用户需要的充足的设备的存在性（Billinton-Allan）。
- 恶劣天气 使得在一定时间内暴露在室外的元件异常的高故障率的天气条件（IEEE Std. 859）。
- 老化 随着时间推移，一个随机元件故障率的改变。
- 平均服务有效性指标（ASAI）（Billinton-Allan）：

$$ASAI = \frac{用户可用服务小时数}{用户需要的小时数} \tag{C-1}$$

- 自动停电 由开关设备的自动操作造成的停电（IEEE Std. 859）。
- 有效性
  - 系统满足它的任务要求的时间段（IEEE Std. 446），（IEEE Std. 493），（IEEE Std. 859），（IEEE Std. 896.9），（C37.1），（C37.100）。
  - 在一个随机选择的时刻，一个项目可以运行的概率（IEEE Std. 352），（IEEE

Std. 380），（IEEE Std. 577），（IEEE Std. 896.3）。

■ 用户平均中断持续时间指标（CAIDI）（Billinton-Allan）：

$$CAIDI = \frac{用户中断持续时间总和}{用户中断总数} \qquad (C-2)$$

这个定义和式（2-3）中定义的"一次中断的平均持续时间"相一致。

■ 用户平均中断频率指标（CAIFI）（Billinton-Allan）：

$$CAIFI = \frac{用户中断总数}{受影响的用户总数} \qquad (C-3)$$

注意对于任意给定的时间段 CAIFI 至少是 1。

■ 0 型计划外停电　由配置服务单元不成功引起的发电机单元的停电（IEEE Std. 762）。

■ 1 型计划外停电　需要立即从现有状态清除的发电机单元的停电（IEEE Std. 762）。

■ 2 型计划外停电　不需要立即从现有运行状态清除但需要在 6h 内清除发电机单元的停电（IEEE Std. 762）。

■ 3 型计划外停电　可以延迟 6h 以内但是需要在下个周末结束前被清除的发电机单元的停电（IEEE Std. 762）。

■ 4 型计划外停电　一个可以允许停电直至下周末结束前但需要一个单元在下一个计划停电前被清除的发电机单元停电（IEEE Std. 762）。

■ 共模故障　由一个共同原因引起的多种故障（IEEE Std. 627），（IEEE Std. 649），（IEEE Std. 650），（C37.100）。

■ 共模停电事件　由共模故障引起的一个元件故障（IEEE Std. 859）。

■ 完全停电阶段　元件或单元完全断开或者连接着但在电力系统中没有实现它的功能（IEEE Std. 859）。

■ 恒定故障率周波　一个元件寿命内的可能周波，在这个周波内故障几乎以不变的概率发生（IEEE Vehicular Technology Society）。

■ 停滞（死区）时间＝重合闸区间（C37.100）。

■ 退化故障　一个部分存在且逐渐发展的故障。经过一段时间，这样的一个故障可能会变成一个完整的故障（IEEE Std. 1100）。

■ 故障停机时间　设备或系统不能很好满足工作特性的时间段（C37.100）。

■ 早期故障周期　元件寿命周期的早期，在此期间故障率迅速下降（IEEE Reliability Society）。

■ 电气故障　断路器的故障，主要是由输电线路和断路器之间的电应力造成的（C37.10）。

■ 紧急维护　为保持系统运行计划外的校正性维护（IEEE Std. 1219）。

■ 扩展的计划内停电　计划内停电，这种计划内停电是超出已确定的时间的基本计划内停电的扩大（IEEE Std. 762）。

■ 故障　描述一个系统元件完整完成它所需功能的能力的术语。

- 需要持续供电的故障 一个元件无法持续完成所需功能 (IEEE Std. 859)。
- 响应故障 无法实现对一个手动或自动命令的系统状态响应的功能 (IEEE Std. 859)。
- 故障率 一个和随机系统元件相关的量,给出了每个元件每年的故障次数。可观故障率被定义成故障次数除以年数和元件数的乘积。数学意义上的故障率是由元件寿命期限内的输电概率来定义的。
- 跳闸故障 在继电器或者继电保护系统的运行中,由于继电系统设计原因造成的应有的跳闸的缺失 (C37.90), (C37.100)。
- 强制停电伴随的故障 变压器需要立即从运行状态切除的故障 (C57.115)。
- 计划内停电伴随的故障 变压器需要在一个选定的时间从运行状态切除的故障 (C57.115)。
- 误操作概率 非计划的操作数与可见的元件不应该响应的操作数的比例 (IEEE Std. 859)。
- 错误跳闸 基于继电保护设计的目标不应该发生的保护跳闸 (C37.90), (C37.100)。
- 强制中断 由强制停电造成的电力供应中断 (IEEE Power Engineering Society)。
- 强制停电 由于故障或不正当操作的介入导致的电力系统元件停电 (IEEE Std. 446), (IEEE Std. 859)。
- 强制停电持续时间=维修时间。
- 强制无效性 一个元件由于故障不能正常运行较长时间 (IEEE Std. 493), (IEEE Std. 859)。
- 中断标准 一个用来评价一个确定的系统状态或事件可靠性的标准,这个事件由为一个给定的负荷或负荷组供电的故障组成 (本书)。
- 中断频率 每年预期或平均的中断数 (IEEE Std. 493)。
- 中断运行 一个由系统的不正常运行造成的电气负荷和系统供电的隔离 (C37.100)。
- 灾害气候 指定的天气超出了设备的设计极限,并且满足以下所有条件:大量的手工操作对设备造成的损害;超过一定百分比的用户断电(典型值为 10%);供电恢复需要长于一定时间(典型值为 24h)(IEEE Std. 859)。
- 故障(不起作用) 失去了引发或维持一个要求的功能的能力,这个功能通常是保护动作,或者是不需要的动作的开始 (C37.100)。
- 手动停电 由无意识的或者疏忽大意的操作者控制的开关设备打开造成的停电 (IEEE Std. 859)。
- 平均停电持续时间 特定类型停电发生的平均持续时间 (IEEE Std. 859)。
- 故障间平均时间 (MTBF)
  - 一运行元件和设备的故障之间的预期时间间隔 (C37.1), (C37.100), (C62.1), (C610.10)。
  - 一持续运行的设备、电路或系统的故障之间的平均观测时间 (IEEE Std. 599),

（IEEE Std. 352），（IEEE Std. 859），（C610.10），（IEEE Reliability Society）。

- 平均停电时间　特定类型停电发生的平均时间（IEEE Std. 859）。
- 平均修复时间
  - —设备或元件故障和恢复到正常运行两种状态之间的预期时间间隔（C37.1），（C37.100），（IEEE Std. 610.12）。
  - —设备或元件故障和恢复到正常运行两种状态之间的观测到的平均时间间隔（IEEE Std. 352），（IEEE Std. 380），（IEEE Std. 610.10），（IEEE Std. 610.12）。
- 平均恢复时间＝平均停电持续时间（IEEE Std. 859）。
- 多重独立停电　停电的发生，每个停电都有自己独立的起始原因，其中没有一个停电的发生是其余任何一个的结果，但是停电的结果是相互重合的（IEEE Std. 859）。
- 多重停电事件　涉及两个及以上元件的停电事件（IEEE Std. 859）。
- 非指数分布　一个元件的寿命或修复时间分布，这个分布不会导致恒定的故障或维修率。
- 正常天气　和"灾害气候"不是完全相反的或非特定意义的所有天气状况（IEEE Std. 859）。
- 与操作有关的停电　单元或元件被从运行状态切除来提高系统运行水平导致的计划内停电（IEEE Std. 859）。
- 停电　由于一些直接和元件相关的事件造成系统元件不能正常按预定功能要求运行的状态（IEEE Std. 346），（IEEE Std. 493），（IEEE Power Engineering Society）。
- 停电持续时间　从停电开始直至受影响的元件再次正常运行的周波（IEEE Std. 346），（IEEE Std. 859）。
- 停电事件　一个包含一个或多个单元或元件的停电发生的事件（IEEE Std. 859）。
- 停电发生　一个元件或单元从正常运行状态到停电状态的变化（IEEE Std. 859）。
- 停电率＝故障率（IEEE Std. 346），（IEEE Std. 859）。
- 停电状态　元件或单元没有在正常运行状态；也就是说，它部分或全部与系统隔离了（IEEE Std. 859）。
- 部分停电状态　单元或元件至少被部分供电，或者不是完全连接到它们的全部终端上，或者是两者兼具，以至于在电力系统内不能实现它们的一些功能（IEEE Std. 859）。
- 被动故障　一个基本元件与短路故障无关的故障（Billinton-Allan）。
- 永久强制故障　元件或单元被损坏且在修理或替换完成之前不能恢复运行的强制故障（IEEE Std. 859）。
- 永久故障　一个通过修理或替换可以恢复运行的电力系统元件故障（IEEE Std. 859）。
- 计划内（planned）（中断、停电等）＝计划内（scheduled）（中断、停电等）。
- 电力系统可靠性　电力工程领域包括频率的随机预测和供电中断持续时间等问题的方面。这个术语通常只用于中断领域，但是同样的方法可以被应用到其他电能质量事件中。

- 基本停电　在多重相关停电时间中的一次停电，这次停电是作为开始事件的主要结果且相对于其他任何停电来说独立的（IEEE Std. 859）。
- 按命令合闸的故障率　合闸的故障数和断路器、开关或重合闸装置合闸命令数的比值（IEEE Std. 859）。
- 重合闸区间　断路器的打开和重合的间隔时间（C37.100）。
- 重合闸　伴随着跳闸的电路中断设备的重新自动合闸（C37.95）。
- 冗余　指的是电力系统元件的故障或停电不会造成对任何负荷或用户的供电中断。
- 多重相关停电事件　一个多重停电事件，其中一个停电是另一个停电的结果，或者是开始它们都由一个事件触发，或者是两者兼具。多重停电事件中每一个停电根据停电和开始事件之间的关系被分为主要停电或次要停电（IEEE Std. 859）。
- 可靠性评估（assessment）＝可靠性评估（evaluation）（IEEE Std. 729）。
- 可靠性评估　一个为了获得故障特征的对系统的随机研究。在电力工程中待测系统通常被研究诸如频率和中断持续时间类的供电和故障特征。
- 修复率　一个单位单元时间内给定类型或项目的修复动作的期望值（IEEE Std. 352）。
- 修复时间　从故障发生到元件重新恢复运行的时间，或者是修复故障元件，或者是用一个多余的元件替代故障元件（IEEE Std. 493）。
- 备用停机　一个单元可用但是却不运行的状态（IEEE Std. 762）。
- 系统平均中断持续时间指标（SAIDI）（Billinton-Allan）：

$$\text{SAIDI} = \frac{用户中断持续时间总和}{用户总数} \tag{C-4}$$

这个定义和式（2-2）中定义的"单位用户平均不可用度"相一致。

- 系统平均中断频率指标（SAIFI）（Billinton-Allan）：

$$\text{SAIFI} = \frac{用户中断总数}{用户总数} \tag{C-5}$$

这个定义和式（2-1）中定义的"单位用户平均中断数"相一致。

- 计划内中断　一个由于计划内停电引起的供电中断（IEEE Power Engineering Society）。
- 计划内停电　系统元件由在先前选定的时间定好的操作的介入引起的停电（IEEE Std. 446），（IEEE Std. 493），（IEEE Std. 859）。
- 计划内停电持续时间　从一个计划内停电开始直至建设、保护维护或者维修工作完成以及受影响的元件可以按预定功能正常工作的周期（IEEE Std. 493）。
- 计划内不可用性　由计划内停电造成的系统或元件长期不能运行的性质（IEEE Std. 859）。
- 次要停电　作为另一个停电的结果的停电（IEEE Std. 859）。
- 单一停电事件　一个只涉及一个元件的停电事件（IEEE Std. 859）。

- 启动故障　在一定时间内，无法将一个元件从不可用状态或者是停机状态恢复到服务状态（IEEE Std. 762）。
- 开关时间　从一个因为元件故障需要的开关操作到开关操作完成所需要的时间（IEEE Std. 493），（IEEE Power Engineering Society）。
- 与系统关联的停电　由系统影响或状态引起的强制停电，这个停电不是被直接监测到的元件或单元上的事件影响的（IEEE Std. 859）。
- 临时强制停电　元件或单元没有被损坏，随后无需维修（可能带有在线监测）通过手动开关操作恢复供电的强制停电（IEEE Std. 859）。
- 瞬时强制停电　元件或单元没有被损坏，随后自动恢复供电的事件（IEEE Std. 859）。
- 瞬时停电　自动恢复供电的电力系统元件的停电（IEEE Std. 859）。
- 不可用性
  - 一元件或系统没有执行它应有的运行的一小部分可观测时间。供电不可用性通常是用每年的分钟数来描述的（IEEE Std. 493），（IEEE Std. 859）。
  - 一在一段给定的瞬间，元件处于停电状态的概率（IEEE Std. 352），（IEEE Std. 493）。
- 故障磨损周期＝磨损周期（IEEE Reliability Society）。
- 磨损周期　一个元件寿命范围内故障率激增的最后时间段（IEEE Std. 352）。

C.4　电压暂降

- 平衡暂降　三相系统或三相设备终端的三相电压均方根值的持续时间长达几分钟相等降落。注意一个平衡暂降是三相不平衡暂降的一种特殊情况（本书）。
- 特征复电压　三相不平衡暂降的特征，指的是暂降的严重性。对于各种类型的三相不平衡暂降，特征复电压的定义如下给出。特征复电压可以被笼统定义为受影响最严重的相的复电压或是受影响最严重的压差的复电压，无论哪一相受影响更严重。其余情况中还有事前电压或者电压差沿着实轴正方向（本书）。
- 特征幅值　特征复电压的绝对值（本书）。
- 特征相位跳变　特征复电压的参数（本书）。
- 设备终端的复电压　对于三相设备，由于三相不平衡暂降，在设备终端遇到或者在一个特定地方测量到的三相复电压。对于 3 个电压之一，事前值都是沿着实轴正方向（本书）。
- 临界距离　一个会在指定位置导致指定幅值的电压暂降短路故障的距离（本书）。
- 持续时间（暂降）电压有效偏离理想电压的持续时间。"有效偏离"的定义有待进一步讨论；通常的定义是至少一相的均方根电压低于其标称值的90%(本书)。
- 包络电压　可观测到的瞬时电压的复数形式的幅值（IEEE Std. 473）。注意这个定义和"幅值（暂降）"是等价的。
- 发展性故障　在由于一相或更多相电流上升幅值引起的中断过程中的电流变化（C37.100）。
- 起始复电压　在故障相或在故障相间由导致电压暂降的短路故障引起的公共连

接点的复电压，且敏感设备遭遇了这个暂降。公共连接点严格意义上只能在辐射系统中使用，但是在许多非辐射系统中可以用来描述一个公共连接的节点（本书）。

- 起始幅值　起始复电压的幅值（本书）。
- 起始相角跳变　起始复电压的参数（本书）。
- 幅值（暂降）单相设备在一个电压暂降中的电压均方根值。暂降过程中，幅值很少是一成不变的，因此可以将幅值视作时间的一个函数，或者是仅用一个值来描述幅值，通常这个值是最低值。
- 设备终端暂降幅值　设备终端复电压的绝对值（本书）。
- 缺损电压　单相设备中，暂降事件中时域电压和如果不发生这个事件的电压的差。
- 相角跳变　单相设备中，一个事件中电压相角和事件前电压相角的差。相角跳变在事件中电压引起事前电压的情况下是正的（本书）。
- 设备终端相角跳变　设备终端复电压的参数（本书）。
- 波形点暂降起始点　单相设备，暂降开始瞬间电压波形的角度。事前电压最后一次过 0 的点被当作一个参考点（本书）。
- 波形点电压恢复　单相设备，电压恢复瞬间电压波形的角度。事前电压最后一次过 0 的点被当作一个参考点（本书）。
- 故障后　一个指伴随着故障清除开始的区间的术语（C37.100）。
- 故障后电压暂降　电压暂降的一种，期间均方根电压保持在正常运行范围之外，时间在电压恢复之后。在故障后电压暂降中，引起电压暂降的短路故障不再发生（本书）。
- 故障前　一个指以故障开始为结束的区间的术语（C37.100）。
- 暂降
  - ＝电压暂降。
  - 一个电压幅值在标称值 10%～90%，持续时间在 0.5 周波和 1min 之间的电压幅值事件（IEEE Std. 1159）。
  - 一个电压幅值低于标称电压，持续时间在 0.5 周波和几秒之间的电压幅值事件（IEEE Std. 1100），（IEEE Std. 1250）。
- 暂降的引发　电力系统或设备终端处电压的突然变化，直接由短路故障引发。暂降起始可以被视作实际电压暂降的开始（本书）。
- 供电电压跌落　供电电压突然下降到标称值 1%～90%的一个值的现象，经过一段很短的时间周波恢复供电（EN 50160）。
- 三相平衡暂降＝平衡暂降。
- 三相不平衡暂降　一个持续时间最长到 1min 的电压均方根值的降落，至少涉及三相系统或三相设备终端的一相（本书）。
- 不平衡故障　一个并非三相全部涉及的短路或者开路故障。单相接地短路故障，两相短路故障都是例子。

- 电压跌落 供电电压突然下降超过参考值的 10%的现象，在一个很短的时间内电压又恢复了正常（UIE）。

- 电压暂降 单相设备中，电压均方根值最长到几分钟的下降。

- 电压暂降持续时间 参见"持续时间"。

- 电压暂降幅值 参见"幅值"。

- 电压恢复 电力系统或设备终端中电压的突然变化，通常是由从电力系统中的完好部分切除短路故障引起的。电压恢复的瞬间可以被看出是电压暂降的实际结束。注意这个电压并非完全恢复到事前的数值。

- 电压耐受能力 设备的一部分对于幅值变化（电压暂降、电压暂升和中断）和短时过电压的免疫力。

- 耐受电压曲线 敏感元件即将跳闸的最大暂降持续时间与最小暂降幅值之间的关系。

C.5 波形畸变

- 特征谐波 平衡操作过程中三相电力整流器造成的谐波电流（IEEE Std. 519）。

- 波峰因数 周波信号的峰值和它均方根值的比值（C57.12.80）（IEEE Std. 120），（IEEE Std. 145），（IEEE Std. 194），（IEEE Std. 1100）。

- 偏差因数 当波形以最大差尽可能小的方式叠放时，波形纵坐标和等价正弦波的最大差的比例。注意：等价正弦波被定义成和被测波形具有相同频率和相同均方根值的正弦波（IEEE Std. 120），（IEEE Power Engineering Society）。

- 正弦波偏离度 畸变波形和基波峰值之间的最大差的绝对值的比例（IEEE Std. 519），（IEEE Std. 937）。

- 畸变 元件电压或电流处于非工频状态。这个术语通常被用作"谐波畸变"的同义词。

- 畸变因数
  —电压或电流谐波成分均方根值与基波量的比值（IEEE Std. 120），（IEEE Std. 519），（IEEE Std. 1100），（IEEE Std. 1250）。
  —电压或电流谐波成分均方根值与全波量的比值（IEEE Std. 280），（IEEE Power Engineering Society）。注意这两个定义的差别。

- 畸变功率 有功、无功功率以外的第 3 个功率，数学定义式为

$$D=\sqrt{S^2-P^2-Q^2} \tag{C-6}$$

式中，S 为视在功率；P 为有功功率；Q 为各谐波成分无功功率的总和（IEEE Std. 270）。

- 因数 周期波形均方根值与一个完整波形周期的平均绝对值的比值（IEEE Industry Application Society），（IEEE Std. 1100），（IEEE Std. 270），（IEEE Std. 59），（IEEE Std. 120）。

- 谐波 一个周期波形或量的正弦成分，其频率为畸变频率的整数倍。注意：举例来说，一个成分，其频率是基波频率的两倍，就叫做二次谐波（IEEE Std. 519），（IEEE Std. 599），（IEEE Std. 936），（IEEE Std. 1250），（C62.48），（EN 50160）。

- 谐波成分＝谐波。
- 谐波容量　电压或电流波形的畸变，以多种谐波成分绝对值的形式呈现出来（IEEE Std. 446），（IEEE Std. 539），（IEEE Std. 644），（IEEE Industry Application Society）。
- 谐波畸变　电流或电压的频率成分是工频的整数倍（IEEE Std. 1057），（IEEE Std. 1100），（IEEE Std. 1143），（IEEE Std. 1250），（C62.48）。
- 谐波因数＝畸变因数（IEEE Std. 519）。
- 谐波（电压或电流）畸变　电压或电流的变化，这种变化时，稳态的波形包含着一些频率是基波频率整数倍的成分。
- 间谐波（电压或电流）畸变　电压或电流的变化，这种变化时，稳态的波形包含着一些频率不是基波频率整数倍的成分（IEEE Std. 1159），（EN 50160）。
- 线路电压缺口＝周波电压缺口（IEEE Std. 519）。
- 正弦波最大理论偏移　对于一个正弦波，波形中所有谐波幅值（或均方根值）的算术和与基波幅值（或均方根值）的比值（IEEE Std. 519），（IEEE Std. 936）。
- 非特征谐波　谐波电流成分，不是一个特征谐波，由三相电力整流器产生（IEEE Std. 519），（IEEE Std. 936）。
- 缺口区域　线路电压缺口的区域。它是缺口深度的产物，单位是伏特，计量的是每微秒中测量的缺口的宽度（IEEE Std. 519）。
- 缺口深度　线路电压缺口的平均深度，以偏离正弦波电压的程度来计量（IEEE Std. 519）。
- 缺口　电力电子设备的正常运行(换相)带来的周期性电压扰动（IEEE Std. 1159）。
- 周波电压缺口　一个重复的电压扰动，使得电压每个周波一次或多次比理想正弦波先接近 0。
- 成比例的谐波容量　电压或电流波的畸变，以多种与工频成分成比例的谐波成分值的形式呈现（IEEE Std. 936）。
- 特征　可以帮助辨识事件或状态的波形特征（C37.100）。
- 总需求畸变（TDD）
  —谐波电流畸变的均方根值对最大需求负荷电流的百分比（15～30min 需求）（IEEE Std. 519）。
  —总的均方根电流的畸变与最大需求电流的百分比（IEEE Std. 1250）。
- 总谐波畸变＝畸变因数（IEEE Std. 1250）。
- 总谐波畸变扰动水平　一个给定的由给定系统中一个设备各部分发射谐波的叠加造成的电磁扰动的水平（IEEE Std. 1159）。
- 电压偏移
  —实际瞬时电压和先前未被扰动波形的瞬时差。注意：电压偏移算术值是每单元先前未被扰动电压的峰值的百分数形式（IEEE Std. 936）。注意这个定义和本书中所用和（IEEE Std. 1159.2）中提出的"缺损电压"是一致的。
  —信号均方根电压和平均均方根电压的比值（IEEE Std. 473）。

- 电压畸变　交流线路电压偏离标准正弦波的现象（IEEE Std. 1159），（IEEE Std. 1250）。
- 电压或电流波形　时间的函数形式的电压或电流。
- 波形畸变　理想地偏离工频理想正弦波（IEEE Std. 1159）。

C.6　设备性能

- 临界负荷
  - —为保证正常运行需要持续优质电力供应的负荷部分（IEEE Std. 241）。
  - —设备或装置，它们的故障将危及全员安全或健康，会导致功能和经济上的损失，或者是危及用户珍视的财产（IEEE Std. 1100）。
  - —=敏感负荷
- 跌落（dropout）由噪声、暂降或中断造成的设备运行的缺失（IEEE Std. 1100），（IEEE Std. 1159）。
- 跌落电压　设备停止运行的电压（IEEE Std. 446），（IEEE Std. 1159），（IEEE Std. 1159）。
- 电磁磁化率=磁化率。
- 耐受能力　设备、装置或是系统不受电磁扰动降级运行的能力（IEC 61000-1-1）。
- 耐受水平　一个给定电磁扰动的最大水平，以特定方式在特定设备、装置或系统上发生的事件不会导致降级运行（IEC 61000-1-1）。
- 耐受限值　需要的最小耐受水平（IEC 61000-1-1）。
- 抗干扰能力=耐受能力（IEEE Electromagnetic Compatibility Society）。
- 穿越能力　设备对抗暂降引起的瞬时中断的能力（IEEE Std. 1250）。电压耐受能力这个概念应用更为普遍。
- 敏感（设备或负荷）和由电力供电的设备、系统相关，这些设备经历了由于电压变化或事件引起的故障或误操作。
- 假信号　电力设备或传感器得到的除了需要的响应以外的任何响应（IEEE Std. 599）。
- 易感性　设备、装置或系统在电磁扰动下降级运行的能力（IEC 61000-1-1）。
- 设备跳闸　计划外的操作或设备故障，通常导致设备停止运行。
- 脆弱性　设备被一个外界影响因素毁坏的特征，这个外界因素比如说一个瞬时过电压（C62.45）。

C.7　其他电能质量扰动

- 交流电力线场　电力线产生的工频电磁场（IEEE Std. 539）。
- 环绕噪声　与给定环境有关的环绕噪声，通常是远近许多激励源的综合贡献（IEEE Std. 539）。
- 角度延迟的不平衡　负荷电压/电流由于不相等的角度延迟产生的不平衡，有时候是一个单一交流波正负半周之间，有时候是两个，或是一个三相系统中的更多相（IEEE Std. 428）。
- 背景噪声　电力线路或变电站的独立系统噪声的总和（IEEE Std. 430）。

- 截尾脉冲波　一个由闪络造成的突然崩溃的脉冲波（Power Engineering Society），（IEC）。

- 共模噪声　从每根信号导线到地的每相中同样出现的噪声电压（IEEE Std. 422），（IEEE Std. 525），（IEEE Std. 1050），（IEEE Std. 1100），（IEEE Std. 1143）。

- 共模过电压　差模电压不超过其正常运行范围，但是共模超过了的事件（IEEE Std. 1057）。

- 共模电压　每相从输电线到地都可能出现的噪声电压（IEEE Std. 1159），（IEC 61000-2-1）。

- 感应无线电噪声　从信号源通过电气连接感应从而传播的无线电噪声（IEEE Std. 539）。

- 临界冲击幅值　雷击电流的算术值，直到每相导线的终端，会升高导线的电压到一个类似闪络的等级（IEEE Std. 998）。

- 电流不平衡　三相负荷的电流变化，其中三相电流幅值或相角差不等（本书）。

- 直流补偿　交流电力系统中直流电压或电流成分的呈现（IEEE Std. 1159）。

- 差模电压　平衡电路中两相的电压差（IEEE Std. 802.3），（IEEE Std. 802.12）。

- 闪变＝灯光闪变（IEEE Std. 1159），（IEEE Std. 1250），（IEC）。

- 频率偏差＝电压频率偏差（IEEE Std. 1100），（IEEE Std. 1159）。

- 完整脉冲电压　一个非周期的瞬时电压，这个电压迅速升高到最大值然后通常比升高慢一些下降到 0（IEEE Std. 4）。

- 完整闪电脉冲　一个不被任何形式放电打断的闪电脉冲。

- 地磁感应电流　地磁场变化在电力系统中感应出来的电流。这些变化以及感应电流的周波为若干分钟（IEEE Std. 367）。

- 短时脉冲波干扰　一个来源不确定的相对短时间脉冲波形微扰（IEEE Std. 4）。这个术语的用法应该被废除。

- 高频暂态　一个振荡频率高于 500kHz 的振荡暂态（IEEE Std. 1159）。

- 不平衡（Imbalance）＝电压不平衡（IEEE Std. 1159）。

- 脉冲　不定极性的冲击，如一个 1.2/50μs 的电压冲击（IEEE Std. 4）（IEEE Std. 4），（IEEE Std. 28），（IEEE Std. 829），（IEEE Std. 1100），（IEEE Std. 1250），（C62.11），（C62.22）。

- 脉冲噪声　通过静止区间分割的瞬时扰动描述的噪声 IEEE Std. 145）（IEEE Std. 539），（IEEE Std. 599）。

- 脉冲暂态　一种类型的电压电流暂态，在此期间偏离标称电压是不定向的，也就是说，或者是正或者是负 IEEE Std. 1159）。

- 灯光闪变　人类感知到的灯光强度的变化。灯光闪变可以是电压波动引起的。

- 雷电过电压　一种类型的瞬时过电压，其中一个快速的前馈电压通过闪电或故障产生（IEEE Std. 1313.1）。

- 负荷电压不平衡＝电压不平衡（IEEE Std. 428）。

- 低频暂态　一个振荡频率低于 5kHz 的振荡暂态（IEEE Std. 1159）。

- 输电线标志信号　输电线信号电压，这个电压由在选定波形点的短时变化叠加而成（EN 50160）。

- 输电线信号电压　供电电压叠加而成的信号，为了公共配电网的信息的传输和满足用户需求（EN 50160）。

- 中频暂态　一个振荡频率介于 5～500kHz 的振荡暂态（IEEE Std. 1159）。

- 微秒级暂态　一个持续时间从 50ns～1μs 的冲击暂态（IEEE Std. 1159）。

- 毫秒级暂态　一个持续时间长于 1μs 的冲击暂态（IEEE Std. 1159）。

- 纳秒级暂态　一个持续时间短于 50ns 的冲击暂态（IEEE Std. 1159）。

- 噪声　不需要的电信号。

- 缺口（陷波）一个至少持续半个周波的电压扰动，一开始和波形的两极相反（IEEE Std. 1100），（IEEE Std. 1250），（IEEE Std. 1159），（C62.48）。

- 振荡暂态　一种类型的电压或电流暂态，在此期间，从正常电压偏离的电压在 0 附近振荡：这个偏离值时正时负（IEEE Std. 1159）。

- 相电压不平衡百分数　一个相电压偏离所有相的平均值的最大值与相电压的平均值的比值，用百分数形式表示（IEEE Aerospace and Electronic Systems Society）。这个定义中的"不平衡"这个用法应该被废除；电压（电流）的不平衡通常被量化为负序和正序电压（电流）的比值。

- 周波频率调制　输出频率偏离其标称值的周波变化（IEEE Std. 936）。

- 周波输出电压调制　输出电压算术值的周波变化，其频率低于基波输出频率（IEEE Std. 936）。注意这个术语和"电压波动"相一致。

- 工频变化＝电压频率变化（IEEE Std. 1159）。

- 输电线载波信号　输电线信号电压，其频率范围是 3～148.5kHz（EN 50160）。

- 无线电辐射噪声　从信号源到空间以电磁波形式传播辐射的无线电噪声（IEEE Std. 539）。

- 无线电频率扰动　含有无线电频率范围内的成分的电磁扰动（IEEE Std. 539）。

- 无线电频率干扰＝无线电频率扰动（IEEE Std. 539）。

- 无线电噪声　无线电频率范围内的辐射电磁扰动（IEEE Std. 430）。

- 迅速电压变化　两个连续电压等级（用来维持精准但不定持续时间）之间的电压均方根值的单一迅速变化（EN 50160）。这个术语和"电压幅值阶梯"相一致。

- 纹波控制信号　频率范围从 110～3000Hz 的输电线信号电压（EN 50160）。

- 转换率
  —交流电压的变化率，以伏特/秒形式表示（IEEE Std. 1159）。
  —交流电压频率的变化率（IEEE Std. 1100）。

- 阳光感应电流＝地磁感应电流。

- 尖峰脉冲＝瞬时过电压（IEEE Std. 241）。

- 冲击
  —电力电路中电流、电压或功率的瞬时波形（C62.1），（C62.11），（C62.22），（C62.41）。

—一个瞬时电压或电流，通常迅速上升到峰值然后缓缓下降到 0，通常发生在运行中的电力设备或网络中（IEEE Std. 4）。

　　—电压或电流的瞬时波形（IEEE Std. 1250），（C62.34），（C62.48）。

　　—术语"冲击"也被用作"短时过电压"的意思；它的用法应该被废除。

- 开关过电压　一个有很短的波前，短持续时间，无方向或振动的高度衰减的由开关或故障产生电压的瞬时过电压（IEEE Std. 1313.1）。

- 开关涌流＝开关过电压（IEEE Std. 524），（IEEE Std. 524a），（IEEE Std. 1048），（C62.22）。

- 临时过电压　在一段相对长的持续时间内一个未衰减的或轻度衰减的过电压（IEEE Std. 1313.1）。

- 三相不平衡＝电压不平衡。

- 瞬时（暂态）

　　—＝瞬时（电压或电流）扰动。

　　—稳态情况下电压或电流的变化，或者两者兼有（IEEE Std. 382）。

　　—任何持续时间短于几个周波的电压或电流事件（IEEE Std. 1250）。

　　—通过一个锐利的波形间断来被证明交流波形的子循环扰动。可以是从波形的两极中的任意一极且对标称波形做加法或减法（IEEE Std. 1100）。

　　—一个持续时间短于半个周波的扰动（UIE）。

- 瞬时（电压或电流）扰动　通过一个锐利的波形间断来被证明交流波形的子循环扰动（IEEE Std. 1100）。

- 瞬时过电压。

　　—短时振荡或非振荡过电压，经常在几毫秒或更短时间内高度衰减（EN 50160）。

　　—电压超出通常 60Hz 电压波的瞬时偏移（IEEE Std. 241）。

　　—在很短时间内时域电压超出正常运行范围的电压事件，通常时间短于几毫秒（IEEE Std. 1313.1）。

- 横模电压　一个给定地点两根导线之间的电压（C37.90），（C63.31），（C63.32）。

- 不平衡＝电压不平衡。

- 不平衡因数　三相系统中电压的负序成分与正序成分的比值（IEEE Std. 936）。

- 不平衡比例　三相系统中最高和最低基波均方根值的差值，指的是三相电压或电流基波均方根值的平均值（IEEE Std. 936）。在这个意思中，术语"不平衡"应该被废除。

- 十分快速波前短时过电压　一个瞬时过电压，通常持续时间很短且无方向，电压通常由 GIS 短路开关操作产生。高频振荡通常被叠加到无方向的波形上（IEEE Std. 1313.1）。

- 电压变化　两个连续电压等级（用来维持精准但不定持续时间）之间的电压均方根值的变化（IEEE Std. 1159），（IEC 61000-2-1）。这个术语和"电压幅值阶梯"相一致。

- 电压闪变 "电压波动引起的灯光闪变"的缩写词。
- 电压波动
  - —电压变化的特殊形式，这种变化主要体现在一个几秒或更短的时间尺度上的幅值和（或）相角的变化。严重的电压波动会导致闪变。
  - —电压包络的周波变化或一系列电压变化（IEEE Std. 1159），（IEC 61000-2-1）。
  - —电压算术值低于标称值10%的电压变化（UIE）。
- 电压频率变化 电压频率偏离其理想或标称值的电压变化（本书）。
- 电压不平衡（voltage imbalance）＝电压不平衡（voltage unbalance）（IEEE Std. 1159）。
- 电压幅值阶梯 一个电压均方根值显现出一个快速的上升，然后从一个常量降落到另一个常数值的电压事件，这两个常量都在正常运行范围之内（本书）。
- 电压不平衡 三相系统中的电压变化，其中三相幅值或相角差不相等。电压不平衡可以用负序和正序电压的比例来计量。
- 波形错误 一个持续时间短于一个周波的电压质量事件。这个术语被用做一些监测设备分类电压扰动用。

附录 D　图　索　引

附录 E 表 索 引

索　引